烘焙全书

COMPLETE BAKING

烘焙全书

COMPLETE BAKING

【英】卡罗琳·布雷瑟顿 著

杨一俐 译

科学普及出版社

·北 京·

目 录
CONTENTS

简介
INTRODUCTION

我与烘焙的初遇发生在我的第一个生日宴会上，那时的我一看见铺满奶油的大蛋糕，就立刻扑过去开始大快朵颐。这一幕被我母亲的宝利来相机完好地保留下来，变成了家庭趣史。多年之后，经历过岁月磨砺的我对烘焙制品依然怀有热情，与幼时别无二致。

避免出错：耐心一些，精确一些

大多数人在烘焙时都会小心翼翼，生怕做出塌陷的海绵蛋糕、碎成渣的酥皮点心或底部湿乎乎的蛋糕。但烘焙首先是一门科学。只要拥有一份经过反复调试的配方（比如这本书里的任何配方），并严格依照配方的要求来把控原料用量、时间及温度，那么几乎没有什么是我们这些家庭烘焙师做不出来的。做好烘焙的关键在于足够的耐心和精确度。你只需要仔细地阅读配方并丝毫不差地跟着做，便很少会失败。

必备工具

有了足够的耐心和精确的把控，你的烘焙之路还少不了一些工具的帮助。严格地称量配料对于大部分烘焙品来说都至关重要，因此电子秤是烘焙必不可少的工具之一。我们在平时做饭时可以根据口味喜好来增减配料，但是烘焙不同，只有正确比例的脂肪、面粉和鸡蛋才能让蛋糕膨胀起来。

除电子秤外，基本的烘焙工具还包括一套用来烤制蛋糕和焦糖布丁的优质不粘模具及烤盘、一个大的料理盆、一套量勺、一把刮刀、手动打蛋器、电动打蛋器以及一些木勺。

本书中的很多配方都只需用到上述基本工具，但如果你热爱烘焙并想要尝试一些更加复杂的配方，也可以考虑入手一台带有揉面钩的台式厨师机。这种机器可以在做面包或其他面点时帮你完成很多重活，并且做出来的面团质量很好，而优质的面团总是能做出更好的面包。

最后一个必备工具是烤箱温度计。这个要求在烤箱可以显示温度的情况下显得有些奇怪，但有些烤箱的内部温度与其设定温度之间有着很大的差异。你只需要花很少的钱，就可以买到一个挂在烤箱里面，能显示烤箱内实际温度的简易温度计。

基本技巧

备齐所有工具之后，你需要的就是多多练习了。首先，你需要严格地按照一个新配方尝试几次，这可以让你变得更加自信。慢慢地，你会开始理解每种原料之间的相互关系，随着经验的积累，你也能创作出属于自己的新配方。

蛋糕 通常都是轻软蓬松的。除了较重的水果蛋糕，大多数蛋糕在烤制前都需要通过打发把空气注入蛋糊或奶油里，然后再轻轻地拌入面粉。虽然黄油能让蛋糕的味道更加浓郁，但用人造黄油做出的蛋糕味道也很不错，糕体也更加蓬松。

蛋白酥 一定要在十分干净且干燥的容器中制作，并且蛋白中不能混入一丝蛋黄，否则将影响蛋白打发。烤制时最好用低温进行长时间烘烤。我的烤箱温度总是太高，无法制作出纯白的蛋白酥，因此我会用木勺柄把烤箱的门撑开一条缝，让温度下降一些。另外，烤好后留在烤箱中冷却的蛋白酥比较不容易开裂。

人们常常会高估**酥皮点心**的制作难度。"酥皮点心手"指的是在做酥皮时要保证手的温度足够低，以防油脂在制作、擀平面团的过程中过度软化，让面团变得油腻。如果你的体温一向偏高，就应尽量减少手与面团的接触，借助厨师机来混合黄油和面粉，甚至揉面；你还应尽量在阴凉的厨房里用冷藏过的器具来操作。但做好酥皮的真正秘诀还是在于选用优质的黄油和蛋黄（有时候还需要加一点水）。除此之外，面团在未经揉捏之前必须存放在凉爽的地方，以使面粉中的麸质松弛；否则酥皮会变得过于有弹性，在烘烤时发生回缩或开裂。切忌在操作台上撒太多面粉，否则会把过多面粉揉入酥皮。最后，为避免糕点变硬，要尽量减少操作面团的次数。做法就是这么简单！

做面包是一件让大多数家庭烘焙师都感到害怕的事情，因此很多人都会依赖面包机来做面包。但是，唯有用自己的双手去感受面团、领悟面团，才有可能做出优质的面包。酵母是一种活的有机体，了解它在不同时间和温度下的变化可以带给你很多启发。只要用心练习，你也可以手工制出优质的面包，同时还能节省一大笔钱。如果最后的结果不尽如人意，请试着找找原因：是不是面团搅拌过度或不足？初次发酵的时间是不是足够？面团是不是膨胀得太快？室内温度是不是过高？面包在进入烤箱前有没有进行二次醒发？烤箱的温度够不够高？这些都可能是面包不够完美的原因。奇怪的是，我最常犯的是一个很容易改正的错误：我总是急着切开新做的面包。在我们刚刚把面包从烤箱里取出来时，面包内部的蒸气会让它继续成熟。若过早切开面包，就会放跑这些蒸气，而且面包还会随着切割的动作被压扁，导致外皮先是潮湿，然后渐渐变干变硬。你已经为这个面包付出了那么多的耐心，为了完美酥脆的外皮，再稍稍多等一会儿也是值得的！

关于配方

这本书里收录了两类配方。第一类配方是在全世界广为流传的"必备"配方。这类配方的步骤讲解得十分细致，每一步都配有图片，即便第一次接触烘焙的新手都能照着做好。每一个这类配方的后面，还跟着一系列与它相似的衍生配方。熟练掌握"必备"配方之后，你就可以继续研究它们的衍生配方了。这类配方可以帮助你获得新的灵感，学习新的技术，精进烘焙技能。

每个配方的开头都标有成品分量、准备时间、制作（包括冷藏、发酵、醒发、烘烤）时间，还讲明了在时间不够或需要大批量制作的情况下，是否可以提前准备其中几个步骤。我还根据自己的经验总结出了一些比较重要的建议，作为"烘焙小贴士"送给大家。

卡罗琳·布雷瑟顿

适用于不同场合的各色烘焙美食

传统下午茶

草莓奶油蛋糕 第143页
准备时间: 15~20分钟
烘烤时间: 12~15分钟

轻杂果蛋糕 第87页
准备时间: 25分钟
烘烤时间: 1小时45分钟

棉花糖蛋糕 第120~121页
准备时间: 20~25分钟
烘烤时间: 25分钟

咖啡核桃蛋糕　第30页
准备时间：20分钟
烘烤时间：20～25分钟

巧克力杏仁蛋糕　第56页
准备时间：30分钟
烘烤时间：25分钟

维多利亚海绵蛋糕　第28～29页
准备时间：30分钟
烘烤时间：20～25分钟

司康　第140～141页
准备时间：15～20分钟
烘烤时间：12～15分钟

醋栗司康　第142页
准备时间：15～20分钟
烘烤时间：12～15分钟

巧克力闪电泡芙　第165页
准备时间：30分钟
烘烤时间：25～30分钟

白面包　第402页
准备时间：20分钟，外加发酵和醒发时间
烘烤时间：40～45分钟

胡萝卜蛋糕　第42～43页
准备时间：20分钟
烘烤时间：45分钟

黄油酥饼　第220～221页
准备时间：15分钟，外加冷藏时间
烘烤时间：30～40分钟

周末早午餐

杏仁脆片可颂　第153页
准备时间： 1小时，外加冷藏和发酵时间
烘烤时间： 15～20分钟

丹麦酥　第154～155页
准备时间： 30分钟，外加冷藏和发酵时间
烘烤时间： 15～20分钟

松饼佐蜂蜜、香蕉、酸奶　第513页
准备时间： 10分钟
煎制时间： 15～20分钟

华夫饼 第532～533页
准备时间：10分钟
烘烤时间：20～25分钟

贝果 第432～433页
准备时间：40分钟，外加发酵和醒发时间
烘烤时间：20～25分钟

肉桂卷 第158～159页
准备时间：40分钟，外加发酵和醒发时间
烘烤时间：25～30分钟

斯塔福德郡燕麦饼 第522～523页
准备时间：10分钟，外加静置时间
煎烤时间：15分钟

德式洋葱派 第368～369页
准备时间：30分钟，外加发酵和醒发时间
烘烤时间：60～65分钟

酪乳比司吉 第514～515页
准备时间：10分钟
烘烤时间：12～13分钟

苹果玛芬 第136页
准备时间：10分钟
烘烤时间：20～25分钟

意大利牛奶面包 第448～449页
准备时间：30分钟，外加发酵和醒发时间
烘烤时间：20分钟

榛子葡萄干黑麦面包 第464页
准备时间：25分钟，外加发酵和醒发时间
烘烤时间：40～50分钟

野餐必备

尼斯洋葱挞　　第478～479页
准备时间： 20分钟，外加发酵时间
烘烤时间： 25分钟

意大利葡萄扁面包　　第468～469页
准备时间： 25分钟，外加发酵和醒发时间
烘烤时间： 20～25分钟

鸡肉火腿派　　第378～379页
准备时间： 50～60分钟
烘烤时间： 1小时30分钟

迷迭香核桃面包 第403页
准备时间： 20分钟，外加发酵和醒发时间
烘烤时间： 30～40分钟

洛林咸挞 第363页
准备时间： 35分钟，外加冷藏时间
烘烤时间： 47～52分钟

菲达奶酪酥皮派 第386～389页
准备时间： 30分钟
烘烤时间： 35～40分钟

康沃尔郡肉菜烘饼 第392～393页
准备时间： 20分钟，外加冷藏时间
烘烤时间： 40～45分钟

普罗旺斯香草面包 第423页
准备时间： 30～35分钟，外加发酵和醒发时间
烘烤时间： 15分钟

法式苹果挞 第298～299页
准备时间： 20分钟，外加冷藏时间
烘烤时间： 50～55分钟

香肠卷 第385页
准备时间： 30分钟，外加冷藏时间
烘烤时间： 10～12分钟

草莓挞 第292～295页
准备时间： 40分钟，外加冷藏时间
烘烤时间： 25分钟

香料胡萝卜蛋糕 第46～47页
准备时间： 20分钟
烘烤时间： 30分钟

派对咸食

夏巴塔克罗斯蒂尼　第426页
准备时间：15分钟
烘烤时间：10分钟

皮塔脆片　第483页
准备时间：10分钟
烘烤时间：7～8分钟

帕尔玛火腿卷小面包棍　第431页
准备时间：45分钟，外加发酵和醒发时间
烘烤时间：15～18分钟

玛姬欧娜白比萨　第476页
准备时间：25分钟，外加发酵和醒发时间
烘烤时间：28分钟

俄式薄煎饼　第524～525页
准备时间：20分钟，外加静置时间
煎烤时间：15分钟

鲜虾鳄梨酱墨西哥薄饼　第492页
准备时间：15分钟
炸制时间：10～15分钟

派对甜食

白兰地小饼 第218页
准备时间：15分钟
烘烤时间：6~8分钟

迷你水果挞 第297页
准备时间：40~45分钟，外加冷藏时间
烘烤时间：11~13分钟

百果派 第336~337页
准备时间：20分钟，外加冷藏时间
烘烤时间：10~12分钟

无比派 第126~129页
准备时间：40分钟
烘烤时间：12分钟

肉桂蝴蝶酥 第178~179页
准备时间：45分钟，外加冷藏时间
烘烤时间：25~30分钟

覆盆子奶油蛋白酥 第242~243页
准备时间：10分钟
烘烤时间：1小时

巧克力爱好者

巧克力纸杯蛋糕　第118页
准备时间： 20分钟
烘烤时间： 20～25分钟

巧克力拿破仑　第170页
准备时间： 2小时，外加冷藏时间
烘烤时间： 25～30分钟

巧克力奶油覆盆子挞　第296页
准备时间： 40分钟，外加冷藏时间
烘烤时间： 20～25分钟

巧克力软糖蛋糕球　第122～123页
准备时间： 35分钟，外加冷藏时间
烘烤时间： 25分钟

巧克力蝴蝶酥　第180页
准备时间： 45分钟，外加冷藏时间
烘烤时间： 25～30分钟

黑森林蛋糕　第108～109页
准备时间： 55分钟
烘烤时间： 40分钟

夹心巧克力泡芙　第162～163页
准备时间： 30分钟
烘烤时间： 22分钟

魔鬼蛋糕　第58～59页
准备时间： 30分钟
烘烤时间： 30～35分钟

巧克力核桃松露挞　第326～327页
准备时间： 45～50分钟，外加冷藏时间
烘烤时间： 35～40分钟

儿童糕点

棉花糖蛋糕 第120～121页
准备时间：20～25分钟
烘烤时间：25分钟

芝士条 第236页
准备时间：10分钟，外加冷藏时间
烘烤时间：15分钟

瑞士卷 第36～37页
准备时间：20分钟
烘烤时间：12～15分钟

热狗椒盐卷饼 第440～441页
准备时间：30分钟，外加发酵和醒发时间
烘烤时间：15分钟

香草奶油霜纸杯蛋糕 第114～117页
准备时间：20分钟
烘烤时间：15分钟

巧克力软糖蛋糕 第60～61页
准备时间：40分钟
烘烤时间：30分钟

儿童烘焙时间

四季比萨　第472~475页
准备时间：40分钟，外加发酵和醒发时间
烘烤时间：40分钟

岩石蛋糕　第146~147页
准备时间：15分钟
烘烤时间：15~20分钟

肉桂星星饼干　第199页
准备时间：20分钟，外加冷藏时间
烘烤时间：12~15分钟

黄油饼干　第192~193页
准备时间：15分钟
烘烤时间：10~15分钟

蓝莓酥皮馅饼　第348~349页
准备时间：15分钟
烘烤时间：30分钟

姜饼人　第196~197页
准备时间：20分钟
烘烤时间：10~12分钟

提前准备

夹心迷你潘妮托妮 第92页
准备时间: 1小时,外加发酵、醒发、冷藏时间
烘烤时间: 30～35分钟

太妃布丁 第52～53页
准备时间: 20分钟
烘烤时间: 20～25分钟

德式奶油芝士蛋糕 第110页
准备时间: 40分钟,外加冷藏时间
烘烤时间: 30分钟

草莓帕夫洛娃　第252～253页
准备时间：15分钟
烘烤时间：1小时15分钟

三文鱼惠灵顿　第384页
准备时间：25分钟
烘烤时间：30分钟

藏红花虾蟹挞　第365页
准备时间：20分钟，外加冷藏时间
烘烤时间：50～65分钟

香草脆皮鸡肉派　第376～377页
准备时间：25～35分钟
烘烤时间：22～25分钟

啤酒牛肉酥皮馅饼　第374～375页
准备时间：40分钟
烘烤时间：30～40分钟

蒙布朗　第244页
准备时间：20分钟
烘烤时间：45～60分钟

餐后甜点

月牙小饼　第206～207页
准备时间：35分钟，外加冷藏时间
烘烤时间：15～17分钟

覆盆子舒芙蕾　第266页
准备时间：20～25分钟
烘烤时间：10～12分钟

巴伐利亚覆盆子蛋糕　第111页
准备时间：55～60分钟，外加冷藏时间
烘烤时间：20～25分钟

玛德琳 第138~139页
准备时间：15~20分钟
烘烤时间：10分钟

巨型开心果蛋白酥 第245页
准备时间：15分钟
烘烤时间：1小时30分钟

巴伐利亚李子蛋糕 第72~73页
准备时间：35~40分钟，外加发酵和醒发时间
烘烤时间：50~55分钟

香梨巧克力蛋糕 第57页
准备时间：15分钟
烘烤时间：30分钟

苹果杏仁格雷挞 第172~173页
准备时间：25~30分钟
烘烤时间：20~30分钟

火焰雪山 第258~259页
准备时间：45~50分钟
烘烤时间：30~40分钟

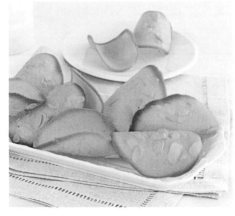

杏仁瓦片酥 第219页
准备时间：15分钟
烘烤时间：5~7分钟

蜂蜇蛋糕 第96~97页
准备时间：20分钟，外加发酵和醒发时间
烘烤时间：20~25分钟

干果卷 第345页
准备时间：45~50分钟
烘烤时间：30~40分钟

快捷甜点

甜橙舒芙蕾　第 264～265 页
准备时间： 20 分钟
烘烤时间： 12～15 分钟

蛋白杏仁饼干　第 202～203 页
准备时间： 10 分钟
烘烤时间： 12～15 分钟

奶油覆盆子热那亚式蛋糕　第 34～35 页
准备时间： 30 分钟
烘烤时间： 25～30 分钟

柠檬蛋白卷 第 260～261 页
准备时间: 30 分钟
烘烤时间: 15 分钟

巧克力闪电泡芙 第 165 页
准备时间: 30 分钟
烘烤时间: 25～30 分钟

迷迭香帕玛森芝士薄饼干 第 237 页
准备时间: 10 分钟, 外加冷藏时间
烘烤时间: 15 分钟

德式圣诞曲奇 第 195 页
准备时间: 45 分钟
烘烤时间: 12 分钟

瑞典煎饼蛋糕 第 521 页
准备时间: 15 分钟

佛岛酸橙派 第 320～321 页
准备时间: 20～30 分钟
烘烤时间: 15～20 分钟

意大利蛋黄酥饼 第 200～201 页
准备时间: 20 分钟, 外加冷藏时间
烘烤时间: 15～20 分钟

佛罗伦萨干果饼干 第 208～209 页
准备时间: 20 分钟
烘烤时间: 15～20 分钟

杏仁饼干碎巧克力卷 第 106 页
准备时间: 25～30 分钟
烘烤时间: 20 分钟

日常蛋糕

EVERYDAY CAKES

维多利亚海绵蛋糕

这款蛋糕蓬松湿润，像空气一样轻盈，可以说是最具
代表性的英式蛋糕。

成品分量： 6～8 人份
准备时间： 30 分钟
烘烤时间： 20～25 分钟
提前准备： 无馅料的海绵蛋糕可常温
存放 3 天或冷冻储存 4 周
储存： 做好的蛋糕放在密封的容器
中，可在阴凉处存放 2 天

特殊器具
2 个直径为 18 厘米的蛋糕模

基本原料
175 克无盐黄油，软化，外加适量涂
模具用
175 克细砂糖
3 个鸡蛋
1 茶匙香草精
175 克自发粉
1 茶匙泡打粉

馅料原料
50 克无盐黄油，软化
100 克糖粉，外加适量搭配食用
1 茶匙香草精
115 克优质无籽覆盆子果酱

1 将烤箱预热至 180 摄氏度。在烤模内涂抹黄
　油并铺上烘焙纸。

2 将黄油和糖一起放入碗中，打发至混合物颜
　色发白，质地轻盈蓬松。

3 逐个加入鸡蛋，每加入一个后都要搅拌均匀，
　防止出现结块。

4 加入香草精，用打蛋器快速搅拌，直至香草
　精混合在面糊中。

5 继续打发 2 分钟至表面出现气泡。

6 拿走打蛋器，将面粉和泡打粉筛入盆中。

7 用一把金属勺子轻柔地切拌均匀，拌匀即停，尽量保持面糊的蓬松。

8 将面糊平均分入 2 个烤模，用抹刀抹平表面。

9 烤 20 ～ 25 分钟至表面焦黄且按压有弹性。

10 将一根扦子插入蛋糕，如果拿出后扦子依然干净，就说明蛋糕烤好了。

11 把蛋糕留在烤模中冷却几分钟。倒扣脱模，较平的一面向上摆在网架上晾凉。

12 将黄油、糖粉和香草精一起搅打成顺滑的奶油霜，作为馅料。

13 蛋糕冷却后，用抹刀将奶油霜均匀地涂在蛋糕较平的一面上。

14 用餐刀轻轻地将果酱涂抹在奶油霜上。

15 盖上第二片蛋糕，较平的一面朝下。筛上糖粉即可上桌。

维多利亚海绵蛋糕变种

咖啡核桃蛋糕

咖啡核桃蛋糕遇见清晨第一杯咖啡，最完美的搭配为你开启崭新的一天。由于这款蛋糕制作时使用的模具比较小，所以它的高度比经典维多利亚海绵蛋糕更高，口感也更加紧实。

成品分量： 8 人份
准备时间： 20 分钟
烘烤时间： 20 ～ 25 分钟
提前准备： 无馅料的蛋糕可以冷冻储存 8 周
储存： 做好的蛋糕放在密封的容器中，在阴凉处可存放 3 天

特殊器具
2 个直径为 18 厘米的圆形蛋糕模

基本原料
175 克无盐黄油，软化，外加适量涂模具用
175 克浅色绵红糖
3 个鸡蛋
1 茶匙香草精
175 克自发粉
1 茶匙泡打粉
1 汤匙浓咖啡粉，用 2 汤匙开水化开后冷却备用

糖霜原料
100 克无盐黄油，软化
200 克糖粉
9 块半个的核桃仁

1　将烤箱预热至 180 摄氏度。在烤模内涂抹黄油并在底部铺上烘焙纸。将黄油和糖放在碗中，用电动打蛋器打发至轻盈蓬松。

2　逐个加入鸡蛋，每加入一个后都要搅打均匀。加入香草精，搅打 2 分钟至表面出现气泡。将面粉和泡打粉筛入碗中。

3　轻柔地将面粉拌入湿性原料，倒入一半咖啡液，再次拌匀。将蛋糕糊平均倒入 2 个备好的烤模，用抹刀抹平表面。

4　烤 20 ～ 25 分钟至表面焦黄且按压有弹性。将一根扦子插入蛋糕，如果拿出后扦子依然干净，就说明蛋糕烤好了。把蛋糕留在烤模中冷却几分钟，脱模，摆在网架上晾凉。

5　制作馅料。黄油和糖粉一起搅打成顺滑的奶油霜，加入剩余的咖啡液搅打均匀。在一片蛋糕较平的一面上均匀地涂一半奶油霜。盖上第二片蛋糕，较平的一面向下，涂上剩余的奶油霜，摆上核桃仁作为点缀。

马德拉蛋糕

这款蛋糕看起来朴实无华，但里面柠檬和黄油的香气又会令人眼前一亮。

成品分量： 8～10人份
准备时间： 20分钟
烤制时间： 50～60分钟
储存： 蛋糕可在密封的容器中储存3天或冷冻储存8周

特殊器具
直径为18厘米的活扣蛋糕模

原料
175克无盐黄油，软化，外加适量涂模具用
175克细砂糖
3个鸡蛋
225克自发粉
1个柠檬的碎皮屑

1 将烤箱预热至180摄氏度。在烤模内涂抹黄油，并在底部及内壁铺上烘焙纸。

2 用电动打蛋器将黄油和糖打发2分钟，打成轻盈蓬松的糊状。逐个加入鸡蛋，每加入一个后都要搅打均匀。

3 打发2分钟至表面出现气泡，筛入面粉并加入柠檬皮碎屑，轻轻翻拌，混合均匀即停。

4 将蛋糕糊舀入烤模，烤50分钟～1小时。插入扦子，如果拿出后扦子依然干净，就说明蛋糕烤好了。把蛋糕留在烤模中冷却几分钟，脱模，摆在网架上晾凉，拿掉烘焙纸。

烘焙小贴士

做好维多利亚式海绵蛋糕的秘诀在于，在加入面粉后的拌合阶段，要尽量减少蛋糕糊中空气的流失。如果想得到更加轻盈的质感，可以用人造黄油来代替传统黄油。虽然人造黄油的香气不如传统黄油浓郁，但所含水分较多，因此可以让更多空气留在蛋糕中。

大理石长条蛋糕

在传统海绵蛋糕糊的基础上稍做变化，将蛋糕糊分为两半，其中一半加入可可粉，再把两种蛋糕糊倒在一起，就能做出漂亮的大理石纹理。

成品分量： 8～10人份
准备时间： 25分钟
烘烤时间： 45～50分钟
储存： 蛋糕可在密封的容器中储存3天或冷冻储存8周

特殊器具
容量为900克的长条面包模

原料
175克无盐黄油，软化，外加适量涂模具用
175克细砂糖
3个鸡蛋
1茶匙香草精
150克自发粉
1茶匙泡打粉
25克可可粉

1 将烤箱预热至180摄氏度。在烤模内涂抹黄油并在底部铺上烘焙纸。

2 将黄油和糖放在盆中，用电动打蛋器中速搅打约2分钟至轻盈蓬松。逐个加入鸡蛋，每加入一个后都要搅打均匀。加入香草精，继续打发2分钟，直到表面出现气泡。筛入面粉和泡打粉拌匀。

3 将面糊平均分到两个碗里。可可粉筛入其中一个碗，轻柔地翻拌均匀。将香草蛋糕糊倒入烤模，再倒入巧克力蛋糕糊。用木勺顶部、小刀或扦子、竹签以画圈的方式将两种面糊混合，制造出大理石的效果。

4 烤45～50分钟，把扦子插入蛋糕，如果拿出后扦子依然干净，就说明蛋糕烤好了。稍冷却后脱模摆在网架上，拿掉烘焙纸。

天使蛋糕

这是一款经典的美式蛋糕，因几乎纯白且轻如羽翼的糕体而得名。蛋糕里不含脂肪，所以不易保存，最好在制作当天食用。

成品分量： 8 ～ 12 人份
准备时间： 30 分钟
烘烤时间： 35 ～ 45 分钟

特殊器具
容量为 1.7 升的环形蛋糕模
糖浆温度计

基本原料
一大块黄油，涂模具用
150 克白面粉
100 克糖粉
8 个鸡蛋的蛋白（分离出的蛋黄可以用来制作蛋奶冻或蛋挞馅料）
少许塔塔粉
250 克细砂糖
几滴杏仁精或香草精

糖霜原料
150 克细砂糖
2 个鸡蛋白
蓝莓、覆盆子、切半的草莓各少许，装点用
糖粉少许，撒粉用

1　将烤箱预热至 180 摄氏度。黄油放到小锅里加热融化，用刷子蘸取足量黄油刷在烤模内侧。将面粉和糖粉筛到碗里（见烘焙小贴士）。

2　将加入了塔塔粉的蛋白打发至变硬。一边搅打，一边分次加入细砂糖，每次加 1 汤匙。将面粉混合物再次过筛加入湿性材料中，用金属勺子轻轻翻拌均匀，然后加入杏仁精或香草精拌匀。

3　将蛋糕糊轻轻舀入模具，将烤模填满，用抹刀抹平表面。将模具放在烤盘上，放入烤箱烤 35 ～ 45 分钟至凝固定形。

4　小心地从烤箱中取出蛋糕，把模具倒扣在网架上。蛋糕放凉后即可滑出模具。

5　制作糖霜。取一口小锅，加入细砂糖和 4 汤匙水。开小火，

一边加热，一边搅拌至细砂糖溶解。用大火加热至糖浆形成软球状（温度达到 114 ～ 118 摄氏度）。这时如果取一小滴糖浆滴入冷水中，糖浆会形成软球，不会在水里化开。

6　熬煮糖浆的同时，将蛋白打发至硬挺。一旦糖浆达到合适的温度，立刻把小锅的底部放进冷水里，防止糖浆进一步升温。一边打发蛋白，一边缓慢且均匀地将糖浆倒入碗的中心。继续打发 5 分钟，达到干性发泡。

7　迅速操作，在糖霜凝固前，用抹刀将糖霜涂抹在蛋糕各面，并以画圈的手法涂出好看的造型。在蛋糕上摆好草莓、蓝莓、覆盆子，再用细筛子将糖粉均匀地撒在蛋糕表面。

烘焙小贴士

将面粉和糖粉过筛可以让蛋糕变得十分轻盈。想要得到更好的结果，可以试着把筛子举高，让面粉在下落的过程中尽可能多地接触空气。如果想让蛋糕再轻盈一些，可以在面粉拌入蛋糊之前进行二次过筛。

奶油覆盆子热那亚式蛋糕

这款涂满奶油的美味海绵蛋糕可以作为令人印象深刻的饭后甜点，
也可以在某个充满阳光的夏日里成为下午茶桌上的主点。

成品分量： 8～10 人份

准备时间： 30 分钟

烘烤时间： 25～30 分钟

提前准备： 无馅料、没有切开的蛋糕可以冷冻存放 4 周

储存： 做好的蛋糕可在密封的容器中存放 1 天

特殊器具

直径为 20 厘米的活扣蛋糕模

基本原料

40 克无盐黄油，软化，外加适量涂模具用

4 个大鸡蛋

125 克细砂糖

125 克白面粉

1 茶匙香草精

1 个柠檬的碎皮屑

75 克覆盆子，点缀用（可选）

馅料原料

450 毫升双倍奶油或淡奶油

325 克覆盆子

1 汤匙糖粉，外加适量用来撒粉

1　黄油融化备用。将烤箱预热至 180 摄氏度。在烤模内涂抹黄油，并在底部铺上烘焙纸。

2　烧一锅水，烧开后离火，将一只耐高温的大碗架在锅上面。鸡蛋和糖放入碗中，用电动打蛋器打发 5 分钟，直到混合物的体积膨胀为原来的 5 倍。将碗拿下来，再打发 1 分钟冷却。

3　筛入面粉，轻轻翻拌均匀，再拌入香草、柠檬皮碎屑和融化的黄油。

4　将蛋糕糊倒入烤模，烤 25～30 分钟至表面金黄且按起来有弹性。把扦子插入蛋糕，再拿出后扦子还是干净的，就说明蛋糕烤好了。

5　把蛋糕留在烤模中冷却几分钟，然后脱模摆在网架上彻底晾凉，拿掉烘焙纸。

6　蛋糕放凉后，用锯齿面包刀仔细地将蛋糕横向切成三等份。

7　在一个大碗里把奶油打发至硬挺。覆盆子加入糖粉稍稍压碎，拌进奶油里，压出的果汁不要加入奶油，以防奶油变稀。

8　把最底下的一片蛋糕摆在盘子上，抹上一半奶油馅料。把第二片蛋糕盖在上面，抹上另一半馅料，再盖上最后一片蛋糕。如果有需要，可以用覆盆子进行装点，并在蛋糕上筛一些糖粉，立即食用。

烘焙小贴士

这是一款经典的意大利蛋糕，只含有少量的黄油用以调味。这种蛋糕非常百搭，可以在里面搭配任何你喜欢的馅料。但由于脂肪含量很低，不像其他蛋糕一样容易保存，因此最好在制作后 24 小时内享用。

瑞士卷

卷好瑞士卷所需要的诀窍都在这里，只要按照这些简单的步骤做，你也能卷出完美的瑞士卷。

1　将烤箱预热至 200 摄氏度，在烤模底部铺上烘焙纸。

2　将碗架在一锅微微沸腾的水上，注意碗底不要碰到水。

3　在碗里加入鸡蛋、糖、盐，用电动打蛋器打发 5 分钟，直到混合物变稠。

4　抬起打蛋器，如果上面的蛋糕能在打蛋器上停留几秒，就意味着蛋糊打好了。

5　把碗从锅上拿下来，放在操作台上。搅打 1～2 分钟至冷却。

6　筛入面粉，倒入香草精，轻轻翻拌均匀，尽量不让面糊的体积变小。

7　把蛋糕糊倒入烤模，用抹刀轻轻摊入每个角落并抹平顶部。

8　放进预热好的烤箱，烤 12～15 分钟至凝固定形且按压有弹性。

9　如果蛋糕稍有回缩，边缘离开烤模，就说明已经烤好了。

成品分量：8～10 人份 **特殊器具**   **原料**   75 克自发粉

准备时间：20 分钟 32.5 厘米 ×23 厘米的瑞士卷烤模 3 个大鸡蛋   1 茶匙香草精

烘烤时间：12～15 分钟   100 克细砂糖，外加一些用来撒 6 汤匙覆盆子果酱（任何种类果酱

储存：蛋糕卷可在密封的容器中   在纸上   或榛子巧克力酱皆可）做馅料

存放 2 天   一小撮盐

10 取一张烘焙纸，在上面均匀地撒上一层薄薄的细砂糖。

11 小心地将蛋糕倒扣出模，反面向上扣到细砂糖上。

12 让蛋糕冷却 5 分钟，之后仔细地撕下烘焙纸。

13 如果做馅料的果酱太稠，不便涂抹，可以放进锅里用小火加热一会儿。

14 用抹刀把果酱涂抹在蛋糕表面，所有边角都要涂到。

15 顺着蛋糕的一条短边，用抹刀的刀背压出一条 2 厘米宽的边界。

16 用烘焙纸辅助，从压实的边开始轻轻卷，注意要卷得贴合紧凑。

17 借助烘焙纸，让蛋糕保持紧实卷起的形状，放凉。

18 上桌前，打开烘焙纸，把蛋糕放入盘中，在上面撒一些细砂糖。

瑞士卷变种

烘焙小贴士

  如果有配方要求在蛋糕凉透后再涂抹夹层，我们需要趁蛋糕温热的时候把它卷成形，放凉后再松开涂馅料。用新的烘焙纸来操作可以防止蛋糕层相互粘连，让蛋糕卷既可以干净紧实地卷起来，也可以很轻易地展开。

西班牙海绵蛋糕卷

酸甜的柠檬味蛋糕卷着丝滑的朗姆巧克力酱，切开后呈现出漂亮的旋涡——这款精致的西班牙版瑞士卷称得上是一道让人印象深刻的晚宴甜点。

成品分量： 8～10 人份
准备时间： 40～45 分钟
冷藏时间： 6 小时
烘烤时间： 7～9 分钟

原料
黄油，涂模具用
150 克细砂糖
5 个鸡蛋，蛋黄和蛋白分离
2 个柠檬的碎皮屑
45 克白面粉，过筛
一小撮盐
125 克黑巧克力，大致切碎
175 毫升双倍奶油
1½ 茶匙肉桂粉
1½ 汤匙黑朗姆酒
60 克糖粉
糖渍柠檬皮，搭配食用（可选）

1 将烤箱预热至 220 摄氏度。在烤盘上涂抹黄油，铺上烘焙纸。将 100 克细砂糖、蛋黄、柠檬皮碎屑混合，用电动打蛋器搅打 3～5 分钟至混合物变稠。在另一个碗中将蛋白打发至硬挺，加入剩余的糖，继续打发至细腻有光泽。把盐加入蛋黄糊，再筛入面粉，切拌均匀，再拌入蛋白。

2 将混合物倒入烤盘，摊开至边缘。放入烤箱下层烤 7～9 分钟至凝固定形且表面焦黄。

3 蛋糕脱模，倒入另一个烤盘，拿掉烘焙纸。将一条短边压出一条 2 厘米宽的边界。用烘焙纸包着从压实的边开始紧紧卷好（参见烘焙小贴士），放凉。

4 制作巧克力酱。将巧克力放在大碗里。在小锅里加入奶油和 ½ 茶匙肉桂粉，加热至几乎沸腾时倒入盛巧克力的碗里，搅拌至巧克力融化。冷却后倒入黑朗姆酒，用电动打蛋器搅打 5～10 分钟至稠厚蓬松。

5 将一半糖粉和 1 茶匙肉桂粉筛在烘焙纸上。松开蛋糕卷，把它放在有糖粉的纸上。把巧克力酱涂在蛋糕上，再用烘焙纸将蛋糕卷好，放入冰箱冷藏 6 小时定形。拿掉烘焙纸，切掉两端，筛上剩余的糖粉，铺上糖渍柠檬皮（可选）。

甜橙开心果瑞士卷

开心果和橙花水的香气为这款经典蛋糕增添了现代气息。它的制作分量很容易调整，是大型派对和自助餐的理想甜品。

成品分量： 8 人份
准备时间： 20 分钟
烘烤时间： 15 分钟

特殊器具
32.5 厘米 ×23 厘米的瑞士卷烤模

原料
3 个大鸡蛋
100 克细砂糖，外加适量撒在纸上
一小撮盐
75 克自发粉
2 个橙子的皮屑
3 汤匙橙汁
2 茶匙橙花水（可选）
200 毫升双倍奶油
75 克无盐开心果，切碎
糖粉，撒粉用

1 将烤箱预热至 200 摄氏度，在烤模底部铺上烘焙纸。将碗架在一锅微微沸腾的水上，在碗里加入鸡蛋、糖、盐，用电动打蛋器打发 5 分钟，至混合物稠厚细腻。

2 把碗拿下来，继续打发 1～2 分钟至冷却。筛入面粉，倒入一半橙皮碎屑和 1 汤匙橙汁，轻柔地翻拌均匀。把蛋糕糊倒入烤模，烤 12～15 分钟，直到凝固定形。

3 在一张烘焙纸上撒一层细砂糖，蛋糕脱模放到糖上，冷却 5 分钟，之后撕下烘焙纸扔掉。将橙花水喷到蛋糕上（可选）。

4 用刀背将一条短边压出一条 2 厘米宽的边界。用撒过糖的烘焙纸辅助（参见烘焙小贴士），从压实的边开始卷蛋糕，放凉。

5 打发奶油，拌入开心果、剩下的橙皮碎屑和橙汁。展开蛋糕卷，扔掉烘焙纸，将奶油馅料均匀地涂抹在蛋糕表面。重新卷好蛋糕，接缝处向下放在盘子里。上桌前筛上糖粉。

还可以尝试……

柠檬瑞士卷 用柠檬皮碎屑和柠檬汁来代替橙皮碎屑和橙汁，用 300 克柠檬酪（用柠檬、糖、鸡蛋和黄油制作的果酱）作为馅料。

姜汁蛋糕

柔润的口感和腌姜带来的浓郁香味使这款蛋糕广受人们的喜爱。
它的保鲜期长达 1 周——如果你能忍住不提前吃光的话。

成品分量: 12 人份
准备时间: 20 分钟
烘烤时间: 35 ～ 45 分钟
储存: 这款蛋糕非常湿润,可在密封的容器中保存 1 周或冷冻保存 8 周

特殊器具
直径为 18 厘米的方形蛋糕模

原料
110 克无盐黄油,软化,外加适量涂模具用
225 克金黄糖浆
110 克深色绵红糖
200 毫升牛奶
4 汤匙腌姜水
1 个橙子的碎皮屑
225 克自发粉
1 茶匙小苏打
1 茶匙混合香料
1 茶匙肉桂粉
2 茶匙姜粉
4 片腌姜,切碎后拌入 1 汤匙白面粉
1 个鸡蛋,打散

1 将烤箱预热至 170 摄氏度。给烤模涂油,铺上烘焙纸。

2 在一个平底锅里放入黄油、金黄糖浆、深色绵红糖、牛奶、腌姜水,用小火加热至黄油融化。加入橙皮碎屑,离火冷却 5 分钟。

3 取一个大的料理盆,同时筛入面粉、小苏打、香料粉。将温热的混合糖浆倒入干性原料里,用手持打蛋器搅打均匀,搅入鸡蛋液和腌姜末。

4 把蛋糕糊倒入烤模。烤 35 ～ 45 分钟,直到扦子插入蛋糕中心,拿出后依然干净。把蛋糕留在烤模中至少冷却 1 小时,之后脱模,放到网架上,上桌前拿掉烘焙纸。

烘焙小贴士

　　使用金黄糖浆和深色绵红糖是为了让蛋糕更加紧实、湿润，更易于储存。如果蛋糕随时间推移而变干，可以把它切片，涂上黄油当作早餐，或者把它改造成浓郁版的黄油面包布丁（见第 93 页）。

胡萝卜蛋糕

把它横向一分为二，多制作一份糖霜夹在中间，就会得到一个豪华版的胡萝卜蛋糕。

1 将烤箱预热至180摄氏度，放入核桃烘烤5分钟至外皮呈浅棕色。

2 用一条干净的茶巾包住核桃揉捏，去掉多余的表皮，静置放凉。

3 将鸡蛋和油倒入大碗里，再倒入糖，加入香草精。

4 用电动打蛋器打发至混合物变得更蓬松且稠度明显增加。

5 用干净的茶巾包住胡萝卜末，用力挤出里面的水分。

6 将胡萝卜放入蛋糊，翻拌均匀。

7 将冷却的核桃大致切碎，留出一些大块的备用。

8 把核桃和葡萄干一起加入蛋糊，轻柔地拌匀。

9 把两种面粉筛入碗中，将筛网中剩余的麸皮也倒进去。

成品分量：8～10人份
准备时间：20分钟
烘烤时间：45分钟
提前准备：未加糖霜的蛋糕可冷冻储存8周
储存：在密封容器中可以保存3天

特殊器具
直径为22厘米的活扣蛋糕模

刨丝器

基本原料
100克核桃
225毫升葵花子油，外加适量涂模具用
3个大鸡蛋
225克浅色绵红糖
1茶匙香草精

200克胡萝卜，切成末
100克无籽葡萄干
200克自发粉
75克全麦自发粉
一小撮盐
1茶匙肉桂粉
1茶匙姜粉
¼茶匙肉豆蔻粉

1个橙子的碎皮屑

糖霜原料
50克无盐黄油，软化
100克奶油芝士，常温放置
200克糖粉
½茶匙香草精
2个橙子

10 加入盐、香料、橙皮，将所有原料一起翻拌均匀。

11 给蛋糕模涂油并铺上烘焙纸。倒入蛋糕糊，用抹刀抹平表面。

12 烘烤45分钟。将扦子插入蛋糕中心，拿出后扦子依旧干净即为烤好。

13 如果没烤好，继续烘烤几分钟后再次测试。烤好后转移到网架上冷却。

14 把黄油、奶油芝士、糖粉、香草精混合。将1个橙子的皮擦碎加进去。

15 用电动打蛋器将所有原料一起搅打至均匀蓬松、颜色发白。

16 用抹刀将糖霜涂抹在蛋糕表面，用画圈的方式做出纹理。

17 用刨丝器把剩下的橙皮擦碎做装饰。

18 将橙子皮屑撒在糖霜上，然后把蛋糕放入盘中。

胡萝卜蛋糕变种

小胡瓜榛子蛋糕

这款蛋糕上没有糖霜，是健康版的胡萝卜蛋糕，但它也同样受到人们的喜爱。

成品分量： 8 ～ 10 人份
准备时间： 20 分钟
烘烤时间： 45 分钟
储存： 可在密封容器中保存 3 天或冷冻储存 8 周

特殊器具
直径为 22 厘米的活扣蛋糕模

原料
225 毫升葵花子油，外加适量涂模具用
100 克榛子仁
3 个大鸡蛋
1 茶匙香草精
225 克细砂糖
200 克小胡瓜，切成末
200 克自发粉
75 克全麦自发粉
一小撮盐
1 茶匙肉桂粉
1 个柠檬的碎皮屑

1 将烤箱预热至 180 摄氏度。给蛋糕模涂油，并在底部和内壁铺上烘焙纸。把榛子仁铺在一个烤盘里烤 5 分钟，烤至表皮变成浅棕色。用一条干净的茶巾包住榛子揉捏，去掉多余的表皮。粗略切碎，备用。

2 将鸡蛋和油倒入大碗里，加入香草精，倒入糖，打发至混合物颜色变浅、质地变稠。挤出小胡瓜末里的水分，和榛子碎一起拌入蛋糕糊。向碗中筛入面粉，把筛网中剩余的麸皮也倒进去。加入盐、香料、橙皮，翻拌均匀。

3 把蛋糕糊倒入烤模，烤 45 分钟至按压有弹性。脱模，放到网架上彻底冷却。

快捷胡萝卜蛋糕

胡萝卜蛋糕不需要长时间打发和精细的折叠，因此十分适合初学者。下面这个版本的胡萝卜蛋糕不仅制作起来十分省时，而且会比原版的更受人们欢迎。

成品分量： 8 人份
准备时间： 15 分钟
烘烤时间： 20 ～ 25 分钟
提前准备： 未加糖霜的蛋糕可冷冻储存 8 周
储存： 做好的蛋糕可在密封容器中储存 3 天

特殊器具
直径为 20 厘米的活扣蛋糕模

基本原料
75 克无盐黄油，融化后放凉，外加适量涂模具用
75 克全麦自发粉
1 茶匙多香果粉
½ 茶匙姜粉
½ 茶匙泡打粉
2 个胡萝卜，切粗末
75 克浅色绵红糖
50 克无籽葡萄干
2 个鸡蛋，打散
3 汤匙新鲜橙汁

糖霜原料
150 克奶油芝士，常温放置
1 汤匙糖粉
柠檬皮屑，装点用

1 将烤箱预热至 190 摄氏度。给蛋糕模涂油并在底部铺上烘焙纸。

2 将面粉、多香果粉、姜粉、泡打粉过筛后放进一个大碗，筛出的麸皮也要加进去。加入胡萝卜、糖、无籽葡萄干，搅拌均匀。加入鸡蛋、1 汤匙橙汁、黄油，搅拌均匀。

3 把蛋糕糊倒入烤模，用抹刀抹平表面。把烤模放在一个烤盘上，放入烤箱烤 20 分钟。将一根扦子插入蛋糕，拿出后依然干净，就说明蛋糕烤好了。把蛋糕留在烤模中冷却 10 分钟。

4 用小刀贴着烤模内壁滑动一圈，把蛋糕倒扣在网格上，拿掉烘焙纸。待蛋糕完全冷却后，用锯齿刀将蛋糕横向分成两层。

5 制作糖霜。在奶油芝士里加入剩余的橙汁和糖粉，搅打均匀。将糖霜涂在蛋糕中间及顶部，用柠檬皮屑进行点缀。

香料胡萝卜蛋糕

这款蛋糕有着温暖的香料气息，很适合在寒冷的冬季食用。用方形烤模制作出的蛋糕很容易被切成一口大小的小块，因此非常适合做派对小食。

成品分量： 16 块

准备时间： 20 分钟

烘烤时间： 30 分钟

提前准备： 未加糖霜的蛋糕可冷冻储存 8 周

储存： 有糖霜的蛋糕可在密封容器中储存 3 天

特殊器具

直径为 20 厘米的方形蛋糕模

基本原料

175 克全麦自发粉

1 茶匙肉桂粉

1 茶匙混合香料

½ 茶匙小苏打

100 克浅色或深色绵红糖

150 毫升葵花子油

2 个大鸡蛋

75 克金黄糖浆

125 克胡萝卜，切粗末

1 个橙子的碎皮屑

糖霜原料

75 克糖粉

100 克奶油芝士，常温放置

1～2 汤匙橙汁

1 个橙子的碎皮屑，外加适量装点用（可选）

1　将烤箱预热至 180 摄氏度，在蛋糕模底部和内壁铺上烘焙纸。在一个大碗里将面粉、香料、小苏打、糖混合。

2　另取一个碗，将油、鸡蛋、糖浆混合，然后倒进干性原料碗里，搅入胡萝卜末和橙子皮屑。倒入烤模，抹平表面。

3　烤 30 分钟至蛋糕凝固定形。把蛋糕留在烤模中冷却几分钟，脱模，放到网架上彻底冷却，拿掉烘焙纸。

4　制作糖霜。将糖粉筛入碗中，加入奶油芝士、橙汁和橙皮，用电动打蛋器打发成可以涂抹的质地。将糖霜涂在蛋糕上，用多余的橙皮装点（可选），把蛋糕切成 16 块。

柠檬波伦塔蛋糕

在不含小麦的蛋糕中，只有少数几款能像小麦蛋糕一样完美，
柠檬波伦塔蛋糕就是其中之一。

1 将烤箱预热至 160 摄氏度，给蛋糕模涂油并铺上烘焙纸。

2 用电动打蛋器将黄油和 175 克糖打发蓬松。

3 少量多次地倒入蛋液，每次加入后都搅打均匀。

4 加入玉米粉和杏仁粉，用金属勺子轻柔地翻拌均匀。

5 最后，拌入柠檬皮屑和泡打粉。这时的蛋糕糊看起来应该比较硬挺。

6 将蛋糕糊舀进准备好的烤模里，用勺子抹平表面。

7 烤 50～60 分钟至按压有弹性。这款蛋糕烤好后不会"长高"太多。

8 将一根牙签插入蛋糕，拿出后牙签依然干净，则表明蛋糕已经烤好了。

9 让蛋糕留在烤模中冷却几分钟，直到不烫手。

成品分量：6 ～ 8 人份
准备时间：30 分钟
烘烤时间：50 ～ 60 分钟
储存：在密封容器中可储存 3 天，冷冻可储存 8 周

特殊器具
直径为 22 厘米的圆形活扣蛋糕模

原料
175 克无盐黄油，软化，外加适量涂模具用
200 克细砂糖
3 个大鸡蛋，打散
75 克玉米粉或粗磨玉米面
175 克杏仁粉
2 个柠檬，取柠檬皮屑和果汁
1 茶匙无麸质泡打粉
浓奶油或法式酸奶油（可选）
柠檬皮，点缀用

10 冷却的同时，将柠檬汁和剩下的糖放到一个小锅里。

11 用中火加热柠檬汁和糖，直到糖完全溶解，离火。

12 蛋糕脱模，将贴在烤模底的一面向上放在网架上，暂时不要拿掉烘焙纸。

13 趁蛋糕还热着，用牙签在蛋糕上戳一些小洞。

14 将柠檬糖浆少量多次地舀到蛋糕表面。

15 每次等蛋糕把表面的柠檬糖浆全部吸收后再倒下一勺，直到用完所有糖浆。

16 待蛋糕冷却后，撒上柠檬皮屑做装饰。这款蛋糕适合常温食用，可单吃，也可以搭配浓奶油或法式酸奶油享用。

其他无小麦蛋糕

烘焙小贴士

　　用食物料理机来混合黄油、坚果和糖时，一定要分次、短促地启动机器。这是因为长时间研磨会让坚果释放出天然油脂，导致蛋糕产生油味。

巴西果巧克力蛋糕

　　这款不同寻常的无小麦蛋糕用巴西果代替了传统的杏仁，让蛋糕的质地更加湿润、味道更加浓郁。

成品分量： 6～8 人份
准备时间： 25 分钟
烘烤时间： 45～50 分钟
储存： 在密封容器中可储存 3 天，冷冻可储存 4 周

特殊器具
直径为 20 厘米的圆形活扣蛋糕模
食物料理机

原料
75 克无盐黄油，切成小块，外加适量涂模具用
100 克优质黑巧克力，切碎
150 克巴西果
125 克细砂糖
4 个大鸡蛋，蛋黄和蛋白分离
可可粉或糖粉，搭配食用
浓奶油，搭配食用（可选）

1　将烤箱预热至 180 摄氏度。给蛋糕模涂油并在底部铺上烘焙纸。将巧克力放入碗中，架在微微沸腾的水上隔水融化，融化后冷却。

2　用食物料理机将巴西果和糖一起打成细末。加入黄油，一下下地短促开启料理机，直到混合均匀（见烘焙小贴士）。一边搅拌，一边逐个加入蛋黄。加入融化的巧克力，搅拌均匀。

3　另取一个碗，将蛋白打发至干性发泡。把巧克力混合物倒入一个大碗，向里面搅入几汤匙蛋白做稀释，再用大金属勺轻轻拌入剩下的蛋白。

4　将蛋糕糊倒入烤模，烤 45～50 分钟至按压有弹性，且插入中心的扦子再拿出来是干净的。让蛋糕留在烤模中冷却几分钟，脱模，放到网架上凉透。拿掉烘焙纸，将可可粉或糖粉筛到蛋糕上。如果你喜欢，可以搭配浓奶油享用。

玛格丽塔蛋糕

这道意大利经典美食由土豆粉制成，轻盈如空气。

成品分量： 6～8 人份
准备时间： 20 分钟
烘烤时间： 25～30 分钟
储存： 在密封容器中可储存 2 天，冷冻可储存 8 周

特殊器具
直径为 20 厘米的圆形活扣蛋糕模

原料
25 克无盐黄油，外加适量涂模具用
2 个大鸡蛋，外加 1 个蛋黄
100 克细砂糖
½ 茶匙香草精
100 克土豆粉，过筛
½ 茶匙无麸质泡打粉
½ 个柠檬的碎皮屑
糖粉，撒粉用

1 融化黄油，静置冷却。将烤箱预热至 180 摄氏度。给蛋糕模涂油并在底部铺上烘焙纸。

2 取一只大碗，放入鸡蛋、蛋黄、糖和香草精，打发约 5 分钟至混合物变稠变白、体积翻倍。加入土豆粉、泡打粉和柠檬皮屑翻拌，最后拌入融化的黄油。

3 将蛋糕糊倒入准备好的烤模，烤 25～30 分钟至表面焦黄且按压有弹性。在中心插入扦子，再取出后扦子仍然是干净的即为烤好。

4 把蛋糕留在烤模中冷却 10 分钟，脱模，放到网架上凉透。拿掉烘焙纸，将糖粉筛到蛋糕上即可享用。

栗子蛋糕

用栗子粉做出的蛋糕，质感既结实又湿润。你可以从意大利餐厅、健康食品超市或网店里买到栗子粉。

成品分量： 6～8 人份
准备时间： 25 分钟
烘烤时间： 50～60 分钟
储存： 在密封容器中可储存 3 天

特殊器具
直径为 20 厘米的圆形活扣蛋糕模

原料
1 汤匙橄榄油，外加适量涂模具
50 克葡萄干
25 克杏仁片
30 克松子
300 克栗子粉
25 克细砂糖
一小撮盐
400 毫升牛奶或水
1 汤匙迷迭香叶片碎末
1 个橙子的碎皮屑

1 将烤箱预热至 180 摄氏度。给蛋糕模涂油并在底部铺上烘焙纸。把葡萄干放入温水中，浸泡 5 分钟，使它们膨胀，沥干水分。

2 把杏仁和松子放在一个烤盘里，烘烤 5～10 分钟至表面变成浅棕色。栗子粉过筛后放入一个大的料理盆，加入糖和盐。

3 一点点地加入牛奶或水，一边加，一边用手持打蛋器搅成稠厚顺滑的糊状。搅入橄榄油，将蛋糕糊倒入烤模，在表面撒上葡萄干、迷迭香、橙子皮屑和坚果。

4 摆在烤箱中间烤 50～60 分钟至表面干爽，边缘略带棕色。这款蛋糕几乎不会膨胀。把蛋糕留在烤模中冷却 10 分钟，之后仔细地脱模，放到网架上彻底冷却。拿掉烘焙纸即可享用。

太妃布丁

据说这款经典蛋糕起源于 20 世纪 60 年代的英国湖区。这个配方的甜度恰到好处。

成品分量： 8 个
准备时间： 20 分钟
烘烤时间： 20 ~ 25 分钟
储存： 布丁和酱料分开储存的情况下可储存 2 天；布丁可冷冻储存 8 周

特殊器具
8 个容量为 200 毫升的布丁模
食物料理机或搅拌器

基本原料
125 克无盐黄油，常温放置，外加适量涂模具用
200 克去核大枣（最好是蜜枣）
1 茶匙小苏打
225 克自发粉
175 克浅色或深色绵红糖
3 个大鸡蛋

太妃酱原料
150 克浅色或深色绵红糖
75 克无盐黄油，切块
150 毫升双倍奶油或淡奶油
一小撮盐
单倍奶油，搭配食用（可选）

1 将烤箱预热至 190 摄氏度。给 8 个布丁模涂油，每个角落都要涂到。

2 取一个小锅，加入大枣、小苏打、200 毫升水，烧开后用小火煮 5 分钟，直到大枣变软。把大枣和水一起倒入料理机或搅拌机中打成泥。

3 面粉过筛后倒入料理盆中。放入黄油、糖和鸡蛋，用电动打蛋器搅打均匀，直到完全混合。搅入大枣泥，把混合物倒入布丁模中，放在一个烤盘上。

4 烘烤 20 ~ 25 分钟至凝固定形。烘烤的同时制作太妃酱。把糖、黄油和奶油放入锅里加热，偶尔搅拌几下。加热到黄油和糖融化，所有原料混合均匀。加入盐搅拌，继续煮几分钟。

5 若要重新加热冷藏或冷冻布丁（见储存，左），将布丁摆在烤盘上，放入预热至 180 摄氏度的烤箱中烘烤 15 ~ 20 分钟。把酱料放在小锅里，用小火加热；上桌前将滚烫的太妃酱淋在温热的布丁上，还可再加一些单倍奶油。

烘焙小贴士

　　你还可以用这个配方来做一个大布丁。取一个大的布丁模，先在模具底部铺一些煮软、切成大块的大枣，再倒入布丁糊。烘烤 40 ～ 45 分钟至凝固定形。脱模，放到盘子里，淋上太妃酱。

巧克力蛋糕

没有人能对经典的巧克力蛋糕说"不"。这个创新的配方还特意使用了酸奶，让蛋糕更加湿润。

成品分量： 6～8 人份
准备时间： 30 分钟
烘烤时间： 20～25 分钟
储存： 无馅料的蛋糕可以冷冻储存 8 周；有馅料的蛋糕在密封容器中可储存 2 天

特殊器具
2 个直径为 17 厘米的圆形蛋糕模

基本原料
175 克无盐黄油，软化，外加适量涂模具用
175 克浅色绵红糖
3 个大鸡蛋
125 克自发粉
50 克可可粉
1 茶匙泡打粉
2 汤匙希腊酸奶或特浓原味酸奶

巧克力奶油霜原料
50 克无盐黄油，软化
75 克糖粉，过筛，外加适量配合食用
25 克可可粉
少许牛奶，备用

1 将烤箱预热至 180 摄氏度。给烤模涂油并铺上烘焙纸。

2 黄油切碎，与糖一起放入一个大碗。

3 用电动打蛋器搅打至轻盈蓬松。

4 逐个加入鸡蛋，每加一个后都要搅打均匀，直到完全混合。

5 面粉、可可粉、泡打粉一起过筛后倒入另一个大碗。

6 将面粉混合物加入湿性原料里，翻拌均匀，尽量保持蛋糕糊的体积。

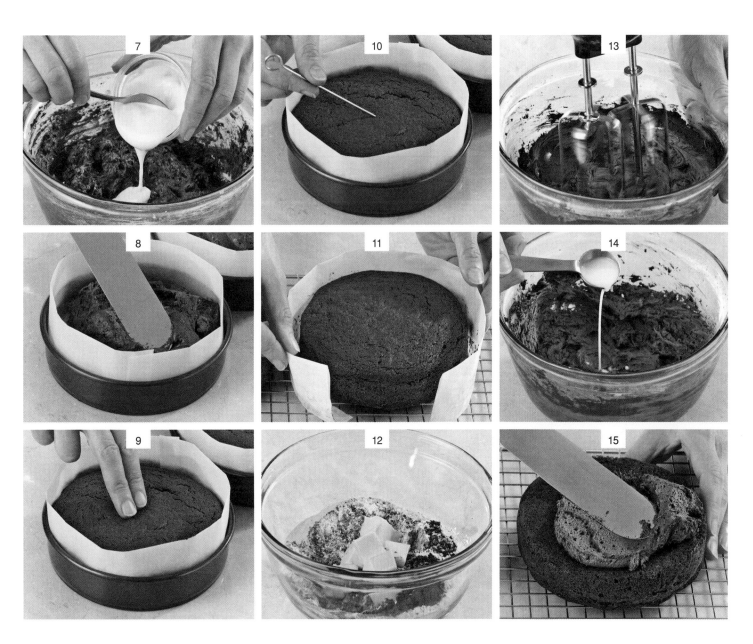

7　轻柔地拌入厚酸奶。这一步会让蛋糕更加湿润。

8　将蛋糕糊分到两个蛋糕模中，用抹刀抹平表面。

9　放入烤箱中层，烘烤 20 ～ 25 分钟，直到蛋糕明显变高且按压有弹性。

10　将一根扦子插入蛋糕中心，拿出后扦子应该是干净的。如果不是，就继续再烤一会儿。

11　把蛋糕留在烤模中冷却几分钟，取出蛋糕放凉，拿掉烘焙纸。

12　制作巧克力奶油霜。将黄油、糖粉、可可粉放入一个大碗。

13　用电动打蛋器搅打 5 分钟至混合物蓬松。

14　如果这时混合物有点硬，可以加点牛奶，每次加入 1 茶匙，调整至可以涂抹的稠度。

15　在两片蛋糕中间加上巧克力奶油霜，在蛋糕上筛一点糖粉即可上桌。

巧克力蛋糕变种

烘焙小贴士

　　请选用可可固形物含量高于 60% 的黑巧克力。这类巧克力不可以放入微波炉加热，因为里面高比例的可可固形物让它们很容易被烧焦。

巧克力杏仁蛋糕

　　你可以把它当成一款德式甜点。用你能找到的最好的黑巧克力做这款蛋糕，因为巧克力的好坏可以决定蛋糕的品质。

成品分量： 6～8 人份
准备时间： 30 分钟
烘烤时间： 25 分钟
提前准备： 没有糖霜的蛋糕可以冷冻储存 4 周
储存： 有糖霜的蛋糕可以储存 3 天

特殊器具
直径为 18 厘米的圆形活底蛋糕模

原料
175 克无盐黄油，软化，外加适量涂模具用
白面粉，撒粉用
230 克优质黑巧克力，掰成小块（见烘焙小贴士）
140 克细砂糖
3 个鸡蛋，蛋黄和蛋白分离
60 克杏仁粉
30 克白面包屑
½ 茶匙泡打粉
1 茶匙杏仁精
1 汤匙白兰地或朗姆酒（可选）

1 将烤箱预热至 180 摄氏度。给烤模涂油，铺上烘焙纸，薄撒一层白面粉。

2 将一半巧克力放在碗里，架在一锅微微沸腾的水上，隔水融化，融化后稍稍冷却。另用一个碗，倒入糖和 115 克黄油，一起搅打成细腻的糊状；之后一边打，一边逐个加入蛋黄；搅入巧克力。用金属勺子将剩下的原料拌进去。

3 将蛋白打至湿性发泡，拌入蛋糕糊里。将蛋糕糊舀进烤模，烘烤 25 分钟。脱模，放在网架上冷却。将剩下的巧克力和黄油放在碗里隔水融化，冷却后涂抹在蛋糕上。

软糖糖霜巧克力蛋糕

这是一款经久不衰的蛋糕，可以作为你展示手艺的招牌之一。

成品分量： 8 ~ 12 人份
准备时间： 20 分钟
烘烤时间： 40 分钟
提前准备： 没有糖霜的蛋糕可以冷冻储存 8 周
储存： 有糖霜的蛋糕可在密封容器中储存 2 天

特殊器具

2 个直径为 20 厘米的圆形活底蛋糕模

基本原料

225 克无盐黄油，软化，外加适量涂模具用

200 克自发粉

25 克可可粉

4 个大鸡蛋

225 克细砂糖

1 茶匙香草精

1 茶匙泡打粉

糖霜原料

45 克可可粉

150 克糖霜

45 克无盐黄油，融化

3 汤匙牛奶，外加适量用来稀释

1　将烤箱预热至 180 摄氏度，给烤模涂油并在底部铺上烘焙纸。把面粉和可可粉筛入碗中，再加入所有其他蛋糕原料。用电动打蛋器搅打几分钟，直到全部原料混合均匀。搅入 2 汤匙温水，用来稀释混合物。将蛋糕糊平均倒入两个烤模，抹平表面。

2　烘烤 35 ~ 40 分钟，直到蛋糕膨胀且凝固定形。把蛋糕留在烤模中冷却几分钟。脱模，放在网架上彻底冷却，拿掉烘焙纸。

3　制作糖霜。将可可粉和糖粉过筛后放入碗中，加入黄油和牛奶，打发至均匀混合。如果混合物太厚，不便涂抹，就再加一点牛奶。蛋糕凉透后分别涂上糖霜，再把两块蛋糕摞起来。

香梨巧克力蛋糕

如果你想让人眼前一亮，这款浓郁甜软的蛋糕不失为一个不错的选择。

成品分量： 6 ~ 8 人份
准备时间： 15 分钟
烘烤时间： 30 分钟
储存： 有糖霜的蛋糕可在密封容器中储存 2 天

特殊器具

直径为 20 厘米的圆形活扣蛋糕模

原料

125 克无盐黄油，软化，外加适量涂模具用

175 克细砂糖

4 个大鸡蛋，打散

250 克全麦自发粉，过筛

50 克可可粉，过筛

50 克优质黑巧克力，掰成小块（见反面的烘焙小贴士）

2 个梨，去皮去核，切碎

150 毫升牛奶

糖粉，撒粉用

1　将烤箱预热至 180 摄氏度。在烤模的内壁涂一层黄油，底部铺上烘焙纸。

2　将黄油和糖放入碗里，用电动打蛋器打发至颜色变白，变成细腻的糊状。分多次搅入鸡蛋，每次加入鸡蛋后，再加一点面粉，直到全部混合均匀。拌入可可粉、巧克力、梨，最后加入牛奶，混合均匀。

3　将蛋糕糊倒入准备好的烤模，放入烤箱烘烤约 30 分钟，直到蛋糕凝固定形且按压有弹性。把蛋糕留在烤模中冷却 5 分钟，然后拿掉烤模，把蛋糕放在网架上彻底放凉。拿掉烘焙纸，上桌前筛上糖粉。

魔鬼蛋糕

咖啡的香味使巧克力味更加浓郁，也让这款经典美式蛋糕的味道更加丰富。

成品分量： 8～10 人份

准备时间： 30 分钟

烘烤时间： 30～35 分钟

提前准备： 没有馅料的蛋糕可以冷冻储存 8 周

储存： 有馅料的蛋糕放在密封容器中，可在阴凉处储存 5 天

特殊器具

2 个直径为 20 厘米的圆形蛋糕模

基本原料

100 克无盐黄油，软化，外加适量涂模具用

275 克细砂糖

2 个大鸡蛋

200 克自发粉

75 克可可粉

1 茶匙泡打粉

1 汤匙咖啡粉，用 125 毫升沸水调开，或者使用等量的浓缩咖啡

125 毫升牛奶

1 茶匙香草精

糖霜原料

125 克无盐黄油，切块

25 克可可粉

125 克糖粉

2～3 汤匙牛奶

黑巧克力或牛奶巧克力，用来做巧克力屑

1 将烤箱预热至 180 摄氏度。给烤模涂油并在底部铺上烘焙纸。用电动打蛋器将黄油和糖打发至轻盈蓬松。

2 一边搅打，一边逐个加入鸡蛋，每加一个后都要搅拌均匀。将面粉、可可粉、泡打粉一起筛入另一个碗里，作为干性原料。再取一个碗，倒入凉咖啡、牛奶、香草精混合，作为湿性原料。

3 把干性原料和湿性原料轮流搅入黄油混合物里，每次 1 汤匙。搅拌均匀后，将蛋糕糊平均倒入两个烤模。

4 烘烤 30～35 分钟至按压有弹性，且在蛋糕中心插入扦子，再取出后扦子仍然是干净的。把蛋糕留在烤模中冷却几分钟，脱模，放在网架上彻底晾凉，拿掉烘焙纸。

5 制作糖霜。把黄油放入锅里，用小火融化。加入可可粉，继续加热 1～2 分钟，其间经常搅动。离火，稍稍冷却。

6 筛入糖粉，充分搅打均匀。一边搅拌，一边分次加入所有牛奶，每次 1 汤匙，将糖霜搅拌得顺滑有光泽，冷却（质地会变稠）。取一半糖霜涂在两片蛋糕中间，剩下的涂抹蛋糕的顶部和四周。最后，用削皮刀削出巧克力屑，均匀地撒在蛋糕顶部。

烘焙小贴士

　　即使你不喜欢咖啡蛋糕，也不要省去这个配方中的咖啡。咖啡会让蛋糕颜色更深、质地更加绵软湿润，它并不会带来明显的咖啡味，只会增强巧克力的味道。

巧克力软糖蛋糕

如果你也想像其他烘焙师一样掌握一款巧克力软糖蛋糕的配方，那么下面的这个配方就是你的最佳选项。它不仅有经典的糖霜，还加入了能留住水分的油和糖浆。

成品分量： 6～8 人份
准备时间： 40 分钟
烘烤时间： 30 分钟
提前准备： 没有馅料的蛋糕可以冷冻储存 8 周
储存： 有馅料的蛋糕放在密封容器中，可在阴凉处储存 3 天

特殊器具
2 个直径为 17 厘米的圆形蛋糕模

基本原料
150 毫升葵花子油，外加适量涂模具用
175 克自发粉
25 克可可粉
1 茶匙泡打粉
150 克浅色绵红糖
3 汤匙金黄糖浆
2 个鸡蛋
150 毫升牛奶

糖霜原料
125 克无盐黄油
25 克可可粉
125 克糖粉
2 汤匙牛奶，备用

1 将烤箱预热至 180 摄氏度。给烤模涂油并在底部铺上烘焙纸。将面粉、可可粉、泡打粉一起过筛后放入一个大碗中，加入浅色绵红糖混合均匀。

2 用小火加热金黄糖浆，糖浆变稀后离火冷却。在另一个碗里加入鸡蛋、葵花子油、牛奶，用电动打蛋器搅打均匀。

3 将蛋糊加入干性原料中，充分搅打均匀，轻轻拌入糖浆，把蛋糕糊平均倒在两个烤模里。

4 放入烤箱中层，烘烤 30 分钟至按压有弹性，且在蛋糕中心插入扦子，取出后扦子仍然是干净的。把蛋糕留在烤模中稍稍冷却，脱模，放在网架上彻底晾凉。拿掉烘焙纸。

5 制作糖霜。用小火融化黄油；搅入可可粉，继续用小火加热 1～2 分钟；离火，静置凉透；把糖粉筛入一个碗里。

6 把融化的黄油和可可粉倒入糖粉中搅打均匀。如果混合物太干，无法涂抹，可以加入牛奶稀释，每次加 1 汤匙。静置冷却，时间不能超过 30 分钟。混合物在冷却后会更加浓稠。

7 待混合物变稠后，取一半涂在两片蛋糕中间，剩下的涂抹蛋糕的顶部。

烘焙小贴士

　　这种糖霜常常出现在各种巧克力蛋糕的配方中。时间稍久的糖霜在微波炉中加热 30 秒，就会重新化成细腻黏稠的巧克力酱。这款蛋糕搭配香草冰激凌，就是一道美味方便的饭后甜点。

巧克力慕斯（烤箱版）

这款经典的慕斯十分容易制作，连新手也能轻松掌握。切分时需要用锋利的刀子蘸着热水来切，每切一刀都要把刀子擦干净。

成品分量： 8～12 人份
准备时间： 20 分钟
烘烤时间： 1 小时

特殊器具
直径为 23 厘米的圆形活扣蛋糕模

原料
250 克无盐黄油，切成方块
350 克优质黑巧克力，掰成小块
250 克浅色绵红糖
5 个大鸡蛋，蛋黄和蛋白分离
一小撮盐
可可粉或糖粉，撒粉用
浓奶油，搭配食用（可选）

1 将烤箱预热至 180 摄氏度。在烤模底部铺上烘焙纸。把一个耐热的大碗架在一锅微微沸腾的水上（注意碗底不要碰到水），把黄油和巧克力一起放到碗里融化，轻轻搅动，形成顺滑又有光泽的巧克力糊。

2 锅离火，稍冷却后加入糖，搅拌均匀后逐个搅入蛋黄。

3 将蛋白和盐放入料理盆，用电动打蛋器打发至湿性发泡，再分次拌入巧克力混合物里。倒入蛋糕模中，抹平表面。

4 烘烤 1 小时，直到慕斯表面凝固定形，但摇晃烤模时慕斯中心仍然会晃动。在烤模中完全冷却。取出慕斯，拿掉烘焙纸。上桌前筛上可可粉或糖粉，在旁边放一团浓奶油。

烘焙小贴士

　　如果想让慕斯的口感湿润到几乎黏稠，就不要烤太长时间。取出烤箱时，慕斯的中心部位应该刚刚凝固，且用手指轻轻按压时不会塌陷或回弹。

德式苹果蛋糕

原本普通的苹果蛋糕，加上一层香脆的糖粉奶油末后，立刻变得不同寻常。

1 制作糖粉奶油末。把面粉、糖、肉桂粉放入料理盆。

2 用指尖轻轻将黄油揉进混合物，形成一个粗糙的面团。

3 用保鲜膜包住面团，放入冰箱冷藏30分钟。

4 将烤箱预热至190摄氏度。给烤模涂一层黄油并铺上烘焙纸。

5 黄油和糖放在碗里，打发成发白、细腻的糊状。

6 加入柠檬皮屑，慢速搅打至柠檬皮分布均匀。

7 逐次少量搅入蛋液，每次加入后都要搅打均匀，避免结块。

8 筛入面粉，用金属勺轻轻翻拌均匀。

9 最后，加入牛奶，轻轻混合均匀。

成品分量：6～8 人份
准备时间：30 分钟
冷藏时间：30 分钟
烘烤时间：45～50 分钟

特殊器具
直径为 20 厘米的活底蛋糕模

基本原料
175 克无盐黄油，软化，外加适量涂模具用
175 克浅黑糖

1 个柠檬的碎皮屑
3 个鸡蛋，打散
175 克自发粉
3 汤匙牛奶
2 个偏酸的苹果，去皮去核，切成均等的扇形薄片

糖粉奶油末原料
115 克白面粉
85 克浅黑糖
2 茶匙肉桂粉
85 克无盐黄油，切丁

10 将一半蛋糕糊放入准备好的烤模，用抹刀抹平表面。

11 将一半苹果片铺在蛋糕糊上。好看的苹果片要留着铺到上层，这时先不要用。

12 把剩下的蛋糕糊倒在苹果上，用抹刀抹平表面。

13 把剩下的苹果铺上去，铺得美观一些。

14 从冰箱里取出糖粉奶油末面团，擦成粗末。

15 把粗末均匀地撒在蛋糕上。

16 把烤模放入烤箱中心位置，烘烤 45 分钟。取出后，将一根扦子插入蛋糕中心。

17 拿出扦子，如果上面沾着蛋糕糊，就再烤几分钟，然后再用扦子测试。

18 冷却 10 分钟，然后小心地脱模，趁热上桌。

苹果蛋糕变种

太妃酱苹果蛋糕

　　焦糖苹果给蛋糕增添了美妙的苹果太妃糖味道，最后淋上去的酱汁让蛋糕更加湿润甜美。

成品分量： 8 ～ 10 人份
准备时间： 40 分钟
烘烤时间： 40 ～ 45 分钟
储存： 蛋糕在密封容器中可储存 3 天，冷冻可储存 4 周

特殊器具
直径为 22 厘米的圆形活扣蛋糕模

原料
200 克无盐黄油，软化，外加适量涂模具用
50 克细砂糖
250 克苹果，去皮去核，切块
150 克浅色绵红糖
3 个鸡蛋
150 克自发粉
满满 1 茶匙泡打粉
打发奶油或糖粉，搭配食用（可选）

1　将烤箱预热至 180 摄氏度。给烤模涂一层黄油并铺上烘焙纸。将细砂糖和 50 克黄油放入一个大平底锅中，用小火加热至融化且颜色变得焦黄。加入苹果块，用小火煎 7 ～ 8 分钟，直到苹果开始变软、形成焦糖。

2　用电动打蛋器将剩余的黄油和糖一起打发至轻盈蓬松。逐个加入鸡蛋，每加一个后都要搅打均匀。面粉和泡打粉一起筛入混合物，轻轻翻拌均匀。

3　用漏勺将苹果捞出来，把锅里剩余的果汁放在一旁备用。把苹果铺在模具底部，将蛋糕糊舀到苹果上。模具下面放一个有边的烤盘，方便接住滴下来的果汁，再放入烤箱中心 40 ～ 45 分钟。冷却几分钟后，脱模放在网架上。

4　把装有剩余果汁的平底锅用小火加热，热透即可。用扦子在蛋糕表面扎洞，把蛋糕放入盘中，浇上苹果糖浆，让糖浆渗入蛋糕。可以趁热搭配打发奶油食用，也可以晾凉后撒上糖粉食用。

意大利风味苹果派

最好选用偏硬、偏甜的苹果来制作这款湿润结实的意大利蛋糕。

成品分量： 8 人份
准备时间： 20 ～ 25 分钟
烘烤时间： 1 小时 15 分钟 ～ 1 小时 30 分钟
储存： 蛋糕在密封容器中可储存 2 天，冷冻可储存 8 周

特殊器具
直径为 23 ～ 25 厘米的圆形活扣蛋糕模

原料
175 克无盐黄油，软化，外加适量涂模具用
175 克白面粉，外加适量撒粉用
½ 茶匙盐
1 茶匙泡打粉
1 个柠檬的碎皮屑和果汁
625 克苹果，去皮去核，切片
200 克细砂糖，外加 60 克制作淋面
2 个鸡蛋
4 汤匙牛奶

1 将烤箱预热至 180 摄氏度。给烤模涂一层黄油并撒一点面粉。面粉、盐、泡打粉过筛。在苹果片上裹一层柠檬汁。

2 用电动打蛋器在大碗里将黄油搅打成细腻柔软的糊状。加入糖和柠檬皮屑，打发至轻盈蓬松。逐个加入鸡蛋，每加一个后都要充分搅拌。分次搅入牛奶，直到混合物均匀顺滑。

3 加入干性原料和一半苹果片，翻拌均匀。将混合物舀到烤模里，抹平表面。用剩下的苹果片在蛋糕顶上摆一个圈。烘烤 1 小时 15 分钟 ～ 1 小时 30 分钟，直到扦子插进蛋糕拿出来后依然干净，这时的蛋糕应该还是湿润的。

4 烤制的同时，制作淋面。将 4 汤匙水和剩下的糖一起放入锅中，用小火加热至糖融化。开大火烧开，再调至小火加热 2 分钟，其间不要搅拌。离火冷却。

5 把蛋糕取出烤箱后，立即将淋面刷到蛋糕顶部。把蛋糕留在烤模中冷却，之后再转移到盘子里。

葡萄干山核桃苹果蛋糕

这款蛋糕里面有大量的水果和坚果，因此制作时只需要添加很少的油脂。每当我想做一个健康一些的蛋糕时，它就成了一个美味又明智的选择。

成品分量： 10 ～ 12 人份
准备时间： 25 分钟
烘烤时间： 30 ～ 35 分钟
储存： 蛋糕在密封容器中可储存 3 天

特殊器具
直径为 23 厘米的圆形活扣蛋糕模

原料
黄油，涂模具用
50 克山核桃仁
200 克苹果，去核去皮，切成小块
150 克浅色绵红糖
250 克自发粉
1 茶匙泡打粉
2 茶匙肉桂粉
一小撮盐
3½ 汤匙葵花子油
3½ 汤匙牛奶，外加少许备用
2 个鸡蛋
1 茶匙香草精
50 克无籽葡萄干
打发奶油或糖粉，搭配食用（可选）

1 将烤箱预热至 180 摄氏度。给烤模涂一层黄油并在底部铺上烘焙纸。将坚果放到烤盘上，烤 5 分钟至酥脆。冷却后大致切碎。

2 将苹果和糖放入一个大碗中混合均匀，筛入面粉、泡打粉、盐、肉桂粉，翻拌均匀。在一个大量杯里打发葵花子油、牛奶、鸡蛋、香草精。

3 将牛奶混合物倒入干性材料里，充分搅拌均匀。拌入山核桃和无籽葡萄干，倒入准备好的烤模中。

4 将烤模放入烤箱中心烤 30 ～ 35 分钟，直到插入扦子再拿出后依然干净。把蛋糕留在烤模里冷却几分钟，脱模，放到网架上，拿掉烘焙纸。可以趁热搭配打发奶油食用，也可以放凉后筛上糖粉食用。

大黄生姜翻转蛋糕

有了鲜嫩大黄的加入，经典的翻转蛋糕也变得新颖起来。

1 将烤箱预热至 180 摄氏度。融化一点黄油，用刷子蘸取黄油涂抹烤模。

2 在烤模底部及内壁铺上烘焙纸。

3 清洗大黄，切除茎干两端变色干瘪的部分。

4 用锋利的刀具将大黄切成 2 厘米长的小段。

5 将少量糖均匀地撒在烤模底部。

6 取一半姜末，均匀地撒在烤模底部。

7 将大黄紧密地铺在烤盘里，覆盖烤模底部。

8 把黄油和剩余的糖放入一个大碗中。

9 用电动打蛋器将黄油和糖打发至轻盈蓬松。

成品分量：6～8 人份　　　**特殊器具**　　　　　　　　**原料**　　　　　　　　　　　3 个大鸡蛋

准备时间：40 分钟　　　直径为 22 厘米的圆形活扣蛋糕模　150 克无盐黄油，软化，外加适　150 克自发粉

烘烤时间：40～45 分钟　　　　　　　　　　　　　　　量涂模具用　　　　　　　　　2 茶匙姜粉

储存：蛋糕放在密封容器中，可　　　　　　　　　　　500 克粉色嫩大黄　　　　　1 茶匙泡打粉

在阴凉处储存 2 天　　　　　　　　　　　　　　　　150 克深色绵红糖　　　　　双倍奶油，打发或法式酸奶油，

　　　　　　　　　　　　　　　　　　　　　　　　　4 汤匙腌姜茎，切成细末　　搭配食用（可选）

10　一边搅打，一边逐个加入鸡蛋，尽量打入更　13　将过筛后的干性材料加入蛋糊里。
　　多空气。

　　　　　　　　　　　　　　　　　　　　14　轻柔地把干性材料拌入蛋糊，注意保持蛋糊
11　将剩下的姜末放入蛋糊中，轻柔地翻拌均匀。　　　的体积。

12　将面粉、姜粉、泡打粉一起筛入另一个碗里。　15　将蛋糊舀到烤模里，注意不要打乱大黄。

16　将烤模放入烤箱中心，烤 45 分钟至按压有
　　弹性。

17　把蛋糕留在烤模里冷却 20～30 分钟，之
　　后小心地脱模。

18　搭配打发奶油或法式酸奶油食用，冷热均可。

更多新鲜水果蛋糕

樱桃杏仁蛋糕

它经典的味道很受客人们的欢迎。

成品分量： 8～10 人份

准备时间： 20 分钟

烘烤时间： 1 小时 30 分钟～1 小时 45 分钟

储存： 蛋糕在密封容器中可储存 2 天，冷冻可储存 4 周

特殊器具

直径为 20 厘米的圆形活扣深蛋糕模

原料

150 克无盐黄油，软化，外加适量涂模具用

150 克细砂糖

2 个大鸡蛋，打散

250 克自发粉

1 茶匙泡打粉

150 克杏仁粉

1 茶匙香草精

75 毫升全脂牛奶

400 克去核樱桃

25 克去皮杏仁，切碎

1　将烤箱预热至 180 摄氏度。给烤模涂油，并在底部铺上烘焙纸。在一个碗里将黄油和糖打发成细腻的糊状。逐个搅入鸡蛋，每加入一个鸡蛋后，都再加入 1 汤匙面粉。

2　加入剩下的面粉、泡打粉、杏仁粉、香草精、牛奶，混合均匀。加入一半的樱桃，混合均匀。把混合物舀到烤模里，抹平表面。把剩下的樱桃和杏仁撒在表面。

3　烘烤 1 小时 30 分钟～1 小时 45 分钟，直到表面焦黄且摸上去凝固定形。插入扦子，拿出后扦子仍然是干净的即为熟透。如果蛋糕还没有熟透，但是颜色已经变棕，就在上面盖一张锡纸。蛋糕熟透后，在烤模中停留几分钟，然后取掉锡纸和烘焙纸，放到网架上彻底冷却。

梨子蛋糕

这款蛋糕里有酸奶、杏仁和新鲜的梨，因此非常湿润。

成品分量： 6～8 人份
准备时间： 40 分钟
烘烤时间： 45～50 分钟
储存： 蛋糕放在密封容器中，在阴凉处可储存 3 天；冷冻可储存 8 周

特殊器具
直径为 18 厘米的圆形活扣蛋糕模

基本原料
100 克无盐黄油，软化，外加适量涂模具用
75 克浅色绵红糖
1 个鸡蛋，打散
125 克自发粉
1 茶匙泡打粉
1/2 茶匙姜粉
1/2 茶匙肉桂粉
1/2 个橙子的果汁和碎皮屑
4 汤匙希腊酸奶或酸奶油
25 克杏仁粉
1 个大梨或 2 个小梨，去皮去核，切片

顶部原料
2 汤匙烤过的杏仁片
2 汤匙金砂糖

1 将烤箱预热至 180 摄氏度。给烤模涂黄油并在底部铺上烘焙纸。将黄油和糖打发至轻盈蓬松，向里面打入鸡蛋。

2 将面粉、泡打粉、姜粉、肉桂粉混合过筛，非常轻柔地拌进黄油鸡蛋糊里。拌入橙皮、橙汁、希腊酸奶或酸奶油、杏仁粉。将一半蛋糕糊倒入烤模，铺上梨片，再倒入剩下的蛋糕糊。

3 在小碗里将杏仁片和金砂糖混合在一起，撒在蛋糕顶部。放在烤箱中心位置，烘烤 45～50 分钟至插入扦子拿出后依然干净。

4 把蛋糕留在烤模中冷却 10 分钟，然后脱模，放在网架上冷却。趁热或常温食用。

蓝莓翻转蛋糕

这个独特的配方可以在短时间内将蓝莓和一些常见的食材变成一道可供多人享用的美味甜点。

成品分量： 8～10 人份
准备时间： 15 分钟
烘烤时间： 35～40 分钟
储存： 蛋糕在密封容器中可储存 2 天

特殊器具
直径为 22 厘米的圆形活扣蛋糕模

原料
150 克无盐黄油，软化，外加适量涂模具用
150 克细砂糖
3 个鸡蛋
1 茶匙香草精
100 克自发粉
1 茶匙泡打粉
50 克杏仁粉
250 克新鲜蓝莓
奶油、香草卡仕达酱或糖粉，搭配食用（可选）

1 将烤箱预热至 180 摄氏度，在里面放一个烤盘。给蛋糕模涂黄油并在底部铺上烘焙纸。用电动打蛋器将黄油和糖打发至轻盈蓬松。

2 分次加入鸡蛋和香草精，每次加入后都要搅打均匀，直到完全混合。面粉、泡打粉过筛，与杏仁粉一起拌入蛋糊。

3 把蓝莓倒入烤模，将蛋糕糊倒在蓝莓上，轻轻推平。将烤模放在烤盘上，在烤箱中间位置烘烤 35～40 分钟，直到蛋糕表面焦黄且按压有弹性，插入扦子拿出后依然干净。把蛋糕留在烤模中冷却几分钟，然后脱模。

4 将蛋糕放在盘子上。可以加上奶油或香草卡仕达酱，趁热食用；也可以放凉后筛上糖粉食用。

巴伐利亚李子蛋糕

这是一款结合了甜面包与水果蛋挞的独特蛋糕，诞生于以甜甜的烘焙制品闻名的巴伐利亚。

成品分量： 8～10人份

准备时间： 35～40分钟

发酵和醒发时间： 2小时～2小时45分钟

烘烤时间： 50～55分钟

储存： 蛋糕在密封容器中冷藏可储存2天，冷冻可储存4周

特殊器具

直径为28厘米的挞模

基本原料

1½茶匙干酵母

蔬菜油适量，涂模具用

375克白面粉，外加适量撒粉用

2汤匙细砂糖

1茶匙盐

3个鸡蛋

125克无盐黄油，软化，外加适量涂模具用

馅料原料

2汤匙干面包屑

875克紫李子，去核，每个李子切成4瓣

2个鸡蛋的蛋黄

100克细砂糖

60毫升双倍奶油

1 用小碗盛60毫升温水，撒入酵母，静置5分钟让酵母溶解。在另一个碗里薄薄地涂一层油。把面粉筛到操作台上，在面粉中心挖一个小坑，加入糖、盐、酵母混合物和鸡蛋。

2 把所有原料搅成软面团，如果面团太黏就再加点面粉。把面团放在撒过面粉的操作台上，揉捏10分钟至产生弹性。这时的面团应该是稍有一点黏，但可以轻松地从操作台上拿起来的状态。

3 把黄油加入面团，揉捏融合，然后把面团揉光滑。把面团揉成球形，放入涂过油的碗里。把碗盖住放入冰箱，发酵1小时30分钟～2小时或一夜，直到面团体积翻倍。

4 给挞模涂油。轻轻按压面团，排出多余的气体。在操作台上撒一层面粉，将面团擀成直径为32厘米的圆形。用擀面杖卷起面饼，松松地铺在挞模上。把面饼按入挞模，剪掉多余的部分。

5 把面包屑撒在面饼上。将李子切面朝上，在面饼上摆成一个圆形。在室温下静置30～45分钟，直到面饼边缘膨胀。同时，在烤箱里放一个烤盘，将烤箱预热至220摄氏度。

6 制作卡仕达酱。在碗里加入蛋黄和⅔的糖，倒入双倍奶油，搅打均匀，放到一旁备用。

7 把剩余的糖撒在李子上。把挞模放在热的烤盘上，烘烤5分钟。取出烤模，把烤箱温度降至180摄氏度。

8 把卡仕达酱倒在李子上，放回烤箱。烘烤45分钟，烤至饼皮颜色变深，水果变软，卡仕达酱刚刚凝固。放到网架上冷却，趁热或常温食用。

烘焙小贴士

　　刚出烤箱时的卡仕达酱不应该完全凝固,中心应该能够随着烤模的晃动而轻颤。不然冷却后会失去柔软滑腻的质感,变得像橡胶一样硬。

香蕉蛋糕

    熟透了的香蕉捣成泥，烤成这款类似面包的香甜蛋糕，香料和坚果为它增添了多重的味道和脆脆的口感。可以把它切成片，抹上奶油干酪或黄油后享用；切片后再烘烤一下，味道也很不错。

成品分量: 2 条
准备时间: 20 ～ 25 分钟
烘烤时间: 35 ～ 40 分钟
储存: 蛋糕在密封容器中可储存 3 ～ 4 天，冷冻可储存 8 周

特殊器具
2 个容量为 450 克的面包模

原料
无盐黄油，用来涂模具
375 克高筋白面包粉，外加适量撒粉用
2 茶匙泡打粉
2 茶匙肉桂粉
1 茶匙盐
125 克核桃仁，粗略切碎
3 个鸡蛋
3 根熟透的香蕉，去皮切块
1 个柠檬的果汁和碎皮屑
125 毫升蔬菜油
200 克细砂糖
100 克绵红糖
2 茶匙香草精
奶油干酪或黄油，搭配食用（可选）

1 将烤箱预热至 180 摄氏度，并给每个面包模涂油。

2 在每个烤盘中撒 2～3 汤匙面粉。轻轻转动烤盘，让面粉覆盖黄油，然后轻轻敲掉多余的面粉。

3 将面粉、泡打粉、肉桂粉、盐筛入一个大碗，加入核桃仁混合。

4 在面粉混合物的中央挖一个坑，准备倒入湿性材料。

5 在另一个碗中，用叉子或手持打蛋器打散鸡蛋。

6 再拿一个碗，用叉子将香蕉碾成顺滑的糊状。

7 把香蕉糊加到鸡蛋液里，再加入柠檬皮屑搅拌均匀。

8 搅入油、细砂糖、绵红糖、香草精、柠檬汁。

9 将¾的混合物倒入面粉中间的小坑里，搅拌均匀。

10 一点点地拌匀，直到没有干粉，然后加入剩余的香蕉糊。

11 搅拌至顺滑即停止。如果搅拌过度，香蕉面包就会太硬。

12 把混合物平均舀到两个烤模中，填至半满。

13 烘烤35～40分钟，烤至面包开始回缩，边缘脱离烤模。

14 用扦子分别插入两个面包中心，拿出来时扦子应该是干净的。

15 待面包稍冷却后，转移到网架上彻底晾凉。

各种长条蛋糕

苹果长条蛋糕

这是一款由苹果和全麦面粉制成的健康蛋糕。

成品分量： 1 条

准备时间： 30 分钟

烘烤时间： 40～50 分钟

储存： 蛋糕在密封容器中可储存 3 天，冷冻可储存 8 周

特殊器具

容量为 900 克的面包模

原料

120 克无盐黄油，软化，外加适量涂模具用

60 克浅色绵红糖

60 克细砂糖

2 个鸡蛋

1 茶匙香草精

60 克自发粉，外加适量用来搅拌

60 克全麦自发粉

1 茶匙泡打粉

2 茶匙肉桂粉

2 个苹果，去皮去核，切块

1 将烤箱预热至 180 摄氏度。给烤模涂黄油并在底部铺上烘焙纸。在一个碗里用电动打蛋器打发黄油和糖。

2 一边搅打，一边逐个加入鸡蛋；搅入香草精。将面粉、泡打粉、肉桂粉一起筛入另一个碗中。将干性原料加到蛋糕里，翻拌均匀。

3 将苹果块裹上少许自发粉，再拌到蛋糕糊里。放入烤箱中心，烘烤 40～50 分钟至表面焦黄。稍冷却后，脱模，放在网架上。

烘焙小贴士

在将干果或新鲜水果放进湿性材料之前，都需要先裹上少量面粉。这一层面粉外衣可以避免水果在制作过程中沉底，确保它们均匀地分布在整个蛋糕中。

红薯面包

这是一款外观和质地都与香蕉面包很像的甜面包。

成品分量： 1 条

准备时间： 10 分钟

烘烤时间： 1 小时

储存： 蛋糕在密封容器中可储存 3 天，冷冻可储存 4 周

特殊器具

容量为 900 克的面包模

原料

100 克无盐黄油，软化，外加适量涂模具用

175 克红薯，去皮切块

200 克白面粉

2 茶匙泡打粉

一小撮盐

½ 茶匙混合香料

½ 茶匙肉桂粉

125 克细砂糖

50 克山核桃，大致切碎

50 克大枣，切碎

100 毫升葵花子油

2 个鸡蛋

1 给烤模涂黄油并铺上烘焙纸。把红薯放入锅里，加水没过，先用大火煮开，再调成小火煮约 10 分钟至红薯变软。将红薯捣成泥，静置冷却。

2 将烤箱预热至 170 摄氏度。将面粉、泡打粉、盐、香料、糖一起过筛后放入一个大碗中。加入山核桃和大枣，搅拌均匀。在混合物中心挖一个坑。

3 在一个大量杯里将鸡蛋和油打发至乳化，加入红薯，搅拌至顺滑。将它们倒进干性材料中，搅拌至均匀顺滑。

4 将面包糊倒入烤模中，用抹刀抹平表面。放入烤箱中心烤 1 小时，烤至面包膨胀且扦子插入再拿出后依然干净。冷却 5 分钟后再脱模。

山核桃蔓越莓长条蛋糕

蔓越莓干完美地取代了常见的葡萄干，让蛋糕更加香甜出众。

成品分量： 1 条
准备时间： 30 分钟
烘烤时间： 50 ～ 60 分钟
储存： 蛋糕在密封容器中可储存
3 天，冷冻可储存 4 周

特殊器具
容量为 900 克的面包模

原料
100 克无盐黄油，软化，外加适
量涂模具用
100 克浅色绵红糖
75 克蔓越莓干，大致切碎
50 克山核桃仁，大致切碎
2 个橙子的碎皮屑
1 个橙子的果汁
2 个鸡蛋
125 毫升牛奶
225 克自发粉
½ 茶匙泡打粉
½ 茶匙肉桂粉
100 克糖粉，过筛

1　将烤箱预热至 180 摄氏度。给
烤模涂油并铺上烘焙纸。将黄
油放入锅中融化，融化后离
火，待其稍稍冷却，搅入糖、
蔓越莓、山核桃、1 个橙子的
碎皮屑。在碗里把鸡蛋和牛奶
搅打混合后，也倒入锅里。

2　将面粉、泡打粉、肉桂粉一起
筛入另一个碗里，再放进湿
性材料里翻拌均匀。把蛋糕糊
倒入模具，放入烤箱中心烘烤
50 ～ 60 分钟，待其稍微冷却
后脱模。

3　将糖粉和剩下的橙子皮屑混
合，加入适量的橙汁，调成黏
稠的糖浆，淋到冷却的蛋糕
上，晾干后切片。

巴拉布里斯

这是一款来自威尔士的甜面包,又被称作"斑点面包"。建议涂上黄油趁热
食用,最好能在制作当天吃完。

成品分量: 2 条
准备时间: 40 分钟
发酵和醒发时间: 3 ~ 4 小时
烘烤时间: 25 ~ 40 分钟
储存: 蛋糕在密封容器中可储存
2 天,冷冻可储存 8 周(见烘焙
小贴士)

特殊器具
2 个容量为 900 克的面包模(可选)

原料
2 茶匙干酵母
250 毫升温牛奶
60 克细砂糖,外加 2 汤匙撒在面
包上
1 个鸡蛋,打散
500 克高筋白面包粉,外加适量
撒粉用
1 茶匙盐
60 克无盐黄油,软化,外加适量
涂模具用
1 茶匙混合香料
油,涂模具用
225 克混合水果干(有籽葡萄干、
无籽葡萄干、混合果皮)

1 将酵母和 1 茶匙细砂糖搅入牛
奶,在温暖的地方放置 10 分
钟至产生气泡,加入鸡蛋液
(不要全加进去,留下一点刷
面用)。

2 将面粉、盐、黄油一起揉成细
面包屑状,搅入混合香料和剩
余的糖。在干性原料中间挖一
个坑,倒入牛奶混合物。用手
混合在一起,揉成一个发黏的
面团。

3 将面团放到撒过一层面粉的操
作台上揉 10 分钟,直到面团
呈现柔韧但仍比较黏的状态。
如果无法把面团揉成球,就分
次加入更多面粉,每次加 1 汤
匙。将面团放入薄涂过一层油
的碗中,盖上保鲜膜,放在温
暖的地方发酵 1 小时 30 分钟~
2 小时,直到面团体积变成原
来的 2 倍。

4 将面团放到撒过面粉的操作台
上,用拳头捶打出空气,轻轻
按压至 2 厘米厚。撒上水果干,
将面团的四周向中间包起,恢
复成球状。

5 可以把面团揉成你想要的形
状,放到涂好油的烤盘上;也
可以把它分成两半,放入涂好
油的面包模里。用涂了油的保
鲜膜或干净的茶巾盖住,在
温暖的地方醒发 1 小时 30 分
钟~ 2 小时,直到面团的体积
再次翻倍。

6 同时,将烤箱预热至 190 摄
氏度。在面包上刷一点蛋液,
撒 1 汤匙细砂糖。面包模中
的面包需要烤 25 ~ 30 分钟,
自己塑形的大面包则需要烤
35 ~ 40 分钟。烤到一半时,
用锡纸或烘焙纸盖住,防止面
包颜色过深。

7 面包表面呈焦黄色,摸上去凝
固定形,轻敲底部有中空的声
音时,就说明烤好了。面包需
要冷却 20 分钟后再切开,这
是因为面包在取出烤箱后还会
继续熟成,太早切开会放走内
部的蒸气,导致面包变硬。

烘焙小贴士
　　由于制作时需要花很长的时
间发酵和醒发,所以最好一次烤
好两条面包,将其中一条冷冻保
存。做好的面包可以吃好几天,
每次食用前稍稍烤一下即可;也
可以将面包切片,做成黄油面包
布丁(见第 93 页)。

节庆蛋糕

CELEBRATION CAKES

英式圣诞水果蛋糕

这是一款湿润且满是水果的美味蛋糕，十分适合用于圣诞聚餐、婚礼、生日聚餐等场合。

成品分量： 16 人份
准备时间： 25 分钟
浸泡时间： 一夜
烘烤时间： 2 小时 30 分钟
提前准备： 无糖霜的蛋糕可储存 8 周

特殊器具

直径为 20 ～ 25 厘米的圆形深蛋糕模

原料

200 克无籽葡萄干
400 克有籽葡萄干
350 克西梅干，切碎
350 克糖渍车厘子
2 个小苹果，去皮去核，切块
600 毫升苹果酒
4 茶匙混合香料
200 克无盐黄油，软化
175 克红糖
3 个鸡蛋，打散
150 克杏仁粉
280 克白面粉
2 茶匙泡打粉
400 克成品杏仁蛋白软糖
2 ～ 3 汤匙杏酱
3 个大鸡蛋的蛋白
500 克糖粉

1 将无籽葡萄干、有籽葡萄干、西梅干、车厘子、苹果、苹果酒、混合香料放入小锅中。

2 沸腾后调成中火，加盖煮 20 分钟，煮干大部分液体。

3 离火，在室温下放置一夜，让水果继续吸收液体。

4 将烤箱预热至 160 摄氏度。给模具铺上两层烘焙纸。

5 在一个大碗里用电动打蛋器将黄油和糖打发蓬松。

6 少量多次地加入蛋液，每次加入后都要充分搅打均匀，避免结块。

7 轻柔地拌入水果和杏仁粉，尽量保持混合物的体积不变。

8 筛入面粉、泡打粉，轻轻翻拌均匀。

9 将蛋糕糊舀入准备好的模具中，盖上锡纸，烘烤 2 小时 30 分钟。

10 测试蛋糕是否烤熟：将一根扦子插入蛋糕中心再拿出来，扦子应该还是干净的。

11 蛋糕在模具里稍冷却，然后脱模放到网架上彻底晾凉，拿下烘焙纸。

12 将蛋糕修理平整，转移到蛋糕托盘上，用一些杏仁蛋白软糖固定住。

13 加热果酱，厚厚地刷在整个蛋糕上。果酱会帮助杏仁蛋白软糖黏在蛋糕上。

14 在撒了一层薄面粉的操作台上将杏仁蛋白软糖揉软。

15 将揉软的杏仁蛋白软糖擀平，直到它的大小可以盖住蛋糕。

16 将杏仁蛋白软糖挂在擀面杖上，拿到蛋糕上方。

17 用手轻轻地把杏仁蛋白软糖铺到蛋糕上，抚平所有凸起。

18 用锋利的小刀切除蛋糕底部多余的软糖。

19 把蛋白放到碗里，筛入糖粉，搅拌均匀。

20 用电动打蛋器打发10分钟至混合物变硬。

21 用抹刀将糖霜抹到蛋糕上。

英式圣诞水果蛋糕 ▶

水果蛋糕变种

西梅巧克力甜点蛋糕

浸泡过的西梅给这款浓郁的深色蛋糕添加了温暖的味道，让它成为完美的冬季甜点之一。

成品分量： 8～10人份
准备时间： 30分钟
浸泡时间： 一夜
烘烤时间： 40～45分钟
储存： 蛋糕在密封容器中可储存5天，冷冻可储存8周

特殊器具

直径为22厘米的圆形活扣蛋糕模

原料

100克即食西梅干，切碎
100毫升白兰地或红茶
125克无盐黄油，软化，外加适量涂模具用
250克优质黑巧克力，掰成小块
3个鸡蛋，蛋黄和蛋白分离
150克细砂糖
100克杏仁粉
可可粉，过筛，撒粉用
双倍奶油，打发，搭配食用（可选）

1 提前将西梅干在白兰地或红茶中浸泡一夜。将烤箱预热至180摄氏度。给烤模涂黄油并铺上烘焙纸。

2 将巧克力和黄油放入一个隔热的碗里，架在一锅微微沸腾的水上慢慢融化，融化后离火冷却。用电动打蛋器将蛋黄和糖搅打均匀。在另一个碗里将蛋白打发至湿性发泡。

3 把冷却后的巧克力倒进蛋黄混合物中。加入杏仁粉、西梅干、泡西梅干的液体，翻拌均匀。搅入2汤匙蛋白，稍稍稀释混合物，再轻柔地拌入剩下的蛋白。

4 将蛋糕糊倒入烤模中，烘烤40～45分钟，烤至按压有弹性但中心位置仍较软。让蛋糕在烤模中冷却一会儿，然后脱模，放到网架上冷却，拿掉烘焙纸。

5 将蛋糕倒过来放在盘中，让较平滑的一面向上。将可可粉过筛后撒在蛋糕上，搭配双倍奶油食用。

茶点面包

这是一个很简单的配方。注意不要把浸泡用的液体倒掉。

成品分量： 8 ～ 10 人份
准备时间： 20 分钟
浸泡时间： 一夜
烘烤时间： 1 小时
储存： 面包在密封容器中可储存5 天，冷冻可储存 4 周

特殊器具
容量为 900 克的面包模

原料
250 克混合水果干（有籽葡萄干、无籽葡萄干、混合果皮）
100 克浅色绵红糖
250 毫升凉红茶
无盐黄油，涂模具用
50 克核桃或榛子，大致切碎
1 个鸡蛋，打散
200 克自发粉

1　提前将水果干和糖混合，用凉茶浸泡一夜。将烤箱预热至180 摄氏度。给烤模涂油并在底部铺上烘焙纸。

2　把坚果和蛋液加入泡有水果干的凉茶里，搅拌均匀。筛入面粉，翻拌均匀。

3　在烤箱中心烘烤 1 小时，至表面焦黄且按下去有弹性。

4　把蛋糕留在烤模中冷却几分钟。脱模，放在网架上彻底冷却，拿掉烘焙纸。这款面包适合切片或烤一下后搭配黄油食用。

轻杂果蛋糕

并不是所有人都欣赏得了味道浓郁的传统水果蛋糕，尤其是在刚刚结束一顿丰盛的宴会大餐之后。下面是一款水果含量更少的轻盈版水果蛋糕，制作起来快捷简单，可以用来替代传统的水果蛋糕。

成品分量： 8 ～ 12 人份
准备时间： 25 分钟
烘烤时间： 1 小时 45 分钟
储存： 蛋糕在密封容器中可储存3 天，冷冻可储存 8 周

特殊器具
直径为 20 厘米的圆形深蛋糕模

原料
175 克无盐黄油，软化
175 克浅色绵红糖
3 个大鸡蛋
250 克自发粉，过筛
2 ～ 3 汤匙牛奶
300 克混合水果干（有籽葡萄干、无籽葡萄干、糖渍樱桃、混合果皮）

1　将烤箱预热至 180 摄氏度。给烤模涂油并铺上烘焙纸。

2　将黄油和糖放入碗里，用电动打蛋器打发成发白细腻的糊状。一边搅打，一边逐个加入鸡蛋，每加一个后都再加一点自发粉。拌入牛奶和剩余的面粉，加入水果干，翻拌均匀。

3　将蛋糕糊舀进准备好的烤模里，抹平表面，烘烤 1 小时 30分钟～ 1 小时 45 分钟至凝固定形。将一根扦子插入蛋糕，拿出后扦子应该依然干净。把蛋糕留在烤模中彻底冷却，脱模，拿掉烘焙纸。

李子布丁

这道经典的圣诞美食因里面的李子干而得名。下面这个配方用黄油取代了传统的牛油。

成品分量: 8～10 人份
准备时间: 45 分钟
浸泡时间: 一夜
蒸制时间: 8～10 小时
储存: 布丁密封后在阴凉处或冷冻中可储存 1 年

特殊器具
容量为 1 千克的布丁碗

原料
85 克有籽葡萄干
60 克醋栗
100 克无籽葡萄干
45 克混合果皮,切碎
115 克混合水果干,如无花果干、大枣干、樱桃干等
150 毫升啤酒
1 汤匙威士忌或白兰地
1 个橙子的碎皮屑和果汁
1 个柠檬的碎皮屑和果汁
85 克即食李子干,切碎
150 毫升凉红茶
1 个苹果,去皮去核,擦成末
115 克无盐黄油,融化,外加适量涂模具用
175 克深色绵红糖
1 汤匙黑糖浆
2 个鸡蛋,打散
60 克自发粉
1 茶匙混合香料
115 克新鲜白面包屑
60 克杏仁碎
白兰地黄油、奶油或卡仕达酱,搭配食用(可选)

1 将前 9 种原料放入一个大碗中,混合均匀。将李子放入小碗中,倒入红茶,盖住浸泡一夜。

2 沥干李子,倒掉剩下的茶。把李子和苹果加到其他水果中,再加入黄油、糖、糖浆和鸡蛋,搅拌均匀。

3 筛入面粉和混合香料,再搅入面包屑和杏仁碎,搅拌至所有原料都混合均匀。

4 把混合物倒入涂好油的布丁碗中。在布丁碗上面盖两层烘焙纸和一层锡纸,用绳子固定。把布丁碗放到一锅微微沸腾的水里,水深应超过布丁碗的一半。蒸 8～10 小时。

5 要经常检查,保证锅里水位不太低。与白兰地黄油、奶油或卡仕达酱搭配食用。

烘焙小贴士

　　在长时间蒸制布丁的过程中，保证锅内有足够的水是非常重要的。有几个简单的方法可以避免水位过低：你可以每小时设定一个闹钟，提醒自己检查水位；还可以在锅里放一小块大理石，一旦水位过低，大理石就会发出声响。

潘妮托妮

这是圣诞节时全意大利的人都会吃的一种甜面包。制作起来并不像看起来那么难，而且成品十分美味。

1 将温牛奶放入大量杯中，加入干酵母。在一个大碗里混合糖、面粉、盐。

2 当酵母牛奶开始出现气泡（约 5 分钟）时，搅入黄油、大鸡蛋、香草精。

3 将湿性材料和干性材料混合，搅成一个比面包面团更黏的软面团。

4 将面团放在撒过面粉的操作台上，揉 10 分钟至产生弹性。

5 将面团团成松散的球状，放到撒过粉的操作台上压扁。

6 铺上水果干和橙子皮屑，继续揉捏，让水果干均匀地分布在面团中。

7 将面团再次团成松散的球状，放入涂过一层油的碗里。

8 用微湿的干净茶巾盖住碗或把碗放到大保鲜袋里。

9 将面团放在温暖的地方，醒发至体积翻倍，时间不应超过 2 小时。

成品分量：8 人份
准备时间：30 分钟
发酵和醒发时间：4 小时
烘烤时间：40 ～ 45 分钟
储存：潘妮托妮在密封容器中可
储存 2 天，冷冻可储存 4 周

特殊器具
直径为 15 厘米的圆形活扣蛋糕模
或高边潘妮托妮模具

原料
2 茶匙干酵母
125 毫升牛奶，用锅加热后放至

温热
50 克细砂糖
425 克高筋面包粉，外加适量撒
　　粉用
一大撮盐
75 克无盐黄油，融化
2 个大鸡蛋，外加 1 个小鸡蛋，打

散，涂表皮用
1½ 茶匙香草精
175 克混合水果干（杏、蔓越莓、
　　无籽葡萄、混合果皮）
1 个橙子的碎皮屑
蔬菜油，涂模具用
糖粉，撒粉用

10 在模具里铺两层烘焙纸或一层硅油纸。

11 如果使用蛋糕模，要让垫纸高出模具 5 ～ 10 厘米。

12 用拳头捶打面团，放出空气，把面团转移到撒过面粉的操作台上。

13 把面团揉成一个能装进烤模的圆球。

14 把面团放入烤模中，盖好，再醒发 2 小时至体积翻倍。

15 将烤箱预热至 190 摄氏度。在面团顶部刷一层蛋液。

16 放入烤箱中层，烘烤 40 ～ 45 分钟。如果上色过快，就在上面盖一张锡纸。

17 烤好后敲击底部会有中空的声音。在烤模中冷却 5 分钟，然后脱模。

18 拿掉烘焙纸，放在网架上彻底晾凉，然后筛上糖粉。

潘妮托妮变种

烘焙小贴士

　　潘妮托妮是一种意大利传统的圣诞节甜面包。虽然制作耗时很久，但其中大部分时间都在等待面团醒发。它的制作程序并不复杂，但做出的潘妮托妮十分轻盈蓬松，和商店里卖的大不一样。

夹心迷你潘妮托妮

可以试着把它当作圣诞大餐后的甜点。

成品分量： 6 人份
准备时间： 1 小时
发酵和醒发时间： 3 小时
烘烤时间： 30 ～ 35 分钟
冷藏时间： 3 小时
储存： 放在冰箱中冷藏可以过夜

特殊器具
6 个容量为 220 克的空食品罐
干净、带刀片的食物料理机

原料
黄油，涂模具用
1 个优质的潘妮托尼面团，见第90 页步骤 1 ～ 9
300 克马斯卡彭芝士
300 克法式酸奶油
2 汤匙樱桃酒或其他果酒（可选）
12 个糖渍樱桃，每个切成 4 瓣
50 克无盐、去壳开心果，大致切碎
3 汤匙糖粉，外加适量撒粉用

1 给食品罐涂油，铺上烘焙纸。烘焙纸的高度应是罐子高度的2 倍。

2 把面团切成 6 份，分别放进 6个罐子里。盖住罐子，让面团发酵 1 小时至体积翻倍。将烤箱预热至 190 摄氏度。

3 烘烤 30 ～ 35 分钟至表面焦黄。取出其中一个，敲击底部，如果发出中空的声音，说明潘妮托妮烤好了。如果还没烤好，就把它们都取出罐子，放到烤盘上再烤 5 分钟，然后放到网架上冷却。

4 把潘妮托妮侧着放，用锋利的小刀在底部锯开一个圆形，留下 1 厘米的边缘。保留切下的圆形部分。

5 倒拿着潘妮托妮，沿内侧从底部开口处切到靠近顶部的位置，用手指仔细掏空。

6 把掏出的小块潘妮托妮放入食物料理机，打成细面包屑。把马斯卡彭芝士和法式酸奶油放入碗里搅打细腻，还可以选择加入果酒。加入面包屑，充分搅打均匀。

7 拌入樱桃、开心果、糖粉。把做好的馅料平均填入潘妮托妮中，用勺子背压实，盖上之前留下的圆形部分。

8 用保鲜膜包住，冷藏 3 小时。去掉保鲜膜，筛上糖粉即可食用。

还可以尝试：节日潘妮托妮布丁
　　在奶油中添加 1 ～ 2 汤匙威士忌、一点橙子皮屑和肉豆蔻，混合后与优质酸果酱一起涂到无馅料的潘妮托妮上，就能做成一款充满创意的节日甜点。

榛子巧克力潘妮托妮

这是最受孩子们欢迎的潘妮托妮变种面包，没吃完的部分还可以用来制作美味的面包黄油布丁（见右侧）。

成品分量： 8 人份
准备时间： 30 分钟
发酵和醒发时间： 3 小时
烘烤时间： 45～50 分钟
储存： 密封容器中可储存 2 天，冷冻可储存 4 周

特殊器具
直径为 15 厘米的圆形活扣蛋糕模或高边潘妮托妮模具

原料
2 茶匙干酵母
125 毫升牛奶，用锅加热后放至温热
50 克细砂糖
425 克高筋白面包粉，外加适量撒粉用
一大撮盐
75 克无盐黄油，融化
2 个大鸡蛋，外加 1 个小鸡蛋，打散，刷蛋液用
1 茶匙香草精
75 克榛子，大致切碎
1 个橙子的碎皮屑
蔬菜油，涂模具用
100 克黑巧克力，切碎
糖粉，撒粉用

1 在一个大量杯里加入牛奶和干酵母，静置约 5 分钟至产生气泡，中间搅拌一次。在料理盆里混合糖、面粉、盐。在牛奶混合物中加入黄油、大鸡蛋、香草精，搅打均匀。

2 将牛奶混合物与干性材料混合，搅成软面团。揉 10 分钟至面团顺滑有弹性。

3 把面团放在撒过面粉的操作台上抻平。将榛子和橙皮铺在面团上，再次揉捏，让榛子和橙皮分布均匀。将面团团成松散的球形，放到涂过油的碗里。

4 用微湿的茶巾盖住碗，放在温暖的地方发酵 2 小时，直到体积至原来的 2 倍大。发酵的同时，在烤模里铺一层硅油纸或两层烘焙纸。如果使用蛋糕模，纸的高度要比烤模高 5～10 厘米。

5 面团的体积翻倍后，按压排出气体。抻平面团，把巧克力撒在上面，继续揉捏一会儿，团成圆球。把面团放进烤模中，再次盖住，静置醒发 2 小时至体积翻倍。

6 将烤箱预热至 190 摄氏度。在潘妮托妮顶部刷上蛋液，放入烤箱中层烘烤 45～50 分钟。如果上色过快，就盖上一张锡纸。

7 把潘妮托妮留在烤模中冷却几分钟，脱模，放到网架上彻底晾凉。这时敲击底部应该发出中空的声音。上桌前筛上糖粉。

潘妮托妮面包黄油布丁

任何没吃完的潘妮托妮都可以变成这道快捷简单的甜点。可以尝试在烤制前添加橙皮、巧克力、樱桃干等食材。

成品分量： 4～6 人份
准备时间： 10 分钟
烘烤时间： 30～40 分钟
储存： 做好的布丁可在冰箱中储存 3 天，食用前需彻底加热

原料
50 克无盐黄油，软化
250 克潘妮托妮
350 毫升单倍奶油或 175 毫升双倍奶油和 175 毫升牛奶
2 个大鸡蛋
50 克细砂糖
1 茶匙香草精

1 将烤箱预热至 180 摄氏度。拿一个中号浅烤盘，涂一层软化的黄油。

2 将潘妮托妮切成 1 厘米厚的面包片。每片上涂一点黄油，稍稍交叠地放在烤盘里。打发单倍奶油（或双倍奶油加牛奶）、鸡蛋、糖、香草精。将湿性材料浇到潘妮托妮上，轻轻按压面包顶部，让它们完全浸泡在液体中。

3 放在烤箱中心，烘烤 30～40 分钟至布丁刚刚凝固。这时的布丁应该是焦黄膨胀的。趁热搭配浓奶油食用。

史多伦

这款味道浓郁、充满水果的甜面包来自德国，是一道传统的圣诞美食，也是圣诞蛋糕和百果馅饼的替代品。

成品分量： 12 人份
准备时间： 30 分钟
浸泡时间： 一夜
发酵和醒发时间： 2～3 小时
烘烤时间： 50 分钟
储存： 可在密封容器中储存 4 天或冷冻保存 4 周

原料

200 克葡萄干

100 克醋栗

100 毫升朗姆酒

400 克高筋白面包粉，外加适量撒粉用

2 茶匙干酵母

60 克细砂糖

100 毫升牛奶

½ 茶匙香草精

一小撮盐

½ 茶匙混合香料

2 个大鸡蛋

175 克无盐黄油，软化、切块

200 克混合果皮

100 克杏仁粉

糖粉，撒粉用

1 把醋栗和葡萄干放在大碗里，倒入朗姆酒，浸泡一夜。

2 第二天，将面粉过筛放入大碗中。在中间挖一个小洞，放入酵母和 1 茶匙糖。用小火将牛奶加热至温热，倒到酵母上。在室温下静置 15 分钟，直到出现气泡。

3 加入剩余的糖、香草精、盐、混合香料、鸡蛋、黄油。用木勺把所有原料混合在一起，然后揉捏 5 分钟至面团顺滑。

4 把面团转移到撒过面粉的操作台上。加入混合果皮、葡萄干、醋栗、杏仁，揉几分钟至混合均匀。把面团放回碗里，用保鲜膜松松地盖上，放到温暖的地方发酵 1 小时～1 小时 30 分钟至体积翻倍。

5 将烤箱预热至 160 摄氏度。拿一个烤盘，铺上烘焙纸。在撒过面粉的操作台上将面团擀成 30 厘米 ×25 厘米的长方形。拿起一个长边，折到超过中间的部位，然后折起另一条长边，盖住第一条，折出轻微的弧度以符合史多伦的形状。转移到烤盘上，放在温暖的地方醒发 1 小时～1 小时 30 分钟，直到面团体积翻倍。

6 烘烤 50 分钟，直到面包明显长高且颜色变成浅金色。在 30～35 分钟时检查一下，如果颜色过深，就用锡纸松松地盖上。出炉后放到网架上彻底晾凉，然后筛上大量糖粉。

烘焙小贴士

　　史多伦内可以加入任何水果。它可以像这个配方一样不加馅料，也可以用杏仁蛋白软糖或杏仁奶油做馅料。把前一天没吃完的史多伦稍微烤一下，搭配上黄油就是很好的早餐。

蜂蜇蛋糕

这是一款来自德国的蛋糕，传说里面的蜂蜜会引来蜜蜂，叮咬烘焙师。

成品分量： 8～10 人份
准备时间： 20 分钟
发酵和醒发时间： 1 小时 5 分钟～
1 小时 20 分钟
烘烤时间： 20～25 分钟

特殊器具
直径为 20 厘米的圆形蛋糕模

基本原料
140 克白面粉，外加适量撒粉用
15 克无盐黄油，软化，切块，外
加适量涂模具用
½ 汤匙细砂糖
1½ 茶匙干酵母
一小撮盐
1 个鸡蛋
油，涂油层用

淋面原料
30 克黄油
20 克细砂糖
1 汤匙液体蜂蜜
1 汤匙双倍奶油
30 克杏仁片
1 茶匙柠檬汁

巴迪西奶油酱原料
250 毫升全脂牛奶
25 克玉米粉
2 个香草荚，分成两半，把荚和
籽分开
60 克细砂糖
3 个鸡蛋的蛋黄
25 克无盐黄油，切块

1 面粉过筛后放入碗中。放入黄油快速揉捏，然后加入糖、酵母、盐，搅拌均匀，最后打入鸡蛋。添加适量的水，把面粉揉成软面团。

2 把面团放到撒过面粉的操作台上，揉 5～10 分钟至面团顺滑、有弹性、有光泽。把揉好的面团放入一个干净、涂过油的碗里，用保鲜膜或微湿的布盖住，放在温暖的地方发酵 45～60 分钟至体积翻倍。

3 在蛋糕模内涂一层黄油，底部铺上烘焙纸。给面团排气后，擀成能放进烤模的圆形，按进烤模里，盖上保鲜膜或微湿的布，醒发 20 分钟。

4 制作淋面。在一个小锅里融化黄油，然后加入糖、蜂蜜、奶油。先用小火加热至糖溶解，再用大火煮沸。调成小火煮 3 分钟，离火，加入杏仁和柠檬汁，冷却。

5 将烤箱预热至 190 摄氏度。仔细地将淋面涂在面团上，发酵 10 分钟。烘烤 20～25 分钟；如果上色过快，就松散地盖上一层锡纸。把蛋糕留在烤模里冷却 30 分钟，然后转移到网架上。

6 烘烤的同时，制作巴迪西奶油酱。将牛奶倒入一个厚底小锅中，加入玉米粉、香草籽和香草荚、一半的糖，用小火加热。在一个碗里打发蛋黄和剩下的糖。一边继续打发，一边缓慢地倒入热牛奶。把混合物转移到锅里，继续搅打，直到沸腾，刚刚沸腾时离火。

7 迅速将小锅放到一个盛有冰水的大碗里，取出香草荚。待酱料冷却后，加入黄油，搅至奶油酱顺滑有光泽即停。

8 将蛋糕切成两半，给下面一半涂一层厚厚的巴迪西奶油酱，在蛋糕顶部撒上杏仁片。装盘即可食用。

烘焙小贴士

　　蜂蛰蛋糕的传统馅料就是这个配方里的巴迪西奶油酱，这种奶油酱顺滑、高级，放到现在也是一种很好的享受。但如果你时间紧迫，一个更简单的选择是在蛋糕中加入打发的双倍奶油，再加入 $\frac{1}{2}$ 茶匙香草精提香。

国王布里欧修

传统上，人们会用这种面包来庆祝 1 月 6 日的基督教主显节，里面的
小雕像代表了三位国王的祝福。

1 将酵母和 1 茶匙糖放入 2 汤匙温水中，搅拌
  后静置 10 分钟，加入鸡蛋。

2 将面粉和盐一起过筛后放入一个大碗里，再
  加入剩余的糖。

3 在面粉中间挖一个洞，倒入鸡蛋和酵母混
  合物。

4 先用叉子搅成絮状，然后用手团成面团，这
  时的面团还很黏。

5 把面团放在撒有一层薄面粉的操作台上。

6 揉 10 分钟，揉至产生弹性，这时的面团应该
  还是很黏。

7 把面团放到涂过油的碗里，盖上保鲜膜，在
  温暖的地方发酵 2 ～ 3 小时。

8 在撒有一层薄面粉的操作台上轻轻捶打面团，
  排出气体。

9 将 ⅓ 黄油块铺到面团表面。

成品分量：10 ～ 12 人份
准备时间：25 分钟
发酵和醒发时间：4 ～ 6 小时
烘烤时间：25 ～ 30 分钟
储存：可在密封容器中储存 3 天或冷冻保存 4 周

特殊器具
直径为 25 厘米的环形蛋糕模（可选）
瓷偶或金属饰品（可选，见第 101 页烘焙小贴士）

布里欧修原料
2½ 茶匙干酵母

2 汤匙细砂糖
5 个鸡蛋，打散
375 克高筋白面包粉，外加适量撒粉用
1½ 茶匙盐
油，涂油层用
175 克无盐黄油，软化、切块

顶部原料
1 个鸡蛋，稍微打散
50 克混合果脯（橙子和柠檬皮屑、糖渍樱桃、糖渍白芷），切碎
25 克粗糖晶体（可选）

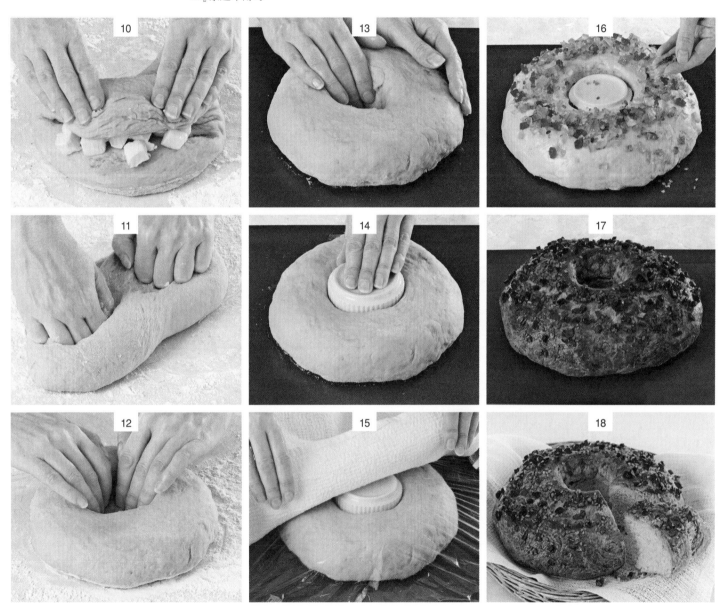

10 把面团叠起来盖住黄油，轻轻揉捏 5 分钟。

11 将步骤 9 ～ 10 重复两次，将所有黄油都揉入面团，继续揉至看不到黄油丝。

12 先把面团揉成圆形，再从中间分开，形成圆环状，埋入瓷偶（可选，见第 101 页烘焙小贴士）。

13 将面团放入涂过油的烤盘或环形模具中（可选）。

14 如果你没有环形烤模，可以把一个小烤盅放到圆环中心，以此来保持圆孔的形状。

15 盖上保鲜膜或茶巾，醒发 2 ～ 3 小时至面团体积翻倍。

16 在布里欧修上刷一层蛋液。撒上果脯和糖晶（可选）。

17 将烤箱预热至 200 摄氏度。烘烤 25 ～ 30 分钟至表面焦黄。

18 稍稍冷却，脱模放到网架上。注意不要把顶部的果脯碰掉。

布里欧修变种

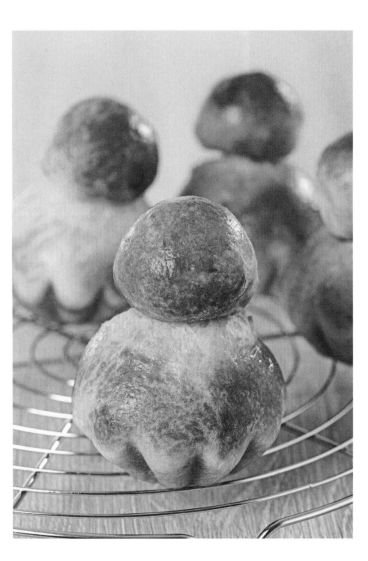

僧侣布里欧修

这是一款只有一口大小的小面包。看一看它们的形状，你就很容易理解为什么它们的法语名字叫作"brioche à tête（头形面包）"。

成品分量： 10 个
准备时间： 45 ～ 50 分钟
发酵和醒发时间： 1 小时30分钟～ 2 小时
烘烤时间： 15 ～ 20 分钟
储存： 可在密封容器中储存 3 天或冷冻保存 8 周

特殊器具
10 个直径为 7.5 厘米的布里欧修模

原料
黄油，融化，涂模具用
1 个优质的布里欧修面团，见第 98 ～ 99 页步骤 1 ～ 11
面粉，撒粉用
1 个鸡蛋，打散，刷面用
$\frac{1}{2}$ 茶匙盐，刷面用

1 在布里欧修模具里涂一层融化的黄油，把模具放到烤盘上。

2 把面团分成两份。把其中一份擀成直径为 5 厘米的圆柱，再平均切成 5 小块。另一份面团也像这样分成 5 小块。把每一小块都揉成一个圆球。

3 在每个小球的 $\frac{1}{4}$ 处捏一下，让小球几乎断成两半，做出头的形状。拿着头的部位，将面团放入模具中，把头部转一下，然后稍向下按。用干茶巾盖住，放在温暖的地方醒发 30 分钟。

4 将烤箱预热至 220 摄氏度。把鸡蛋和盐混合后刷在面包上。烘烤 15 ～ 20 分钟，直到表面焦黄且敲击时有中空的声音。脱模，放到网架上冷却。

朗姆巴巴

这是一款像蛋糕一样的布里欧修面包，里面含有酒精，非常适合各种晚宴。

成品分量： 4 个
准备时间： 20 分钟
发酵时间： 30 分钟
烘烤时间： 10 ～ 15 分钟

特殊器具
4 个直径为 7.5 厘米的布里欧修模或巴巴模

原料
60 克黄油，融化，外加适量涂模具用
150 克高筋白面粉
60 克葡萄干
1½ 茶匙快速干酵母
155 克细砂糖
一小撮盐
2 个鸡蛋，稍微打散
4 汤匙温牛奶
蔬菜油，涂油层用
3 汤匙朗姆酒
300 毫升淡奶油
2 汤匙糖粉
巧克力屑，搭配食用

1 给模具涂一层黄油。把面粉放入碗里，再搅入葡萄干、酵母、30 克细砂糖、盐。在另一个碗里将鸡蛋和牛奶搅打均匀，倒进面粉混合物里。搅入黄油，搅打 3 ～ 4 分钟，倒入模具中，将模具填至半满。

2 将模具放在烤盘上，盖上涂过油的保鲜膜，放在温暖的地方发酵 30 分钟至体积翻倍填满模具。将烤箱预热至 200 摄氏度，烘烤 10 ～ 15 分钟至表面金黄，放到网架上冷却。如果需要冷冻保存，请在这时放入冰箱。

3 在锅里加热 120 毫升水，加入剩余的糖，用大火煮 2 分钟。离火冷却，搅入朗姆酒。用扦子在巴巴上扎出小洞，把它们放在糖浆里浸一下。

4 上桌前，把淡奶油倒入碗里，加入糖粉，打发至定形。在每个巴巴上放一球奶油，撒上巧克力。

楠泰尔布里欧修

基础布里欧修面团可以做成环形、圆形、长条形等各种形状。这款经典的长条面包最适合切片后烤一下，作为烤面包片食用。

成品分量： 1 条
准备时间： 30 分钟
发酵和醒发时间： 4 ～ 6 小时
烘烤时间： 30 分钟
储存： 可在密封容器中储存 3 天或冷冻储存 4 周

特殊器具
容量为 900 克的面包模

原料
1 个优质的布里欧修面团，见第 98 ～ 99 页步骤 1 ～ 11
1 个鸡蛋，打散，刷蛋液用

1 在烤模的底部铺两层烘焙纸，四周铺一层烘焙纸。将面团分成 8 等份，揉成 8 个大小可以排成两列放入烤模的小球。

2 用保鲜膜或茶巾盖住面团，醒发 2 ～ 3 小时至体积翻倍。

3 将烤箱预热至 200 摄氏度。在面包顶部刷一点蛋液，放入烤箱上层烤 30 分钟，直到敲击底部时会发出中空的声音。烤到 20 分钟时检查一下，如果上色过快，就在上面松松地盖一张锡纸。

4 面包在烤模里冷却几分钟，脱模，放在网架上晾凉。这款布里欧修适合烤一下后搭配黄油食用。

烘焙小贴士

布里欧修起源于法国，是 1 月 6 日主显节的节庆面包。依照传统，人们会在布里欧修里面藏一个被称为"蚕豆"的小东西，找到它的人会成为下一年的幸运儿。过去的人们会把干豆子当作"蚕豆"，而现在人们更常使用的是陶瓷小雕像。

咕咕霍夫

添加了黑葡萄干和杏仁碎的传统咕咕霍夫是阿尔萨斯人的最爱。上面的糖粉暗示着它甜蜜的味道。

成品分量： 1 个
准备时间： 45 ～ 50 分钟
烘烤时间： 45 ～ 50 分钟
发酵和醒发时间： 2 小时 ～ 2 小时 30 分钟
储存： 可在密封容器中储存 3 天或冷冻储存 8 周

特殊器具
容量为 1 升的环形模具，不用模具的制作方法见第 99 页步骤 12 ～ 14

原料
150 毫升牛奶
2 汤匙白砂糖
150 克无盐黄油，切块，外加适量涂模具用
1 汤匙干酵母
500 克高筋白面包粉
1 茶匙盐
3 个鸡蛋，打散
90 克葡萄干
60 克脱皮杏仁，切碎，外加 7 颗完整的脱皮杏仁
糖粉，撒粉用

1 把牛奶放在小锅里煮沸。舀出 4 汤匙放到碗里，晾至温热。将糖和黄油加到锅里的牛奶中，搅拌至融化，静置冷却。

2 将酵母撒到碗里的牛奶中，静置约 5 分钟直到酵母溶解，中间搅拌一次。将面粉和盐过筛后放到另一个碗里，加入溶解的酵母、鸡蛋、锅里的牛奶混合物。

3 一点点地将面粉与其他原料混合，制成一个顺滑的面团。揉 5 ～ 7 分钟，揉至面团变得很有弹性且非常黏。用微湿的茶巾盖住，放到温暖的地方发酵 1 小时 ～ 1 小时 30 分钟至体积翻倍。

4 发酵的同时，在模具上涂一层黄油。把模具放入冰箱，冷冻至黄油变硬（大约 10 分钟），拿出来后再涂一遍黄油。把葡萄干放到碗里，倒入开水泡涨。

5 用手稍微轻捶面团，排出空气。葡萄干控干水分，留出 7 粒，其余的与杏仁碎一起揉入面团。将留出的葡萄干和完整的杏仁一起铺在模具底部。

6 把面团放入模具中，用茶巾盖住，放在温暖的地方醒发 30 ～ 40 分钟至面团胀满模具。将烤箱预热至 190 摄氏度。

7 将咕咕霍夫烘烤 45 ～ 50 分钟，直到膨胀、上色、边缘脱离模具。在烤模中稍稍冷却后脱模，放到网架上彻底晾凉。上桌前筛上糖粉。

烘焙小贴士

　　咕咕霍夫的面团非常黏。你会不自觉地想要加入更多面粉来把它变成常见的样子。但请控制住这种冲动，否则你的咕咕霍夫就会变硬。

栗子巧克力卷

　　海绵蛋糕卷里夹满了混合着打发奶油的栗子泥，非常适合冬季的节庆场合。最好在制作当天食用。

1 将烤箱预热至 220 摄氏度。在烤盘底部铺上烘焙纸，然后刷一层黄油。

2 将可可粉、面粉、盐筛入一个大碗中备用。

3 在蛋黄里加入 $\frac{2}{3}$ 的糖，打发至产生丝状轨迹。

4 将蛋白打发至硬挺。加入剩余的糖，继续打发至产生光泽。

5 把 $\frac{1}{3}$ 可可混合物筛入蛋黄混合物中，再加入 $\frac{1}{3}$ 蛋白。

6 轻轻翻拌，再分两次拌入剩余的可可混合物与蛋白。

7 把蛋糕糊倒入准备好的烤盘中，摊开到每个角落。

8 放入烤箱底层，烤制 5～7 分钟至蛋糕长高且刚刚凝固。

9 取出蛋糕，倒放在微湿的茶巾上，撕掉烘焙纸。

成品分量：8～10 人份　　　　　裱花袋和星形裱花嘴　　　　　150 克细砂糖

准备时间：50～55 分钟

烘烤时间：5～7 分钟　　　　　**基本原料**　　　　　　　　**馅料原料**

提前准备：无夹心的蛋糕可冷冻　黄油，涂模具用　　　　　125 克栗子泥

储存 8 周　　　　　　　　　　35 克可可粉　　　　　　　2 汤匙黑朗姆酒

　　　　　　　　　　　　　　1 汤匙白面粉　　　　　　　175 毫升双倍奶油

特殊器具　　　　　　　　　一小撮盐　　　　　　　　　30 克优质黑巧克力，掰成小块

30 厘米 ×37 厘米的瑞士卷模具　5 个鸡蛋，蛋黄和蛋白分离　细砂糖，调味用（可选）

装饰原料

50 克细砂糖

2 汤匙黑朗姆酒

125 毫升双倍奶油

黑巧克力，用削皮刀削成巧克力屑

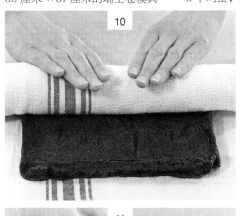

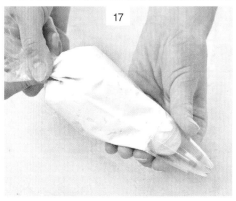

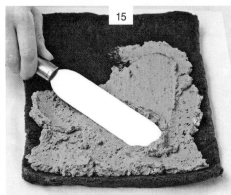

10 用微湿的茶巾将蛋糕紧紧地卷起来，静置放凉。

11 把栗子泥和黑朗姆酒放到碗里，在另一个碗里将奶油打发至湿性发泡。

12 将巧克力放在碗里，放到一锅微微沸腾的水上隔水融化，然后倒入栗子泥里。

13 把巧克力栗子泥拌入打发奶油里，加一点糖调味。

14 在小锅中加入 50 克细砂糖和 4 汤匙水，煨 1 分钟。放至冷却，然后搅入黑朗姆酒。

15 将蛋糕卷松开，放到新的烘焙纸上。在蛋糕上刷一层糖浆，然后抹上栗子馅料。

16 用下面的烘焙纸仔细地卷起放好馅料的蛋糕，尽量卷紧。

17 将奶油和剩下的糖一起打发至硬挺，装进裱花袋中。

18 用锯齿刀切掉多余的边，将奶油挤在蛋糕上，撒上巧克力屑。

巧克力卷变种

杏仁饼干碎巧克力卷

压碎的杏仁饼干让这款美丽又百搭的蛋糕卷有了酥脆的口感。

成品分量： 6 ～ 8 人份
准备时间： 25 ～ 30 分钟
烘烤时间： 20 分钟
提前准备： 没加馅的蛋糕可冷冻储存 8 周

特殊器具
20 厘米 ×30 厘米的瑞士卷模具

原料
6 个大鸡蛋，蛋黄和蛋白分离
150 克细砂糖
50 克可可粉，外加适量撒粉用
糖粉，撒粉用
300 毫升双倍奶油或淡奶油
2 ～ 3 汤匙杏仁利口酒或白兰地
20 块杏仁饼干，压碎，外加 2 块
制作淋面
50 克黑巧克力

1 将烤箱预热至 180 摄氏度，给模具铺上烘焙纸。把蛋黄和糖放入碗里，架在一锅微微沸腾的水上，用电动打蛋器打发 10 分钟至混合物变成细腻的糊状，离火。另拿一个碗，用干净的打蛋器将蛋白打发至湿性发泡。

2 将可可粉筛入蛋黄混合物中，再将蛋白也加进去，轻轻翻拌均匀。把蛋糕糊倒入烤模中，摊到每个角落里。烘烤 20 分钟至刚刚凝固，在模具中稍稍冷却，然后仔细地脱模，倒扣在一张撒过糖粉的烘焙纸上，冷却 30 分钟。

3 用电动打蛋器将奶油打发至湿性发泡。把蛋糕的边缘修剪整齐，淋上杏仁利口酒或白兰地。涂抹奶油，铺上杏仁饼干碎，撒上大部分巧克力屑。

4 从一个短边开始，用烘焙纸将蛋糕卷起来，尽量卷紧实。把蛋糕卷接缝处向下放在盘子上，撒上剩下的饼干碎和巧克力屑，筛上一点糖粉和可可粉。最好在制作当天食用。

巧克力原木蛋糕

一款黑巧克力与覆盆子结合而生的经典圣诞甜品。

成品分量: 10 人份
准备时间: 30 分钟
烘烤时间: 15 分钟
储存: 可在密封容器中储存 2 天或冷冻储存 24 周

特殊器具
20 厘米 ×28 厘米的瑞士卷模具

原料
3 个鸡蛋
85 克细砂糖
85 克白面粉
3 汤匙可可粉
1/2 茶匙泡打粉
糖粉,撒粉用
200 毫升双倍奶油
140 克黑巧克力
3 汤匙覆盆子酱

1 将烤箱预热至 180 摄氏度,给模具铺上烘焙纸。

2 将鸡蛋、糖与 1 汤匙水一起打发 5 分钟,直到混合物颜色发白、质地轻盈。把面粉、可可粉、泡打粉筛入鸡蛋碗里,仔细迅速地翻拌均匀。

3 把蛋糕糊倒入烤模中,烘烤 12 分钟至按压有弹性。蛋糕脱模,放在一张烘焙纸上。撕掉烘烤时的烘焙纸,用新的烘焙纸将蛋糕卷起来,静置放凉。

4 制作糖霜。把奶油倒进小锅中,煮沸后离火。加入切碎的巧克力,偶尔搅拌几下,让巧克力融化。静置冷却,冷却后的混合物会变稠。

5 展开蛋糕卷,将覆盆子果酱涂在蛋糕表面。将 1/3 糖霜涂在果酱上,把蛋糕卷起来,接缝处向下摆放。用剩余的糖霜涂满蛋糕卷,用叉子做出花纹。放到盘子里,筛上糖粉。

巧克力奶油卷

这款巧克力做的变种瑞士卷制作简单,深受孩子们的喜欢,十分适合用于儿童派对。

成品分量: 8 ~ 10 人份
准备时间: 20 ~ 25 分钟
烘烤时间: 10 分钟
储存: 冷藏可储存 3 天

特殊器具
20 厘米 ×28 厘米的瑞士卷模具

原料
3 个大鸡蛋
75 克细砂糖
50 克白面粉
25 克可可粉,外加适量撒粉用
75 克黄油,软化
125 克糖粉

1 将烤箱预热至 200 摄氏度,给模具铺上烘焙纸。把一个碗架在微微沸腾的水上,碗内放入鸡蛋和糖,打发 5 ~ 10 分钟至稠厚细腻。离火,筛入面粉和可可粉,翻拌均匀。

2 把蛋糕糊倒入烤模中,烘烤 10 分钟至按压有弹性。用微湿的茶巾盖住放凉。蛋糕脱模,倒扣在一张撒过可可粉的烘焙纸上,撕掉烘烤时的烘焙纸。

3 将黄油打发成细腻的糊状。分多次搅入糖粉,一次加一点。把混合物涂在蛋糕上,用烘焙纸辅助着卷起蛋糕。

黑森林蛋糕

这是一款重回巅峰的德国经典蛋糕，节庆餐桌上应该有它的一席之地。

1 将烤箱预热至 180 摄氏度，给烤模涂油并铺上烘焙纸。

2 把鸡蛋和糖放入一个能架在小锅上的隔热大碗里。

3 把碗架在一锅微微沸腾的水上，注意碗底不要碰到水。

4 打发至混合物发白稠厚、打蛋器拖出的痕迹不会消失。

5 离火，继续打发 5 分钟或至混合物稍冷却。

6 把面粉和可可粉一起筛入鸡蛋混合物中，用刮刀翻拌均匀。

7 拌入香草和黄油。倒入准备好的烤模中，抹平表面。

8 烘烤 40 分钟至蛋糕明显长高、四周刚刚开始缩离烤模。

9 脱模放到网架上，扔掉烘焙纸，用干净的茶巾盖住，放凉。

成品分量：8 人份
准备时间：55 分钟
烘烤时间：40 分钟
提前准备：无糖霜的蛋糕可冷冻
保存 4 周
储存：做好的蛋糕盖住后可冷藏
保存 3 天

特殊器具
直径为 23 厘米的圆形活扣蛋糕模
裱花袋和星形裱花嘴

基本原料
85 克黄油，融化，外加适量涂
模具用

6 个鸡蛋
175 克细砂糖
125 克白面粉
50 克可可粉
1 茶匙香草精

馅料原料
2 罐容量为 425 克的去核黑樱桃罐头，将
其中一罐的黑樱桃大致切碎，保留 6 汤匙
罐头汁
4 汤匙樱桃酒
600 毫升双倍奶油
150 克黑巧克力，磨成屑

10 用锯齿刀来回切割，仔细地把蛋糕切成
　 三层。

11 把留下的樱桃罐头汁与樱桃酒混合，在每层
　 蛋糕上淋 $1/3$。

12 在另一个碗里将奶油打发至定形但不太硬。

13 把一层蛋糕放在盘子上，涂上奶油和一半切
　 碎的樱桃。

14 第二层也一样操作。最后盖上第三层蛋糕，
　 贴着烤盘底的一面向上，轻轻按压。

15 在四周涂一层奶油，将剩余的奶油放入裱
　 花袋中。

16 用抹刀将巧克力碎屑抹在四周的奶油上。

17 挤出一团团的奶油花，排列成一个环形，把
　 完整的樱桃放在里面。

18 将剩余的巧克力碎均匀地撒在奶油花的尖上
　 即可食用。

其他奶油蛋糕

烘焙小贴士

　　如果找不到夸克奶酪，也可以将低脂的茅屋芝士放入带刀片的食物料理机中打成糊状来替代。

德式奶油芝士蛋糕

　　这是一款介于芝士蛋糕和海绵蛋糕之间的德式甜点。这款蛋糕可以提前制作，因此是举办聚会的完美之选。

成品分量： 8～10人份
准备时间： 40分钟
冷藏时间： 3小时或一夜
烘烤时间： 30分钟
提前制作： 可提前3天制作，放入冰箱冷藏保存

特殊器具
直径为22厘米的圆形活扣蛋糕模

原料
150克无盐黄油，软化，或者软化人造黄油，外加适量涂模具用
225克细砂糖
3个鸡蛋
150克自发粉
1茶匙泡打粉
2个柠檬的碎皮屑和果汁，外加1个柠檬的碎皮屑做装饰用
5片吉利丁
250毫升双倍奶油
250克夸克奶酪，见左边的烘焙小贴士
糖粉，撒粉用

1 将烤箱预热至180摄氏度，给烤模涂油并铺上烘焙纸。

2 把黄油或人造黄油与150克糖一起搅打，一边搅一边逐个加入鸡蛋，搅打成顺滑细腻的糊状。筛入面粉和泡打粉，加入一半柠檬皮屑，翻拌均匀。将蛋糕糊舀进烤模里，烘烤30分钟至蛋糕膨胀。蛋糕脱模，放到网架上，用锯齿刀横向切成两半，彻底冷却。

3 制作馅料。将吉利丁放入一碗冷水里浸泡几分钟至柔软可弯曲。在锅里加热柠檬汁，柠檬汁离火，将吉利丁挤干水分后放到柠檬汁里，搅拌至溶解，冷却备用。

4 将奶油打发至定形。将夸克奶酪、剩下的柠檬皮和糖一起搅拌均匀，搅入柠檬汁，拌入奶油。

5 将馅料舀到其中一半蛋糕上。把另一半蛋糕切成8份，摆到馅料上，提前切开上层可以让蛋糕更便于分配。放进冰箱，冷藏3小时至一夜。筛上糖粉，撒上剩余的柠檬皮屑。

巴伐利亚覆盆子蛋糕

如果没有当季的覆盆子，也可以用冷冻莓果来替代。

成品分量： 8 人份

准备时间： 55 ～ 60 分钟

冷藏时间： 4 小时

烘烤时间： 20 ～ 25 分钟

提前准备： 可提前 2 天做好，冷藏保存，食用前 1 小时从冰箱中取出

特殊器具

直径为 22 厘米的圆形活扣蛋糕模

食物搅拌机

基本原料

60 克无盐黄油，外加适量涂模具用

125 克白面粉，外加适量撒粉用

一小撮盐

4 个鸡蛋，打散

135 克细砂糖

2 汤匙樱桃酒

覆盆子奶油原料

500 克覆盆子

3 汤匙樱桃酒

200 克细砂糖

250 毫升双倍奶油

1 升牛奶

1 个香草荚，分开；或 2 茶匙香草精

10 个鸡蛋的蛋黄

3 汤匙玉米粉

10 克吉利丁粉

1　将烤箱预热至 220 摄氏度。给烤模涂油，在底部铺上涂过黄油的烘焙纸，并撒入 2 ～ 3 汤匙面粉。将黄油融化，冷却备用。将面粉和盐过筛放入碗里。在另一个碗里放入鸡蛋和糖，用电动打蛋器搅打 5 分钟。

2　将 1/3 面粉混合物筛入鸡蛋混合物中，翻拌均匀。把剩下的面粉分两次加入，每次加入后都翻拌均匀。倒入黄油，再次拌匀。倒入烤模中，烘烤 20 ～ 25 分钟至蛋糕膨胀。

3　将蛋糕脱模，放到网架上冷却。拿掉烘焙纸，把顶部和底部修平整。横向将蛋糕切成两半。清洗烤模，擦干后重新涂油模。将一片蛋糕放入烤模中，在上面淋 1 汤匙樱桃酒。

4　将 3/4 覆盆子放入搅拌机打成泥，筛去里面的籽。将 100 克糖放入 1 汤匙樱桃酒里。将奶油打发至湿性发泡。

5　把牛奶放入锅里，加入香草荚（可选），煮沸。煮沸后离火，加盖，在温暖的地方放置 10 ～ 15 分钟。取出香草荚，倒出 1/4 牛奶备用。将剩余的糖放入锅里的牛奶中，搅拌均匀。

6　用另一个碗搅打蛋黄和玉米粉，再倒入热牛奶，搅打至顺滑。将蛋黄混合物倒回锅里，用中火一边加热一边搅拌至刚刚沸腾。搅入留出的牛奶和香草精（可选），做成卡仕达酱。

7　将卡仕达酱平均分到两个碗里，放凉。在第一碗里搅入 2 汤匙樱桃酒，放到一旁准备用来搭配成品蛋糕。将吉利丁粉与 4 汤匙水放入小锅里泡 5 分钟，然后加热至吉利丁溶解，和覆盆子泥一起搅入第二碗卡仕达酱里。

8　把碗浸在装有冰水的锅里，搅拌至混合物变稠。拿出碗，把覆盆子卡仕达酱拌入打发奶油里，做成巴伐利亚奶油。一半倒入蛋糕模中，上面撒几个完整的覆盆子，再倒入剩下的一半。在第二片蛋糕上淋 1 汤匙樱桃酒。

9　将第二片蛋糕淋过樱桃酒的一面向下盖在奶油上，轻轻下压，盖上保鲜膜，放入冰箱中冷藏至少 4 小时至定形。食用时，打开蛋糕模的活扣，取出蛋糕放到盘子上。顶部用留出的完整覆盆子装饰，与之前做好的樱桃酒卡仕达酱一起上桌。

小蛋糕

SMALL CAKES

香草奶油霜纸杯蛋糕

纸杯蛋糕比仙女蛋糕更加结实，这使得它能携带更精致的糖霜。

成品分量： 18 个

准备时间： 20 分钟

烘烤时间： 15 分钟

提前准备： 无糖霜的纸杯蛋糕可以冷冻储存 4 周

储存： 做好的蛋糕可在密封容器中储存 3 天

特殊器具

2 个 12 孔的纸杯蛋糕烤盘

裱花袋和星形裱花嘴（可选）

基本原料

200 克白面粉

2 茶匙泡打粉

200 克细砂糖

$\frac{1}{2}$ 茶匙盐

100 克无盐黄油，软化

3 个鸡蛋

150 毫升牛奶

1 茶匙香草精

糖霜原料

325 克糖粉

1 茶匙香草精

100 克无盐黄油，软化

2 汤匙牛奶

糖屑（可选）

1 将烤箱预热至 180 摄氏度。将前 5 种原料放到一个碗里。

2 用指尖将原料混合成细面包屑状。

3 在另一个碗里加入鸡蛋、牛奶、香草精，搅打均匀。

4 一边搅打，一边缓慢地将鸡蛋混合物倒入干性原料里。

5 低速搅打顺滑。注意不要过度搅打，否则蛋糕会变硬。

6 将蛋糕糊倒入一个大的尖嘴壶中，这样更容易倒入纸杯里。

7　将纸托放入纸杯蛋糕烤盘中。

8　小心地将蛋糕糊倒入纸托中，每个纸托只装半满即可。

9　放入预热好的烤箱中，烘烤15分钟至按起来有弹性。

10　测试蛋糕是否烤好，将扦子插入一个蛋糕的中心。

11　拿出扦子，如果上面沾有蛋糕糊，就再烤1分钟，然后再测试一次。

12　把蛋糕留在烤模中冷却几分钟，转移到网架上彻底放凉。

13　制作糖霜。将糖粉、香草精、黄油、牛奶放入一个碗里。

14　用电动打蛋器搅打5分钟至混合物变得非常轻盈蓬松。

15　查看蛋糕是否完全凉透，没凉透的蛋糕会让糖霜融化。

16 如果用手涂抹糖霜，在每个蛋糕上放满1茶
匙糖霜。

17 用勺子背蘸着温水抹平糖霜表面。

18 用裱花袋挤出糖霜可以让蛋糕看起来更加专
业。先把糖霜装进裱花袋。

19 一只手捏着蛋糕，另一只手挤糖霜。

20 从边缘开始螺旋挤出糖霜，最后在中心处拉
出一个尖。

21 用糖屑做装饰。

香草奶油霜纸杯蛋糕▶

其他纸杯蛋糕

巧克力纸杯蛋糕

这是一款在儿童聚会上立于不败之地的经典蛋糕，也是烘焙师们的另一个必备配方。

成品分量： 24 个
准备时间： 20 分钟
烘烤时间： 20 ～ 25 分钟
提前准备： 无糖霜的纸杯蛋糕可以冷冻储存 4 周
储存： 做好的蛋糕可在密封容器中储存 3 天

特殊器具
2 个 12 孔的纸杯蛋糕烤盘
裱花袋和星形裱花嘴（可选）

基本原料
200 克白面粉
2 茶匙泡打粉
4 汤匙可可粉
200 克细砂糖
$\frac{1}{2}$ 茶匙盐
100 克无盐黄油，软化
3 个鸡蛋
150 毫升牛奶
1 茶匙香草精
1 汤匙希腊酸奶

糖霜原料
100 克无盐黄油，软化
175 克糖粉
25 克可可粉

1 将烤箱预热至 180 摄氏度。把面粉、泡打粉、可可粉过筛后放到一个碗里，加入糖、盐、黄油，把混合物搅拌成细面包屑状。把鸡蛋、牛奶、香草精、酸奶放入另一个碗里，充分搅打均匀。

2 缓慢地将鸡蛋混合物倒入干性原料碗里，轻轻搅打顺滑。把纸托放入烤盘中，小心地将蛋糕糊舀入纸托中，每个纸托填至半满。

3 烘烤 20 ～ 25 分钟至蛋糕轻微上色、按压有弹性。放置几分钟后，带着纸托转移到网架上，彻底冷却。

4 制作糖霜。将黄油、糖粉、可可粉一起打发顺滑。

5 把糖霜放到蛋糕上，用勺子背面蘸着温水抹平表面，或者把糖霜放入裱花袋，挤到蛋糕上。

柠檬纸杯蛋糕

为了得到更加精致的味道，还可以在基础纸杯蛋糕的面糊里加入柠檬调味。

成品分量： 24 个
准备时间： 20 分钟
烘烤时间： 20 ～ 25 分钟
提前准备： 无糖霜的纸杯蛋糕可以冷冻储存 4 周
储存： 做好的蛋糕可在密封容器中储存 3 天

特殊器具
2 个 12 孔的纸杯蛋糕烤盘
裱花袋和星形裱花嘴（可选）

基本原料
200 克白面粉
2 茶匙泡打粉
200 克细砂糖
$\frac{1}{2}$ 茶匙盐
100 克无盐黄油，软化
3 个鸡蛋
150 毫升牛奶
1 个柠檬的碎皮屑和果汁

糖霜原料
200 克糖粉
100 克无盐黄油，软化

1 将烤箱预热至 180 摄氏度。面粉、泡打粉筛入碗里，加入糖、盐、黄油，搓成细面包屑状。鸡蛋、牛奶在另一个碗里搅打均匀。

2 将鸡蛋混合物倒入干性原料碗中。加入一半柠檬皮屑和所有柠檬汁，轻轻搅打顺滑。把纸托放入烤盘中，将蛋糕糊舀入纸托里，每个纸托填至半满。烘烤 20 ～ 25 分钟至按压有弹性，彻底放凉。

3 将黄油、糖粉、剩余的柠檬皮屑一起搅打顺滑，制成糖霜。用勺子涂抹糖霜，或者用裱花袋和星形裱花嘴挤出糖霜。

烘焙小贴士

这些经典美式纸杯蛋糕的质地十分厚实，因此可以保存好几天。如果你更喜欢轻盈松软的蛋糕，可以用自发粉来代替白面粉，并把泡打粉减少至 1 茶匙。

咖啡核桃纸杯蛋糕

成年人的不二选择，咖啡和坚果让这款蛋糕的味道更有深度。

成品分量： 24 个
准备时间： 20 分钟
烘烤时间： 20 ～ 25 分钟
提前准备： 无糖霜的纸杯蛋糕可以冷冻储存 4 周
储存： 做好的蛋糕可在密封容器中储存 3 天

特殊器具
2 个 12 孔的纸杯蛋糕烤盘
裱花袋和星形裱花嘴（可选）

基本原料
200 克白面粉，外加适量撒粉用
2 茶匙泡打粉
200 克细砂糖
$\frac{1}{2}$ 茶匙盐
100 克无盐黄油，软化
3 个鸡蛋
150 毫升牛奶
1 汤匙浓咖啡粉，与 1 汤匙开水搅拌后冷却；或者 1 汤匙凉浓缩咖啡
100 克切半核桃仁，外加适量装饰用

糖霜原料
200 克糖粉
100 克无盐黄油，软化
1 茶匙香草精

1 将烤箱预热至 180 摄氏度。面粉、泡打粉过筛后放到一个碗里。加入糖、盐、黄油，把混合物搅拌成细面包屑状。鸡蛋、牛奶在另一个碗里搅打均匀。

2 将鸡蛋混合物与一半的咖啡倒入干性原料碗中，搅打顺滑。把核桃大致切碎，放入另一个碗里，加入少许面粉混合均匀，然后拌入蛋糕糊里。把纸托放入烤盘中，将蛋糕糊舀入纸托里，每个纸托填至半满。烘烤 20 ～ 25 分钟至按压有弹性，彻底放凉。

3 将黄油、糖粉、香草精、剩余的咖啡一起搅打顺滑，制成糖霜。用勺子涂抹糖霜，或者用裱花袋和星形裱花嘴挤出糖霜。在每个蛋糕顶部放半个核桃。

棉花糖蛋糕

无论是作为宴会小食还是下午茶甜点，这些体积小巧、外表华丽、口味香甜的小蛋糕都能完美胜任。

成品分量： 16 个
准备时间： 20 ~ 25 分钟
烘烤时间： 25 分钟
储存： 可在冰箱中冷藏 1 天

特殊器具
边长为 20 厘米的方形蛋糕模

基本原料
175 克无盐黄油，软化，外加适量涂模具用
175 克细砂糖
3 个大鸡蛋
1 茶匙香草精
175 克自发粉，过筛
2 汤匙牛奶
2 ~ 3 汤匙覆盆子或红樱桃果肉果酱

奶油霜原料
75 克无盐黄油，软化
150 克糖粉

糖霜原料
1/2 个柠檬的果汁
450 克糖粉
1 ~ 2 滴粉色天然食用色素
翻糖小花，装饰用（可选）

1 将烤箱预热至 190 摄氏度。给烤模涂油并在底部铺上烘焙纸。黄油和糖放入碗里，用电动打蛋器打发至颜色变浅、轻盈蓬松，静置备用。

2 把鸡蛋和香草精放入另一个大碗中稍稍搅打。把 1/4 鸡蛋液和 1 汤匙面粉放入黄油混合物中，充分搅打。一边搅打，一边分次加入剩余的蛋液，每次加一点。加入剩余的面粉和牛奶，轻轻翻拌均匀。

3 将蛋糕糊舀进准备好的烤模里，放在烤箱中层烘烤约 25 分钟，直到蛋糕表面金黄且按压有弹性。取出蛋糕，留在烤模里冷却 10 分钟。脱模，倒扣在网架上晾凉，拿掉烘焙纸。

4 将黄油与糖粉一起搅打顺滑，制成奶油霜，放置备用。用锯齿刀将蛋糕横向切成两层，一层抹上果酱，另一层抹上奶油霜。把两层蛋糕摞到一起，切成 16 等份。

5 制作糖衣。把柠檬汁倒入量杯中，加热水至 60 毫升处。加入糖粉，不断搅动至混合物均匀顺滑，可以根据需要再加一些热水。加入粉色食用色素，混合均匀。

6 用抹刀将蛋糕转移到网架上，在网架下面放一个菜板或盘子，用来接住滴下的液体。将糖衣淋在蛋糕上，可以完全包住蛋糕或只盖住顶部，也可以让糖衣从侧面淋下来，露出侧面的海绵蛋糕层次。用翻糖小花做装饰（可选），静置 15 分钟定形。用干净的抹刀把蛋糕逐一放入纸托里。

同样的配方还可以做出：
巧克力棉花糖蛋糕
将夹好馅料的小蛋糕块冷藏一下，取出后分别插上扦子，浸入一碗融化的黑巧克力（250 克）中，然后放到网架上。待定形后，淋上融化的白巧克力（50 克）做装饰。

巧克力软糖蛋糕球

这是一款起源于美国的新型必备蛋糕。这个配方看似简单，但操作起来颇为复杂，包装好或吃不完的蛋糕也可以再次利用。

1 将烤箱预热至180摄氏度，给烤模涂油并在底部铺上烘焙纸。

2 用电动打蛋器将黄油和糖一起打发蓬松。

3 逐个加入鸡蛋，每次加入后都要混合均匀，把混合物搅打成细腻顺滑的糊状。

4 将面粉、可可粉、泡打粉一起过筛后拌入蛋糕糊中。

5 加入牛奶，把蛋糕糊稀释到可以滴落的稠度。

6 把蛋糕糊舀进烤模中，烘烤25分钟至按下去有弹性。

7 用扦子测试蛋糕是否烤熟，然后脱模，放在网架上彻底晾凉。

8 把蛋糕放入食物料理机中，打成面包屑状，取300克放到碗里。

9 放入软糖糖霜，混合至顺滑均匀。

成品分量：20～25 个
准备时间：35 分钟
烘烤时间：25 分钟
冷藏时间：冷藏 3 小时或冷冻 30 分钟
提前准备：没蘸巧克力的蛋糕球可以冷冻储存 4 周

储存：做好的蛋糕球可在密封容器中保存 3 天

特殊器具
直径为 18 厘米的圆形蛋糕模
带刀片的食物料理机

原料
100 克无盐黄油，软化；或者软的人造黄油，外加适量涂模具用
100 克细砂糖
2 个鸡蛋
80 克自发粉
20 克可可粉

1 茶匙泡打粉
1 汤匙牛奶，外加少许需要时用
150 克成品巧克力软糖糖霜（或者按照第 60 页的软糖蛋糕糖霜配方制作）
250 克淋面用黑巧克力
50 克白巧克力

10 擦干双手，将蛋糕混合物团成核桃大的小球。

11 把小球放在盘子上，冷藏 3 小时或冷冻 30 分钟至定形。

12 取两个烤盘，铺上烘焙纸。按照包装指示融化黑巧克力。

13 给蛋糕球裹上黑巧克力。动作要快，如果小球泡太久开始开裂，就一个一个地操作。

14 用两把叉子在碗里转动蛋糕球，让它沾满巧克力酱。拿出后，控干多余的巧克力酱。

15 把裹好酱的蛋糕球放到烤盘里凝固。把所有小球都裹上巧克力外皮。

16 把白巧克力放到碗里，架在微微沸腾的水上隔水融化。

17 用勺子把白巧克力淋在蛋糕球上做点缀。

18 待白巧克力完全凝固后，转移到盘子里。

其他蛋糕球

草莓奶油蛋糕棒棒糖

这款蛋糕如果出现在儿童派对上，所有孩子都会为之着迷。你甚至可以把它插到生日蛋糕上当作装饰。

成品分量： 20 ～ 25 个
准备时间： 20 分钟
冷藏时间： 冷藏 3 小时或冷冻 30 分钟
烘烤时间： 25 分钟
提前准备： 没蘸酱料的蛋糕球可以冷冻储存 4 周

特殊器具
直径为 18 厘米的圆形蛋糕模
带刀片的食物料理机
25 根竹签，切成 10 厘米长，当作棒棒糖的小棒

原料
100 克无盐黄油，软化；或者软的人造黄油，外加适量涂模具用
100 克细砂糖
2 个鸡蛋
100 克自发粉
1 茶匙泡打粉
150 克成品奶油糖霜；或者自己制作香草奶油霜，做法见第 127 页步骤 13 ～ 15
2 汤匙优质无果肉草莓酱
250 克淋面用白巧克力

1 将烤箱预热至 180 摄氏度，给烤模涂油并铺上烘焙纸。黄油或人造黄油和糖一起打发至细腻的糊状。逐个加入鸡蛋，每加一个后都要搅打顺滑。把面粉和泡打粉一起筛入湿性材料中，翻拌均匀。

2 把蛋糕糊倒入烤模中，烘烤 25 分钟至按压有弹性。蛋糕脱模，放在网架上冷却，拿掉烘焙纸。

3 蛋糕冷却后，放入食物料理机中打成屑。取出其中 300 克放到碗里，再加入糖霜和果酱，搅拌均匀。擦干双手，将蛋糕混合物团成核桃大小的小球。把蛋糕球放到盘子里，插上竹签，放入冰箱冷藏 3 小时或冷冻 30 分钟。取两个烤盘，铺上烘焙纸。

4 把淋面巧克力放到碗里，隔水融化。将冷却后的蛋糕球逐个浸入巧克力酱中，转动竹签，使蛋糕球裹满巧克力酱。

5 轻轻拿出蛋糕球，让多余的巧克力酱滴回碗里。把蛋糕球放到烤盘里凝固。做好的棒棒糖应在当天食用。

烘焙小贴士
为了让棒棒糖的外形更加匀称、圆润，可以将一个苹果一分为二，切面向下放在烤盘上。给蛋糕球裹好巧克力酱后，把竹签插入苹果中。这样定形的蛋糕球，表面不会留下任何痕迹。

圣诞布丁球

每当举办圣诞派对时，我总喜欢把这些可爱的小布丁端给大家。如果有吃不完的圣诞大布丁，把它们做成布丁球是一个简单又美味的处理方法。

成品分量： 15 ～ 20 个
准备时间： 20 分钟
冷藏时间： 冷藏 3 小时或冷冻 30 分钟
烘烤时间： 25 分钟
提前准备： 没蘸酱料的布丁球可以冷冻储存 4 周
储存： 做好的布丁球可在冰箱中冷藏保存 5 天

特殊器具
带刀片的食物料理机

原料
400 克没吃完的圣诞布丁或李子布丁（见第 88 页）
200 克淋面用黑巧克力
50 克淋面用白巧克力
糖渍樱桃或当归蜜饯（可选）

1 用食物料理机将圣诞布丁彻底打碎。擦干双手，将布丁团成核桃大小的小球。把蛋糕球放到盘子里，放进冰箱冷藏 3 小时或冷冻 30 分钟至凝固定形。

2 取两个烤盘，铺上烘焙纸。把黑巧克力放在小碗里，用微波炉加热融化。加热时，每次设定 30 秒，如果没融化就再加热一轮，总时长不要超过 2 分钟，防止巧克力过烫；或者将巧克力放入隔热碗中，架在小锅上，隔着微沸的水融化。

3 从冰箱中取出布丁球，每次只取几个。把它们放入巧克力酱中，用两把叉子转动着裹满。把布丁球从巧克力酱中取出，放到铺有烘焙纸的烤盘上定形。

4 把所有布丁球都裹上巧克力酱。由于巧克力很快就会凝固，且布丁在温热的巧克力里泡太长时间就会融化，所以操作时速度一定要快。

5 按照上面的方法融化淋面用白巧克力。用茶匙在每个圣诞布丁球上淋一点白巧克力酱，这样它们看起来就像盖上了糖霜或白雪！注意不要淋太多，要让白巧克力酱从布丁球的四周滑下来，但不会覆盖黑巧克力。

6 如果你还想精益求精，可以用糖渍樱桃或当归蜜饯切出冬青叶和圣诞浆果的形状，趁白巧克力还未凝固时贴上去，静置等待巧克力凝固。

白巧克力椰子雪球

这些椰子球很精致，可以单独作为餐前小点或鸡尾酒小食供应。

成品分量： 25～30 个

准备时间： 40 分钟

冷藏时间： 冷藏 3 小时或冷冻 30 分钟

烘烤时间： 25 分钟

提前准备： 没蘸酱料的蛋糕球可以冷冻储存 4 周

储存： 做好的蛋糕球放在密封容器里可在阴凉处保存 2 天

特殊器具

直径为 18 厘米的圆形蛋糕模
带刀片的食物料理机

原料

100 克无盐黄油，软化；或者软的人造黄油，外加适量涂模具用

100 克细砂糖

2 个鸡蛋

100 克自发粉

1 茶匙泡打粉

225 克成品奶油糖霜；或者自己制作香草奶油霜，见第 127 页步骤 13 ～ 15

225 克椰蓉

250 克淋面用白巧克力

1　将烤箱预热至 180 摄氏度，给烤模涂油并铺上烘焙纸。黄油或人造黄油和糖一起打发至发白、蓬松。逐个加入鸡蛋，每加一个后都要搅打均匀。把面粉和泡打粉一起筛入湿性材料中，翻拌均匀。

2　把蛋糕糊倒入烤模中，烘烤 25 分钟至按压有弹性。蛋糕脱模，放在网架上冷却，拿掉烘焙纸。

3　蛋糕冷却后，放入食物料理机中打成屑。取出其中 300 克放到碗里，再加入糖霜和 75 克椰蓉，搅拌均匀。

4　擦干双手，将蛋糕混合物团成核桃大小的小球，放入冰箱冷藏 3 小时或冷冻 30 分钟。取两个烤盘，铺上烘焙纸。把剩余的椰蓉放到一个盘子里。

5　把淋面巧克力放到碗里，隔着微沸的水融化。将冷却后的蛋糕球逐个浸入巧克力酱中，用两把叉子转动蛋糕球，使它们裹满巧克力酱。

6　把蛋糕球放入装着椰蓉的盘子里，滚满椰蓉，然后放到烤盘里凝固。由于巧克力很快就会凝固，而且蛋糕球在巧克力里泡太长时间就会解体，所以操作时速度一定要快。

无比派

无比派制作起来简单快捷，能一次满足很多人的味蕾，正在快速成为新的经典。

成品分量： 10 个

准备时间： 40 分钟

烘烤时间： 12 分钟

提前准备： 无馅料的派可冷冻保存 4 周

储存： 做好的派可以存放 2 天

基本原料

175 克无盐黄油，软化

150 克浅色绵红糖

1 个大鸡蛋

1 茶匙香草精

225 克自发粉

75 克可可粉

1 茶匙泡打粉

150 毫升全脂牛奶

2 汤匙希腊酸奶或浓纯酸奶

香草奶油霜原料

100 克无盐黄油，软化

250 克糖粉

2 茶匙香草精

2 茶匙牛奶，外加适量需要时用

装饰原料

黑、白巧克力

200 克糖粉

1 将烤箱预热至 180 摄氏度。在烤盘底部铺 2 ~ 3 层烘焙纸。

2 用电动打蛋器将黄油和糖打发至轻盈蓬松的糊状。

3 加入鸡蛋和香草精，搅打混合。

4 充分打散鸡蛋，避免结块。这时的混合物应该是顺滑的。

5 将面粉、可可粉、泡打粉一起筛入另一个大碗中。

6 轻轻地把 1 汤匙干性原料拌入蛋糕糊中。

7 加入少许牛奶，搅拌均匀，再放1汤匙干性原料。就这样重复轮流添加，直到全部干性原料与牛奶都混合均匀。

8 加入酸奶，轻轻翻拌均匀，它会让派更加湿润。

9 用汤匙分20次将蛋糕糊放到有烘焙纸的烤盘上，每次满满1汤匙。

10 蛋糕烤好后会延展至8厘米，因此蛋糕糊之间应留出足够的间距。

11 用干净的汤匙蘸着温水抹平蛋糕表面。

12 烘烤12分钟，直到扦子插入再拿出后依然干净。放到网架上晾凉。

13 用木勺把除牛奶外的奶油霜原料混合到一起。

14 用电动打蛋器打发5分钟至混合物轻盈蓬松。

15 如果混合物偏硬，无法涂抹，就加一点牛奶。

16 用汤匙将奶油霜涂在其中一半蛋糕较平的一面上。

17 把涂过奶油霜的蛋糕与没涂过的叠到一起，轻轻压实。

18 制作装饰。用削皮刀削下黑、白巧克力屑。

19 把糖粉放到一个碗里，加入 1～2 汤匙水调成糊状。

20 用勺子将糖霜舀到每个派的顶部，均匀摊开。

21 轻轻将巧克力屑压在未干的糖霜上。

无比派 ▶

无比派变种

花生酱无比派

这些咸甜得宜、细腻滑软的无比派让人欲罢不能。

成品分量： 10 个
准备时间： 40 分钟
烘烤时间： 12 分钟
提前准备： 无馅料的派可冷冻保存 4 周
储存： 做好的派可以冷藏存放 1 天

原料
175 克无盐黄油，软化
150 克浅色绵红糖
1 个大鸡蛋
1 茶匙香草精
225 克自发粉
75 克可可粉
1 茶匙泡打粉
150 毫升全脂牛奶，外加适量调馅料用
2 汤匙希腊酸奶或浓纯酸奶
50 克奶油芝士
50 克无颗粒花生酱
200 克糖粉，过筛

1 将烤箱预热至 180 摄氏度，在烤盘底部铺几层烘焙纸。将黄油和糖打发至蓬松的糊状，搅入鸡蛋和香草精。

2 将面粉、可可粉、泡打粉一起筛入另一个大碗中。用汤匙将干性原料和牛奶交替搅入鸡蛋黄油糊中，每次加 1 汤匙，拌入酸奶。

3 用汤匙盛满蛋糕糊，放到烤盘上，留出足够蛋糕膨胀的间距。汤匙蘸温水，用匙背抹平蛋糕表面。烘烤 12 分钟至蛋糕充分膨胀，放到网架上晾凉。

4 制作馅料。将奶油芝士与花生酱一起搅打均匀。加入糖，搅匀。如果混合物太硬，无法涂抹，就加一点牛奶。在其中一半蛋糕的平面上涂抹馅料，把涂过馅料的蛋糕与没涂过的叠到一起。

椰子无比派

这是一种朴素但美味的无比派，充分体现出了椰子与巧克力之间的完美契合。

成品分量： 10 个
准备时间： 40 分钟
烘烤时间： 12 分钟
提前准备： 无馅料的派可冷冻保存 4 周
储存： 做好的派可以冷藏存放 1 天

原料
275 克无盐黄油，软化
150 克浅色绵红糖
1 个大鸡蛋
2 茶匙香草精
225 克自发粉
75 克可可粉
1 茶匙泡打粉
150 毫升全脂牛奶，外加适量调馅料用
2 汤匙希腊酸奶或浓纯酸奶
200 克糖粉
5 汤匙椰蓉

1 将烤箱预热至 180 摄氏度，在烤盘底部铺几层烘焙纸。将 175 克黄油和糖一起打发至蓬松的糊状，搅入鸡蛋和 1 茶匙香草精。将面粉、可可粉、泡打粉一起筛入另一个大碗中。用汤匙将干性原料和牛奶交替搅入鸡蛋黄油糊中，每次加 1 汤匙，拌入酸奶。

2 用汤匙盛满蛋糕糊，放到烤盘上。汤匙蘸温水，用匙背抹平蛋糕表面。烘烤 12 分钟至蛋糕膨胀，稍冷却后转移到网架上。向椰蓉碗中注入牛奶，让牛奶没过椰蓉，浸泡 10 分钟至椰蓉变软，用筛子控干。

3 制作馅料。把剩余的黄油、糖粉、香草精和 2 茶匙牛奶一起打发蓬松，搅入椰蓉。在其中一半蛋糕上涂抹馅料，把涂过馅料的蛋糕与没涂过的叠到一起。

黑森林无比派

这是由著名的黑森林蛋糕衍生出的新型无比派，使用的是罐装樱桃。

成品分量： 10 个
准备时间： 40 分钟
烘烤时间： 12 分钟
提前准备： 无馅料的派可冷冻保存 4 周
储存： 做好的派最好在制作当天食用，但也可以冷藏存放 1 天

原料

175 克无盐黄油，软化
150 克浅色绵红糖
1 个大鸡蛋
1 茶匙香草精
225 克自发粉
75 克可可粉
1 茶匙泡打粉
150 毫升全脂牛奶或酪乳
2 汤匙希腊酸奶或浓纯酸奶
225 克沥干的罐装黑樱桃或新鲜樱桃
250 克马斯卡彭芝士
2 汤匙细砂糖

1 将烤箱预热至 180 摄氏度，在烤盘底部铺几层烘焙纸。将 175 克黄油和糖一起打发至蓬松的糊状，搅入鸡蛋和 1 茶匙香草精。

2 将面粉、可可粉、泡打粉筛入另一个大碗中。用汤匙将干性原料和牛奶交替搅入鸡蛋黄油糊中，每次加 1 汤匙，拌入酸奶。将 100 克樱桃切碎，拌入蛋糕糊中。

3 用汤匙盛满蛋糕糊，放到烤盘上，注意间距。汤匙蘸温水，用匙背抹平蛋糕表面。烘烤 12 分钟至蛋糕膨胀，稍冷却后转移到网架上。

4 把剩余的樱桃打成泥。把樱桃泥和糖交替与马斯卡彭芝士混合均匀，让馅料呈现涟漪的效果。在其中一半蛋糕上涂抹馅料，把涂过馅料的蛋糕与没涂过的叠到一起。

草莓奶油无比派

制作后最好马上享用。这些夹着草莓的无比派可以为一场传统的下午茶增色不少。

成品分量： 10 个
准备时间： 40 分钟
烘烤时间： 12 分钟
提前准备： 无馅料的派可冷冻保存 4 周

原料

175 克无盐黄油，软化
150 克浅色绵红糖
1 个大鸡蛋
1 茶匙香草精
225 克自发粉
75 克可可粉
1 茶匙泡打粉
150 毫升全脂牛奶
2 汤匙希腊酸奶或浓纯酸奶
150 毫升双倍奶油，打发
250 克草莓，切成薄片
糖粉，撒粉用

1 将烤箱预热至 180 摄氏度，在烤盘底部铺几层烘焙纸。用电动打蛋器将黄油和糖打发成蓬松的糊状，搅入鸡蛋和香草精。将面粉、可可粉、泡打粉一起筛入另一个大碗中。用汤匙将干性原料和牛奶交替搅入鸡蛋黄油糊中，每次 1 汤匙，拌入酸奶。

2 用汤匙盛满蛋糕糊，放到烤盘上，留出足够蛋糕膨胀的空间。汤匙蘸温水，用匙背抹平蛋糕表面。

3 烘烤 12 分钟至蛋糕充分膨胀，冷却几分钟后转移到网架上晾凉。

4 在其中一半蛋糕上涂抹奶油。在奶油上铺一层草莓，然后盖上另一片蛋糕。上桌前撒上糖粉。这款蛋糕不能储存，只能在制作当天食用。

巧克力流心蛋糕

这款印象中只出现在餐厅里的甜点其实非常容易制作，在家里也能轻松做出来。

成品分量： 4 个
准备时间： 20 分钟
烘烤时间： 5 ~ 15 分钟
提前准备： 模具或小烤盅里未烤制的蛋糕糊可在冰箱中冷藏一夜或冷冻 1 周（见第 133 页烘焙小贴士）

特殊器具
4 个容量为 150 毫升的杯形布丁模或 4 个直径为 10 厘米的烤盅

原料
150 克无盐黄油，软化，切块，外加适量涂模具用
1 汤匙冒尖的白面粉，外加适量撒粉用
150 克优质黑巧克力，掰成小块
3 个大鸡蛋
75 克细砂糖
可可粉或糖粉，撒粉用（可选）
奶油或冰激凌，搭配食用（可选）

1 将烤箱预热至 200 摄氏度。在杯形布丁模或烤盅的底部和四周都涂一层黄油，撒入一点面粉，转动模具，让面粉沾到油层上。轻敲模具，倒掉多余的面粉。在模具底部铺上小的圆形烘焙纸。

2 把巧克力和黄油放到碗里，把碗架在微微沸腾的水上，隔水融化，时不时搅动几下，确保碗底不要碰到水。稍稍放凉。

3 在另一个碗里打发鸡蛋和糖。把稍冷却后的巧克力混合物倒入鸡蛋糊里，充分搅打均匀。把面粉筛到湿性原料上面，轻轻翻拌进去。

4 把蛋糕糊平均倒入每个模具中，不要把模具填满。把模具放入冰箱冷藏几小时或一夜，烘烤前再拿出来。

5 把烤模放入烤箱中层。如果用的是布丁模，烘烤 5 ~ 6 分钟；如果用的是烤盅，烘烤 12 ~ 15 分钟。烤好的蛋糕应四周定形，但中间还未凝固。用锋利的小刀沿着模具的边缘划一圈。把盘子盖到烤模上，一起倒扣过来便可取出蛋糕。把每个蛋糕放到单独的盘子里，撕掉烘焙纸。

6 将可可粉或糖粉筛到蛋糕上（可选），做好后即可搭配奶油或冰激凌食用。

烘焙小贴士

　　这是一款不容易出错的蛋糕。这些蛋糕可以提前一天准备好，因此很适合用作晚宴的甜品。注意要提前将它们从冰箱里取出，回暖至室温后再放入烤箱，否则就需要更长的烤制时间。

柠檬蓝莓玛芬

这是一款像羽毛一样轻盈的玛芬蛋糕，表面的柠檬汁让它的味道更上了一个台阶。
最好趁热食用。

1 将烤箱预热至 220 摄氏度。把黄油放在锅里，用中小火融化。

2 把面粉、泡打粉、盐过筛加入碗里（不要用电动搅拌器来制作玛芬）。

3 留出 2 汤匙糖备用，其他的搅入面粉中，在面粉中间挖一个坑。

4 在另一个碗里将鸡蛋打散，打至蛋黄和蛋白刚刚混合即可。

5 把黄油、柠檬皮屑、香草、牛奶加入蛋液中，搅打至出现气泡。

6 把鸡蛋混合物缓慢、均匀地倒入面粉中间的小坑里。

7 用橡皮刮刀一点点将干性原料拌进去，形成顺滑的蛋糕糊。

8 轻轻拌入所有蓝莓，注意不要把蓝莓弄破。

9 所有原料混合均匀即可，不要过度搅拌，否则玛芬会变硬。

成品分量：12 个
准备时间：20 ～ 25 分钟
烘烤时间：15 ～ 20 分钟
储存：玛芬最好趁热食用，但可以在密封容器中保存 2 天或冷冻保存 4 周

特殊器具
12 孔玛芬模具

原料
60 克无盐黄油
280 克白面粉
1 汤匙泡打粉
一小撮盐
200 克细砂糖

1 个鸡蛋
1 个柠檬的碎皮屑和果汁
1 茶匙香草精
250 毫升牛奶
225 克蓝莓

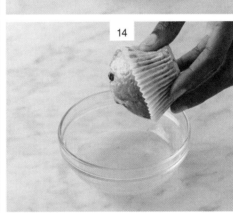

10 把玛芬纸托放入模具中，舀入蛋糕糊，装至 ³⁄₄ 满。

11 烘烤 15 ～ 20 分钟，烤好后将扦子插入中心处，拿出后扦子应该还是干净的。

12 待玛芬稍稍冷却后，将它们转移到网架上。

13 把柠檬汁和预留出的糖一起放入一个小碗中，搅拌至糖溶解。

14 在玛芬还热的时候，将它们的顶部放入柠檬汁里蘸一下。

15 把玛芬放回网架上，用刷子将剩余的柠檬汁刷在玛芬上。

16 玛芬在温热时吸收的柠檬汁最多。

玛芬变种

苹果玛芬

这款健康的玛芬最好在烤好后立即享用。

成品分量： 12 个

准备时间： 10 分钟

烘烤时间： 20 ～ 25 分钟

储存： 玛芬可在密封容器中保存 2 天或冷冻保存 8 周

特殊器具

12 孔玛芬模具

原料

1 个苹果，去皮去核，切碎

2 茶匙柠檬汁

115 克浅金砂糖，外加少许撒在蛋糕上

200 克白面粉

85 克全麦面粉

4 茶匙泡打粉

1 汤匙混合香料

$\frac{1}{2}$ 茶匙盐

60 克山核桃，切碎

250 毫升牛奶

4 汤匙葵花子油

1 个鸡蛋，打散

1　将烤箱预热至 200 摄氏度，把玛芬纸托放入模具中备用。把苹果放到碗里，加入柠檬汁，拌匀。加入 4 汤匙糖，静置 5 分钟。

2　把面粉、泡打粉、混合香料、盐过筛后放到一个大碗里，把筛子里剩下的麸质也加进去。搅入糖和山核桃，在干性原料中间挖一个小坑。

3　将牛奶、油、鸡蛋一起搅打均匀，加入苹果。把湿性原料倒入干性原料的小坑里，混合成带块状物的面糊。

4　把蛋糕糊舀入纸托中，装至 $\frac{3}{4}$ 满。烘烤 20 ～ 25 分钟至玛芬顶部鼓起来且变成棕色。将它们转移到网架上，撒上糖。趁热或放凉之后食用均可。

柠檬芝麻玛芬

芝麻为这些精致的玛芬增添了香脆感。

成品分量： 12 个

准备时间： 20 ～ 25 分钟

烘烤时间： 15 ～ 20 分钟

储存： 玛芬可在密封容器中保存
2 天或冷冻保存 4 周

特殊器具

12 孔玛芬模具

原料

60 克无盐黄油

280 克白面粉

1 汤匙泡打粉

一小撮盐

200 克细砂糖，外加 2 茶匙撒在
蛋糕上

1 个鸡蛋，打散

1 茶匙香草精

250 毫升牛奶

2 汤匙芝麻

1 个柠檬的碎皮屑和果汁

1 将烤箱预热至 220 摄氏度。把
黄油放在锅里，用中小火融
化，融化后离火，稍稍冷却。
把面粉、泡打粉、盐过筛后加
入碗里。搅入糖，在面粉中间
挖一个坑。

2 把鸡蛋放入另一个碗里打散，
加入黄油、香草精、牛奶，搅
打至出现气泡。搅入芝麻和柠
檬皮屑。

3 把鸡蛋混合物倒入面粉中间的
小坑里，搅拌成顺滑的糊状。
搅拌均匀即可，不要过度搅
拌，否则玛芬会变硬。

4 把玛芬纸托放入模具中，将蛋
糕糊平均地舀入纸托中，撒上
2 茶匙糖。

5 烘烤 15 ～ 20 分钟，烤好后将
扦子插入中心处，拿出后扦子
应该还是干净的。待玛芬稍稍
冷却后，将它们转移到网架上
彻底晾凉。

巧克力玛芬

这些玛芬可以满足人们对巧克力的渴望，里面的酪乳让
它们更加清爽。

成品分量： 12 个

准备时间： 10 分钟

烘烤时间： 15 分钟

储存： 玛芬可在密封容器中保存
2 天或冷冻保存 8 周

特殊器具

12 孔玛芬模具

原料

225 克白面粉

60 克可可粉

1 汤匙泡打粉

一小撮盐

115 克浅色绵红糖

150 克巧克力碎

250 毫升酪乳

6 汤匙葵花子油

$\frac{1}{2}$ 茶匙香草精

2 个鸡蛋

1 将烤箱预热至 200 摄氏度，把
玛芬纸托放入模具中备用。把
面粉、可可粉、泡打粉、盐过
筛后放到一个大碗里。搅入糖
和巧克力碎，在干性原料中间
挖一个坑。

2 将酪乳、油、香草精、鸡蛋一
起搅打均匀，倒入干性原料中
间的坑里，混合成带块状物的
面糊。把蛋糕糊舀入纸托中，
每个纸托装至 $\frac{3}{4}$ 满。

3 烘烤 15 分钟，直到玛芬充分
膨胀且摸上去已经凝固，立刻
转移到网架上晾凉。

烘焙小贴士

配方中的酪乳、油等液体的
作用是为蛋糕增加湿度，延长保
鲜期。如果一个配方里用到了油，
一定要用葵花子油和花生油等清
澈无味的油，保证玛芬的香气不
被油的味道掩盖。

玛德琳

玛德琳因法国作家马塞尔·普鲁斯特而闻名于世。普鲁斯特曾在书中讲到，这种优雅的小点心让他瞬间回想起了幼年的时光。

成品分量： 12 个

准备时间： 15 ～ 20 分钟

烘烤时间： 10 分钟

储存： 可在密封容器中保存 1 天或冷冻保存 4 周

特殊器具

玛德琳模具或小的 12 孔小圆面包模具

原料

60 克无盐黄油，融化后冷却，外加适量涂模具用

60 克自发粉，过筛，外加适量撒粉用

60 克细砂糖

2 个鸡蛋

1 茶匙香草精

糖粉，撒粉用

1　将烤箱预热至 180 摄氏度。在模具里仔细地刷一层融化的黄油，再在黄油上撒一些面粉。翻转模具，让面粉沾满内壁，然后倒过来敲掉多余的面粉。

2　把糖、鸡蛋、香草精放入搅拌盆中，用电动打蛋器搅打 5 分钟，直到混合物颜色变浅、质地变得细腻稠厚，且打蛋器拖出的痕迹不会消失。

3　把面粉筛入盆里，顺着边缘倒入融化的黄油。用大的金属勺小心快速地翻拌均匀，注意不要挤出太多空气。

4　将蛋糕糊倒入模具，放入烤箱烘烤 10 分钟，取出后转移到网架上晾凉，上桌前撒上糖粉。

烘焙小贴士

这些精致的小点心拿在手上应该是轻若无物的，因此在打发时要尽可能地打入更多的空气，翻拌时要尽量保持面糊原有的体积。

司康

自制司康是最简单也是最好的茶点之一。用酪乳制作出的司康会更加松软。

1 将烤箱预热至 220 摄氏度。在烤盘里铺上烘焙纸，在纸上涂抹黄油。

2 把面粉、泡打粉、盐过筛后放到一个冷藏过的大碗里。

3 加入黄油，尽量让所有原料保持低温。

4 用指尖将原料搓成细屑，动作要快。把细屑抓起来再撒回碗里，让它们接触更多空气。

5 在干性原料中间挖一个坑，缓慢、均匀地倒入酪乳。

6 用叉子快速将干性原料与酪乳搅拌到一起，不要过度搅拌。

7 把混合物搅拌成一个面团。如果面团看起来很干，就再加少许酪乳。

8 把面团放在撒过面粉的操作台上揉几秒，揉完后面团应该还是粗糙不平整的。

9 把面团拍至 2 厘米厚，过程中尽量少接触面团，让它保持低温。

成品分量：6～8个	**特殊器具**	**原料**	2 茶匙泡打粉
准备时间：15～20分钟	直径为 7 厘米的饼干切模	60 克无盐黄油，冷藏后切成块，	½ 茶匙盐
烘烤时间：12～15分钟		外加适量涂模具用	175 毫升酪乳
储存：可冷冻保存 4 周		250 克高筋白面包粉，外加适量	黄油、果酱、凝脂奶油或双倍奶
		撒粉用	油，搭配食用（可选）

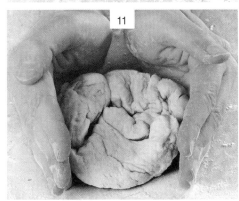

10 用饼干切模切出圆形的小饼（见烘焙小贴士）。

11 把切剩的边角料再次团起来拍扁，切出更多的小圆饼，直到用完整个面团。

12 把司康摆在准备好的烤盘上，每个司康之间保留 5 厘米的间距。

13 放入预热好的烤箱中，烤 12～15 分钟至焦黄、膨胀。司康应在制作当天，最好是刚出烤箱时食用。食用时可以涂抹上黄油、果酱、凝脂奶油或双倍奶油。

烘焙小贴士

　　让司康充分膨胀的秘诀之一在于正确的分切手法。切割时，最好使用锋利的金属饼干切模或刀子用力下压，中途不要转动模具，这样切出的司康才能充分、均匀地膨胀。

司康变种

醋栗司康

最好在端出烤箱后直接送上餐桌,抹上黄油或凝脂奶油食用。

成品分量: 6 个
准备时间: 15～20 分钟
烘烤时间: 12～15 分钟
储存: 可冷冻保存 4 周

原料

60 克无盐黄油,冷藏后切成块,外加适量涂模具用

1 个鸡蛋的蛋黄,刷面用

175 毫升酪乳,外加 1 汤匙刷面用

250 克高筋白面包粉,外加适量撒粉用

2 茶匙泡打粉

$\frac{1}{2}$ 茶匙盐

$\frac{1}{4}$ 茶匙小苏打

2 茶匙细砂糖

2 汤匙醋栗

1 将烤箱预热至 220 摄氏度,在一个烤盘上涂一层黄油。将蛋黄和 1 汤匙酪乳一起打散,放到一旁备用。

2 把面粉、泡打粉、盐、小苏打过筛后放到一个碗里,再加入糖。加入黄油,用指尖将原料揉搓成细屑。拌入醋栗,倒入酪乳,用叉子快速搅拌至混合物结块,再把混合物搅拌至刚刚形成面团,不可过度搅拌。

3 把面团放在撒过面粉的操作台上,切成两半,分别拍成直径为 15 厘米、厚度为 2 厘米的圆饼。用锋利的刀子将每个圆饼平均切成 4 瓣,摆在烤盘上,每个之间保留 5 厘米的间距,刷上蛋黄酪乳混合物。

4 烤 12～15 分钟至颜色微棕。在烤盘上停留几分钟,然后转移到网架上晾凉。最好在制作当天食用。

芝士欧芹司康

在基础司康面糊的基础上稍加改变，就能做出一款鲜咸怡口的新款司康。

成品分量：20 个小司康或 6 个大司康

准备时间：20 分钟

烘烤时间：8～10 分钟

储存：可冷冻保存 12 周

特殊器具

制作小司康：直径为 4 厘米的饼干切模

制作大司康：直径为 6 厘米的饼干切模

原料

油，涂模具用

225 克白面粉，过筛，外加适量撒粉用

1 茶匙泡打粉

一小撮盐

50 克无盐黄油，冷藏，切块

1 茶匙干欧芹

1 茶匙黑胡椒，碾碎

50 克陈年切达芝士，擦丝

110 毫升牛奶

1 将烤箱预热至 220 摄氏度，在一个中号烤盘上薄涂一层油。在一个大碗里，将面粉、泡打粉、盐过筛后混合到一起，加入黄油，用指尖将原料揉搓成细屑。

2 搅入欧芹、胡椒、一半的芝士，倒入适量牛奶，稍微搅拌，制成柔软的面团（保留剩余的牛奶用来刷在顶部）。

3 在撒过面粉的操作台上将面团擀成约 2 厘米厚。用饼干切模切出小圆饼（见烘焙小贴士），摆在准备好的烤盘上。在顶部刷上剩余的牛奶，撒上剩余的芝士。

4 放入烤箱上层，烤 8～10 分钟至颜色金黄。在烤盘上停留几分钟稍稍冷却。可以趁热食用，也可以转移到网架上彻底晾凉。最好在制作当天食用。

草莓奶油蛋糕

这些清爽的奶油蛋糕是属于夏天的完美甜点。

成品分量：6 个

准备时间：15～20 分钟

烘烤时间：12～15 分钟

提前准备：无馅料的蛋糕可以冷冻保存 4 周

特殊器具

直径为 8 厘米的饼干切模

基本原料

60 克无盐黄油，外加适量涂模具用

250 克白面粉，外加适量撒粉用

1 汤匙泡打粉

$\frac{1}{2}$ 茶匙盐

45 克细砂糖

175 毫升双倍奶油，外加适量备用

稀果酱原料

500 克草莓，去蒂，切片

2～3 汤匙糖粉

2 汤匙樱桃酒（可选）

馅料原料

500 克草莓，去蒂，切片

45 克细砂糖，外加 2～3 汤匙备用

250 毫升双倍奶油

1 茶匙香草精

1 将烤箱预热至 220 摄氏度，给烤盘涂一层黄油。在一个碗里混合面粉、泡打粉、盐、糖，揉成碎屑。加入黄油，搅拌均匀；如果混合物很干，就再加一点奶油。加入黄油，用指尖搓成细屑。

2 将细屑团成面团，在撒过面粉的操作台上揉几下。把面团拍成 1 厘米厚的圆饼，用锋利的饼干模切出 6 个小圆饼（见烘焙小贴士）。转移到烤盘上，烘烤 12～15 分钟，放到网架上晾凉。

3 将草莓打成泥，搅入糖粉和樱桃酒（可选），做成稀果酱。

4 制作馅料。将草莓与糖混合，将奶油打发至湿性发泡，加入 2～3 汤匙糖和香草精，继续打发至硬挺。蛋糕切为两半，把草莓放到下面一半上，奶油铺在草莓上，然后盖上另一半，把稀果酱倒在蛋糕周围。做好后立即食用。

威尔士蛋糕

这些来自威尔士的传统小蛋糕制作起来费时很少，你甚至不用预热烤箱。

成品分量： 24 个
准备时间： 20 分钟
煎制时间： 16～24 分钟

特殊器具
直径为 5 厘米的饼干切模

原料
200 克自发粉，外加适量撒粉用
100 克无盐黄油，冷藏切块，外加适量用来煎蛋糕
75 克细砂糖，外加适量撒粉用
75 克无籽葡萄干
1 个大鸡蛋，打散
一点牛奶，备用

1　将面粉筛入一个大碗中，把黄油揉进面粉，把混合物揉成细面包屑状。搅入糖和无籽葡萄干，倒入蛋液。

2　把所有原料搅拌均匀，用手将混合物团成球状。这个面团应该足够硬，不会粘到擀面杖上，但如果面团太硬，就加一点牛奶。

3　在撒过面粉的操作台上将面团擀成 5 毫米厚，用饼干模切出小圆饼。

4　取一个大的厚底煎锅、铸铁平底锅或平煎饼盘，用中小火加热。锅底加一点融化的黄油，把蛋糕成批放入锅里煎，每一面煎 2～3 分钟，煎至蛋糕焦黄膨胀且完全熟透。

5　这款蛋糕最好在出锅后立即享用，上桌前趁热撒上细砂糖。

烘焙小贴士

    威尔士蛋糕是一种几分钟之内就能准备好的
简易午后小点。煎制时要用很小的火。由于使用
的是自发粉，蛋糕在翻面的时候很容易破损，因
此翻面时要格外小心。最好在出锅后立即搭配黄
油享用。

岩石蛋糕

是时候让这些传统的英式小面包重新得到人们的宠爱了。烤好的岩石蛋糕松软酥脆，而且制作起来出乎意料的简单。

成品分量： 12 个
准备时间： 15 分钟
烘烤时间： 15 ～ 20 分钟

原料

200 克自发粉

一小撮盐

100 克无盐黄油，冷藏切块

75 克细砂糖

100 克混合水果干（有籽葡萄干、无籽葡萄干、混合果皮）

2 个鸡蛋

2 汤匙牛奶，外加适量备用

1/2 茶匙香草精

黄油或果酱，搭配食用（可选）

1 将烤箱预热至 190 摄氏度。在一个大碗里，将面粉、盐、黄油搓成细面包屑状，搅入糖，加入水果干，混合均匀。

2 在一个大量杯里打发鸡蛋、牛奶、香草精。在面粉混合物中间挖一个小坑，倒入鸡蛋混合物，混合均匀，做成稠的蛋糕糊。如果蛋糕糊太干，就加点牛奶。

3 取 2 个烤盘，铺上烘焙纸。盛满 1 汤匙蛋糕糊放到烤盘上，留出蛋糕延展的空间。放入烤箱中心，烘烤 15 ～ 20 分钟至表面焦黄。

4 取出蛋糕，放到网架上稍稍冷却。对半切开，抹上黄油或果酱，趁热食用。岩石蛋糕不好保存，因此应该在制作当天食用。

烘焙小贴士

这些简单易学的蛋糕之所以叫岩石蛋糕，是因为它们经典的岩石外形，而不是它们的质感！把蛋糕糊放在烤盘上时，一定要堆到至少5～7厘米高。这样即使蛋糕在烤制过程中会摊开，也能保持边缘凹凸不平的经典外形。

酥皮点心
PATISSERIE

可颂

虽然制作起来颇为费时，但最后的成果一定不会让你失望。需要提前
一天开始准备。

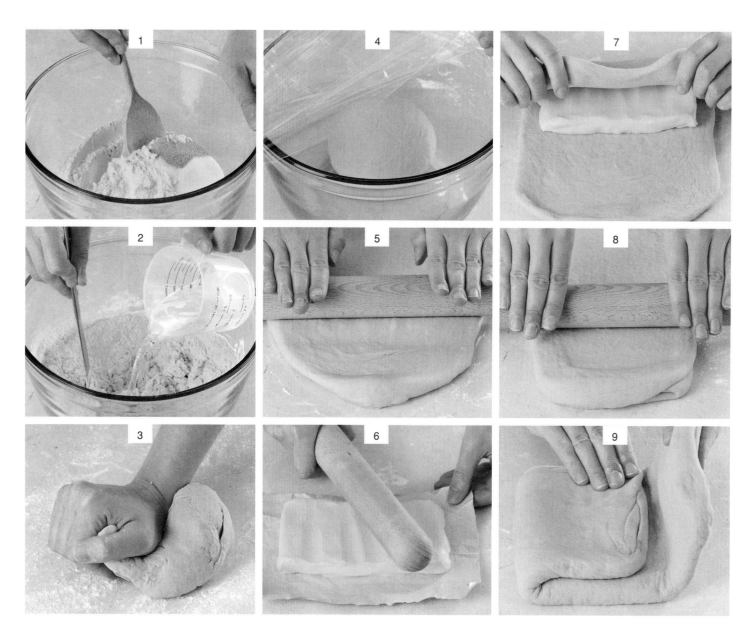

1 将面粉、盐、糖、酵母放入一个大碗中搅拌
　均匀。

2 分次向碗里加入温水，每次加一点，同时用
　餐刀把水搅入干性原料中，制成柔软的面团。

3 在撒过面粉的操作台上将面团揉至产生弹性。

4 把面团放回碗里，盖上涂过油的保鲜膜，放
　入冰箱冷藏 1 小时，让面团松弛、醒发。

5 将面团擀成 30 厘米 ×15 厘米的长方形。

6 用擀面杖将凉的黄油拍至 1 厘米厚，保持它
　的形状。

7 将黄油放在面团中心，折叠面团包住黄油，
　冷藏 1 小时。

8 在撒过面粉的操作台上将面团擀成 30 厘米 ×
　15 厘米的长方形。

9 把右边 ⅓ 向中间折叠，再把左边 ⅓ 折到它上
　面。冷藏 1 小时至定形。

成品分量：12 个
准备时间：1 小时
发酵和醒发时间：1 小时
冷藏时间：5 小时，外加一夜
提前准备：未烤的可颂可冷冻保存 4 周

烘烤时间：15 ～ 20 分钟
储存：可在密封容器中存放 2 天

原料
300 克高筋白面包粉，外加适量撒粉用
$\frac{1}{2}$ 茶匙盐

30 克细砂糖
$2\frac{1}{2}$ 茶匙干酵母
蔬菜油，涂油用
250 克无盐黄油，冷藏
1 个鸡蛋，打散
黄油或果酱，搭配食用（可选）

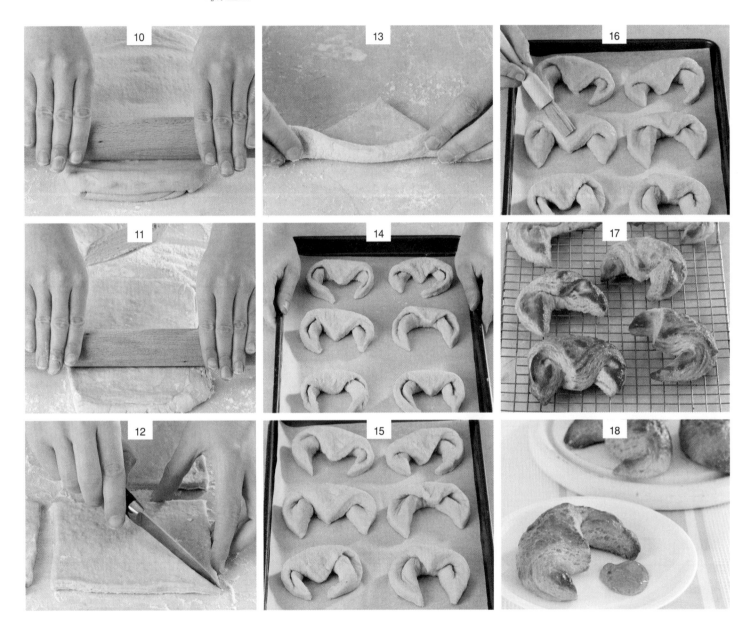

10 将擀平、折叠、冷藏的程序重复两次。盖上保鲜膜，冷藏一夜。

11 将面团切成两半，把其中一半擀成 12 厘米 × 36 厘米的长方形。

12 切成 3 个边长为 12 厘米的正方形，再沿对角线切成 6 个三角形。另一半面团也这样操作。

13 手拿三角形长边的两个角，朝自己的方向卷起来，再弯成月牙形。

14 摆在铺有烘焙纸的烤盘上，留好间距。

15 用涂了油的保鲜膜盖住，静置 1 小时至体积翻倍，拿掉保鲜膜。

16 将烤箱预热至 220 摄氏度。给可颂刷上蛋液，烘烤 10 分钟。

17 把烤箱温度降至 190 摄氏度，再烘烤 5 ～ 10 分钟。

18 搭配黄油或果酱趁热食用。

可颂变种

巧克力可颂

　　刚刚出炉的巧克力可颂，温热的酥皮里渗出融化了的巧克力，简直是周末早餐的终极之选。

成品分量： 8 个
准备时间： 1 小时
冷藏时间： 5 小时，外加一夜
发酵时间： 1 小时
烘烤时间： 15 ～ 20 分钟
储存： 可在密封容器中存放 1 天或冷冻存储 4 周

原料

1 个优质的可颂面团，参见第 150 ～ 151 页步骤 1 ～ 10
200 克黑巧克力
1 个鸡蛋，打散

1　将面团分成 4 等份，各擀成 10 厘米 ×40 厘米的长方形。把每一份切成两半，得到 8 个约 10 厘米 ×20 厘米的长方形酥皮。

2　把巧克力平均切成 16 条。可以使用两板 100 克的巧克力，把每板分成 8 条。在每片酥皮长边的 ⅓ 和 ⅔ 处标记一下。

3　把一条巧克力放在 ⅓ 处，提起酥皮的短边，盖过巧克力，折向 ⅔ 的标记处。再拿第二条巧克力放到 ⅔ 处的标记上，在巧克力旁边的酥皮上刷蛋液，将另一个边折向中心，做成一个两边都塞着巧克力条的三层小包裹。将所有边缘压实，防止巧克力在烤制过程中流出来。

4　给一个烤盘铺上烘焙纸，把可颂放在上面，盖住，放在温暖的地方发酵 1 小时至面团膨起，体积变成原来的两倍。将烤箱预热至 220 摄氏度，给可颂刷上蛋液，烘烤 10 分钟。把烤箱温度降至 190 摄氏度，再烘烤 5 ～ 10 分钟至表面呈焦黄色。

香肠芝士可颂

可颂里辛辣的乔里索香肠与香浓的芝士相得益彰。

成品分量： 8 个
准备时间： 1 小时
冷藏时间： 5 小时，外加一夜
发酵时间： 1 小时
烘烤时间： 15 ～ 20 分钟
储存： 可在密封容器中存放 1 天或冷冻存储 4 周

原料

1 个优质的可颂面团，参见第 150 ～ 151 页步骤 1 ～ 10
8 片乔里索香肠、火腿或帕尔玛火腿
8 片芝士，如埃曼塔尔芝士或亚尔斯堡芝士
1 个鸡蛋，打散

1 将面团分成 4 等份，每份擀成 10 厘米 ×40 厘米的长方形。把每一片切成两半，得到 8 个约 10 厘米 ×20 厘米的长方形酥皮。

2 在每块酥皮中间放 1 片香肠或火腿，折起一个边盖在上面。在折起的边上放 1 片芝士，刷上蛋液，再将其他几条边盖过芝士折起来。压实所有边缘，盖起来，在温暖的地方放置 1 小时至体积翻倍。将烤箱预热至 220 摄氏度。

3 给可颂刷上蛋液，烘烤 10 分钟。把烤箱温度降至 190 摄氏度，再烘烤 5 ～ 10 分钟至表面焦黄。

烘焙小贴士

这种可颂的包容性极强，很多种咸口食材都可以做成它的馅料。最常见的馅料是火腿和芝士，但也可以试试先用一层熏火腿，再盖上一层乔里索香肠，撒上一些熏辣椒粉，做成辛辣口味的可颂。

杏仁脆片可颂

这些夹着杏仁奶油的小点心既清爽又美味。

成品分量： 12 个
准备时间： 1 小时
冷藏时间： 5 小时，外加一夜
发酵时间： 1 小时
烘烤时间： 15 ～ 20 分钟
储存： 可在密封容器中存放 1 天或冷冻存储 4 周

原料

25 克无盐黄油，软化
75 克细砂糖
75 克杏仁粉
2 ～ 3 汤匙牛奶，备用
1 个优质的可颂面团，参见第 150 ～ 151 页步骤 1 ～ 10
1 个鸡蛋，打散
50 克杏仁片
糖粉，搭配食用

1 做杏仁糊。将黄油和糖打发至细腻的糊状，搅入杏仁粉。如果混合物太稠，就加一点牛奶。

2 将面团切成两半。在撒过面粉的操作台上把其中一半擀成 12 厘米 ×36 厘米的长方形，切成 3 个边长为 12 厘米的正方形，再沿对角线切成 6 个三角形。另一半面团也这样操作。

3 在每个三角形上涂抹 1 汤匙杏仁糊，最长的两条边各留出 2 厘米的边界不涂。把蛋液刷在边界上，从最长的边开始，仔细地将酥皮卷向侧顶点。

4 在 2 个烤盘上铺好烘焙纸，将可颂摆上去，盖住，在温暖的地方放置 1 小时至体积翻倍。将烤箱预热至 220 摄氏度。

5 给可颂刷上蛋液，撒上杏仁片，烘烤 10 分钟。把烤箱温度降至 190 摄氏度，再烘烤 5 ～ 10 分钟至表面金黄。待冷却后，撒上糖粉即可食用。

丹麦酥

虽然这些香醇美味的点心制作起来有些费时，但自制点心独有的味道是无可比拟的。

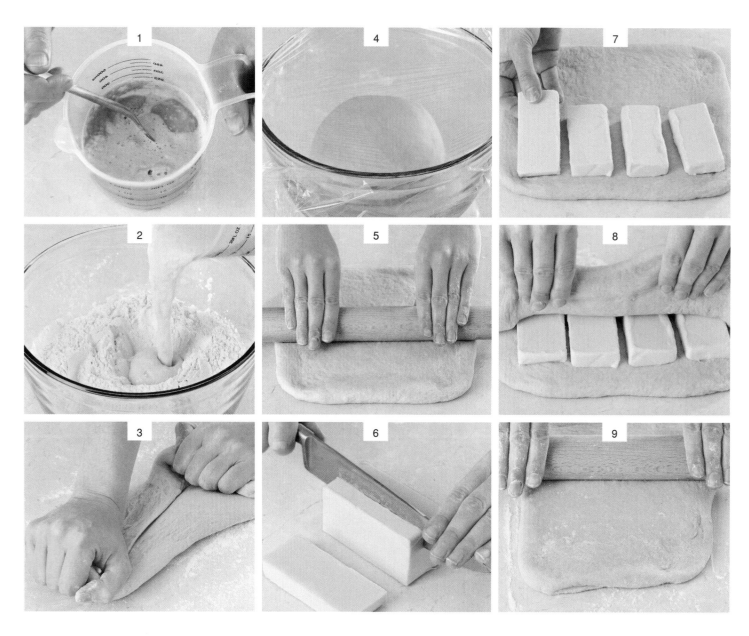

1 将牛奶、酵母、1汤匙糖混合在一起，盖住静置20分钟，搅入鸡蛋。

2 将面粉、盐、剩余的糖放入碗里，在中间挖一个坑，倒入酵母混合物。

3 把所有原料混合成软面团，在撒有面粉的操作台上揉15分钟至产生弹性。

4 把面团放入一个涂过油的碗里，盖上保鲜膜，冷藏15分钟。

5 在撒有面粉的操作台上将面团擀成25厘米×25厘米的正方形。

6 将黄油切成3～4片，每片的尺寸约为12厘米×6厘米×1厘米。

7 把黄油片排列在面团的上半部分，要留出1～2厘米的边界。

8 将下半部分折上来，用擀面杖压实边缘。

9 在面团上多撒一点面粉，擀成长宽比为3∶1、厚度为1厘米的长方形。

成品分量：18 个
准备时间：30 分钟
冷藏时间：1 小时
发酵时间：30 分钟
提前准备：完成第 11 步后可以在
冰箱中冷藏一夜

烘烤时间：15 ～ 20 分钟
储存：可在密封容器中存放 2 天
或冷冻存放 4 周

原料
150 毫升温牛奶
2 茶匙干酵母
30 克细砂糖
2 个鸡蛋，外加 1 个刷蛋液
475 克高筋白面包粉，外加适量

撒粉用
½ 茶匙盐
蔬菜油，涂油用
250 克冷藏过的黄油
200 克优质樱桃、草莓、杏子果
酱或果脯

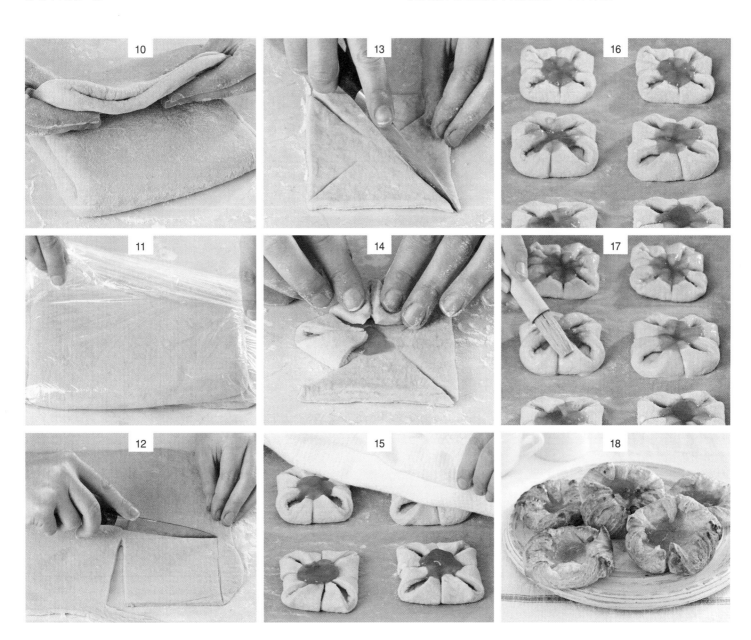

10 将前 ⅓ 折向中间，然后再折起后 ⅓ 盖在上面。

11 用保鲜膜包好，冷藏 15 分钟。将步骤 9 ～ 10 重复两次，每次完成后都要冷藏 15 分钟。

12 在撒过面粉的操作台上将面团擀至 5 毫米 ～ 1 厘米厚，切出 10 厘米 × 10 厘米的小正方形。

13 用一把锋利的刀子，从四个角开始，沿着对角线切至距中心不到 1 厘米处。

14 在每个正方形的中心处放 1 茶匙果酱，再把所有角都折向中间。

15 再舀一些果酱放在中心处，把丹麦酥放到铺有烘焙纸的烤盘上，盖上茶巾。

16 在温暖的地方静置 30 分钟，直到面皮膨胀。将烤箱预热至 200 摄氏度。

17 刷上蛋液，放入烤箱上层，烘烤 15 ～ 20 分钟至表面金黄。

18 稍冷却后转移到网架上。

丹麦酥变种

烘焙小贴士

　　为了增加黄油的延展性，丹麦酥的配方通常要求将黄油夹在烘焙纸之间擀平或用擀面杖敲平。这是一道很花时间的工序，直接使用冷藏过的黄油片可以省去很多麻烦。

新月杏仁饼

　　黄油、糖、杏仁粉混合，让蓬松酥脆的新月形丹麦酥有了美味的馅料。这款点心可以在前一天晚上准备好待擀平的面团。

成品分量： 18 个
准备时间： 30 分钟
冷藏时间： 1 小时
发酵时间： 30 分钟
烘烤时间： 15 ～ 20 分钟
储存： 可在密封容器中存放 2 天或冷冻存储 4 周

基本原料
1 个优质的丹麦酥面团，参见第
154 ～ 155 页步骤 1 ～ 11
1 个鸡蛋，打散
糖粉，搭配食用

杏仁糊原料
25 克无盐黄油，软化
75 克细砂糖
75 克杏仁粉

1　将烤箱预热至 200 摄氏度。在撒过面粉的操作台上将一半面团擀成边长为 30 厘米的正方形。将边缘切平整，切出 9 个边长为 10 厘米的正方形。另一半面团也这样操作。

2　将黄油和糖打发至细腻的糊状，加入杏仁粉搅拌至顺滑，制成杏仁糊。将杏仁糊分成 18 个小球。把每个小球搓成香肠形，长度比正方形面皮的边长略短。拿一条杏仁糊，沿正方形的一条边摆放，边缘空出 2 厘米的边界。把杏仁糊按入酥皮中。

3　在边界上刷一层蛋液，折起酥皮包住杏仁糊，压实。用锋利的小刀在折起的边上切 4 刀，切至距离压实的边缘 $1\frac{1}{2}$ ～ 2 厘米处。将杏仁饼摆在铺好烘焙纸的烤盘上，盖住，在温暖的地方放置 30 分钟至面皮膨胀，将两端向内弯折。

4　刷上蛋液，放入烤箱上层，烘烤 15 ～ 20 分钟至表面呈焦黄色。放凉后，撒上糖粉即可食用。

肉桂山核桃酥皮卷

如果没有山核桃，可以用榛子或核桃来替代。

成品分量： 16 个
准备时间： 30 分钟
冷藏时间： 1 小时
发酵时间： 30 分钟
烘烤时间： 15 ～ 20 分钟
储存： 可在密封容器中存放 2 天或冷冻存储 4 周

原料

1 个优质的丹麦酥面团，参见第 154 ～ 155 页步骤 1 ～ 11
1 个鸡蛋，打散，刷蛋液用
100 克山核桃仁，切碎
100 克浅色绵红糖
2 汤匙肉桂粉
25 克无盐黄油，融化

1 将山核桃、糖、肉桂粉混合，制成馅料。在撒过面粉的操作台上将其中一半面团擀成边长为 20 厘米的正方形，切齐边缘。在距你最远的边上留 1 厘米的边界，在其他地方刷上黄油，铺上一半的馅料，在边界上刷少许蛋液。

2 用手掌压实山核桃混合物，让它们固定在酥皮上。从你面前的边开始，朝边界的方向卷过去，把接缝处向下摆放。另一半面团也这样操作。

3 切齐两端，将每个酥皮卷切成 8 片。翻过来把边缘按实，接缝处用牙签固定。取 4 个烤盘，铺上烘焙纸。在每个烤盘上放 4 个点心，盖好，在温暖处放置 30 分钟至面皮膨胀。

4 将烤箱预热至 200 摄氏度。刷上蛋液，放入烤箱上层，烘烤 15 ～ 20 分钟至表面金黄。

杏子酥皮

你可以提前一晚将它做好，这样第二天早上只需要在发酵 30 分钟后再稍微烤一会儿，就能得到一份可搭配咖啡的新鲜点心。

成品分量： 18 个
准备时间： 30 分钟
冷藏时间： 1 小时
发酵时间： 30 分钟
烘烤时间： 15 ～ 20 分钟
储存： 可在密封容器中存放 2 天或冷冻存储 4 周

原料

1 个优质的丹麦酥面团，参见第 154 ～ 155 页步骤 1 ～ 11
200 克杏子果酱
2 瓶容量为 400 克的杏罐头

1 在撒过面粉的操作台上将一半面团擀成边长为 30 厘米的正方形。将边缘切平整，切出 9 个边长为 10 厘米的正方形。另一半面团也这样处理。

2 如果杏子果酱中含有果肉，就用料理机把它打到顺滑。用勺背将 1 汤匙果酱涂到正方形上，留出 1 厘米的边界，边界外的地方全部涂满。取 2 块杏瓣，如果太大块，就从底下切掉一点。将杏瓣分别置于正方形相对的两个角上。

3 把没有杏瓣的两个角折向中间，折起的面皮应该只遮住一部分果肉。照这样做好所有点心，把它们放到铺了烘焙纸的烤盘上，盖住，在温暖的地方静置 30 分钟至面皮膨胀。将烤箱预热至 200 摄氏度。

4 给点心刷上蛋液，放入烤箱上层，烘烤 15 ～ 20 分钟至表面金黄。融化剩下的果酱，刷到点心上。冷却 5 分钟后，转移到网架上。

肉桂卷

可以选择将肉桂卷放在冰箱里醒发一夜（步骤15之后），第二天早上烤好，作为早点。

1 把黄油、牛奶、125毫升水放入锅里，加热至黄油刚刚融化，离火放凉。

2 在微温的时候，搅入酵母和1汤匙糖，盖住，静置10分钟。

3 将面粉、盐、剩余的糖放在一个大碗里。

4 在干性原料中间挖一个坑，倒入温的牛奶混合物。

5 把鸡蛋和蛋黄搅打均匀，倒入面糊里，搅成粗糙的面团。

6 把面团放在撒过面粉的操作台上揉10分钟。如果面团太黏，就再加一点面粉。

7 把面团放到涂过油层的碗里，盖上保鲜膜，在温暖的地方放置2小时至充分膨胀。

8 把2汤匙肉桂粉与浅色绵红糖混合均匀，制成馅料。

9 将发酵好的面团放到撒过面粉的操作台上，轻轻捶打面团排气。

成品分量： 10 ～ 12 个
准备时间： 40 分钟
发酵和醒发时间： 3 ～ 4 小时或在冰箱里放一夜
烘烤时间： 25 ～ 30 分钟
储存： 可在密封容器中存放 3 天

特殊器具
直径为 30 厘米的圆形活扣蛋糕模

基本原料
125 毫升牛奶
100 克无盐黄油，外加适量涂模具用
2 茶匙干酵母

50 克细砂糖
550 克白面粉，过筛，外加适量撒粉用
1 茶匙盐
1 个鸡蛋，外加 2 个蛋黄
蔬菜油，涂油用

馅料和刷面原料
3 汤匙肉桂粉
100 克浅色绵红糖
25 克无盐黄油，融化
1 个鸡蛋，稍稍打散
4 汤匙细砂糖

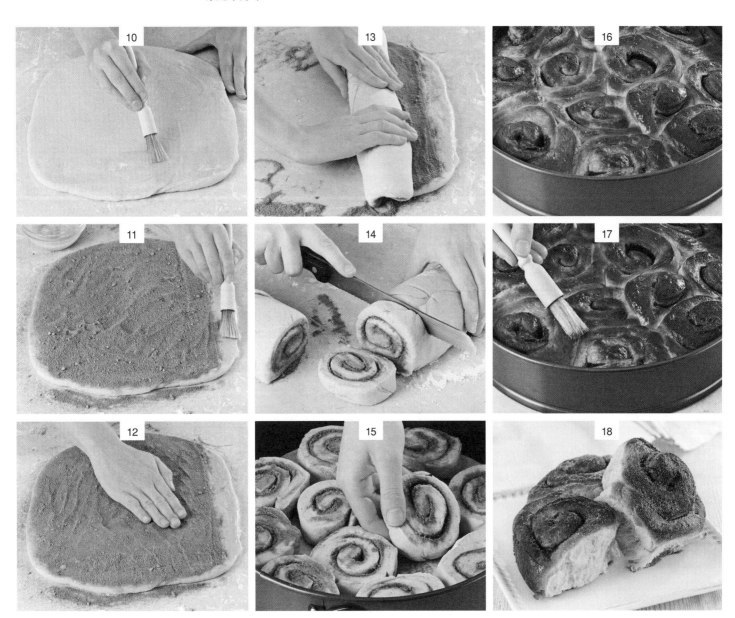

10 将面团擀成约 40 厘米 ×30 厘米的长方形，刷一层融化的黄油。

11 其中一个边留出 1 厘米的边界，其他地方铺上馅料，在边界上刷上蛋液。

12 用手掌按压馅料，把它们固定在酥皮上。

13 把酥皮朝边界的方向卷起来，注意不要卷得太紧。

14 用锯齿刀切成 10 ～ 12 等份，注意不要把肉桂卷挤扁。

15 在模具上涂油、铺烘焙纸，摆上肉桂卷，盖住，醒发 1 ～ 2 小时，直到肉桂卷明显变大。

16 将烤箱预热至 180 摄氏度。刷上蛋液，烘烤 25 ～ 30 分钟。

17 锅内放入 3 汤匙水和 2 汤匙糖，加热至糖融化，刷到肉桂卷上。

18 把剩余的肉桂粉和糖的混合物撒在肉桂卷上，脱模，放到网架上晾凉。

更多甜味卷

十字面包

这些传统的复活节小面包与商店里买来的那些大不相同。它们的表皮更加酥脆，内里更加松软香润，满是水果和香料。

成品分量： 10～12 个
准备时间： 30 分钟
发酵和醒发时间： 2～4 小时
烘烤时间： 15～20 分钟
储存： 可在密封容器中存放 2 天或冷冻保存 4 周

特殊器具
裱花袋和细裱花嘴

基本原料
200 毫升牛奶
50 克无盐黄油
1 茶匙香草精
2 茶匙干酵母
100 克细砂糖
500 克高筋白面包粉，过筛，外加适量撒粉用
1 茶匙盐
2 茶匙混合香料
1 茶匙肉桂粉
150 克混合水果干（有籽葡萄干、无籽葡萄干、混合果皮）
1 个鸡蛋，打散，外加 1 个涂蛋液用
蔬菜油，涂油用

十字面糊原料
3 汤匙白面粉
3 汤匙细砂糖

1 把黄油、牛奶、香草精放入锅里，加热至黄油刚刚融化。离火放至温热，搅入酵母和 1 汤匙糖，盖住，静置 10 分钟至混合物出现气泡。

2 将剩余的糖、面粉、盐、香料放在一个碗里，搅入鸡蛋，加入牛奶混合物，做成面团，在撒过面粉的操作台上揉 10 分钟。将面团按成长方形，放上水果干，再揉几下，让水果干与面团融合。

3 把面团放到涂过油层的碗里，盖上保鲜膜，在温暖的地方放置 1～2 小时至体积翻倍。取出后，放到撒过面粉的操作台上，轻轻捶打让面团排气。将面团平均分成 10～12 块，分别揉成球状，摆在铺有烘焙纸的烤盘上。盖上保鲜膜，醒发 1～2 小时。

4 将烤箱预热至 220 摄氏度。刷上蛋液，面粉与糖混合，加适量水搅成稠度适合涂抹的面糊。把面糊放入裱花袋，在面包上挤出十字。放入烤箱上层，烘烤 15～20 分钟。取出后，放到网架上冷却 15 分钟。切成片，抹上凉黄油食用。

香料水果面包

由于少了擀面的工序，所以这些小甜面包制作起来十分简单。

成品分量： 12个
准备时间： 30分钟
发酵和醒发时间： 1小时30分钟
烘烤时间： 15分钟
储存： 可在密封容器中存放2天或冷冻保存4周

原料

240毫升牛奶
2茶匙干酵母
500克高筋白面包粉，过筛，外加适量撒粉用
1茶匙混合香料
1/2茶匙肉豆蔻
1茶匙盐
6汤匙细砂糖
60克无盐黄油，切块，外加适量涂模具用
蔬菜油，涂油用
150克混合水果干
2汤匙糖粉
1/4茶匙香草精

1 把牛奶加热至温热，搅入酵母，盖住，静置10分钟至混合物出现气泡。将面粉、盐、香料、糖放在一个碗里，揉入黄油，加入有酵母的牛奶，做成软面团。揉捏10分钟，把面团揉成球状，放到涂过油层的碗里，松松地盖住，在温暖的地方放置1小时至体积膨胀。

2 把面团倒在撒过面粉的操作台上，轻轻把水果干揉入面团中。把面团平均分成12块，分别揉成球状，摆在涂过油的烤盘上，注意留出足够的间距。松松地盖住，在温暖的地方静置30分钟至体积翻倍。将烤箱预热至200摄氏度。

3 烘烤15分钟至敲击底部会发出中空的声音。把面包转移到网架上放凉。同时，把糖粉、香草精、1汤匙冷水混合均匀，刷在温热的面包上。

切尔西螺旋果子面包

这些包裹着醋栗的辛辣面包卷是由18世纪伦敦切尔西区的一间面包屋发明的，一经发明便受到了英国皇室的极大喜爱。

成品分量： 9个
准备时间： 30分钟
发酵和醒发时间： 2小时
烘烤时间： 30分钟
储存： 可在密封容器中存放2天或冷冻保存4周

特殊器具

直径为23厘米的圆形蛋糕模

原料

1茶匙干酵母
100毫升温牛奶
280克高筋白面包粉，过筛，外加适量撒粉用
1/2茶匙盐
2汤匙细砂糖
45克黄油，外加适量涂模具用
1个鸡蛋，稍稍打散
115克混合水果干
60克浅黑糖
1茶匙混合香料
液态蜂蜜，刷面用

1 把酵母放入牛奶里，静置5分钟至产生气泡。将面粉、盐、细砂糖放在一个碗里，揉入15克黄油，倒入鸡蛋，再倒入有酵母的牛奶，混合成软面团。揉捏5分钟，把面团放到碗里，用保鲜膜或微湿的茶巾松松地盖住，在温暖的地方放置1小时至体积翻倍。

2 在烤模上涂一层油。把面团倒在撒过面粉的操作台上揉捏，擀成30厘米×23厘米的长方形。把剩下的黄油放到锅里，用小火融化，然后刷到面团表面，在两个长边旁留出边界。

3 将水果、黑糖、香料混合后铺在黄油上，像制作瑞士卷一样，从长边开始把面团卷起来，用一点水封住接缝。把面团平均切成9份，放入烤盘中，盖上保鲜膜，静置醒发1小时至体积翻倍。将烤箱预热至190摄氏度，烘烤30分钟，刷上蜂蜜，放凉后转移到网架上。

夹心巧克力泡芙

巧克力酱淋在包裹着满满奶油的酥松外皮上，组成了这款迷人的美味甜点。

成品分量： 4 人份

准备时间： 30 分钟

烘烤时间： 22 分钟

提前准备： 无馅料的泡芙可以在密封容器中存放 2 天

储存： 无馅料的泡芙可冷冻保存 12 周

特殊器具

2 个裱花袋，其中一个带直径为 1 厘米的圆形裱花嘴，另一个带直径为 5 毫米的星形裱花嘴

基本原料

60 克白面粉

50 克无盐黄油

2 个鸡蛋，打散

馅料和顶部原料

400 毫升双倍奶油

200 克优质黑巧克力，掰成小块

25 克黄油

2 汤匙金黄糖浆

1　将烤箱预热至 220 摄氏度。取两个大烤盘，铺上烘焙纸。

2　将面粉筛到一个大碗里，筛的时候举高筛子，让空气进入面粉堆。

3　把黄油和 150 毫升水放到小锅里，用小火加热至黄油融化。

4　用大火煮沸，离火，将所有面粉一次性倒入锅里。

5　用一把木勺搅拌至顺滑，这时的混合物应该呈球形。冷却 10 分钟。

6　分次加入鸡蛋，每次加入后都充分搅拌均匀。

7 继续一点点地加入鸡蛋，把混合物搅成硬挺、顺滑、油亮的糊状。

8 将混合物舀到裱花袋里，装上 1 厘米的圆形裱花嘴。

9 挤成核桃大小的圆形，留出足够的间距。烘烤 20 分钟至膨胀且呈金黄色。

10 取出烤箱后，在每个泡芙的侧面横切一个开口，放走蒸气。

11 放回烤箱再烤 2 分钟，让泡芙变得酥脆，然后转移到网架上彻底放凉。

12 食用前，将 100 毫升奶油倒进锅里，其余的打发至湿性发泡。

13 把巧克力、黄油、糖浆放入奶油锅中，用小火加热至融化。

14 把打发奶油放入裱花袋中，装上 5 毫米的星形裱花嘴。

15 撑开泡芙，挤入奶油。将泡芙摆在盘子或蛋糕架上，搅拌巧克力酱，淋在泡芙上，然后立即上桌。

泡芙变种

橙子巧克力泡芙

浓郁的橙子皮和利口酒让巧克力泡芙的味道更加浓郁。最好选用可可固形物超过60%的黑巧克力，让橙子巧克力的苦味更明显一点。

成品分量： 6人份
准备时间： 20分钟
烘烤时间： 40分钟
提前准备： 无馅料的泡芙可以在密封容器中存放2天或冷冻保存12周

特殊器具
2个裱花袋，其中一个带直径为1厘米的圆形裱花嘴，另一个带直径为5毫米的星形裱花嘴
直径为23～25厘米的挞模
带刀片的食物料理机

基本原料
60克白面粉
50克无盐黄油
2个鸡蛋，打散

馅料原料
500毫升双倍奶油或淡奶油
1个大橙子的碎皮屑
2汤匙柑曼怡酒

巧克力酱原料
150克优质黑巧克力，掰成小块
300毫升单倍奶油
2汤匙金黄糖浆
1汤匙柑曼怡酒

1 将烤箱预热至220摄氏度。取两个大烤盘，铺上烘焙纸。将面粉筛到一个大碗里，筛的时候举高筛子，让空气进入面粉堆。

2 把黄油和150毫升水放到小锅里，先用小火加热至融化，再用大火煮沸，离火。倒入所有面粉，用一把木勺搅拌至顺滑，这时的混合物应该成球形。冷却10分钟，分次加入鸡蛋，每次加入后都充分搅拌均匀。继续一点点地加入鸡蛋，把混合物搅成硬挺、顺滑的糊状。

3 将混合物舀到裱花袋里，装上1厘米的圆形裱花嘴。挤成核桃大小的圆形，留出足够的间距。烘烤20分钟至膨胀且呈金黄色。取出烤箱后，在每个泡芙的侧面横切一个开口，放走蒸气。放回烤箱再烤2分钟，让泡芙变酥脆，然后转移到网架上彻底放凉。

4 制作馅料。在一个碗里将奶油、橙子皮屑、柑曼怡酒、糖浆打发成比湿性发泡稍厚一点的质地，用装有星形裱花嘴的裱花袋把奶油挤入泡芙中。

5 把巧克力、奶油、糖浆、柑曼怡酒放在小锅里加热融化，搅打成顺滑有光泽的巧克力酱。将热的巧克力酱舀到泡芙上即可食用。

熏三文鱼乳酪咸泡芙

把烟熏三文鱼塞进泡芙里，就做成了这道精致的小点。这些咸的酥皮泡芙是法国勃艮第地区的一道传统美食，那里几乎所有面包店的橱窗里都能看到它们的身影。

成品分量： 8人份
准备时间： 40～45分钟
烘烤时间： 30～35分钟

基本原料
75克无盐黄油，外加适量涂模具用
1¼茶匙盐
150克白面粉，过筛
6个鸡蛋
125克格鲁耶尔奶酪，擦成粗丝

馅料原料
盐和黑胡椒
1千克新鲜菠菜，择洗干净
30克无盐黄油
1个洋葱，切碎
4瓣大蒜，切末
一小撮肉豆蔻粉
250克奶油芝士
175克熏三文鱼，切成条
4汤匙牛奶

1 将烤箱预热至190摄氏度。取两个大烤盘，涂一层黄油。把黄油、¾茶匙盐和250毫升水放到小锅里加热。待黄油融化后，离火，加入面粉，搅打均匀。再放回灶台，一边搅打，一边用小火加热30秒，减少面团混合物里的水分。

2 离火，加入4个鸡蛋，每加一个后都要充分搅匀。把第5个鸡蛋打散，一点点地搅入锅里，再搅入一半的奶酪。把面团分成8个直径为6厘米的小球，放在烤盘上。把盐与剩下的鸡蛋一起搅匀，刷到泡芙上。将剩余的奶酪撒到泡芙上，烘烤30～35分钟至凝固定形。取出转移到网架上，切开顶部，放凉。

3 将一锅盐水煮沸，加入菠菜，煮1～2分钟。沥干水分，放凉后挤出水分，然后切碎。把黄油放在平底锅里加热融化。放入洋葱，煎软。加入大蒜、肉豆蔻粉、盐和黑胡椒调味，最后加入菠菜，炒干所有水分。加入奶油芝士，充分搅拌均匀，离火。

4 把⅔熏三文鱼放入锅里，倒入牛奶，搅匀。向每个泡芙内填2～3汤匙馅料，将剩余的熏三文鱼摆在泡芙上。把之前切掉的顶部斜靠在泡芙上，立即食用。

巧克力闪电泡芙

这是巧克力泡芙的表亲。它们非常百搭：可以尝试用橙子巧克力涂层配上橙子奶油馅料（见第 164 页橙子巧克力泡芙），也可以用法式酸奶油或巧克力法式酸奶油当作馅料。

成品分量：30 个
准备时间：30 分钟
烘烤时间：25 ～ 30 分钟
提前准备：可在密封容器中存放 2 天或冷冻保存 12 周

特殊器具
裱花袋和直径为 1 厘米的圆形裱花嘴

原料
75 克无盐黄油
125 克白面粉，过筛
3 个鸡蛋
500 毫升双倍奶油或淡奶油
150 克优质黑巧克力，掰成小块

1 将烤箱预热至 200 摄氏度。把黄油放入 200 毫升冷水中，先用小火融化，再调成大火煮沸，离火，撒入面粉，用木勺搅拌均匀。

2 稍稍打散鸡蛋，分多次倒入面粉黄油混合物中，一边倒一边搅拌。继续搅拌至混合物顺滑油亮，可以轻易脱离锅壁。把混合物装进裱花袋。

3 取 2 个烤盘，铺上烘焙纸，在上面挤出大约 30 个 10 厘米长的长条。烘烤 20 ～ 25 分钟至表面焦黄，取出烤箱，在每个泡芙的侧面切开一个口。放回烤箱再烤 5 分钟，让泡芙的内侧也能烤熟。离火，放凉。

4 把奶油放入料理盆中，用手持打蛋器打发至湿性发泡。用勺子或裱花袋将奶油装入泡芙中。把巧克力放入隔热的碗里，架到微微沸腾的水上融化，保证碗底不接触水。食用前把巧克力酱舀到泡芙上，让它们自然凝固。

烘焙小贴士

把泡芙取出烤箱后，必须立即切开一条缝放出蒸气。让蒸气溢出是非常重要的，这样才能做出拥有凹凸的纹理且干爽酥脆的泡芙。如果没有切开泡芙，蒸气会留在泡芙里，让它变得软塌。

栗子拿破仑

这款令人印象深刻的甜点其实很容易制作，而且可以提前准备好，放入冰箱储存达 6 小时。

成品分量： 8 人份
准备时间： 2 小时
冷藏时间： 1 小时
烘烤时间： 20 ～ 25 分钟

原料

375 毫升温牛奶

4 个鸡蛋的蛋黄

60 克白砂糖

3 汤匙白面粉，过筛

2 汤匙黑朗姆酒

600 克成品酥皮，购买成品或参照第
174 ～ 175 页步骤 1 ～ 10 制作

250 毫升双倍奶油

500 克糖渍栗子，压成粗粒

45 克糖粉，外加适量备用

1 把牛奶倒入锅里，用中火煮至沸腾，关火。

2 蛋黄和白砂糖一起打发 2 ～ 3 分钟，打至混合物变稠，搅入面粉。

3 一边搅打，一边分次把牛奶加入面糊中，搅至顺滑，倒进一个干净的锅里。

4 把混合物煮沸，然后一边加热一边搅打。待混合物变稠后，转成小火，继续搅打 2 分钟，做成糕点奶油。

5 如果糕点奶油中出现结块，就先离火，搅拌顺滑后继续加热。

6 放凉，然后搅入黑朗姆酒。转移到碗里，盖上保鲜膜，冷藏 1 小时。

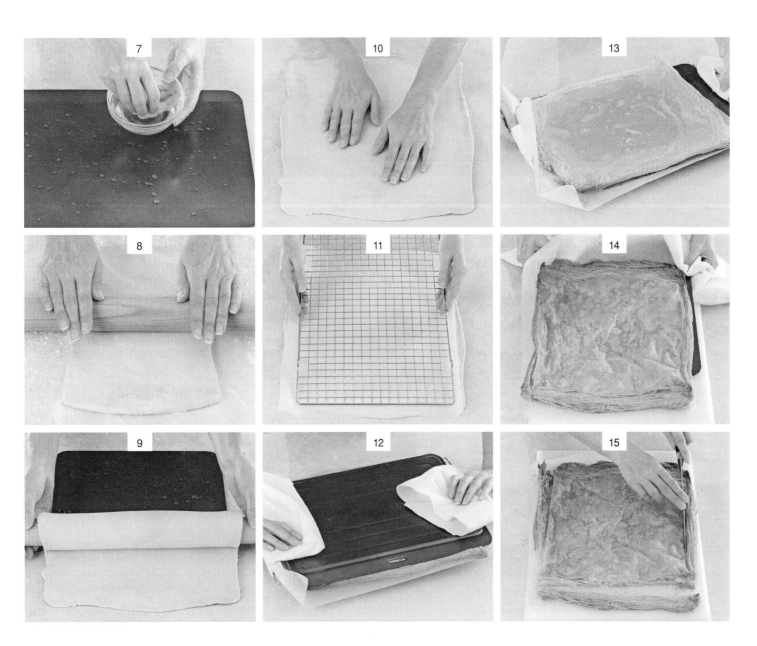

7 将烤箱预热至 200 摄氏度, 在一个烤盘上均匀地洒上凉水。

8 把酥皮擀成大约 3 毫米厚、比烤盘略大的长方形。

9 用擀面杖卷住酥皮, 在烤盘上展开铺平, 酥皮边缘应从烤盘边垂下来。

10 轻轻将酥皮按进烤盘, 冷藏约 15 分钟。

11 用叉子在酥皮上均匀地扎出小洞, 盖上一张烘焙纸, 把一个网架压在烘焙纸上。

12 烘烤 15～20 分钟。取出烤箱后, 同时按住烤盘和网架, 把酥皮倒转过来。

13 把烤盘塞回酥皮下面, 再烤 10 分钟。

14 取出后, 小心地让酥皮滑到菜板上。

15 取一把锋利的大刀子, 趁热把酥皮的四边切平。

16 将修整好的酥皮纵向切成等大的3条，放凉。

17 把淡奶油倒入碗里，打发至硬挺。

18 用一个大的金属勺，把打发奶油拌入冷藏过的糕点奶油中。

19 用抹刀将奶油混合物均匀地涂抹在一个酥皮条上。

20 在上面撒一半的栗子。用同样的方法处理第二条酥皮。把两条涂好馅料的酥皮摞在一起，再盖上第三条。

21 给拿破仑筛上糖粉，用锯齿刀分成小份。

栗子拿破仑 ▶

拿破仑变种

巧克力拿破仑

这款拿破仑内含巧克力奶油，外部用白色巧克力做装饰，让人惊叹不已。

成品分量： 8 人份
准备时间： 2 小时
冷藏时间： 1 小时 15 分钟
烘烤时间： 25 ～ 30 分钟
提前准备： 可提前做好，最长冷藏 6 小时

原料

1 份优质的糕点奶油，见第 166 页步骤 1 ～ 5
2 汤匙白兰地
600 克万能酥皮，购买成品或参照第 174 ～ 175 页步骤 1 ～ 10 制作
375 毫升双倍奶油
50 克黑巧克力，融化后冷却
30 克白巧克力，融化后冷却

1 把白兰地搅入奶油中，盖上保鲜膜，冷藏 1 小时。将烤箱预热至 200 摄氏度。

2 在烤盘上均匀地洒少量凉水。把酥皮擀成比烤盘略大的长方形，转移到烤盘上，酥皮边缘应从烤盘边垂下来。将酥皮按进烤盘，冷藏 15 分钟。用叉子在酥皮上均匀地扎出小洞，盖上一张烘焙纸，把一个网架压在烘焙纸上，烘烤 15 ～ 20 分钟至刚刚上色。从烤箱中取出后，按住烤盘和网架，把酥皮倒转过来。把烤盘塞回酥皮下面，再烤 10 分钟，烤至两边都呈焦黄色。从烤箱中取出后，小心地让酥皮滑到菜板上。趁热把酥皮的四边切平，然后纵向切成等大的 3 条，放凉。

3 把双倍奶油倒入碗里，打发至硬挺，然后与 ⅔ 融化的黑巧克力一起放入糕点奶油里搅匀，盖住放入冰箱中冷藏。用剩余的黑巧克力酱涂满一条酥皮，静置凝固。

4 把另一条酥皮放在盘子里，涂上一半的奶油，盖上剩下的一条酥皮，涂上剩余的奶油，把涂有巧克力的酥皮条盖在最上面。

5 把白巧克力酱放入保鲜袋的一个角里，系上袋口，包住巧克力，剪掉袋子角，用白巧克力酱在拿破仑上挤出线条。

香草夹心酥

一款经典的酥皮点心，里面夹着厚厚的卡仕达酱和香甜可口的果酱。

成品分量： 6 个
准备时间： 2 小时
冷藏时间： 1 小时 15 分钟
烘烤时间： 25～30 分钟
提前准备： 可提前做好，最长冷藏 6 小时

特殊器具

小裱花袋和细裱花嘴

原料

250 毫升双倍奶油
1 份优质的糕点奶油，见第 166 页步骤 1～5
600 克万能酥皮，购买成品或参照第 174～175 页步骤 1～10 制作
100 克糖粉
1 茶匙可可粉
$\frac{1}{2}$ 罐草莓或覆盆子无果肉果酱

1 将双倍奶油打发至干性发泡，把它拌入糕点奶油，放入冰箱冷藏。将烤箱预热至 200 摄氏度，在烤盘上均匀地洒少量凉水。把酥皮擀成比烤盘略大的长方形，转移到烤盘上，酥皮边缘应从烤盘边垂下来。将酥皮按进烤盘，冷藏 15 分钟。

2 用叉子在酥皮上扎出小洞，盖上一张烘焙纸，把一个网架压在烘焙纸上，烘烤 15～20 分钟至刚刚上色。按住烤盘和网架，把酥皮倒转过来。把烤盘塞回酥皮下面，再烤 10 分钟，烤至两面都呈焦黄色。从烤箱中取出后，小心地让酥皮滑到菜板上。趁热把酥皮切成 3 个 5 厘米 ×10 厘米的长方形。

3 将糖粉和 1～1$\frac{1}{2}$ 汤匙冷水混合制成糖霜。取 2 汤匙糖霜，与可可粉混合出少量巧克力糖霜。将巧克力糖霜装进裱花袋，装上细裱花嘴。把白色糖霜涂在 $\frac{1}{3}$ 酥皮上。糖霜还没干时，在上面用巧克力糖霜横向挤出贯穿的线条，然后用扦子纵向划过去，制作出条纹效果，静置凝固。

4 在剩下的酥皮上先薄涂一层果酱，再涂一层 1 厘米厚的糕点奶油，用刀子将四边刮干净。

5 把两片涂过果酱和糕点奶油的酥皮摞在一起，轻轻向下压，然后盖上一片涂有糖霜的酥皮。

夏日水果拿破仑

自助餐台或花园茶会上美丽又诱人的存在。

成品分量： 8 人份
准备时间： 2 小时
冷藏时间： 1 小时 15 分钟
烘烤时间： 25～30 分钟
提前准备： 可提前做好，最长冷藏 6 小时

原料

1 份优质的糕点奶油，见第 166 页步骤 1～5
600 克万能酥皮，购买成品或参照第 174～175 页步骤 1～10 制作
250 毫升双倍奶油
400 克夏季水果，如切块草莓、覆盆子
糖粉，撒粉用

1 将烤箱预热至 200 摄氏度。在烤盘上均匀地洒少量凉水，把酥皮擀成约 3 毫米厚、比烤盘略大的长方形。用擀面杖卷住酥皮，在烤盘上展开铺平，酥皮边缘应从烤盘边垂下来。将酥皮按进烤盘，冷藏约 15 分钟。

2 用叉子在酥皮上扎出小洞，盖上一张烘焙纸，把一个网架压在烘焙纸上，烘烤 15～20 分钟至刚刚上色。按住烤盘和网架，把酥皮倒转过来。把烤盘塞回酥皮下面，再烤 10 分钟至两面都呈焦黄色。从烤箱中取出后，小心地让酥皮滑到菜板上。趁热修平四边，然后把酥皮切成 3 个等大的长方形，放凉。

3 将双倍奶油打发至定形，拌到糕点奶油里。将一半糕点奶油涂在其中一条酥皮上，在上面撒一半的水果。用同样的方法处理第二条酥皮。盖上最后一条酥皮，轻轻下压。在拿破仑上筛一层厚厚的糖粉。

烘焙小贴士

一旦掌握了堆叠酥皮的技巧，你就可以把拿破仑做成任何形式：可以把它做得很大，摆在自助餐桌的最中间；也可以把它做成一人份，随意加入自己喜欢的馅料，当作下午茶点。

苹果杏仁格雷挞

这道优雅的甜点其实很容易制作。撒糖的步骤让苹果有了焦糖的味道。

成品分量：8 个

准备时间：25 ～ 30 分钟

提前准备：最多提前 2 小时擀好酥皮圆饼并撒上马斯卡彭芝士；做好的酥皮饼最好立即食用

烘烤时间：20 ～ 30 分钟

原料

600 克万能酥皮，购买成品或参照第 174 ～ 175 页步骤 1 ～ 10 制作

白面粉，撒粉用

215 克马斯卡彭芝士

½ 个柠檬的果汁

8 个小而微酸的苹果

50 克白砂糖

糖粉，撒粉用

1 在操作台上撒一层薄薄的面粉。把一半的酥皮擀成边长为 35 厘米、厚约 3 毫米的正方形。把直径为 15 厘米的圆盘子扣在酥皮上，按盘子的大小切出 4 个圆形。

2 在 2 个烤盘上均匀地洒少量凉水。把圆形酥皮放在烤盘上，用叉子扎出小洞，边缘处不要扎。用同样的方法处理好剩下的一半酥皮，冷藏 15 分钟。把马斯卡彭芝士分成 8 份，分别团成球状。

3 在操作台上铺一张烘焙纸。把一个马斯卡彭芝士球放在烘焙纸上，再盖上另一张烘焙纸。隔着烘焙纸将芝士球擀成直径为 12.5 厘米的圆形，放到一片圆形酥皮上，留出 1 厘米的边界。用同样的方法处理完所有的芝士和酥皮，冷藏至做好烘烤的准备。

4 苹果去皮，切成两半，去核，然后切成薄片，在苹果片上裹一层柠檬汁（见烘焙小贴士）。

5 将烤箱预热至 220 摄氏度。把苹果片铺在芝士片上，每片之间稍稍重叠，形成漂亮的螺旋形，铺的时候要在酥皮外缘留出一圈窄窄的边界。

6 烘烤 15 ～ 20 分钟，烤至酥皮边缘膨胀、芝士变为浅棕色。把糖均匀地撒在苹果上。

7 放回烤箱，继续烤 5 ～ 10 分钟，烤至苹果表面焦黄、边缘焦糖化、刚刚变软（用刀尖测试）。放到加热过的盘子上，撒一点糖粉后立即上桌。

烘焙小贴士

　　苹果或梨片在接触空气一段时间后就会变成棕色，质地也会变软，裹一层柠檬汁可以防止它们变色。如果你担心柠檬汁会影响糕点的味道，可以在里面加一点水做稀释。

苹果百叶窗派

酥皮被切成百叶窗的样子，露出里面包着的苹果。

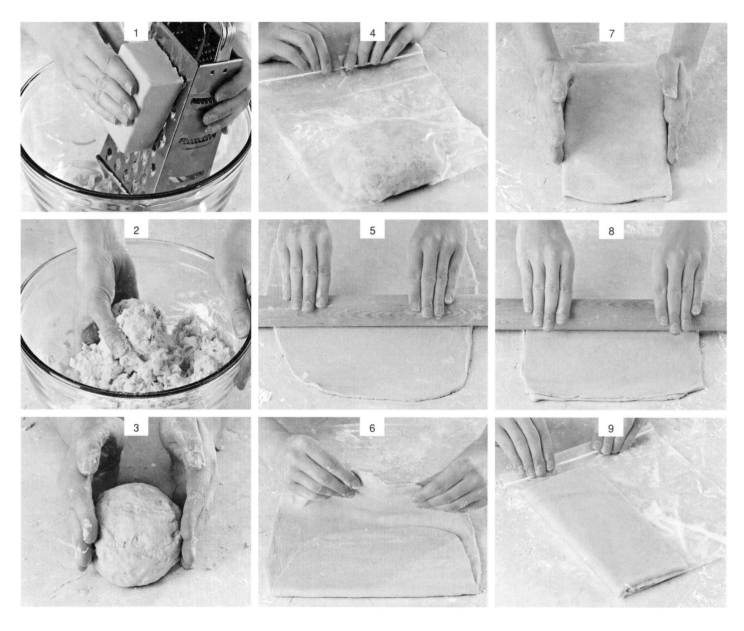

1 把黄油擦成粗丝，放入碗里。把面粉和盐筛到黄油上，一起搓出颗粒。

2 倒入柠檬汁和90～100毫升水，揉成粗糙的面团。

3 把面团倒在撒过面粉的操作台上，先团成球状，然后稍微压扁。

4 把面团放入保鲜袋，放入冰箱冷藏20分钟。

5 在撒过面粉的操作台上将面团擀成一个很长的长方形，其中短边为25厘米。

6 把前1/3折向中间，再把后1/3对折过来。

7 把酥皮翻过来，这样在擀平时很容易把接缝处压实，再把酥皮旋转90度。

8 再次擀平至原本的尺寸，保证两条短边一样长。

9 像第一次一样折叠、翻转、擀平，装进袋子冷藏20分钟。

成品分量：6～8人份
准备时间：1小时15分钟～1小时30分钟
冷藏时间：1小时15分钟
提前准备：在第16步时可以放入冰箱冷冻
烘烤时间：30～40分钟

酥皮原料
250克无盐黄油，冷冻30分钟
250克白面粉，过筛，外加适量撒粉用
1茶匙盐
1茶匙柠檬汁

馅料原料
15克无盐黄油
1千克酸苹果，去皮去核，切块
2.5厘米长的生姜，切末
100克细砂糖
1个鸡蛋的蛋白，打散，刷蛋液用

10 再重复两次擀平、折叠、翻转，最后冷藏20分钟。

11 把黄油放到锅里加热融化，加入苹果、姜，留出2汤匙糖，把其余的加入锅里。

12 用小火翻炒15～20分钟至苹果变软、开始焦糖化，离火放凉。

13 在撒过面粉的操作台上将酥皮擀成28厘米×32厘米大小，纵向切成两半。

14 把其中一半纵向折起。在折起的边上每隔5毫米切一刀，不要切断，在外缘留出边界。

15 把没切的酥皮放到不粘烤盘上，把苹果舀到酥皮中间。

16 盖上切过的酥皮，冷藏15分钟。将烤箱预热至220摄氏度。

17 烤20～25分钟，刷上蛋白，撒上剩余的糖。

18 放回烤箱，再烤10～15分钟。趁热或常温食用。

百叶窗派变种

烘焙小贴士

如果你想做出正宗的味道，可以选购黄油制成的万能酥皮。如果你更喜欢纯素的香蕉派，就选择不含黄油的万能酥皮（通常由植物油制成），省略刷蛋液的步骤。

香蕉纺锤派

这些迷你百叶窗派因外形酷似传统纺纱时用的纺锤而得名。香蕉和朗姆赋予了它一丝加勒比风情。

成品分量： 6 个

准备时间： 1 小时 15 分钟～1 小时 30 分钟

冷藏时间： 1 小时

提前准备： 可以在第 5 步时冷冻，也可以在入烤箱前冷冻保存 4 周

烘烤时间： 30 ～ 40 分钟

原料

50 克细砂糖，外加 2 汤匙撒在做好的派上

¼ 茶匙丁香粉

¼ 茶匙肉桂粉

3 汤匙黑朗姆酒

3 根香蕉

600 克万能酥皮，购买成品或参照第 174 ～ 175 页步骤 1 ～ 10 制作

1 个鸡蛋的蛋白，打散，刷蛋液用

1 将糖、丁香粉、肉桂粉混合。把黑朗姆酒倒在另一个盘子里。香蕉去皮，切成两半，先蘸一层黑朗姆酒，再裹一层糖和香料粉。

2 在烤盘上均匀地洒少量水。擀开酥皮面团，修理成30厘米×37厘米的长方形，然后把面团分成 12 个 7.5 厘米 ×12 厘米的长方形。把其中 6 个酥皮纵向对折，沿折边切 3 个 1 厘米长的切口。把其余的酥皮放到烤盘上，轻轻按压。

3 把香蕉切成薄片。在每个酥皮的中心放半根香蕉的香蕉片，四边分别留出 1 厘米的边界。在边界上刷上冷水。

4 把有切口的酥皮展开，盖到有馅料的酥皮上，压实边界。将每个长方形一条短边的两个角切掉，形成一个钝角。用小刀的刀背将所有边缘压成扇形。

5 冷藏15分钟。将烤箱预热至220摄氏度，烤15～20分钟。刷上蛋白，撒上剩余的糖，放回烤箱再烤 10 ～ 15 分钟至金黄酥脆，转移到网架上晾凉。趁热或常温食用。

鸡肉百叶窗派

百叶窗派与咸味馅料也十分相配。

成品分量： 4 人份
准备时间： 25 分钟
提前准备： 可以在封边、修整后放入冰箱冷冻，也可以在入烤箱前冷冻保存 4 周
烘烤时间： 25 分钟

原料

25 克无盐黄油
2 根韭葱，切丝
1 茶匙百里香末
1 茶匙白面粉，外加适量撒粉用
90 毫升鸡汤
1 茶匙柠檬汁
600 克万能酥皮，购买成品或参照第 174 ~ 175 页步骤 1 ~ 10 制作
300 克去皮去骨的熟鸡肉，切碎
盐和现磨黑胡椒粉
1 个鸡蛋，打散，刷蛋液用

1 在锅里放入黄油，加热融化。放入韭葱，用中低火翻炒 5 分钟至软塌。搅入百里香，把面粉撒在上面，搅拌均匀。倒入鸡汤搅匀，用大火煮沸，搅动至混合物变稠。离火，搅入柠檬汁，放置冷却。

2 将烤箱预热至 220 摄氏度。取将近一半的酥皮，放在撒过面粉的操作台上，擀成 25 厘米 × 15 厘米的长方形。把酥皮放在微湿的烤盘上。把剩余的酥皮擀成 25 厘米 × 18 厘米的长方形，在上面撒一点面粉，纵向对折。在折边上每隔 1 厘米切一刀，在外缘留出少于 2.5 厘米的边界。

3 把鸡肉搅入韭葱混合物中，加入调味料。舀到做底部的酥皮上，留出 2.5 厘米的边界。在边界上刷一点水，盖上第二片酥皮，压实边界，切掉多余的部分。在顶部刷上蛋液，烤 25 分钟至金黄酥脆。冷却几分钟即可上桌。

梨子百果派

百果馅通常会与苹果搭配，但清新的梨子味道更具吸引力。

成品分量： 8 ~ 10 人份
准备时间： 15 分钟
提前准备： 可以在完成第 4 步后冷冻，也可以在入烤箱前冷冻保存 8 周
烘烤时间： 40 分钟

原料

无盐黄油，涂模具用
600 克万能酥皮，购买成品或参照第 174 ~ 175 页步骤 1 ~ 10 制作
白面粉，撒粉用
400 克百果馅
1 汤匙白兰地
1 个橙子的碎皮屑
25 克杏仁粉
1 个熟透的梨，去皮去核，切薄片
1 个鸡蛋，打散，刷蛋液用

1 将烤箱预热至 200 摄氏度，给一个烤盘涂上黄油。在撒过面粉的操作台上将酥皮擀成 2 片 28 厘米 × 20 厘米的长方形。

2 将百果馅与白兰地和橙子皮屑混合。把一片酥皮铺在烤盘上，铺上杏仁，在四边各留出 2 厘米的边界。

3 将百果馅舀到杏仁粉上，再铺上梨片，在边界上刷上蛋液。

4 将第二片酥皮盖在第一片上，压实边缘，在四边扎上小孔做装饰。用刀子在顶部切几刀，用来放走蒸气。

5 刷上蛋液，烤 30 ~ 40 分钟至表皮焦黄、里面熟透。

肉桂蝴蝶酥

制作万能酥皮时，使用磨碎冷冻黄油是一个很好的捷径——如果时间紧迫，也可以使用成品酥皮。

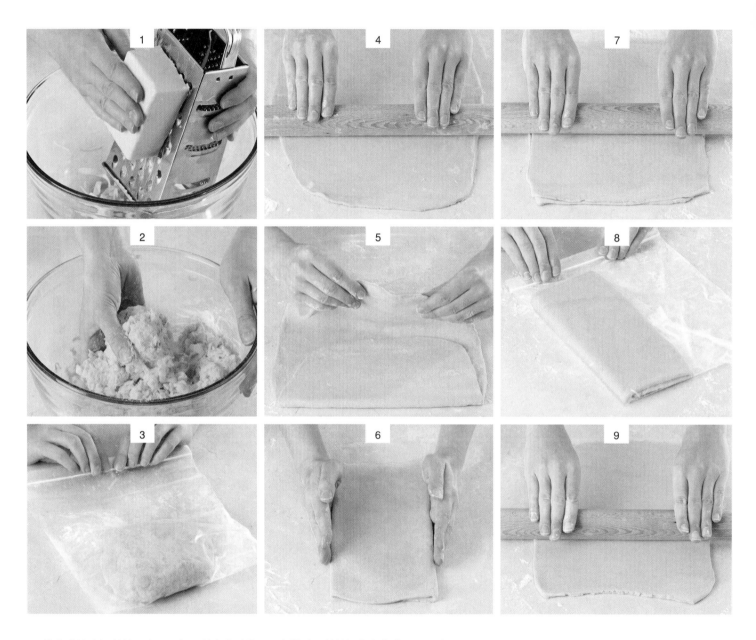

1 将黄油擦成粗丝放入碗里，把面粉和盐过筛后加到黄油上，一起搓成颗粒。

2 倒入 90～100 毫升水，用叉子搅成絮状，然后用手揉成粗糙的面团。

3 把面团放入塑料保鲜袋里，放入冰箱冷藏 20 分钟。

4 在撒过面粉的操作台上将面团擀成一个短边长 25 厘米的薄薄的长方形。

5 把前 1/3 折向中间，再把后 1/3 对折过来。

6 把酥皮翻过来，这样在擀平时很容易把接缝处压实，再旋转 90 度。

7 再次擀平至原本的尺寸，保证两条短边一样长。

8 像第一次一样折叠、翻转、擀平，装进袋子冷藏 20 分钟。

9 再将擀平、折叠、翻转重复两次，最后冷藏 20 分钟。

成品分量： 24 个	万能酥皮原料	馅料原料
准备时间： 45 分钟	250 克无盐黄油，冷冻 30 分钟	100 克无盐黄油，软化
冷藏时间： 1 小时 10 分钟	250 克白面粉，外加适量撒粉用	100 克浅色绵红糖
烘烤时间： 25 ～ 30 分钟	1 茶匙盐	4 ～ 5 茶匙肉桂粉，调味用
储存： 可在密封容器中储存 3 天	1 个鸡蛋，稍稍打散，刷蛋液用	

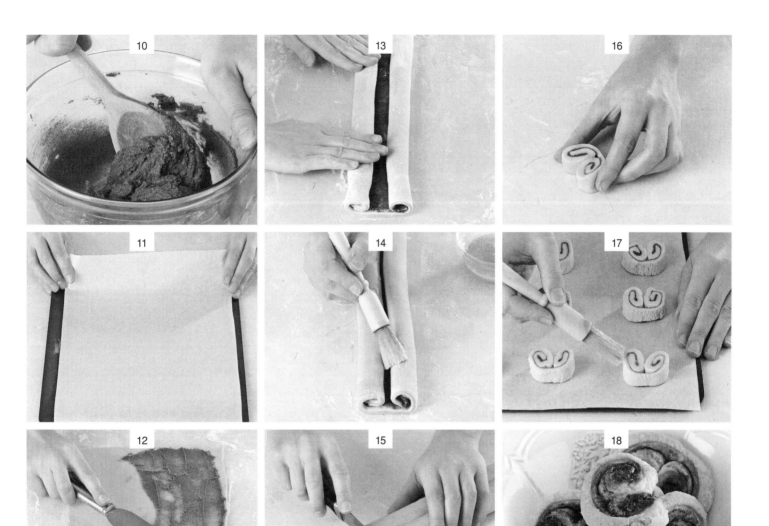

10 冷藏的同时，把黄油、糖、肉桂粉搅打在一起，做成馅料。

11 将烤箱预热至 200 摄氏度。取 2 个烤盘，铺上烘焙纸。

12 再次将面团擀平，修平边缘，把馅料薄薄地涂在酥皮上。

13 将一条长边松松地卷向中间，然后卷另一条长边。

14 刷上蛋液，压下两边，翻过来冷藏 10 分钟。

15 仔细地切成 2 厘米宽的小块，把蝴蝶形的一面向上摆放。

16 把它们整理成椭圆形，再用手掌按得稍扁一点。

17 刷上蛋液，烤 25 ～ 30 分钟至表面焦黄、酥皮膨胀、中间酥脆。

18 从烤盘里取出，放到网架上晾凉。

蝴蝶酥变种

巧克力蝴蝶酥

一款方便又美味的零食，小巧的体形很适合带去野餐。

成品分量： 24 个
准备时间： 45 分钟
冷藏时间： 1 小时 10 分钟
烘烤时间： 25 ～ 30 分钟
储存： 可以在密封容器中储存 3 天

基本原料
1 个优质万能酥皮，见第 178 页步骤 1 ～ 9
1 个鸡蛋，打散，刷蛋液用

馅料原料
150 克黑巧克力，掰碎

1 把巧克力放入碗中，架在一锅微微沸腾的水上隔水融化，做成馅料，静置冷却。将烤箱预热至 200 摄氏度。取 2 个烤盘，铺上烘焙纸。

2 将面团擀成 5 毫米厚的长方形，涂上馅料。将两条长边分别卷至接近中心的位置。在侧面刷上蛋液，把两条边按在一起。翻过来，冷藏 10 分钟。

3 修齐两端，切成 2 厘米宽的小块，把蝴蝶形的一面向上摆放，捏住两边，挤成椭圆形，稍稍按扁定形。

4 放到烤盘上，刷一点蛋液，放入烤箱上层烤 25 ～ 30 分钟，烤到蝴蝶酥表面焦黄、酥皮膨胀、中间酥脆即可。取出蝴蝶酥，放到网架上晾凉。

还可以尝试：
如果想要更快填饱肚子，可以直接用能多益（Nutella）等成品榛子巧克力酱当作馅料。

烘焙小贴士
无论是哪种面皮或酥皮，只有卷得足够均匀，才能得到漂亮的螺旋形。同时，不能将酥皮卷得太紧，否则中心位置在烤过之后就会凸起来，让蝴蝶酥看上去凹凸不平。

橄榄酱蝴蝶酥

如果想节省时间，可以选择用成品橄榄酱做馅料。

成品分量： 24 个
准备时间： 55 分钟
冷藏时间： 1 小时 10 分钟
烘烤时间： 25 ～ 30 分钟
储存： 可以在密封容器中储存 3 天

特殊器具
食物料理机

基本原料
1 个优质万能酥皮，见第 178 页
步骤 1 ～ 9
1 个鸡蛋，打散，刷蛋液用

橄榄酱原料
140 克去核橄榄
2 瓣大蒜，捣成泥
4 汤匙平叶欧芹，大致切碎
3 ～ 4 汤匙特级初榨橄榄油，外
加适量备用
2 片鳀鱼排（可选）
现磨黑胡椒

1 将所有橄榄酱原料放入食物料理机中，搅成能抹开、带颗粒的糊状，必要时可加入一点橄榄油。将烤箱预热至 200 摄氏度。取 2 个烤盘，铺上烘焙纸。

2 将面团擀成长方形，修平四边，涂上一层薄薄的馅料。

3 将酥皮的两条长边分别卷至接近中心的位置。在侧面刷上蛋液，将两边按在一起，形成蝴蝶的形状。翻过来，冷藏 10 分钟。

4 修齐两端，切成 2 厘米宽的小块，把蝴蝶形的一面向上摆放，捏住两边，挤成椭圆形，按扁定形。

5 放到烤盘上，刷一点蛋液，放入烤箱上层，烤 25 ～ 30 分钟至质地松脆。

帕玛森芝士熏辣椒蝴蝶酥

一款很适合在娱乐时用来搭配餐前小饮的零食。

成品分量： 24 个
准备时间： 45 分钟
冷藏时间： 1 小时 10 分钟
烘烤时间： 25 ～ 30 分钟
储存： 可以在密封容器中储存 3 天

基本原料
1 个优质万能酥皮，见第 178 页
步骤 1 ～ 9
1 个鸡蛋，打散，刷蛋液用

馅料原料
50 克帕玛森芝士，磨成细末
1 茶匙熏辣椒
50 克无盐黄油，软化

1 将帕玛森芝士和辣椒粉混合，加入黄油搅拌均匀，做成馅料。将烤箱预热至 200 摄氏度。取 2 个烤盘，铺上烘焙纸。

2 将面团擀成长方形，修平四边，仔细地涂满馅料。

3 将两条长边分别卷至接近中心的位置。刷上蛋液，将两边按在一起。翻过来，冷藏 10 分钟，使两边黏合。

4 修齐两端，切成 2 厘米宽的小块，把蝴蝶形的一面向上摆放，轻轻捏住两边，挤成椭圆形，按扁定形。

5 放到烤盘上，刷一点蛋液，放入烤箱上层烤 25 ～ 30 分钟，烤至蝴蝶酥焦黄蓬松、中间酥脆，转移到网架上晾凉。

果酱甜甜圈

　　甜甜圈的制作过程出乎意料的简单。这款甜甜圈质地轻盈蓬松，味道远超过商店里卖的那些甜甜圈。

1 将牛奶、黄油、香草精放入锅里，加热至黄油融化，冷却至微温。

2 搅入酵母和1汤匙糖。盖住，放置10分钟。倒入鸡蛋，混合均匀。

3 把面粉和盐过筛后放进一个大碗里，搅入剩余的糖。

4 在面粉中间挖一个坑，倒入牛奶混合物，搅成粗糙的面团。

5 把面团放在撒过面粉的操作台上，揉10分钟至面团柔软。

6 把面团放入涂过油的碗里，盖上保鲜膜，在温暖的地方放置2小时至体积翻倍。

7 在撒过面粉的操作台上用拳头按压面团排出气体，然后将面团分成12等份。

8 用手掌将面团揉成球形，相互离得远一点，放在烤盘上。

9 盖上保鲜膜或茶巾，在温暖的地方放置1~2小时至体积翻倍。

成品分量：12 个
准备时间：30 分钟
发酵和醒发时间：3 ～ 4 小时
炸制时间：5 ～ 10 分钟
储存：可以在密封容器中储存 1 天

特殊器具
测油温温度计
装有细裱花嘴的裱花袋

基本原料
150 毫升牛奶
75 克无盐黄油

½ 茶匙香草精
2 茶匙干酵母
75 克细砂糖
2 个鸡蛋，打散
425 克白面粉，最好是高筋面粉，
外加适量撒粉用
½ 茶匙盐

1 升葵花子油，炸制用，外加适量
涂模具用

糖衣和馅料原料
细砂糖，用作糖衣
250 克优质果酱（覆盆子、草莓
或樱桃），搅打顺滑

10 在锅里放 10 厘米深的油，加热至 170 ～ 180 摄氏度。安全起见，将锅盖放在旁边。

11 把甜甜圈铲起来，不要担心它们有一面变扁。

12 小心地把甜甜圈放进热油中，圆的一面向下，炸 1 分钟后翻面。每次炸 3 个。

13 炸至焦黄，用漏勺捞起，关火。

14 用厨房纸吸干余油，然后趁热沾满细砂糖，放凉后填充馅料。

15 把果酱放入裱花袋中，在每个甜甜圈的侧面扎一个孔，塞入裱花嘴。

16 挤入约 1 汤匙果酱，填至快要溢出来。在小孔上再撒一点糖即可上桌。

更多甜甜圈

环形甜甜圈

在家里也可以做出既简单又美味的甜甜圈。中间切掉的部分不要扔掉，炸一下就变成了适口尺寸的小零食。

成品分量： 12 个
准备时间： 35 分钟
发酵和醒发时间： 3 ～ 4 小时
炸制时间： 5 ～ 10 分钟
储存： 可以在密封容器中储存 1 天

特殊器具
测油温温度计
直径为 4 厘米的圆形饼干切模

原料
1 个优质甜甜圈面团，见第 182 页步骤 1 ～ 6
1 升葵花子油，炸甜甜圈用，外加适量涂模具用
细砂糖，用作糖衣

1　把面团放在撒过面粉的操作台上，按压面团排出气体，然后将它分成 12 等份，分别揉成球状。

2　把小球放在烤盘上，留出足够的间距。盖上保鲜膜或茶巾，在温暖的地方放置 1 ～ 2 小时至体积翻倍。

3　用擀面杖轻轻把面团压扁至 3 厘米高。给饼干模涂油，切出中间的部分备用。

4　在一口大锅里倒至少 10 厘米深的油，加热至 170 ～ 180 摄氏度。把锅盖放在旁边，时刻注意着油锅。要保持稳定的油温，否则会把甜甜圈炸焦。

5　用煎鱼铲将甜甜圈从烤盘里铲起来。如果有一面变扁也不要担心，它们在炸过之后就会鼓起来。鼓的一面向下慢慢放入油锅，每次放 3 个，炸 1 分钟至底下的一面变成焦黄色，翻面。

6　甜甜圈完全变焦黄后，用漏勺捞出，放在厨房纸上吸干余油。全部炸完后关火。切掉的中间部分也可以这样炸一下，炸成的小圆饼很受孩子们的欢迎。甜甜圈趁热沾上细砂糖，稍微晾凉即可食用。

卡仕达酱甜甜圈

卡仕达酱是我最喜欢的甜甜圈馅料。购买时记得要选含有真正的鸡蛋和大量奶油的优质卡仕达酱。

成品分量： 12 个
准备时间： 30 分钟
发酵和醒发时间： 3 ～ 4 小时
炸制时间： 5 ～ 10 分钟
储存： 可以在密封容器中储存 1 天

特殊器具
测油温温度计
装有金属细裱花嘴的裱花袋

原料
1 个优质甜甜圈面团，见第 182 页步骤 1 ～ 6
1 升葵花子油，炸制用，外加适量涂模具用
细砂糖，用作糖衣
250 毫升成品卡仕达酱或参见第 314 ～ 315 页方法制作

1　把面团放在撒过面粉的操作台上，按压面团排出气体，然后将它分成 12 等份，全部揉成球状。

2　把小球放在烤盘上，留出足够的间距。松松地盖上保鲜膜或茶巾，在温暖的地方放置 1 ～ 2 小时至体积翻倍。

3　在一口大的厚底锅里倒至少 10 厘米深的油，加热至 170 ～ 180 摄氏度。把锅盖放在旁边，时刻注意着油锅。要保持稳定的油温，否则会把甜甜圈炸焦。

4　用煎鱼铲将膨胀的甜甜圈从烤盘里铲起来。如果有一面变扁也不要担心，它们炸过之后就会鼓起来。鼓的一面向下慢慢放入油锅，每次放 3 个，炸 1 分钟至底下的一面变成焦黄色，翻面。甜甜圈完全变焦黄后，用漏勺捞出，放在厨房纸上吸干余油。

5　趁热沾上细砂糖，放凉。将卡仕达酱装进裱花袋，在每个甜甜圈的侧面扎一个孔。把裱花嘴伸进甜甜圈的中心，挤入约 1 汤匙卡仕达酱，填至快要溢出来。在小孔上再撒一点糖封口。

西班牙小油条

这是一种撒满肉桂粉和砂糖的西班牙零食，做好一盘只需要几分钟时间。同样，它们从盘子里消失也只需要几分钟。

成品分量： 2～4 人份
准备时间： 10 分钟
炸制时间： 5～10 分钟
储存： 可以在密封容器中储存 1 天

特殊器具
测油温温度计
装有直径为 2 厘米的星形或圆形裱花嘴的裱花袋

原料
25 克无盐黄油
200 克白面粉
50 克细砂糖
1 茶匙泡打粉
1 升葵花子油，炸制用
1 茶匙肉桂粉

1 将 200 毫升沸水装进大量杯中。加入黄油，搅拌至融化。将面粉、一半糖、泡打粉一起过筛后放入碗里。

2 在中间挖一个坑，一边不断搅动，一边缓慢倒入热黄油水，直到碗内形成稠厚的糊状，你可能不需要加入所有液体。静置冷却 5 分钟。

3 向一个大的厚底锅内倒入至少 10 厘米深的油，加热至 170～180 摄氏度。把锅盖放在旁边，时刻注意着油锅。要保持稳定的油温，否则会把油条炸焦。

4 把放凉后的面糊装进裱花袋。将面糊挤到油锅里，每条长 7 厘米，用剪刀剪平两端。不要把锅装得太满，否则油温会下降。每面炸 1～2 分钟，炸至焦黄时翻面。

5 炸好后用漏勺捞出，放在厨房纸上吸干余油，关火。

6 将剩余的糖和肉桂粉混合在一个盘子里，趁热把油条放进盘中蘸满糖衣。冷却 5～10 分钟，在还温热时上桌。

烘焙小贴士

由于西班牙油条几分钟就能做好，所以几乎算是"快餐"零食。可以在面糊中加入蛋黄、黄油、牛奶，但不能改变干性原料和湿性原料的比例。面糊越稀，成品越松软，但是炸好稀面糊不是件简单的事。

饼干、曲奇和切块蛋糕

BISCUITS, COOKIES, AND SLICES

榛子葡萄干燕麦曲奇

这些饼干既有孩子喜欢的甜甜的味道，又有大人喜欢的健康原料，是理想的家庭常备零食。

1 将烤箱预热至190摄氏度。把坚果放在烤盘上烤5分钟。

2 用干净的茶巾揉搓榛子，去除多余的外皮。

3 将榛子大致切碎，放置备用。

4 把黄油和糖放入碗中，用电动打蛋器打发至顺滑。

5 加入鸡蛋、香草精、蜂蜜，再次搅打至顺滑。

6 把面粉、燕麦、盐放在另一个碗里，搅拌均匀。

7 将面粉混合物搅入黄油糊中，充分搅拌均匀。

8 加入切碎的榛子和葡萄干，搅拌至分布均匀。

9 如果混合物太干，不好搅拌，就加一点牛奶。

成品分量：18 个
准备时间：20 分钟
烘烤时间：10～15 分钟
储存：可以在密封容器中储存 5
天或冷冻储存 8 周

原料
100 克榛子
100 克无盐黄油，软化
200 克浅色绵红糖
1 个鸡蛋，打散
1 茶匙香草精

1 汤匙液体蜂蜜
125 克自发粉，过筛
125 克大粒煮粥用燕麦片
一小撮盐
100 克葡萄干
少许牛奶，备用

10 取 2～3 个烤盘，铺上烘焙纸。把面团揉成
核桃大的小球。

11 把小球稍稍压扁，摆到烤盘上，相互之间距
离远一点。

12 烘烤 10～15 分钟至表面金黄。稍微冷却，
放到网架上。

13 彻底放凉后即可上桌。

更多曲奇

烘焙小贴士

熟练掌握燕麦曲奇的制作方法之后，就可以尝试使用其他干果和坚果制作，还可以在里面加入葵花子、南瓜子等种子。

开心果蔓越莓燕麦曲奇

这是成年人偏爱的经典水果坚果曲奇，树莓和开心果就像红绿宝石一样镶嵌在上面。

成品分量： 24 个
准备时间： 20 分钟
烘烤时间： 10 ～ 15 分钟
储存： 可以在密封容器中储存 5 天或冷冻储存 8 周

原料

100 克无盐黄油，软化
200 克浅色绵红糖
1 个鸡蛋
1 茶匙香草精
1 汤匙液体蜂蜜
125 克自发粉，过筛
125 克燕麦片
一小撮盐
100 克开心果仁，稍烤过，大致切碎
100 克树莓干，大致切碎
少许牛奶，备用

1 将烤箱预热至 190 摄氏度。把黄油和糖放入碗中，用电动打蛋器打发至顺滑。加入鸡蛋、香草精、蜂蜜，搅打均匀。

2 加入面粉、燕麦、盐，用木勺搅拌均匀。加入切碎的开心果和树莓，充分混合均匀。如果混合物太干，不好搅拌，就加一点牛奶。

3 把混合物分成核桃大小的小块，用手掌揉成球状，摆到 2 ～ 3 个铺有烘焙纸的烤盘上，稍稍压扁，摆放时留出足够曲奇膨胀的间距。

4 烘烤 10 ～ 15 分钟至表面焦黄（可能需要分批烤制）。稍微冷却后，放到网架上。

苹果肉桂燕麦曲奇

这是一款内含苹果泥的曲奇，口感柔软又有嚼劲。

成品分量： 24 个
准备时间： 20 分钟
烘烤时间： 10 ～ 15 分钟
储存： 可以在密封容器中储存 5 天或冷冻储存 8 周

原料

100 克无盐黄油，软化
200 克浅色绵红糖
1 个鸡蛋
1 茶匙香草精
1 汤匙液体蜂蜜
125 克自发粉，过筛
125 克燕麦片
2 茶匙肉桂粉
一小撮盐
2 个苹果，去皮去核，磨成泥
少许牛奶，备用

1 将烤箱预热至 190 摄氏度。把黄油和糖放入碗中，用电动打蛋器打发至顺滑。加入鸡蛋、香草精、蜂蜜，搅打均匀。

2 加入面粉、燕麦、肉桂粉、盐，用木勺搅拌均匀。搅入苹果，如果混合物太干，不好搅拌，就加一点牛奶。把混合物分成核桃大小的小块，用手掌揉成球状。

3 摆到 2 ～ 3 个铺有烘焙纸的烤盘上，稍稍压扁，摆放时留出足够曲奇膨胀的间距。

4 烘烤 10 ～ 15 分钟至表面焦黄。稍微冷却后，放到网架上彻底晾凉。

白巧克力夏威夷果曲奇

这是一款经过复杂变化的经典巧克力曲奇。

成品分量： 24 个
准备时间： 25 分钟
冷藏时间： 30 分钟
烘烤时间： 10 ～ 15 分钟
储存： 可以在密封容器中储存 3 天或冷冻储存 4 周

原料

150 克优质黑巧克力，掰成小块
100 克自发粉
25 克可可粉
75 克无盐黄油，软化
175 克浅色绵红糖
1 个鸡蛋，打散
1 茶匙香草精
50 克夏威夷果，大致切碎
50 克白巧克力块

1 将烤箱预热至 180 摄氏度。把巧克力放进耐热的碗里，架在一锅微微沸腾的水上融化，碗底不要碰到水。融化后静置冷却。将面粉和可可粉一起筛入另一个碗里。

2 在一个大碗里，用电动打蛋器将黄油和糖打发至轻盈蓬松。搅入鸡蛋和香草精，把它们拌入面粉混合物里。加入巧克力，混合均匀。拌入夏威夷果和白巧克力块。盖住碗，冷藏 30 分钟。

3 取 2 ～ 3 个铺有烘焙纸的烤盘。每次取 1 汤匙面糊放到烤盘上，注意留出足够曲奇膨胀的间距（至少 5 厘米）。

4 放入烤箱上层，烘烤 10 ～ 15 分钟，直到曲奇熟透但中心处仍是软的。在烤盘上冷却几分钟，然后转移到网架上放凉。

黄油饼干

这是我最爱的配方之一。这些精致的薄饼干不仅做起来快捷简单，还能带给客人无限回味。

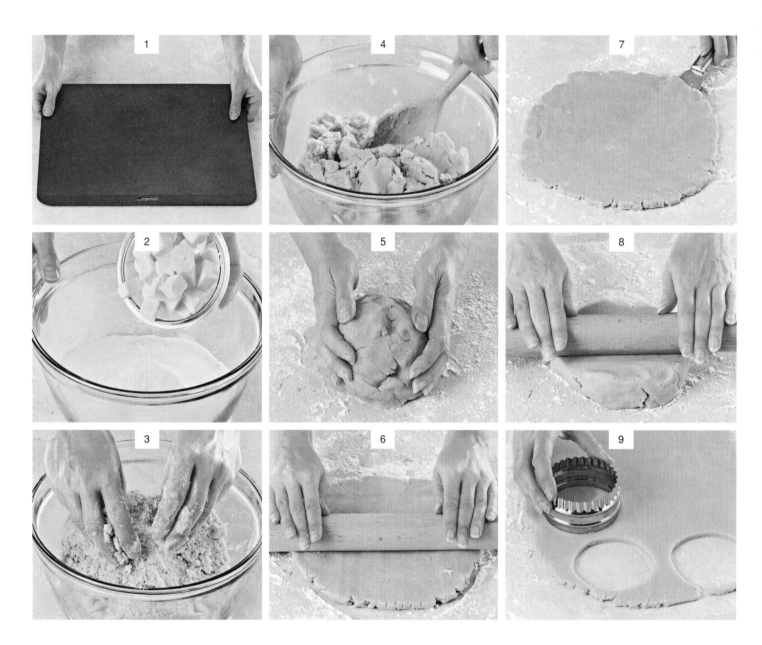

1 将烤箱预热至 180 摄氏度。备好几个不粘烤盘。

2 把黄油和糖放进大碗或食物料理机里。

3 用指尖揉搓或用食物料理机打成细面包屑状，使用料理机时要短促地一下下启动。

4 加入香草精和蛋黄，把混合物揉成面团。

5 把面团放到撒过面粉的操作台上，轻轻揉至光滑。

6 在操作台和面团上撒足够的面粉，把面团擀至 5 毫米厚。

7 用抹刀移动一下面团，防止粘黏。

8 如果面团太黏，不易擀开，可以先冷藏15分钟。

9 用饼干切模切出圆形的饼干，把它们转移到烤盘上。

成品分量： 30 个

准备时间： 15 分钟

提前准备： 可在完成第 5 步时放入冰箱冷冻，最长可储存 8 周

烘烤时间： 10 ～ 15 分钟

储存： 可以在密封容器中储存 5 天

特殊器具

直径为 7 厘米的圆形饼干切模

带刀片的食物料理机

原料

100 克细砂糖

225 克白面粉，过筛，另备适量撒粉用

150 克无盐黄油，软化、切块

1 个鸡蛋的蛋黄

1 茶匙香草精

10 把切剩的部分重新团好，擀平至 5 毫米厚。继续切出饼干，直到用完全部面团。

11 分批烘烤 10 ～ 15 分钟至饼干边缘焦黄。

12 冷却至可以拿起的温度，转移到网架上。

13 在网架上彻底晾凉后即可上桌。

黄油饼干变种

姜糖饼干

姜糖让饼干的味道变得温暖而富有层次。

成品分量： 30 个
准备时间： 15 分钟
提前准备： 面团可冷冻储存 8 周
烘烤时间： 12 ～ 15 分钟
储存： 可以在密封容器中储存 5 天

特殊器具
直径为 7 厘米的圆形饼干切模
带刀片的食物料理机（可选）

原料
100 克细砂糖
225 克白面粉，过筛，另备适量
撒粉用
150 克无盐黄油，软化，切块
1 茶匙姜粉
50 克姜糖，切末
1 个鸡蛋的蛋黄
1 茶匙香草精

1 将烤箱预热至 180 摄氏度。备好 3 ～ 4 个不粘烤盘。把黄油、糖、面粉放进大碗或食物料理机里，揉捏或搅打成细屑，搅入姜粉和姜糖。

2 加入香草精和蛋黄，把混合物揉成面团。把面团放到撒过面粉的操作台上，揉至光滑。

3 在操作台和面团上撒足够的面粉，把面团擀至 5 毫米厚。用饼干切模切出圆形的饼干，把它们转移到烤盘上。

4 放入烤箱，烘烤 12 ～ 15 分钟至边缘焦黄。在烤盘上冷却几分钟，转移到网架上彻底晾凉。

杏仁黄油饼干

杏仁精让这些美味的饼干变成了大人喜欢的味道，并且不会过于甜腻。

成品分量： 30 个
准备时间： 15 分钟
提前准备： 面团可冷冻储存 8 周
烘烤时间： 12 ～ 15 分钟
储存： 可以在密封容器中储存 5 天

特殊器具
直径为 7 厘米的圆形饼干切模
带刀片的食物料理机（可选）

原料
100 克细砂糖
225 克白面粉，过筛，另备适量
撒粉用
150 克无盐黄油，软化，切块
40 克杏仁片，微微烤过
1 个鸡蛋的蛋黄
1 茶匙杏仁精

1 将烤箱预热至 180 摄氏度。备好 3 ～ 4 个不粘烤盘。把黄油、糖、面粉放进大碗或食物料理机里，揉捏或搅打成细屑，搅入杏仁片。

2 加入香草精和蛋黄，把混合物揉成面团，将面团揉至光滑，然后擀至 5 毫米厚。

3 用饼干切模切出圆形的饼干，把它们转移到烤盘上。分批烘烤 12 ～ 15 分钟，直至饼干边缘焦黄。在烤盘上冷却几分钟，转移到网架上彻底晾凉。

烘焙小贴士
一定要选用杏仁精而不是杏仁香精，因为后者是用人工香精勾兑出来的。如果要在餐后茶歇时供应，可以把饼干揉得更薄，并把烘烤时间改为 5 ～ 8 分钟。

德式圣诞曲奇

这个配方是根据一款德式经典圣诞曲奇演变来的。

成品分量: 45 个

准备时间: 45 分钟

烘烤时间: 12 分钟

储存: 可以在密封容器中储存 2～3 天或冷冻保存 8 周

特殊器具

裱花袋和星形裱花嘴

原料

380 克黄油, 软化

250 克细砂糖

几滴香草精

一小撮盐

500 克白面粉, 过筛

125 克杏仁粉

2 个鸡蛋的蛋黄, 备用

100 克黑巧克力或牛奶巧克力

1 将烤箱预热至 180 摄氏度。取 2～3 个烤盘, 铺上烘焙纸。把黄油放在碗里, 搅打顺滑。加入糖、香草精、盐, 搅打至混合物变得稠厚且糖被吸收。分次搅入 $\frac{2}{3}$ 面粉, 每次加一点。

2 加入剩下的面粉和杏仁粉, 把混合物揉成面团。把面团装进裱花袋, 在烤盘上挤成 7.5 厘米长的条状。如果面团太干, 可以加入 2 个蛋黄稀释。

3 烘烤 12 分钟至表面金黄, 然后转移到网架上。将巧克力放入碗里, 架在一锅微微沸腾的水上, 隔水融化。用饼干的一端蘸一下巧克力, 然后放回网架上等待凝固。

姜饼人

所有孩子都喜欢制作姜饼人。这个配方用时很短，且面团容易打理，非常适合小烘焙师。

成品分量： 16 个

准备时间： 20 分钟

烘烤时间： 10～12 分钟

提前准备： 完成第 7 步后可以冷冻保存 8 周

储存： 做好的姜饼人可以在密封容器中储存 3 天

特殊器具

11 厘米长的姜饼人切模

装有细裱花嘴的裱花袋（可选）

原料

4 汤匙金黄糖浆

300 克白面粉，外加适量撒粉用

1 茶匙小苏打

1½ 茶匙姜粉

1½ 茶匙混合香料

100 克无盐黄油，软化、切块

150 克深色绵红糖

1 个鸡蛋

葡萄干，装饰用

糖粉，过筛（可选）

1 将烤箱预热至 190 摄氏度。加热金黄糖浆，融化成可流动的液体后离火冷却。

2 将面粉、小苏打、姜粉和混合香料过筛后放入碗里，加入黄油。

3 用指尖揉搓成细面包屑状。

4 加入糖，搅拌均匀。

5 在冷却的糖浆里加入鸡蛋，搅拌均匀。

6 在面粉混合物中间挖一个坑，倒入糖浆混合物，混合成一个粗糙的面团。

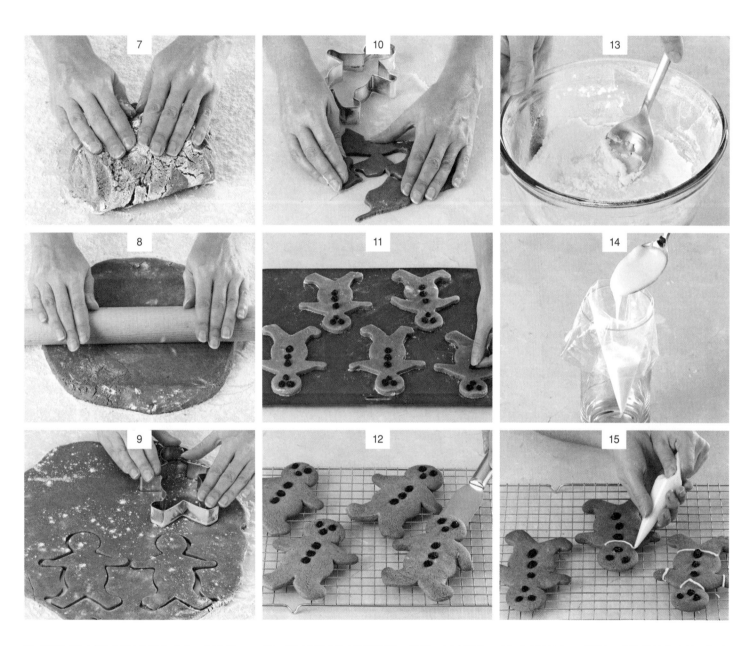

7 将面团放在撒过面粉的操作台上，揉光滑。

8 在面团和操作台上撒足够的面粉，将面团擀至5毫米厚。

9 用切模切出尽量多的姜饼人，放到不粘烤盘上。

10 把切剩的面团重新团好、擀平、切出形状，直到用完所有面团。

11 用葡萄干做出姜饼人的眼睛、鼻子、纽扣。

12 烘烤10～12分钟至表面金黄，然后转移到网架上彻底冷却。

13 如果需要，可以把一点糖粉放在碗里，加水调成稀糖霜。

14 把糖霜放入裱花袋中，装的时候可以用杯子撑开裱花袋。

15 用糖霜装饰姜饼人，完全凝固后即可上桌。

圣诞姜饼变种

烘焙小贴士

这个配方是从瑞典圣诞姜饼演变而来的。瑞典人还会用这种饼干来装饰圣诞树：放入烤箱前用吸管在心形上切一个小洞，烤好后用红丝带挂在圣诞树上。

瑞典香料饼干

这是一款来自瑞典的传统圣诞饼干。如果想要复刻原版饼干，就尽量将它们擀得平一点（并减少烤制时间）。

成品分量： 60 个
准备时间： 20 分钟
冷藏时间： 1 小时
提前准备： 没烤过的面团可以冷冻保存 8 周
烘烤时间： 10 分钟
储存： 可以在密封容器中储存 5 天

特殊器具

7 厘米长的心形或星形饼干切模

原料

125 克无盐黄油，软化

150 克细砂糖

1 个鸡蛋

1 汤匙金黄糖浆

1 汤匙黑糖浆

250 克白面粉，外加适量撒粉用

一小撮盐

1 茶匙肉桂粉

1 茶匙姜粉

1 茶匙混合香料

1 用电动打蛋器将黄油和糖打发成细腻的糊状。搅入鸡蛋、金黄糖浆、黑糖浆。将面粉、盐、香料一起筛入另外的碗里。把面粉混合物加入饼干糊中，混合成粗糙的面团。

2 将面团揉光滑，不要过度揉捏。放入保鲜袋，冷藏 1 小时。

3 将烤箱预热至 180 摄氏度。将面团擀至 3 毫米厚，用切模切出形状。

4 把饼干转移到几个不粘烤盘上，放入烤箱上层，烤 10 分钟至边缘颜色稍微加深。让饼干在烤盘里停留几分钟，然后转移到网架上彻底晾凉。

姜汁饼干

碎坚果的加入让这些饼干变得更加特别。

成品分量： 45 个
准备时间： 30 分钟
提前准备： 生面团可以冷冻保存 8 周
烘烤时间： 8 ~ 10 分钟
储存： 可以在密封容器中储存 3 天

特殊器具
7 厘米长的饼干切模（任意形状）

原料
250 克白面粉，外加适量撒粉用
2 茶匙泡打粉
175 克细砂糖
几滴香草精
½ 茶匙混合香料
2 茶匙姜粉
100 克液体蜂蜜
1 个鸡蛋，蛋黄和蛋白分离
4 茶匙牛奶
125 克黄油，软化、切块
125 克杏仁粉
切碎的榛子或杏仁，装饰用

1 将烤箱预热至 180 摄氏度。取 2 个烤盘，铺上烘焙纸。

2 将面粉和泡打粉过筛后放入碗中，加入除碎坚果外的所有原料，用木勺将混合物搅拌成软面团，用手把面团揉成球形。

3 把面团放在撒过面粉的操作台上，擀至 5 毫米厚。用切模切出饼干，放在烤盘上，注意留出足够饼干膨胀的间距。将蛋白打散刷到饼干上，撒上坚果，烤 8 ~ 10 分钟至表面金黄。

4 从烤箱中取出饼干，在烤盘里停留几分钟后转移到网架上彻底晾凉。

肉桂星星饼干

来不及准备圣诞礼物时，赠送这些经典的德式饼干是很好的选择。

成品分量： 30 个
准备时间： 20 分钟
冷藏时间： 1 小时
烘烤时间： 12 ~ 15 分钟
储存： 可以在密封容器中储存 5 天

特殊器具
7 厘米长的星形饼干切模

原料
2 个大鸡蛋的蛋白
225 克糖粉，外加适量撒粉用
½ 茶匙柠檬汁
1 茶匙肉桂粉
250 克杏仁粉
蔬菜油，涂油用
少许牛奶，备用

1 将蛋白打发至干硬。筛入糖粉，加入柠檬汁，继续打发 5 分钟至混合物稠厚有光泽。取出 2 汤匙混合物，盖住备用，第 4 步时涂在饼干顶部。

2 轻柔地将肉桂粉、杏仁粉拌入剩下的混合物中。盖住，冷藏 1 小时或一夜。混合物会形成稠厚的膏状。

3 将烤箱预热至 160 摄氏度。在操作台上撒一层糖粉，放上面糊。将面糊和一点糖粉混合成软面团。在擀面杖上撒一点糖粉，将面团擀成 5 毫米厚。

4 在饼干模和不粘烤盘上涂一层油。从面团上切出星形，把饼干摆上烤盘。在每个饼干表面刷一点蛋白霜，如果蛋白霜太厚，就加一点牛奶稀释。

5 放在烤箱顶部，烤 12 ~ 15 分钟至顶部的蛋白霜凝固。让饼干在烤盘上冷却 10 分钟，然后把它们转移到网架上。

意大利蛋黄酥饼

传统意大利蛋黄酥饼的形状犹如一朵朵小花，精致的外形与轻盈的质地十分相配。

成品分量： 20～30 个
准备时间： 20 分钟
冷藏时间： 30 分钟
烘烤时间： 15～20 分钟
储存： 可以在密封容器中储存 5
天或冷冻保存 4 周

特殊器具
花朵形饼干切模或两个不同尺寸
的圆形饼干切模

原料
3 个鸡蛋的蛋黄，保持完整
150 克无盐黄油，软化
150 克糖粉，过筛，外加适量撒
粉用
½ 个柠檬的碎皮屑
150 克土豆粉
100 克自发粉（如果不能吃小麦，
就换成土豆粉），外加适量撒粉用

1　慢慢将蛋黄倒入一锅微微沸腾
的水中，用小火加热。煮 5 分
钟至完全凝固，捞出来静置冷
却。冷却后，用勺背将蛋黄挤
过细筛，放入小碗里。

2　用电动打蛋器将黄油和糖打至
轻盈蓬松。加入蛋黄和柠檬皮
屑，搅拌均匀。

3　将两种面粉一起过筛，加到饼
干糊里，搅成光滑的软面团。
把面团放入保鲜袋中，冷藏 30
分钟让它变硬。将烤箱预热至
160 摄氏度。准备好 3～4 个
不粘烤盘。

4　在撒过面粉的操作台上，将冷
藏过的面团擀至 1 厘米厚。切
出传统的花朵形状或其他形
状。如果没有花朵形切模，可
以利用一大一小两个圆形切
模，切成环形。

5　把饼干放到烤盘上，放入烤箱
上层，烤 15～20 分钟至表
面金黄。由于这种饼干在热的
时候非常易碎，所以最好让它
们在烤盘里至少停留 10 分
钟，然后再转移到网架上彻底晾
凉。冷却后撒上一点糖粉。

烘焙小贴士

　　这款精致的饼干起源于意大利的利古里亚大区，它是用土豆粉制作的，因此质地格外轻盈。但如果你买不到土豆粉，可以用"00"级面粉（可在大型超市或意大利特色超市买到）甚至普通的白面粉替代。

蛋白杏仁饼干

这些蛋白杏仁饼干外壳酥脆，里面筋道有嚼头。

成品分量： 24 个

准备时间： 10 分钟

烘烤时间： 12 ~ 15 分钟

储存： 最好在制作当天食用，也可以在密封容器中储存 2 ~ 3 天，储存后会变干

特殊器具

几张可食用糯米纸（可选）

原料

2 个鸡蛋的蛋白

225 克细砂糖

125 克杏仁粉

30 克米粉

几滴杏仁精

24 颗去皮杏仁

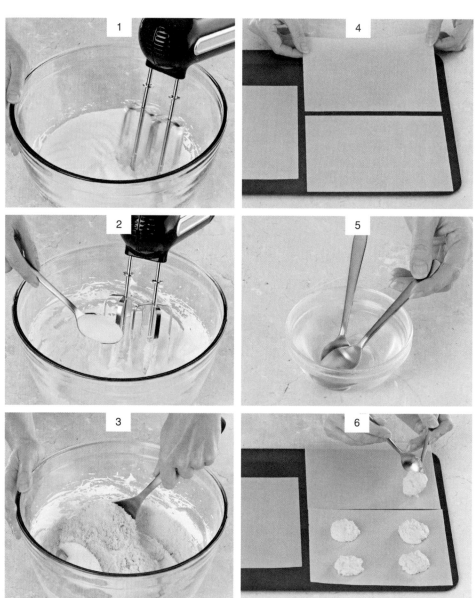

1 将烤箱预热至 180 摄氏度。用电动打蛋器将蛋白打发至定形。

2 一边打发一边分次加入糖，每次加 1 汤匙，搅成稠厚有光泽的蛋白霜。

3 加入杏仁粉、米面粉、杏仁精，翻拌均匀。

4 取 2 个烤盘，铺上糯米纸或烘焙纸。

5 用 2 个茶匙将蛋白霜舀到烤盘上并塑形，每舀一次后都要清洗、擦干茶匙。

6 每片糯米纸上放 4 茶匙蛋白，注意留出间距。

7 在每个饼干的中心放一颗杏仁。不要破坏蛋
   白霜的圆形形状。

8 放入烤箱中层，烤 12 ~ 15 分钟至表面浅黄。

9 转移到网架上彻底放凉，然后撕掉烘焙纸。

烘焙小贴士

蛋白杏仁饼干的黏性很大，但使用糯米纸
就不必担心纸会粘在饼干上撕不下来。

蛋白杏仁饼干变种

烘焙小贴士

  老式蛋白杏仁饼干基本已经被它们漂亮的法国表亲"马卡龙"（第 246 ～ 251 页）所取代。但被低估的蛋白杏仁饼干看起来同样漂亮，也同样不含小麦、简单易做。

咖啡榛子蛋白杏仁饼干

  这些小饼干制作容易，味道浓郁。用它们来搭配餐后咖啡会有赏心悦目的效果。尺寸做小一点会更加好看。

成品分量： 20 个
准备时间： 30 分钟
冷藏时间： 30 分钟
烘烤时间： 20 分钟
储存： 最好在制作当天食用，也可以在密封容器中储存 2 ～ 3 天或冷冻储存 4 周

特殊器具
带刀片的食物料理机
几张可食用糯米纸（可选）

原料
150 克榛子，去壳，外加 20 颗完整榛仁
2 个鸡蛋的蛋白
225 克细砂糖
30 克米粉
1 茶匙浓速溶咖啡，加入 1 茶匙沸水溶解后放凉；或使用等量的凉浓缩咖啡

1 将烤箱预热至 180 摄氏度。把榛子放在烤盘里烤 5 分钟。用茶巾包住，搓掉表皮，静置冷却。

2 用电动打蛋器将蛋白打发至定形。一边打发一边分次加入糖，打发至糖与蛋白完全融合，混合物质地稠厚。

3 用食物料理机将榛子打成粉末状。把它们与米粉一起拌进蛋白霜里，轻柔地拌入 1 茶匙咖啡混合物。盖住，冷藏 30 分钟等待变硬。

4 把 1 茶匙大小的混合物放在铺了烘焙纸或糯米纸的烤盘上，相互至少间隔 4 厘米。每一份的中间堆出一个小尖，并在中心放一整颗榛子。

5 放入烤箱上层烤 12 ～ 15 分钟，烤至酥脆并轻微上色；第 10 分钟时，检查一下饼干是否缩小。在烤盘中停留 5 分钟后，转移到网架上放凉。

巧克力蛋白杏仁饼干

加一点可可粉就可以做出巧克力味的基础蛋白杏仁饼干。

成品分量： 24 个
准备时间： 20 分钟
冷藏时间： 30 分钟
烘烤时间： 12 ~ 15 分钟
储存： 最好在制作当天食用，也可以在密封容器中储存 2 ~ 3 天或冷冻储存 4 周

特殊器具
几张可食用糯米纸（可选）

原料
2 个鸡蛋的蛋白
225 克细砂糖
100 克杏仁粉
30 克米粉
25 克可可粉，过筛
24 颗完整的去皮杏仁

1 将烤箱预热至 180 摄氏度。把蛋白放入大碗里，用电动打蛋器打发定形。一边打发一边分次加入糖，打发至糖与蛋白完全融合，混合物稠厚有光泽。

2 拌入杏仁、米粉，然后拌入可可粉。盖住，冷藏 30 分钟让它变硬。取 2 个烤盘，铺上烘焙纸或糯米纸。

3 把混合物舀到准备好的烤盘上，每次满满 1 茶匙，每个之间至少间隔 4 厘米。尽量把每一份都堆成山形，并在中心放一整颗杏仁。

4 放入烤箱上层烤 12 ~ 15 分钟至表层酥脆，并且边缘已经凝固定形。在烤盘中至少冷却 5 分钟，然后转移到网架上彻底放凉。

椰子蛋白杏仁饼干

这款饼干简单易做，而且完全不含小麦。下面这个配方省去了可可粉，因此吃起来负担很小。

成品分量： 18 ~ 20 个
准备时间： 20 分钟
冷藏时间： 2 小时
烘烤时间： 15 ~ 20 分钟
储存： 可以在密封容器中储存 5 天

特殊器具
几张可食用的糯米纸（可选）

原料
1 个鸡蛋的蛋白
50 克细砂糖
一小撮盐
1/2 茶匙香草精
100 克椰蓉

1 将烤箱预热至 160 摄氏度。把蛋白放入大碗里，用电动打蛋器打发定形。一边打发一边分次加入糖，打发至糖与蛋白完全融合，混合物稠厚有光泽。

2 加入盐和香草精，稍搅打几下混合均匀。

3 轻柔地拌入椰蓉。盖住，冷藏 2 小时让混合物变硬。椰蓉会在这个过程中吸水、软化。

4 在烤盘内铺上烘焙纸或糯米纸（可选）。把混合物舀到准备好的烤盘上，每次满满 1 茶匙，尽量把每一份都堆成山形。

5 放入烤箱中层烤 15 ~ 20 分钟至表层焦黄。在烤盘中至少冷却 10 分钟，然后转移到网架上彻底放凉。

月牙小饼

这些新月形的澳洲饼干常与肉桂星星饼干（第 199 页）一起出现，组合成真正的节日拼盘。

成品分量： 30 个

准备时间： 35 分钟

冷藏时间： 30 分钟

烘烤时间： 15 ~ 17 分钟

储存： 可以在密封容器中储存 5 天或冷冻储存 4 周

原料

200 克白面粉，外加适量撒粉用

150 克无盐黄油，软化、切块

75 克糖粉

75 克杏仁粉

1 茶匙香草精

1 个鸡蛋，打散

香草糖或糖粉，搭配食用

1 面粉过筛放入大碗。加入软化的黄油，搓成细屑。筛入糖粉，加入杏仁粉。

2 把香草精加到鸡蛋里，打散后一起倒入面粉混合物里，混合成软面团，如果面团太黏，就再加一点面粉。将面团放入保鲜袋，冷藏30分钟至面团变硬。

3 将烤箱预热至160摄氏度。把面团分成2份，放在撒过面粉的操作台上，将每份揉成直径为3厘米的圆柱形。用锋利的小刀分切成1厘米厚的圆片。

4 拿一个圆片，用手掌搓成8厘米 ×2 厘米的圆柱形，修齐两端。把两端稍稍弯折，形成新月形。给两个烤盘铺上烘焙纸，摆上造型好的饼干，每个之间留出一点间距。

5 放入烤箱上层烤 15 ~ 17 分钟，烤至很浅的黄色即可。这款饼干上不应该出现棕色。

6 在烤盘中冷却 5 分钟，在表面沾满香草糖或撒上大量糖粉，转移到网架上彻底放凉。

烘焙小贴士

    这是澳大利亚的传统圣诞节小点，杏仁粉让它的质地轻盈酥脆。很多配方都建议把做好的饼干放到香草糖里蘸一下。但如果找不到香草糖，在饼干面团里加几滴香草精也能达到同样的效果。

佛罗伦萨干果饼干

这些酥脆的意大利饼干里有满满的水果和坚果，还裹着豪华的黑巧克力，是一道完美的茶歇小点。

成品分量： 16～20 个
准备时间： 20 分钟
烘烤时间： 15～20 分钟
储存： 可以在密封容器中储存 5 天

原料
60 克黄油
60 克细砂糖
1 汤匙液体蜂蜜
60 克白面粉，过筛
45 克混合果皮碎
45 克糖渍樱桃
45 克去皮杏仁，切末
1 茶匙柠檬汁
1 汤匙双倍奶油
175 克优质黑巧克力，掰成小块

1　将烤箱预热至 180 摄氏度。取 2 个烤盘，铺上烘焙纸。

2　把黄油、糖、蜂蜜放入一个小锅中，用小火融化。冷却至微温，搅入除巧克力以外的所有材料。

3　用一把茶匙将混合物舀到烤盘上，每次满满 1 茶匙。注意留出足够饼干膨胀的间距。

4　烘烤 15～20 分钟至表面金黄，不要上色太深。在烤盘中冷却几分钟，转移到网架上彻底放凉。

5　把巧克力放入耐热的碗里，架在一锅微微沸腾的水上，用小火融化，确保碗底不碰到水。

6　巧克力融化后，用抹刀在每块饼干底部薄薄地涂一层巧克力，并在巧克力凝固前用叉子在上面划出波纹。

烘焙小贴士

　　除黑巧克力外，你还可以准备一些牛奶巧克力和白巧克力，把3种巧克力融化后分别涂在 $\frac{1}{3}$ 的饼干上，摆成漂亮的拼盘。也可以把不同颜色的巧克力"之"字形淋在饼干上，达到令人惊艳的效果。

杏仁脆饼

这些酥脆的意大利饼干很好保存又容易包装，很适合作为礼物送人。

成品分量： 25～30 个

准备时间： 15 分钟

烘烤时间： 40～45 分钟

储存： 可以在密封容器中储存 1 周或
冷冻储存 8 周

原料

50 克无盐黄油

100 克完整杏仁，去壳去皮

225 克自发粉，外加适量撒粉用

100 克细砂糖

2 个鸡蛋

1 茶匙香草精

1 把黄油放入小锅中，用小火融化，静置冷却。

2 将烤箱预热至 180 摄氏度。在烤盘里铺上烘焙纸。

3 将杏仁摊开放在不粘烤盘里，放入烤箱中层。

4 烤 5～10 分钟至开始上色，烤到一半时翻面。

5 待杏仁冷却至不烫手的温度，将它们大致切碎。

6 用细筛子将面粉筛入一个大碗中。

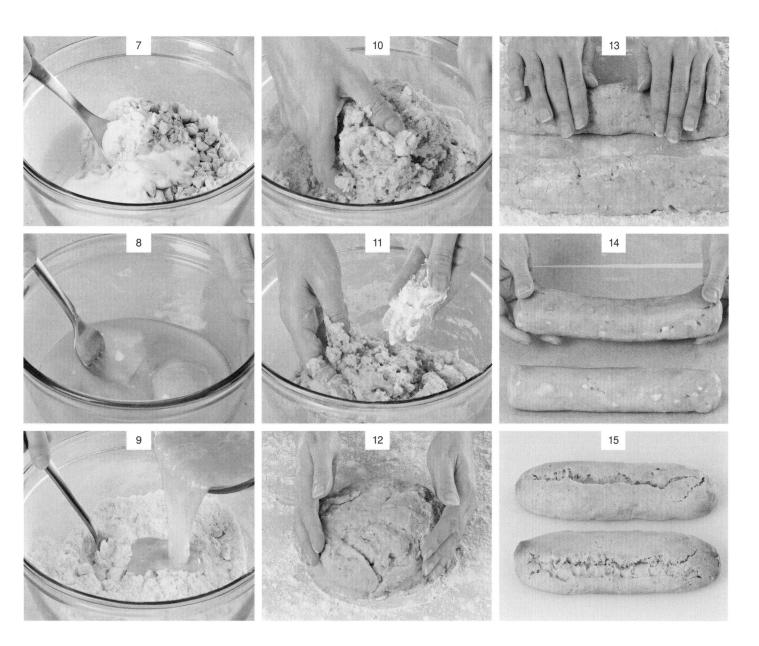

7 在面粉碗中加入糖和碎杏仁，搅拌均匀。

8 把鸡蛋、香草精、融化的黄油放进另一个碗里，一起打发。

9 一点点地把鸡蛋糊倒入面粉碗里，一边倒一边用叉子搅动。

10 用手把混合物团成面团。

11 如果混合物太稀不易塑形，就加一点面粉。

12 在操作台上薄撒一层面粉，把面团放在上面。

13 用手把面团揉成 2 个长约 20 厘米的圆柱体。

14 放在铺有烘焙纸的烤盘上，放入烤箱中层烤 20 分钟。

15 从烤箱中取出来，稍冷却后转移到菜板上。

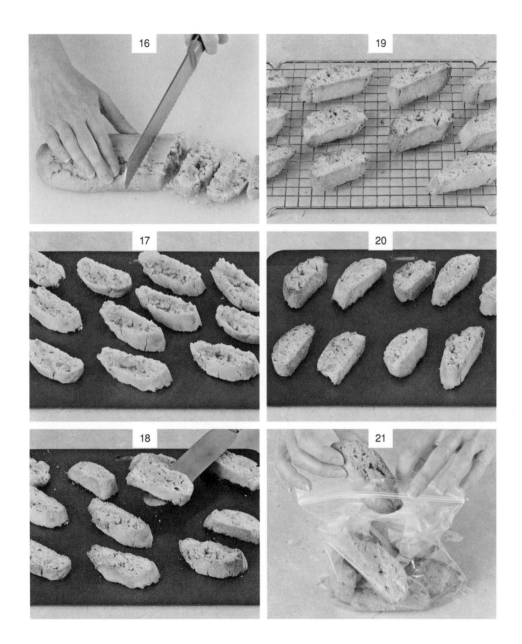

16 用锯齿刀将圆柱体切片，每片3～5厘米厚。

17 把脆饼放在烤盘上，重新放回烤箱烤 10 分钟，烤得再干一点。

18 用抹刀给脆饼翻面，放回烤箱再烤 5 分钟。

19 把脆饼放到网架上冷却，尽量让所有水分都蒸发掉。

20 如果要冷冻，先把凉透的脆饼放到烤盘上，放入冰箱冻硬。

21 转移到密封的保鲜袋里，放入冰箱冷冻。

杏仁脆饼 ▶

杏仁脆饼变种

榛子巧克力脆饼

脆饼面团中加入巧克力碎片，就做成了这道孩子也喜欢的小点心。

成品分量: 25 ～ 30 个
准备时间: 15 分钟
烘烤时间: 40 ～ 45 分钟
储存: 可以在密封容器中储存 1 周或冷冻存储 8 周

原料
100 克去壳榛子
225 克自发粉，过筛，外加适量撒粉用
100 克细砂糖
50 克黑巧克力碎
2 个鸡蛋
1 茶匙香草精
50 克无盐黄油，融化后冷却

1 将烤箱预热至 180 摄氏度。在一个烤盘里铺上硅油纸。把榛子摊开摆在没有铺纸的烤盘里，烤 5 ～ 10 分钟至轻微上色，烤到一半时翻面。冷却后用茶巾包住，搓掉多余的表皮。

2 将面粉、糖、坚果、巧克力碎放入一个碗里混合。在另一个碗里加入鸡蛋、香草精、黄油，一起打发。把湿性原料和干性原料混合，搅成面团。如果混合物太湿不能成形，就再加入一点面粉。

3 把面团放到撒过面粉的操作台上，揉成两个约 20 厘米长、直径为 7 厘米的圆柱体。放到铺纸的烤盘上，在烤箱中层烤 20 分钟。把脆饼柱取出烤箱，稍稍冷却。用锯齿刀切成 3 ～ 5 厘米厚的脆饼片。

4 把脆饼放回烤箱烤 15 分钟，10 分钟后翻面。烤好的脆饼边缘金黄，摸上去很硬。放到网架上晾凉。

巴西果巧克力脆饼

这些加入了可可粉的深色杏仁脆饼很适合在晚饭后与高浓的黑咖啡一起享用。

成品分量: 25 ～ 30 个
准备时间: 15 分钟
烘烤时间: 40 ～ 45 分钟
储存: 可以在密封容器中储存 1 周或冷冻储存 8 周

原料
100 克去壳巴西果
175 克自发粉，过筛，外加适量撒粉用
50 克可可粉
100 克细砂糖
2 个鸡蛋
1 茶匙香草精
50 克无盐黄油，融化后冷却

1 将烤箱预热至 180 摄氏度。在一个烤盘里铺好硅油纸。把巴西果摊开摆在没铺纸的烤盘里，烤 5 ～ 10 分钟。稍稍冷却后用茶巾包住，搓掉多余的表皮，然后大致切碎。

2 将面粉、可可粉、糖、坚果放入一个碗里混合。在另一个碗里加入鸡蛋、香草精、黄油，一起打发。把湿性原料和干性原料混合，揉成面团。

3 把面团放到撒过面粉的操作台上，揉成两个约 20 厘米长、直径为 7 厘米的圆柱体。放到铺纸的烤盘上烤 20 分钟。稍稍冷却，用锯齿刀切成 3 ～ 5 厘米厚的脆饼片。

4 把脆饼放回烤箱烤 15 分钟，10 分钟后翻面。烤好的脆饼边缘金黄，摸上去很硬。

烘焙小贴士
双重烘烤的工序让脆饼拥有硬脆的质地和焦香味。这种烤制方法也让脆饼可以保存相对更长的时间。

开心果橙子脆饼

这些香气十足的脆饼适合与咖啡或餐后甜葡萄酒搭配享用。

成品分量: 25 ~ 30 个
准备时间: 15 分钟
烘烤时间: 40 ~ 45 分钟
储存: 可以在密封容器中储存1 周或冷冻储存 8 周

原料

100 克去壳开心果
225 克自发粉,过筛,外加适量撒粉用
100 克细砂糖
1 个橙子的碎皮屑
2 个鸡蛋
1 茶匙香草精
50 克无盐黄油,融化后冷却

1 将烤箱预热至 180 摄氏度。把开心果摊开摆在没铺纸的烤盘里,烤 5 ~ 10 分钟。稍稍冷却后用茶巾包住,搓掉多余的表皮,然后大致切碎。

2 将面粉、糖、橙子皮屑、坚果放入一个碗里混合。在另一个碗里加入鸡蛋、香草精、黄油,一起打发。把湿性原料和干性原料混合,揉成面团。

3 把面团放到撒过面粉的操作台上,揉成两个约 20 厘米长、直径为 7 厘米的圆柱体。放到铺好硅油纸的烤盘上,放在烤箱中层烤 20 分钟。稍稍冷却,用锯齿刀切成 3 ~ 5 厘米厚的脆饼片。

4 把脆饼放回烤箱烤 15 分钟,10 分钟后翻面,烤至金黄且摸上去很硬。

瓦片酥

　　基础瓦片酥的面糊很容易掌握，造型才是制作的难点。下面提供了有
关造型的几个建议。

1 将烤箱预热至200摄氏度。用打蛋器打发黄
油和糖。

2 加入鸡蛋，搅打均匀。筛入面粉，用大的金
属勺拌匀。

3 在每个不粘烤盘上放2～4汤匙面糊，每匙
之间隔得远一些。

4 汤匙背面沾上水，将面糊摊成直径为8厘米
的圆形。

做成其他形状：在硅油纸上剪出想做的形状。

把剪出图形的硅油纸放在烤盘上，在每个图
形上放1汤匙面糊，均匀地抹平。可以尝试
做成星形或扇形。

5 放入烤箱上层，烤5～7分钟至边缘呈浅金色。

6 用抹刀刮起瓦片酥。由于只能趁热给瓦片酥
塑形，所以你只有几秒的时间。

7 用涂过油的擀面杖擀出经典的形状。如果已
经凉了，无法塑形，就再烤1分钟软化。

成品分量: 15 个
准备时间: 15 分钟
烘烤时间: 5～7 分钟

原料

50 克无盐黄油,软化

50 克糖粉,过筛

1 个鸡蛋,打散

50 克白面粉

蔬菜油,涂油用

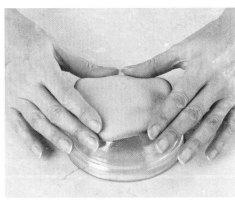

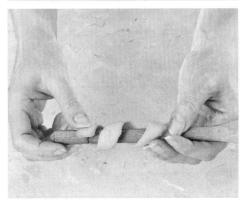

8

篮子形: 拿一个圆底、一体的小碗,在碗底涂油。

用手或另一个碗将瓦片酥固定在碗底 1 分钟,直到瓦片酥开始变硬。

螺旋形: 在木勺柄上涂一层油,把长条的瓦片酥缠在上面。

8　冷却 2～3 分钟,轻轻地把瓦片酥从擀面杖上滑下来,放在网架上彻底晾凉、晾干。瓦片酥最好在制作当天食用。

瓦片酥变种

白兰地小饼

　　简单易做的白兰地小饼值得重新流行起来。它还可以把朴素的巧克力慕斯变成一道优雅的甜点。

成品分量： 16～20 个
准备时间： 15 分钟
烘烤时间： 6～8 分钟

特殊器具
裱花袋和中号裱花嘴（可选）

基本原料
100 克无盐黄油，切块
100 克细砂糖
60 克金黄糖浆
100 克白面粉，过筛
1 茶匙姜粉
½ 个柠檬的碎皮屑
1 汤匙白兰地（可选）
蔬菜油，涂油用

馅料原料（可选）
250 毫升双倍奶油，打发
1 汤匙糖粉
1 茶匙白兰地

1 将烤箱预热至 180 摄氏度。把黄油和糖放进锅里，用中火融化。加入金黄糖浆，搅拌均匀。离火，加入面粉、姜粉、橙子皮搅拌均匀。搅入白兰地（可选）。

2 用茶匙盛满面糊，放到 3～4 个不粘烤盘上，由于面糊会摊开成直径为 8 厘米的圆饼，所以要确保相互之间留出较大的距离。放入烤箱上层，烤 6～8 分钟至表面金黄、边缘稍稍变深。

3 让小饼留在烤盘上冷却 3 分钟，冷却至能用刮刀刮起来但还可以塑形的温度。如果很难塑形，就再放回烤箱烤 1～2 分钟软化。

4 把饼干卷在涂过油的木勺柄上，做出经典的形状，变硬后即可滑下来放到网架上。篮子形小饼的制作方法见第 217 页。

5 把所有馅料原料拌到一起，装进裱花袋中，挤进已经冷却、卷好的白兰地小饼里，作为甜点供应。做好后最好当天食用。

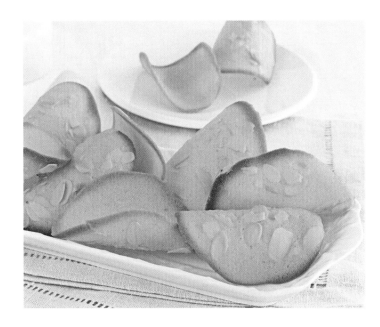

帕玛森芝士脆片

这是你能想到的最简单的配方，可以当作大菜的装饰或餐前小点。

成品分量： 24 个
准备时间： 5 分钟
烘烤时间： 5～7 分钟

特殊器具
7 厘米长的饼干切模

原料
100 克帕玛森芝士，擦碎
1 汤匙芝麻或切碎的迷迭香、百里香、鼠尾草等香料

1 将烤箱预热至 200 摄氏度。将芝士和任意配料（可选）放入碗中，混合均匀。

2 把饼干模放在不粘烤盘上，将 1 汤匙芝士碎均匀地撒在饼干模里，轻轻移开饼干模。用同样的方法处理完所有芝士。

3 放入烤箱上层烤 5～7 分钟，烤至芝士融化、边缘颜色变深。

4 把脆片留在烤盘里冷却几分钟。由于在烤盘里凉透的脆片很难拿起来，所以要在它们开始变硬但没全冷却时，将它们转移到网架上彻底放凉。最好在制作当天食用。

杏仁瓦片酥

这款瓦片酥的味道很朴素，但它可以让其他大多数甜品变得更加美味。可以作为装饰放在精致的水果或香草味甜点旁边。

成品分量： 15 个
准备时间： 15 分钟
烘烤时间： 5～7 分钟

原料
50 克无盐黄油，软化
50 克糖粉，过筛
1 个鸡蛋
50 克白面粉，过筛
25 克杏仁片
蔬菜油，涂油用

1 将烤箱预热至 200 摄氏度。用电动打蛋器将黄油和糖粉一起打发至蓬松发白。加入鸡蛋，混合均匀，轻柔地拌入面粉中。

2 在每个不粘烤盘上放 2～4 汤匙面糊。汤匙背面沾上水，将面糊摊成直径为 8 厘米的圆形。也可以借助模板给瓦片酥塑形（见第 216 页），但是要保证面糊的厚度均匀。

3 在饼干顶部撒一点杏仁片，放入烤箱上层烤 5～7 分钟。烤至边缘开始上色，中间呈浅黄色。

4 把饼干取出烤箱，在它们变硬前，你只有几分钟的时间塑形。如果它们已经难以塑形，就再放回烤箱烤 1～2 分钟，直到烤软。

5 将饼干挂在涂过油层的擀面杖上，冷却几分钟后撸下来，就做成了传统的瓦片形状（不同形状小饼的制作方法见第 217 页）。饼干定形后，把它们放到网架上彻底晾干。最好在制作当天食用。

烘焙小贴士

瓦片酥看上去简单易做，重新加热就能再次造型的特点更是容易让人低估它的难度。由于表面沾有杏仁片，所以饼干一旦弯曲的弧度过大就会裂开，因此在造型时一定不能将它们卷得太紧。

黄油酥饼

经典的苏格兰黄油酥饼应该是浅黄色的，所以要在它颜色变深前盖上一张锡纸。

1 将烤箱预热至 160 摄氏度。给烤模涂油并铺上烘焙纸。

2 把软化的黄油和糖放入一个大碗中。

3 用电动打蛋器将黄油和糖打发至轻盈蓬松。

4 将面粉和玉米粉筛到黄油混合物上，翻拌均匀。

5 用手团成非常粗糙、凹凸不平的面团，转移到烤模里。

6 用手将面团压成紧实均匀的一层。

7 用锋利的刀子将黄油酥饼分成 8 个扇形。

8 用叉子在黄油酥饼上扎满小洞，作为装饰。

9 用保鲜膜盖住，放入冰箱冷藏 1 小时。

成品分量：8 块
准备时间：15 分钟
冷藏时间：1 小时
烘烤时间：30 ～ 40 分钟
储存：可以在密封容器中保存 5 天

特殊器具
直径为 20 厘米的活底蛋糕模

原料
150 克无盐黄油，软化，外加适
量涂油用
75 克细砂糖，外加适量撒粉用
175 克白面粉
50 克玉米粉

10 放入烤箱中层，烤 30 ～ 40 分钟。如果上色过快，就盖一张锡纸。

11 把黄油酥饼取出烤箱，用锋利的小刀沿之前的切痕再切一次。

12 趁热在顶部均匀地撒一层细砂糖。

13 完全凉透后，轻轻将酥饼取出烤模，沿切痕切开或掰开。

黄油酥饼变种

烘焙小贴士

制作这款酥饼的难点在于，切开酥饼的时候不能把焦糖挤出来。这就要求巧克力要容易切开，焦糖要足够凝固。我们可以加入黄油让巧克力变软，并把焦糖加热到足够稠厚。

大理石百万富翁酥饼

极度香甜浓郁的味道让它理所当然地成为现代人心中的经典。

成品分量： 16 块
准备时间： 45 分钟
烘烤时间： 35 ～ 40 分钟
储存： 可以在密封容器中保存 5 天

特殊器具
直径为 20 厘米的活底蛋糕模

基本原料
200 克白面粉
175 克无盐黄油，软化，外加适量涂油用
100 克细砂糖

焦糖原料
50 克无盐黄油
50 克红糖
400 克罐装炼乳

巧克力原料
200 克牛奶巧克力
25 克无盐黄油
50 克黑巧克力

1 将烤箱预热至 160 摄氏度。把面粉、黄油和糖放入碗里，揉成碎屑。给烤模涂油并铺上烘焙纸。将混合物倒入烤模，用手压成紧实均匀的一层。放入烤箱中层，烤 35 ～ 40 分钟至表面焦黄。留在烤模中冷却。

2 制作焦糖。把黄油和红糖放入厚底小锅中，用中火融化。加入炼乳，一边搅动，一边用大火煮沸。把火调小，保持混合物微微沸腾，继续搅动 5 分钟至混合物变厚，颜色变成浅棕色。把焦糖倒到冷却后的酥饼上，静置冷却。

3 制作巧克力顶。把牛奶巧克力和黄油放入耐热的碗里，把碗架在一锅微微沸腾的水上，加热至刚刚融化，搅拌顺滑。把黑巧克力放入另一个碗里隔水融化。

4 把牛奶巧克力倒到凝固的焦糖上，摊开抹平。把黑巧克力以"之"字形倒在上面，用扦子划过两种巧克力，制作出大理石纹理。静置冷却，巧克力变硬后把酥饼切成小方块。

巧克力碎片黄油曲奇

里面的巧克力碎让这些酥饼深受孩子们的欢迎。

成品分量： 14～16块
准备时间： 15分钟
烘烤时间： 15～20分钟
储存： 可以在密封容器中保存5天

原料

100克无盐黄油，软化
75克细砂糖
100克白面粉，过筛，外加适量撒粉用
25克玉米粉，过筛
50克黑巧克力碎

1 将烤箱预热至170摄氏度。把黄油和糖放入碗里，用电动打蛋器打发至轻盈蓬松。筛入面粉、玉米粉、巧克力碎，混合成粗糙的面团。

2 把面团放到撒过面粉的操作台上，揉成光滑的面团。把面团揉成直径为6厘米的圆柱形，再切成每片5毫米厚的饼干。间隔一点距离，摆在2个不粘烤盘上。

3 放入烤箱中层烤15～20分钟，烤成浅黄色。它们的颜色不应该太深。把饼干留在烤盘中冷却几分钟，然后转移到网架上彻底放凉。

山核桃沙饼

这些酥饼的质地（而不是味道）像细沙一样，因此叫作"沙饼"。

成品分量： 18～20块
准备时间： 15分钟
冷藏时间： 30分钟（如果需要）
烘烤时间： 15分钟
储存： 可以在密封容器中保存5天

原料

100克无盐黄油，软化
50克浅色绵红糖
50克细砂糖
$\frac{1}{2}$茶匙香草精
1个鸡蛋的蛋黄
150克白面粉，过筛，外加适量撒粉用
75克山核桃仁，切碎

1 将烤箱预热至180摄氏度。把面粉、黄油和糖放入碗里，用电动打蛋器打发至轻盈蓬松。加入香草精和蛋黄，搅拌均匀。把面粉切拌进去，然后拌入山核桃。混合所有原料，搅成粗糙的面团。

2 把面团放到撒过面粉的操作台上，揉成光滑的面团。把面团揉成20厘米长的圆柱形。如果圆柱太软无法切开，就冷藏30分钟让它变硬。

3 把圆柱切成每片1厘米厚的圆盘，间隔一点距离摆在2个铺了烘焙纸的不粘烤盘上，放入烤箱上层烤15分钟至边缘焦黄。把饼干留在烤盘中冷却几分钟，然后转移到网架上彻底放凉。

燕麦烤饼

这些耐嚼的能量棒简单易学，只需要用到几种常备食材。

成品分量：12～16块

准备时间：15分钟

烘烤时间：40分钟

储存：可以在密封容器中保存1周

特殊器具

25厘米的正方形蛋糕模

原料

225克黄油，外加适量涂油用

225克浅色绵红糖

2汤匙金黄糖浆

350克燕麦片

1 将烤箱预热至150摄氏度。在烤模的底部和四边涂一点黄油。

2 把黄油、糖、糖浆放入大的深平底锅里，用中火加热。

3 用木勺持续搅动，防止烧焦，离火。

4 搅入燕麦，让所有燕麦都裹满糖浆，但不要过度搅拌。

5 把燕麦混合物从锅里舀入烤模中。

6 用木勺按压紧实，压成大致平整的一层。

7 汤匙蘸一下热水，用匙背抹平表面。

8 烘烤40分钟至表面金黄，为了让颜色更加均匀，可以在中途转一下烤模。

9 在烤模中冷却10分钟，然后用锋利的小刀切成12～16块。

10 在烤模中完全放凉，然后把燕麦烤饼从烤模里撬出来，这一步可以用煎鱼铲完成。

燕麦烤饼变种

樱桃燕麦烤饼

可以用葡萄干等常见的水果干来替代配方中的樱桃干。

成品分量： 18 块
准备时间： 15 分钟
烘烤时间： 25 分钟
冷藏时间： 10 分钟
储存： 可以在密封容器中保存 1 周

特殊器具

20 厘米的正方形蛋糕模

原料

150 克无盐黄油，外加适量涂油用
75 克浅色绵红糖
2 汤匙金黄糖浆
350 克燕麦片
125 克糖渍樱桃，每个切成 4 瓣；
或者用 75 克樱桃干，大致切碎
50 克葡萄干
100 克白巧克力或牛奶巧克力，
掰成小块，淋酱用

1 将烤箱预热至 180 摄氏度。在烤模上涂一点黄油。把黄油、糖、糖浆放入中号深平底锅里，用小火加热，搅拌至融化。离火，加入燕麦片、樱桃、葡萄干，搅拌至混合均匀。

2 把燕麦混合物舀入烤模中，按压紧实，放入烤箱上层烤 25 分钟。将烤饼从烤箱中取出，留在烤模中冷却几分钟，然后用刀子切成 18 块。

3 燕麦烤饼冷却后，把巧克力放入一个小的耐热碗里，架在一锅微微沸腾的水上，隔水融化，确保碗底不接触水。用茶匙把融化了的巧克力淋在燕麦饼上，冷藏 10 分钟让巧克力凝固。用煎鱼铲将燕麦烤饼从烤模里取出来。

枣蓉燕麦烤饼

由于加入了大量的大枣，这款燕麦烤饼的稠度和湿度都十分完美，并且尝起来有太妃糖的味道。

成品分量： 16 块
准备时间： 25 分钟
烘烤时间： 40 分钟
储存： 可以在密封容器中保存 1 周

特殊器具
20 厘米的正方形蛋糕模
搅拌机

原料
200 克无核大枣，切碎
½ 茶匙小苏打
200 克无盐黄油
200 克浅色绵红糖
2 汤匙金黄糖浆
300 克燕麦片

1 将烤箱预热至 160 摄氏度。给烤模涂油并铺上烘焙纸。把大枣和小苏打放到锅里，加水没过，煮开后用小火加热 5 分钟，沥干，保留锅里的汤汁。把大枣放入搅拌机，加入 3 汤匙汤汁打成泥，静置备用。

2 把黄油、糖、糖浆放入一个大锅里融化，搅拌均匀。搅入燕麦，把一半混合物按入烤模。

3 把枣泥涂到燕麦上，然后盖上剩余的燕麦混合物，烘烤 40 分钟至表面焦黄。让燕麦饼在烤模中冷却 10 分钟，然后用刀子切成 16 块。将燕麦饼留在烤模里彻底晾凉，然后用煎鱼铲取出。

榛子葡萄干燕麦烤饼

这是一款嚼劲十足的榛子葡萄干零食。

成品分量： 16 ～ 20 块
准备时间： 15 分钟
烘烤时间： 30 分钟
储存： 可以在密封容器中保存 1 周

特殊器具
20 厘米 ×25 厘米的布朗尼模具或类似的烤盘

原料
225 克无盐黄油，外加适量涂油用
225 克浅色绵红糖
2 汤匙金黄糖浆
350 克燕麦片
75 克榛仁碎
50 克葡萄干

1 将烤箱预热至 160 摄氏度。给烤模涂油并在底部和四边铺上烘焙纸。把黄油、糖、糖浆放入厚底小锅里融化。离火，搅入燕麦、榛子和葡萄干。

2 把混合物倒入烤模中，用力按压至紧实平整。放入烤箱中层烤 30 分钟，烤至表面焦黄、边缘颜色更深。

3 让燕麦饼在烤模中冷却 5 分钟，然后用刀子切成小方块。将燕麦饼留在烤模里彻底晾凉，然后用煎鱼铲取出来。

烘焙小贴士
坚果和葡萄干让燕麦烤饼更加健康，但你也可以用更常见的南瓜子或葵花子来替代它们，就像做燕麦曲奇（第 188 ～ 190 页）时一样。

巧克力榛子布朗尼

这是一个经典的美式配方，做出的布朗尼顶部酥脆、内部润弹。

成品分量： 24 块
准备时间： 25 分钟
烘烤时间： 12 ～ 15 分钟
储存： 可以在密封容器中保存 3 天

特殊器具
23 厘米 ×30 厘米的布朗尼模具或类似的烤盘

原料
100 克榛仁
175 克无盐黄油，切块
300 克优质黑巧克力，掰成小块
300 克细砂糖
4 个大鸡蛋，打散
200 克白面粉
25 克可可粉，外加适量撒粉用

1 将烤箱预热至 200 摄氏度。把榛子平铺在烤盘上。

2 把榛子放入烤箱烤 5 分钟至上色，小心不要烤焦。

3 取出榛子，用茶巾包住，搓掉多余的表皮。

4 将榛子切碎，要切得大小不一，放置备用。

5 在烤盘的底部和四边铺上烘焙纸，纸的高度要超出烤模。

6 把巧克力和黄油放入耐热的碗里，架在一锅微微沸腾的水上。

7 隔水融化黄油和巧克力，搅拌顺滑。离火，静置冷却。

8 混合物冷却后，加入糖，充分混合均匀。

9 少量多次地加入鸡蛋，每加一次后都要搅拌均匀。

10 筛入面粉和可可粉，把筛子举高，给原料注入空气。

11 翻拌顺滑，直到看不到成块的面粉。

12 拌入碎坚果，让它们均匀地分布在蛋糕糊里。这时的蛋糕糊应该是稠厚的。

13 把蛋糕糊倒入准备好的烤盘里，摊开到每个角落，抹平表面。

14 烘烤 12 ～ 15 分钟至里面黏稠，表面刚刚凝固。

15 把扦子插入蛋糕，再拿出来时扦子上应该沾有一点蛋糕糊。从烤箱中取出蛋糕。

16 把布朗尼留在烤模里彻底放凉，保持里面黏
   稠的状态。

17 抓住烘焙纸的边缘，把布朗尼提出烤模。

18 用一把长且锋利的锯齿刀，把布朗尼表面划
   分成 24 个等大的小块。

19 烧一壶水，把沸水倒入一个浅盘里。把这个
   盘子放在手边。

20 把布朗尼切成 24 块，每切完一刀都要把刀
   子擦干净，再用刀子蘸一下热水。

21 把可可粉撒在布朗尼上。

巧克力榛子布朗尼 ▶

布朗尼变种

烘焙小贴士

　　可以根据个人喜好来调整布朗尼的质地。有些人喜欢几乎不成形的湿软质地，也有人更喜欢硬一些的。如果你喜欢黏稠的布朗尼，可以稍稍减少烤制时间。

酸樱桃巧克力布朗尼

　　酸且耐嚼的酸樱桃干与浓郁的黑巧克力形成了完美的反差。

成品分量： 16 块
准备时间： 15 分钟
烘烤时间： 20 ～ 25 分钟
储存： 可以在密封容器中保存 3 天

特殊器具

20 厘米 ×25 厘米的布朗尼模具或类似的烤盘

原料

150 克无盐黄油，切块，外加适量涂油用
150 克优质黑巧克力，掰成小块
250 克绵浅黑糖
150 克自发粉，过筛
3 个鸡蛋
1 茶匙香草精
100 克酸樱桃干
100 克黑巧克力块

1 将烤箱预热至 180 摄氏度。给模具涂油并铺上烘焙纸。锅内煨少量微微沸腾的水，把巧克力和黄油放入耐热的碗里，把碗架在锅上隔水融化。离火，加入盐，搅拌均匀，稍稍冷却。

2 把鸡蛋和香草精倒入巧克力混合物中，搅拌均匀。把湿性原料倒入筛过的面粉中，切拌均匀，注意不要过度搅拌。拌入酸樱桃和巧克力块。

3 把布朗尼糊倒入烤盘里，放入烤箱中层烘烤 20 ～ 25 分钟。烤好后的布朗尼边缘定形，但中间仍是黏稠的。

4 把布朗尼留在烤模中冷却 5 分钟。脱模，切成小方块，放到网架上晾凉。

核桃白巧克力布朗尼

这些布朗尼内里软糯，是诱人的下午茶点心。

成品分量： 16 块
准备时间： 10 分钟
烘烤时间： 1 小时 15 分钟
储存： 可以在密封容器中保存 5 天

特殊器具
20 厘米的方形深烤模

原料
25 克无盐黄油，切块，外加适量涂油用
50 克优质黑巧克力，掰成小块
3 个鸡蛋
1 汤匙液体蜂蜜
225 克浅色绵红糖
75 克自发粉
175 克核桃碎
25 克白巧克力，切碎

1 将烤箱预热至 160 摄氏度。给模具涂上薄薄的油层或在底部和四边铺上烘焙纸。

2 把黑巧克力和黄油放入一个小的耐热碗里，架在一小锅微微沸腾的水上隔水融化，其间经常搅动。注意碗不要接触到水。把碗从锅上拿下来，放到一边稍稍冷却。

3 将鸡蛋、蜂蜜、红糖混合，搅打均匀，然后一点点地向里面搅入巧克力浆。筛入面粉，加入核桃碎和白巧克力，轻柔地翻拌均匀。把布朗尼糊倒入准备好的烤模里。

4 把烤模放入烤箱烘烤 30 分钟。松松地盖上一张锡纸，再烤 45 分钟。烤好的布朗尼中心处应该有一点软。把烤模放到网架上，让布朗尼彻底晾凉。放凉后脱模，放到菜板上，切成小方块。

夏威夷果白巧克力布朗尼

这是一款白巧克力版的经典布朗尼。

成品分量： 24 块
准备时间： 15 分钟
烘烤时间： 20 分钟
储存： 可以在密封容器中保存 5 天

特殊器具
20 厘米 ×25 厘米的布朗尼模具或类似的烤盘

原料
300 克白巧克力，掰成小块
175 克无盐黄油，切块
300 克细砂糖
4 个大鸡蛋
225 克白面粉
100 克夏威夷果，大致切碎

1 将烤箱预热至 200 摄氏度。在模具的底部和四边铺上烘焙纸。把巧克力和黄油放入碗里，架在一小锅微微沸腾的水上，融化成顺滑的巧克力酱，其间经常搅动。注意碗不要接触到水。离火，冷却 20 分钟。

2 把糖与巧克力酱混合（混合物很稠并且有颗粒是正常的，之后的鸡蛋可以将它稀释）。逐个加入鸡蛋，每加一个都用手持打蛋器搅打均匀。筛入面粉，轻柔地切拌均匀，然后拌入坚果。

3 把布朗尼糊倒入烤盘中，轻轻摊开到所有角落。放入烤箱中层，烤 20 分钟至里面黏稠、顶部刚刚凝固。把布朗尼留在烤模中彻底晾凉，然后切成 24 个正方形，也可以切成稍大一点的长方形。

芝士核桃饼干

圣诞节过后，你的厨房里通常会剩下很多坚果和斯蒂尔顿奶酪，下面这款咸饼干可以帮你用光它们。

1 将奶酪和黄油放到碗里，用电动打蛋器打发成柔软稠厚的糊状。

2 加入面粉，用指尖揉成屑状。

3 加入核桃和黑胡椒，搅拌均匀。

4 最后加入蛋黄，把混合物搅拌成面团。

5 在撒过面粉的操作台上揉几下，让核桃更加融入面团。

6 用保鲜膜包住面团，冷藏1小时。将烤箱预热至180摄氏度。

7 取出面团，放到撒过面粉的操作台上，揉几下，让面团稍稍变软。

8 将面团擀至5毫米厚，用饼干模切出饼干。

9 或者将面团揉成直径为5厘米的圆柱冷藏。

成品分量：24 块
准备时间：10 分钟
冷藏时间：1 小时
烘烤时间：20 分钟
提前准备：没烤的饼干可以在完

成第 9 步后冷冻保存 12 周
储存：可以在密封容器中保存 5 天

特殊器具
直径为 5 厘米的圆形饼干切模

原料
120 克斯蒂尔顿奶酪或其他蓝纹
奶酪
50 克无盐黄油，软化
125 克白面粉，过筛，外加适量

撒粉用
60 克核桃，切碎
现碾黑胡椒
1 个鸡蛋的蛋黄

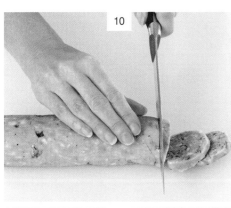

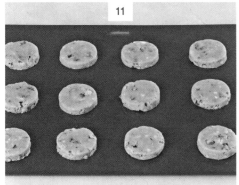

10 用锋利的刀子将圆柱切成 5 毫米厚的圆饼。

11 把圆饼放在不粘烤盘上，放入烤箱上层烤
15 分钟。

12 翻面，再烤 5 分钟至两面都呈焦黄色。

13 把饼干取出烤箱，留在烤盘上冷却一会儿，
然后转移到网架上彻底放凉。

芝士饼干变种

芝士条

它可以帮你用完吃剩的小块硬奶酪。

成品分量： 15～20 个
准备时间： 10 分钟
冷藏时间： 1 小时
烘烤时间： 15 分钟
储存： 可以在密封容器中保存 3 天

特殊器具
带刀片的食物料理机（可选）

原料
75 克白面粉，过筛，外加适量撒粉用
一小撮盐
50 克无盐黄油，软化、切块
30 克浓切达干酪，擦碎
1 个鸡蛋的蛋黄，外加 1 个打散的鸡蛋用来涂蛋液
1 茶匙第戎芥末酱

1 把面粉、盐、黄油放进碗里或食物料理机中，用指尖揉搓或用食物料理机打成面包屑状，使用料理机时要短促地一下下启动。加入切达干酪，搅拌均匀。在蛋黄中加入芥末酱和 1 汤匙凉水，搅打均匀。把蛋黄倒入面包屑中，搅成面团。

2 用保鲜膜包住面团，冷藏 1 小时。将烤箱预热至 200 摄氏度，面团进入烤箱前再揉几下。

3 把面团擀成 30 厘米 ×15 厘米的长方形，它的厚度应该是 5 毫米。用锋利的刀子沿着短边将面团切成每条 1 厘米宽的芝士条，在上面刷一点蛋液。拿住芝士条的一端，将另一端旋转几下，形成螺旋状。

4 把芝士条放在不粘烤盘上，用手按压两端，防止螺旋散开。放入烤箱上层，烤 15 分钟。把芝士条留在烤盘中冷却 5 分钟，然后转移到网架上放凉。

芝士脆片

这些可以大批量制作的辣味饼干适合作为派对小食供应。

成品分量： 30 个
准备时间： 10 分钟
冷藏时间： 1 小时
提前准备： 没烤过的脆片可以冷冻保存 8 周
烘烤时间： 15 分钟
储存： 可以在密封容器中保存 3 天

特殊器具
直径为 6 厘米的圆形饼干切模
带刀片的食物料理机（可选）

原料
50 克无盐黄油，软化、切块
100 克白面粉，外加适量撒粉用
150 克浓切达干酪，擦碎
½ 茶匙熏辣椒粉或红辣椒粉
1 个鸡蛋的蛋黄

1 把面粉和黄油放进碗里或食物料理机中，用指尖揉搓或用食物料理机打成屑状，使用料理机时要短促地一下下启动。加入切达干酪和辣椒粉，搅拌均匀。加入蛋黄，搅成面团。

2 把面团放在撒过面粉的操作台上，揉捏几下，让它更加均匀。用保鲜膜包住面团，冷藏 1 小时。将烤箱预热至 180 摄氏度。进入烤箱前再放到撒了面粉的操作台上揉几下，让面团稍稍变软。

3 把面团擀至 2 毫米厚，用模具切出饼干。把饼干放在几张不粘烤盘上，放入烤箱上层烤 10 分钟。翻面，用刮刀轻轻按压，再烤 5 分钟至两面焦黄。

4 把饼干取出烤箱，留在烤盘中冷却 5 分钟，然后转移到网架上放凉。

迷迭香帕玛森芝士薄饼干

清爽雅致的咸味饼干，可以作为餐前开胃小点，也可以在晚餐后搭配芝士享用。

成品分量： 15～20 个
准备时间： 10 分钟
冷藏时间： 1 小时
提前准备： 没烤过的薄饼干可以冷冻保存 12 周
烘烤时间： 15 分钟
储存： 可以在密封容器中保存 3 天

特殊器具
直径为 6 厘米的饼干切模
带刀片的食物料理机（可选）

原料
60 克无盐黄油，软化、切块
75 克白面粉，外加适量撒粉用
60 克帕玛森芝士，擦碎
现碾黑胡椒
1 汤匙切碎的迷迭香、百里香或罗勒

1 把面粉和黄油放进碗里或食物料理机中，用指尖揉搓或用食物料理机打成面包屑状，使用料理机时要短促地一下下启动。加入帕玛森芝士、黑胡椒和碎香料，搅拌均匀。把混合物搅成面团。

2 把面团放在撒过面粉的操作台上，揉捏几下，让它更加均匀。用保鲜膜包住面团，冷藏 1 小时。

3 将烤箱预热至 180 摄氏度。进入烤箱前再放到撒了面粉的操作台上揉几下，让面团稍稍变软。

4 把面团擀至 2 毫米厚，用模具切出饼干。把饼干放在几张不粘烤盘上，放入烤箱上层烤 10 分钟。翻面，再烤 5 分钟至两面焦黄。

5 把饼干取出烤箱，留在烤盘中冷却 5 分钟，然后转移到网架上放凉。

燕麦饼

这些苏格兰燕麦饼适合与芝士和酸辣酱搭配食用。纯燕麦制作（见烘焙小贴士），是不错的无小麦点心。

成品分量： 16 个
准备时间： 20 分钟
烘烤时间： 15 分钟
储存： 可以在密封容器中保存 3 天或冷冻保存 4 周

特殊器具
直径为 6 厘米的饼干切模

原料
100 克粗燕麦粉，另备适量撒粉用
100 克全麦面粉，另备适量撒粉用
$\frac{3}{4}$ 茶匙盐
现碾黑胡椒
$\frac{1}{2}$ 茶匙小苏打
2 汤匙橄榄油

1 将烤箱预热至 180 摄氏度。把干性原料放入碗里混合。把油和 4 汤匙沸水搅打均匀。在干性原料中间挖一个坑，倒入液体，用勺子搅拌成稠厚的糊状。

2 在操作台上薄撒一层面粉和燕麦粉的混合物，把饼干糊倒在上面，揉成面团，不要过度揉捏。轻轻地将面团擀至 5 毫米厚，如果你只使用燕麦面（见烘焙小贴士），那就要更加小心，纯燕麦面做出的面团更易碎。

3 由于切剩的边角料很难重新揉成面团，所以要一次性切出尽可能多的燕麦饼。如果切剩的面团很难再次团好，可以把它放回碗里，加入一两滴水，帮助它们重新黏合，然后重新擀平，切出更多燕麦饼。

4 把燕麦饼放在几张不粘烤盘上，放入烤箱上层烤 10 分钟。翻面，再烤 5 分钟至两面焦黄。把饼干从烤箱中取出，留在烤盘中冷却 5 分钟，然后转移到网架上放凉。

烘焙小贴士

　　传统的苏格兰燕麦饼可以用纯燕麦制作，也可以在燕麦中掺入全麦面粉。纯燕麦做出的饼干很适合不想吃小麦的人，但也十分易碎，切开的时候要更加小心。

蛋白酥和舒芙蕾

MERINGUES AND SOUFFLÉS

覆盆子奶油蛋白酥

迷你的蛋白酥之间夹着新鲜覆盆子和打发奶油，很适合出现在夏日自助餐的餐桌上。

1 将烤箱预热至 120 摄氏度。在烤盘内铺上烘焙纸。

2 确保料理盆干净、干燥。可以用半个柠檬来清洁盆内残留的油渍。

3 称量蛋白的重量。蛋白的重量乘以 2，就是你需要用到的糖的重量。

4 在金属料理盆里把蛋白打发至干性发泡。

5 分次加入一半的糖，每次加入几汤匙，每加一次后都要继续打发。

6 轻柔地将剩余的糖拌入蛋白中，尽量保留蛋白中的空气。

7 把蛋白舀到 2 个烤盘上，每次 1 汤匙，每汤匙蛋白之间间隔 5 厘米。

8 也可以用装有圆形裱花嘴的裱花袋挤出蛋白。放入烤箱中层，烤 1 小时。

9 烤好后的蛋白酥很容易脱离烘焙纸，且轻敲底部有中空的声音。

成品分量：6～8 个　　　　　**特殊器具**　　　　　**基本原料**　　　　　　　　**馅料原料**

准备时间：10 分钟　　　　金属料理盆　　　　　4 个鸡蛋的蛋白，常温放置（每　　100 克覆盆子

烘烤时间：1 小时　　　　　装有圆形裱花嘴的裱花袋（可选）　个鸡蛋的蛋白重约 30 克）　　300 毫升双倍奶油

提前准备：无夹馅的蛋白酥可以　　　　　　　　　　约 240 克细砂糖，见步骤 3　　1 汤匙糖粉，过筛

在密封容器中保存 5 天

10 关掉烤箱，把蛋白酥留在烤箱内冷却，然后　**13** 将奶油和覆盆子切拌在一起，加入糖粉拌匀。
　　放到网架上彻底晾凉。

　　　　　　　　　　　　　　　　　　　　　　　14 在其中一半蛋白酥上抹一点覆盆子奶油。
11 把覆盆子放在碗里，用叉子背碾碎。

　　　　　　　　　　　　　　　　　　　　　　　15 盖上另一半蛋白酥，轻轻按压使它们固定。
12 在另一个碗里，将双倍奶油打发至定形但不　　　　如果是作为甜口的餐前小点供应，应把蛋白
　　硬挺的状态。　　　　　　　　　　　　　　　　　酥做得更小一点，烤制时间缩减为 45 分钟，
　　　　　　　　　　　　　　　　　　　　　　　　　做出约 20 个夹心蛋白酥。

蛋白酥变种

烘焙小贴士
　　一定要用完全干净、干燥的料理盆来打发蛋白。为了让用料的配比更加精准，最好先称蛋白的重量，再称出双倍于蛋白重量的砂糖。称量时最好使用电子秤。

蒙布朗

　　如果使用的栗子泥里已经有糖，制作馅料时就不需要再加细砂糖。

成品分量： 8 个
准备时间： 20 分钟
烘烤时间： 45 ～ 60 分钟
提前准备： 无夹馅的蛋白酥可以在密封容器中保存 5 天

特殊器具
大号金属料理盆
直径为 10 厘米的饼干切模

基本原料
4 个鸡蛋的蛋白，常温放置
约 240 克细砂糖，见第 242 页步骤 3
葵花子油，涂油用

馅料原料
435 克罐装栗子泥
100 克细砂糖（可选）
1 茶匙香草精
500 毫升双倍奶油
糖粉，撒粉用

1　将烤箱预热至 120 摄氏度。把蛋白放到干净的大金属盆里，打发至硬挺，从蛋白中提起打蛋器时会拉出一个小尖。把一半的糖分次加入蛋白中，每次加入 2 汤匙，每加一次后都要继续打发。轻柔地将剩余的糖切拌入蛋白，尽量保留蛋白中的空气。

2　在饼干模上涂薄薄的一层油。在 2 个烤盘内铺上硅油纸。把饼干模放在烤盘内，把蛋白舀进模具，填至 3 厘米深。抹平表面，然后小心地拿走模具。重复操作，在每个烤盘上做出 4 个蛋白酥底座。

3　把蛋白酥放入烤箱中层，如果你喜欢有嚼劲的蛋白酥，就烤 45 分钟，否则就烤 1 小时。关掉烤箱，把蛋白酥留在烤箱内冷却，这可以防止它们裂开。然后取出蛋白酥，放到网架上彻底晾凉。

4　把栗子泥、细砂糖（可选）、香草精、4 汤匙双倍奶油放进碗里，搅打均匀。取一个细筛子，把混合物推过筛子，做出轻盈蓬松的馅料。在另一个碗里，把剩下的双倍奶油打发至定形。

5　轻轻地将 1 汤匙栗子馅涂在蛋白酥顶上，用抹刀抹平表面。再在上面放 1 汤匙打发奶油，用抹刀制造出柔软的小尖。撒上糖粉即可上桌。

柠檬果仁糖蛋白酥

与蒙布朗（见第244页）相似，只是里面多了硬脆的口感。

成品分量： 6 个
准备时间： 35 分钟
烘烤时间： 1 小时 30 分钟
提前准备： 蛋白酥底座可以在密封容器中保存 5 天

特殊器具
带有星形裱花嘴的裱花袋

原料
3 个鸡蛋的蛋白，常温放置
约 180 克细砂糖，见第 242 页步骤 3
蔬菜油，涂油用
60 克白砂糖
60 克完整脱皮杏仁
一小撮塔塔粉
85 克黑巧克力，掰碎
150 毫升双倍奶油
3 汤匙柠檬凝乳

1　将烤箱预热至 120 摄氏度，在一个烤盘里铺上烘焙纸。把蛋白打发至硬挺。加入 2 汤匙细砂糖，打发至顺滑有光泽。分次加入剩余的糖，每次加入 1 汤匙，每加一次后都要充分打发。把蛋白霜舀入裱花袋中，在烤盘上挤出 6 个直径为 10 厘米的圆圈。烘烤 1 小时 30 分钟至酥脆。

2　烘烤的同时制作果仁糖。给烤盘涂油，把白砂糖、杏仁、塔塔粉放入一个厚底的小锅里。用小火加热，搅拌至糖溶解。开大火，将糖浆煮至金黄，倒入涂过油的烤盘里。完全冷却后大致切碎。

3　把巧克力放在碗里隔水融化。将奶油打发至打蛋器留下的痕迹不会消失，加入柠檬凝乳，切拌均匀。把巧克力涂到所有蛋白酥上。凝固后，再涂上一层柠檬凝乳奶油，撒上果仁糖即可上桌。

巨型开心果蛋白酥

这些美丽的点心尺寸大到无法夹住奶油，因此吃起来就像是大号饼干。

成品分量： 8 个
准备时间： 15 分钟
烘烤时间： 1 小时 30 分钟
提前准备： 蛋白酥可以在密封容器中保存 3 天

特殊器具
带刀片的食物料理机
大号金属料理盆

原料
100 克无盐、去壳开心果
4 个鸡蛋的蛋白，常温放置
约 240 克细砂糖，见第 242 页步骤 3

1　将烤箱预热至 120 摄氏度。把开心果摊在烤盘上，烤 5 分钟，然后用茶巾包住，搓掉多余的表皮，放凉。把将近一半的开心果放入食物料理机中打成细末，剩下的大致切碎。

2　把蛋白放入金属料理盆里，用电动打蛋器打发至干性发泡。把一半的糖分次加入蛋白中，每次加入 2 汤匙，每加一次后都要继续打发。轻柔地将剩余的糖切拌入蛋白，尽量保留蛋白中的空气。

3　在烤盘内铺上烘焙纸。把蛋白舀到烤盘上，每次 1 汤匙，留出至少 5 厘米的间距。在蛋白酥顶部撒上切碎的开心果。

4　把蛋白酥放入烤箱中层烤 1 小时 30 分钟。关掉烤箱，把蛋白酥留在烤箱内冷却，这可以防止它们裂开。然后取出蛋白酥，放到网架上彻底晾凉。把它们摆在一起会有更好的视觉效果。

草莓奶油马卡龙

马卡龙的制作过程很复杂，但我开发了一个适合在家里尝试的简单配方。

成品分量： 20 个
准备时间： 30 分钟
烘烤时间： 18 ～ 20 分钟
提前准备： 无夹心的马卡龙可以储存 3 天

特殊器具
带刀片的食物料理机
带有圆形细裱花嘴的裱花袋

基本原料
100 克糖粉
75 克杏仁粉
2 个大鸡蛋的蛋白，常温放置
75 克白砂糖

馅料原料
200 毫升双倍奶油
5 ～ 10 个非常大的草莓，直径最好和马卡龙的直径一样

1 将烤箱预热至 150 摄氏度。在 2 个烤盘里铺上硅油纸。

2 在纸上描出 20 个直径为 3 厘米的圆圈，相互间隔 3 厘米。把纸翻过来。

3 用食物料理机将杏仁粉、糖粉打成非常细的粉末。

4 把蛋白放入大碗中，用电动打蛋器打发至干性发泡。

5 少量多次地加入白砂糖，每加一次后都要充分打发。

6 这时的混合物应该非常干硬，比瑞士蛋白酥还要硬。

7 将 1 汤匙杏仁粉加入蛋白中，轻柔地切拌融合后再加 1 汤匙，直到拌入所有杏仁粉。

8 用碗撑开裱花袋，向里面装入马卡龙糊。

9 竖直拿着裱花袋，把混合物挤到画好的圆圈中心。

10 尽量在每个圆圈里挤出等量的马卡龙糊；它们不会明显地摊开。

11 如果圆盘中间出现了凸起，就将烤盘震几下。

12 放入烤箱中层，烤 18 ～ 20 分钟至表面凝固。

13 用其中一片做测试：手指用力戳一下，可以把马卡龙的顶部戳碎。

14 在烤盘中停留 15 ～ 20 分钟，然后转移到网架上彻底放凉。

15 把奶油打发稠厚。不够稠的奶油会流到马卡龙的外壳上，让它们变软。

16 把刚刚用过的裱花袋清洗干净，装入奶油。

17 将一小团打发奶油挤在其中一半马卡龙外壳
　较平的一面上。

18 将草莓横向切成薄片，选用直径与外壳相同
　的草莓片。

19 在每团奶油上放一片草莓。

20 盖上剩余的马卡龙外壳，轻轻按压，让馅料
　凸出外壳。

21 放到盘中，立刻上桌。

草莓奶油马卡龙▶

更多马卡龙

烘焙小贴士

　　做好马卡龙的关键在于制作的手法，而不是原料的配比。切拌时要轻柔，要用厚底的平烤盘，挤到烤盘上时裱花袋要完全垂直，这些都是做出完美马卡龙的小窍门。

覆盆子马卡龙

它如图片中一样漂亮，几乎让人不忍下口。

成品分量： 20 个
准备时间： 30 分钟
烘烤时间： 18 ～ 20 分钟
提前准备： 无夹心的马卡龙可以储存 3 天

特殊器具
带刀片的食物料理机

基本原料
100 克糖粉
75 克杏仁粉
2 个大鸡蛋的蛋白，常温放置
75 克白砂糖
3 ～ 4 滴粉色食用色素

馅料原料
150 克马斯卡彭芝士
50 克无籽覆盆子果酱

1　将烤箱预热至 150 摄氏度。取 2 个烤盘，铺上硅油纸。在纸上描出 20 个直径为 3 厘米的圆圈，相互间隔 3 厘米。用食物料理机将杏仁粉和糖粉充分混合均匀。

2　把蛋白放入碗里，用电动打蛋器打发至干性发泡。少量多次地加入白砂糖，每加一次后都要充分打发。搅入食用色素。

3　将 1 汤匙杏仁粉加入蛋白中，轻轻切拌融合之后再加 1 汤匙，直到拌入所有杏仁粉。把马卡龙糊装入裱花袋，竖直拿着裱花袋，把混合物挤到画好的圆圈中心。

4　放入烤箱中层，烤 18 ～ 20 分钟至表面凝固。在烤盘中停留 15 ～ 20 分钟，然后转移到网架上彻底放凉。

5　制作馅料。将马斯卡彭芝士和覆盆子果酱搅打顺滑，做成馅料，装入刚才用过的裱花袋（清洗过）中。将一小团馅料挤在其中一半马卡龙较平的一面上，盖上另一半外壳。做好后应在当天食用，否则马卡龙就会变软。

巧克力马卡龙

这是一款夹着黑巧克力奶油霜的美味马卡龙。

成品分量： 20 个
准备时间： 30 分钟
烘烤时间： 18 ～ 20 分钟
提前准备： 无夹心的马卡龙可以储存 3 天

特殊器具
带刀片的食物料理机

基本原料
50 克杏仁粉
25 克可可粉
100 克糖粉
2 个大鸡蛋的蛋白，常温放置
75 克白砂糖

馅料原料
50 克可可粉
150 克糖粉
50 克无盐黄油，融化
3 汤匙牛奶，外加适量备用

1　将烤箱预热至 150 摄氏度。取 2 个烤盘，铺上硅油纸。在纸上描出 20 个直径为 3 厘米的圆圈，相互间隔 3 厘米。用食物料理机将杏仁粉、可可粉、糖粉充分混合均匀。

3　把蛋白放入碗里，少量多次地加入白砂糖，每加一次后都要充分打发。这时的混合物应该是硬挺的。一匙匙地将所有杏仁混合物拌入蛋白霜中。把马卡龙糊装入裱花袋，竖直拿着裱花袋，把蛋白霜挤到画好的圆圈中心。

3　放入烤箱中层，烤 18 ～ 20 分钟。在烤盘中停留 15 ～ 20 分钟，然后转移到网架上。

4　制作馅料。将可可粉和糖粉过筛后放入一个碗中。加入黄油和牛奶，搅打均匀。如果混合物太稠，可以再加一点牛奶。装入裱花袋，挤到其中一半马卡龙较平的一面上，盖上另一半外壳。做好后应在当天食用，否则马卡龙就会变软。

柑橘马卡龙

这里使用的不是我们常吃的橙子，而是偏酸的柑橘，这样可以抵消一些蛋白酥的甜腻。

成品分量： 20 个
准备时间： 30 分钟
烘烤时间： 18 ～ 20 分钟
提前准备： 无夹心的马卡龙可以储存 3 天

特殊器具
带刀片的食物料理机

基本原料
100 克糖粉
75 克杏仁粉
接近 1 茶匙橘子皮屑
2 个大鸡蛋的蛋白，常温放置
75 克白砂糖
3 ～ 4 滴橙色食用色素

馅料原料
100 克糖粉
50 克无盐黄油，融化
1 汤匙橘子汁
接近 1 茶匙橘子皮屑

1　将烤箱预热至 150 摄氏度。取 2 个烤盘，铺上硅油纸。在纸上描出 20 个直径为 3 厘米的圆圈，相互间隔 3 厘米。用食物料理机将杏仁粉、糖粉充分混合均匀。搅入橘子皮屑，稍搅拌几下。

2　把蛋白放入碗里，用电动打蛋器打发至干性发泡。少量多次地加入白砂糖，每加一次后都要充分打发。搅入食用色素。

3　一匙匙地将所有杏仁混合物都拌入蛋白霜中，装入裱花袋。竖直拿着裱花袋，把蛋白霜挤到画好的圆圈中心。

4　放入烤箱中层，烤 18 ～ 20 分钟。在烤盘中冷却 15 ～ 20 分钟，然后转移到网架上彻底放凉。

5　将糖粉和黄油、橘子皮一起搅打成顺滑的糊状，当作馅料。装入刚才用过的裱花袋（清洗过）中。将一小团馅料挤在其中一半马卡龙较平的一面上，盖上另一半外壳。做好后应在当天食用，否则马卡龙就会变软。

草莓帕夫洛娃

平时可以把用不完的蛋白冷冻起来，直到攒够制作这道著名甜品的主要原料。

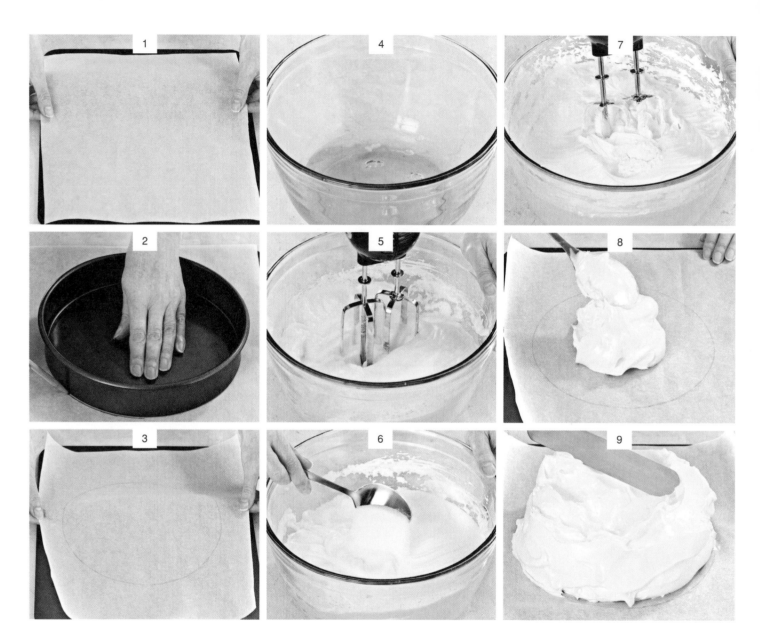

1 将烤箱预热至 180 摄氏度。取一个烤盘，铺上烘焙纸。

2 用铅笔在纸上描出一个直径为 20 厘米的圆形。

3 把纸翻过来，这样铅笔痕就不会沾到蛋白酥上。

4 把蛋白与盐一起放入一个干净、无油的大碗里。

5 用电动打蛋器将蛋白打发至干性发泡。

6 将糖分次放入蛋白中，每次加 1 汤匙，每次加完都要充分打发。

7 继续打发至蛋白硬挺有光泽。加入玉米粉和醋，打发均匀。

8 将蛋白霜舀到画好的圆圈里，摊开填满整个圆圈。

9 摊开的时候，用抹刀在表面画圈。

成品分量： 8 人份

准备时间： 15 分钟

烘烤时间： 1 小时 15 分钟

提前准备： 蛋白霜底座可以在干燥、密封的容器中存放 1 周，上桌前加上奶油和草莓

原料

6 个鸡蛋的蛋白，常温放置

一小撮盐

约 360 克细砂糖，见第 242 页步骤 3

2 茶匙玉米粉

1 茶匙醋

300 毫升双倍奶油

草莓，装饰用

10 烘烤 5 分钟，然后把温度降至 120 摄氏度，烤 75 分钟。

11 将蛋白酥留在烤箱中彻底放凉。把奶油打发至可以定形。

12 把奶油舀到蛋白酥底座上，点缀上草莓。

13 切角后，搭配莓果或稀果酱食用。

帕夫洛娃变种

热带水果帕夫洛娃

　　百香果的酸、打发奶油的凉、蛋白酥皮的甜在这款帕夫洛娃身上产生了激烈的碰撞，形成了一款沁人心脾的夏日甜点。

成品分量： 8 人份
准备时间： 15 分钟
烘烤时间： 65 ～ 80 分钟
提前准备： 蛋白霜底座可以在干燥、密封的容器中存放 1 周，上桌前加入配料。

原料

1 份优质的蛋白霜，见第 252 页步骤 4 ～ 7
300 毫升双倍奶油
400 克杧果或木瓜，去皮、切碎
2 个百香果

1. 将烤箱预热至 180 摄氏度。取一个烤盘，铺上烘焙纸。

2. 用铅笔在纸上描出一个直径为 20 厘米的圆形。把纸翻过来，让铅笔痕朝下。将蛋白霜舀到圆圈里，用抹刀摊开抹平。

3. 烘烤 5 分钟，然后把温度降至 120 摄氏度，继续烤 75 分钟，直到蛋白酥酥脆且容易脱离烘焙纸。关掉烤箱，将蛋白酥留在烤箱中彻底放凉，然后转移到盘中。

4. 上桌前，把奶油打发至可以定形。把奶油舀到蛋白酥底座上，撒上切碎的热带水果。把百香果对半切开，挤出果汁和种子，临上桌前浇到帕夫洛娃上。

烘焙小贴士

　　帕夫洛娃蛋糕不太容易保存，几小时后蛋白霜就会变软。为了充分利用用剩下的帕夫洛娃蛋糕，可以试着把它掰成小块，拌上刚打发的双倍奶油，搭配额外水果，快速制作成一份伊顿麦斯甜点。

摩卡咖啡帕夫洛娃

　　这款帕夫洛娃十分精致，可以在晚宴上供应，咖啡味的蛋白霜和巧克力淋酱一定会令人印象深刻。

成品分量： 8 人份
准备时间： 15 分钟
烘烤时间： 1 小时 20 分钟
提前准备： 蛋白霜底座可以在干燥、密封的容器中存放 1 周，上桌前加入配料

原料

6 个鸡蛋的蛋白，常温放置
一小撮盐
约 360 克细砂糖，见第 242 页步骤 3
2 茶匙玉米粉
1 茶匙醋
3 汤匙浓咖啡粉，与 3 汤匙沸水混合后放凉，或者 3 汤匙凉浓缩咖啡
60 克优质黑巧克力，掰成小块，外加适量装饰用
白巧克力，装饰用
300 毫升双倍奶油

1. 将烤箱预热至 180 摄氏度。取一个烤盘，铺上烘焙纸。用电动打蛋器将蛋白和盐一起打发至干性发泡。将糖分次放入蛋白里，每次加 1 汤匙，打发至硬挺有光泽，然后打入玉米粉和醋。轻轻拌入咖啡。

2. 用铅笔在烘焙纸上描出一个直径为 20 厘米的圆形，把纸翻过来。将蛋白霜舀到圆圈里，用抹刀摊开。

3. 烘烤 5 分钟，然后把温度降至 120 摄氏度，烤 75 分钟至蛋白酥酥脆。关掉烤箱，将蛋白酥留在烤箱中放凉。

4. 把黑巧克力块放入耐热的碗里，架在一锅微微沸腾的水上，融化后离火冷却。用果皮刀削出黑、白巧克力屑。上桌前把奶油打发至定形，抹到蛋白酥底座上。淋上融化的巧克力浆，撒上巧克力屑。

大黄生姜蛋白蛋糕

这是一款很独特的蛋糕，但里面的馅料是常见的经典组合。

成品分量： 6～8 人份
准备时间： 30 分钟
烘烤时间： 1 小时 5 分钟
提前准备： 蛋白霜底座可以在干燥、密封的容器中存放 1 周

蛋白酥原料
4 个鸡蛋的蛋白，常温放置
一小撮盐
约 240 克细砂糖，见第 242 页步骤 3

馅料原料
600 克大黄，切碎
85 克细砂糖
4 片生姜茎，切碎
$\frac{1}{2}$ 茶匙姜粉
250 毫升双倍奶油
糖粉，撒粉用

1 将烤箱预热至 180 摄氏度。取 2 个烤盘，铺上烘焙纸。用电动打蛋器将蛋白、盐和 115 克糖一起打发成有光泽的干性发泡状态。分次将剩余的糖切拌入蛋白霜中，每次 1 汤匙。

2 把蛋白霜平均舀入 2 个烤盘中，堆成直径为 18 厘米的半圆。烤 5 分钟，然后把温度降至 130 摄氏度，烤 1 小时。关掉烤箱，打开烤箱门，将蛋白酥留在烤箱中彻底放凉。

3 烤制的同时，把大黄、细砂糖、生姜、姜粉和一点水一起放入大的深平底锅中，盖上锅盖，用小火加热 20 分钟，将大黄煮软，静置冷却。如果太湿，就沥掉一部分液体，冷藏备用。

4 将奶油打发，加入大黄切拌均匀。把一个蛋白酥放到盘中，在上面涂抹馅料，然后盖上另一个蛋白酥。撒上糖粉即可上桌。

迷你帕夫洛娃

这是满足一大群人的好办法。可以提前做好蛋糕体，然后在上桌前一刻加入最好的当季水果。

成品分量： 8 人份
准备时间： 15 分钟
烘烤时间： 45～60 分钟
提前准备： 蛋白霜底座可以在干燥、密封的容器中存放 1 周，上桌前加入配料

原料
1 份优质蛋白霜，见第 252 页步骤 4～7
300 毫升双倍奶油
400 克混合夏日莓果

1 将烤箱预热至 120 摄氏度。取 2 个烤盘，铺上烘焙纸。将蛋白霜平均舀入 2 个烤盘中，用匙背堆成直径为 10 厘米、高度为 3 厘米的半圆。

2 烤 45～60 分钟至酥脆。将蛋白酥留在烤箱中彻底放凉，然后转移到盘子里。

3 把奶油打发至定形。在每个蛋白酥上涂 1 汤匙奶油，然后铺上夏日莓果。

柠檬蛋白派

顺滑的香草蛋白酥配上酸爽的柠檬，难怪它会成为美国家庭的最爱。

成品分量： 8 人份

准备时间： 30 分钟

烘烤时间： 40 ～ 50 分钟

提前准备： 可以提前 3 天做好没有填料的酥皮，保存在密封容器里

特殊器具

直径为 23 厘米的活底派挞模

烘焙豆

原料

45 克黄油，切块，外加适量涂油用

400 克甜酥皮面团，可以买，也可以参照第 286 页步骤 1 ～ 5 制作

3 汤匙白面粉，外加适量撒粉用

6 个鸡蛋，常温放置，蛋黄和蛋白分离

3 汤匙玉米粉

400 克细砂糖

3 个柠檬的果汁

1 汤匙柠檬皮屑

½ 茶匙塔塔粉

½ 茶匙香草精

1　将烤箱预热至 200 摄氏度。在模具上薄涂一层黄油。在撒有面粉的操作台上擀平酥皮，铺在模具里。

2　在酥皮上铺一张烘焙纸，纸上放满烘焙豆。放在一个烤盘上，烘烤 10 ～ 15 分钟至酥皮变成浅金色。取走烘焙纸和烘焙豆，再烤 3 ～ 5 分钟至酥皮变成金黄色。把酥皮从烤箱中取出，留在模具里稍稍冷却。将烤箱温度降至 180 摄氏度。

3　将蛋黄放在碗里，稍稍打散。把玉米粉、面粉和 225 克糖放入小锅。缓慢地注入 360 毫升水，用小火加热，搅拌至糖完全溶解。把火调大一点，继续搅拌 3 ～ 5 分钟至混合物开始变稠。

4　从锅里取几勺混合物放入蛋黄里，搅打均匀。然后连同蛋黄一起倒回锅里，一边搅拌一边煮至沸腾。煮 3 分钟后搅入柠檬汁、柠檬皮屑、黄油。再煮 2 分钟至混合物稠厚有光泽。煮的过程中要不停搅拌，并刮下粘在锅壁上的混合物。离火，盖上锅盖保温。

5　将蛋白放入干净的大碗里，打发至出现气泡。撒入塔塔粉，继续打发。一边打发一边分次加入剩余的糖，每次加入 1 汤匙。加最后 1 汤匙糖的同时加入香草精，打发至蛋白霜稠厚有光泽。

6　把挞皮放在烤盘上，先倒入柠檬馅料，再盖上蛋白霜，让蛋白霜完全盖住柠檬馅，接触到侧边的酥皮（见烘焙小贴士）。注意不要把蛋白霜洒到酥皮外面，否则烤好后很难脱模。

7　放入烤箱，烘烤 12 ～ 15 分钟至蛋白酥变成浅金色。放到网架上彻底晾凉，然后脱模，上桌。

烘焙小贴士

　　如果处理不当，顶部的蛋白酥可能会从柠檬馅
上滑下来。为防止滑落，烤制前必须确保蛋白酥的
整圈边缘都接触到酥皮侧壁。

火焰雪山

这款配方的关键之处在于封严底部的蛋糕，把冰激凌与烤箱的热度隔绝开来。

成品分量： 8～10 人份

准备时间： 45～50 分钟

烘烤时间： 30～40 分钟

特殊器具

直径为 20 厘米的圆形蛋糕模

糖浆温度计（可选）

带刀片的食物料理机

基本原料

60 克黄油，外加适量涂油用

125 克白面粉，外加适量撒粉用

一小撮盐

4 个鸡蛋

135 克细砂糖

1 茶匙香草精

馅料原料

300 克草莓，去蒂

2～3 汤匙糖粉，调味用

7～8 个香草冰激凌球

蛋白酥原料

300 克细砂糖，外加适量撒糖用

6 个鸡蛋的蛋白，常温放置

1 将烤箱预热至 180 摄氏度。给模具涂油，并在底部铺一张涂过油的烘焙纸。撒入 2 汤匙面粉，转动模具，让底部和侧壁均匀地沾上面粉。倒出多余的面粉。

2 面粉和盐一起过筛。黄油放入锅里，融化后离火冷却。鸡蛋放到碗里，用电动打蛋器搅打几秒。加入糖，打发 5 分钟至混合物稠厚变白。搅入香草精。

3 把面粉筛入蛋糊中，轻柔地一点点切拌均匀，拌入冷却后的黄油。把蛋糕糊倒入烤模，放入烤箱烘烤 30～40 分钟。用刀子沿蛋糕边缘划一圈，脱模放到网架上。撕掉烘焙纸，晾凉。

4 用食物料理机将草莓打成泥，倒进一个碗里，搅入糖粉。制作蛋白酥。将糖与 250 毫升水放到锅里，加热至糖溶解。用大火煮至糖浆形成硬球状。测试糖浆是否煮好的方法：取下锅，舀出 1 茶匙糖浆，冷却几秒后用手指揉搓，煮好的糖浆应该能形成球状。也可以用糖浆温度计测试，煮好的糖浆温度应达到 120 摄氏度。

5 将蛋白打发硬挺。倒入热糖浆，继续搅打 5 分钟至蛋白霜冷却、硬挺。

6 取一个耐热的盘子，涂上黄油。把冰激凌从冰箱中取出，回暖到可以舀出来。蛋糕冷却后，用锯齿刀横向切成两片。用其中一片做蛋糕底座，另一片放入食物料理机中打成碎屑。

7 把蛋糕屑放到碗里，加入 250 毫升草莓酱，搅拌均匀。把剩下的草莓酱涂在蛋糕上。

8 在蛋糕底座上铺两层冰激凌球，抹平边缘。在冰激凌上铺一层草莓蛋糕屑。用金属勺舀出蛋白酥放在最上面。动作要快，尽量保持冰激凌的硬度。

9 用蛋白酥完全覆盖住蛋糕的顶部和四周，把蛋糕密封在盘子里，让冰激凌与空气隔绝。放入冰箱冷冻 2 小时。烤制之前，将烤箱预热至 220 摄氏度。从冰箱里取出甜点，把糖撒在上面，静置 1 分钟。烘烤 3～5 分钟至轻微上色。做好后立即上桌。

烘焙小贴士

　　把填有冰激凌的甜点放入烤箱听起来很可笑，但只要蛋糕底足够厚，且冰激凌完全包裹在蛋白酥里，就能让冰激凌与烤箱的温度相隔绝，做出成功的火焰雪山。

柠檬蛋白卷

将传统柠檬蛋白卷的馅料稍加创新，就变成了这款令人印象深刻的晚宴甜点。

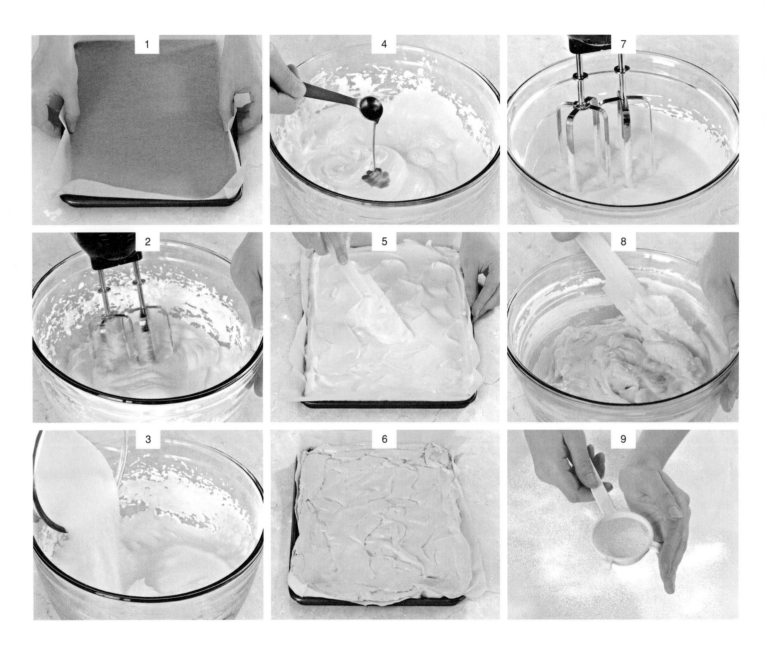

1 将烤箱预热至180摄氏度。在模具里铺上烘焙纸。

2 电动打蛋器调至高速，将蛋白打发至干性发泡。

3 调低速度，少量多次地加入砂糖，打发至稠厚有光泽。

4 加入醋、玉米粉、香草精，切拌均匀，尽量保留蛋白霜里的气体。

5 把混合物放入烤模中摊平，放入烤箱中层烤15分钟。

6 把蛋白霜从烤箱中取出，冷却至室温。

7 烤制的同时，把奶油打发至稠厚但不硬、可以流动的状态。

8 拌入柠檬凝乳，与奶油充分混合即停。少量成块的凝乳可以增强蛋白卷的口感。

9 在一张新的烘焙纸上撒一层糖粉。

成品分量：8 人份
准备时间：30 分钟
烘烤时间：15 分钟
提前准备：可以提前 3 天做好无馅料的蛋白酥，保存在干燥的密封容器里

储存：无馅料的蛋白酥可冷冻保存 8 周

特殊器具
25 厘米 ×35 厘米的瑞士卷烤模

原料
5 个鸡蛋的蛋白，常温放置
225 克细砂糖
½ 茶匙白葡萄酒醋
1 茶匙玉米粉
½ 茶匙香草精

250 毫升双倍奶油
4 汤匙优质柠檬凝乳
糖粉，撒粉用

10 小心地取出冷却后的蛋白卷坯，倒扣在有糖的烘焙纸上。

11 取下烘烤时用的烘焙纸，用抹刀把柠檬奶油涂在蛋白卷坯上。

12 用烘焙纸紧紧卷起蛋白卷，但不要把奶油挤出来。

13 将蛋白卷接缝向下摆在盘子上，盖住冷藏一会儿。筛上糖粉即可上桌。

更多蛋白卷

杏子蛋白卷

这款甜品的原料大部分都是家庭常备食材。

成品分量： 8 人份
准备时间： 30 分钟
烘烤时间： 15 分钟
提前准备： 可以提前 3 天做好无馅料的蛋白卷坯
储存： 做好的蛋白卷可以冷冻保存 8 周

特殊器具
23 厘米 ×32.5 厘米的瑞士卷烤模

原料
5 个鸡蛋的蛋白，常温放置
225 克细砂糖
½ 茶匙白葡萄酒醋
1 茶匙玉米粉
½ 茶匙香草精
25 克杏仁片
糖粉，撒粉用
250 毫升双倍奶油
400 克新鲜杏子，切块
2 个百香果，保留种子和果肉

1 将烤箱预热至 180 摄氏度。在模具里铺上烘焙纸。把盐和蛋白放到碗里，用电动打蛋器打发至湿性发泡。一边打发一边分次加入糖，每次 1 汤匙，打发至硬挺有光泽。

2 把混合物舀入烤模，摊平到每个角落。撒上杏仁片，烤 15 分钟。把烤模从烤箱中取出，冷却至室温。同时，用电动打蛋器将奶油打发至湿性发泡。

3 在一张新的烘焙纸上撒一层糖粉。把已经冷却的蛋白卷坯倒扣在纸上。用抹刀把奶油涂在蛋白卷坯上，在上面铺一层杏子和百香果籽。利用烘焙纸，从一条短边开始卷起蛋白卷。接缝向下摆在盘子上，盖住冷藏一会儿。筛上糖粉即可上桌。

夏日水果蛋白卷

夹满了当季水果的美味蛋白卷，很适合在夏天摆在自助台上。

成品分量： 8 人份
准备时间： 25 分钟
烘烤时间： 15 分钟
提前准备： 可以提前 3 天做好无馅料的蛋白卷坯，储存在密封容器中
储存： 做好的蛋白卷可以冷冻保存 8 周

特殊器具
25 厘米 ×35 厘米的瑞士卷烤模

原料
1 个优质的蛋白卷坯，见第 260 页步骤 1 ~ 6
250 毫升双倍奶油
糖粉，撒粉用
250 克混合莓果，如草莓、覆盆子、樱桃、蓝莓或切碎的大体积水果（见烘焙小贴士）

1 用电动打蛋器将奶油打发至稠厚但不硬的状态。把已经冷却的蛋白卷坯扣在一张撒过糖粉的烘焙纸上。

2 用抹刀将奶油涂到倒扣着的蛋白卷坯上。在奶油上铺一层水果。卷起蛋白卷，接缝向下摆在盘子上，盖住冷藏一会儿。筛上糖粉即可上桌。

烘焙小贴士

任何软的水果都可以成为这款夏日甜点的馅料。把所有水果切成同样的尺寸，每块的边长不超过 2 厘米。这样可以防止大的水果块从蛋白卷上凸出来。

梨子巧克力蛋白卷

如果你每年都用布丁作为圣诞甜点，那么今年不如换个口味，试试这款浓郁的巧克力蛋白卷。

成品分量： 8 人份

准备时间： 25 分钟

烘烤时间： 15 分钟

提前准备： 可以提前 3 天做好无馅料的蛋白卷坯，储存在密封容器里

储存： 做好的蛋白卷可以冷冻保存 8 周

特殊器具

25 厘米 ×35 厘米的瑞士卷烤模

原料

5 个鸡蛋的蛋白，常温放置

225 克细砂糖

½ 茶匙白葡萄酒醋

1 茶匙玉米粉

½ 茶匙香草精

30 克可可粉，过筛

250 毫升双倍奶油

糖粉，撒粉用

410 克新鲜梨子，切块

1 将烤箱预热至 180 摄氏度。在模具里铺上烘焙纸。电动打蛋器调至高速，将蛋白打发至干性发泡。调低速度，一边搅打，一边少量多次地加入细砂糖。放入醋、玉米粉、香草精、可可粉，轻轻切拌均匀。把混合物倒入烤模，抹平表面，放入烤箱中层烤 15 分钟。

2 把烤模从烤箱中取出，冷却至室温。同时，用电动打蛋器将奶油打发至稠厚但不硬的状态。小心地把已经冷却的蛋白酥脱模，倒扣在一张撒过糖粉的烘焙纸上。

3 用抹刀把奶油涂在倒扣着的蛋白卷坯上，铺上梨块。卷起蛋白卷，接缝向下放在盘子上，盖住冷藏一会儿。筛上糖粉即可上桌。

甜橙舒芙蕾

舒芙蕾制作起来并不困难，只是需要格外用心。下面是一款用橙皮调味的舒芙蕾。

1 把一个烤盘放入烤箱，将烤箱预热至200摄氏度。烤盅涂油。

2 给涂过油的烤盅撒上糖粉，确保烤盅内每一处都沾上糖粉。

3 面粉和黄油一起用小火加热1分钟，离火。

4 加入牛奶，搅成顺滑的酱料状。放回火上，一边加热一边搅拌，慢慢煮沸。

5 保持微微沸腾1～2分钟，然后离火，加入橙子皮屑和橙汁。

6 留出1茶匙糖，其余的放进锅里，搅拌至完全溶解。

7 混合物稍冷却后，加入蛋黄，搅打均匀。

8 把蛋白打发至中性发泡，加入剩余的1茶匙糖。

9 向锅里加入1汤匙蛋白做稀释，混合均匀。

成品分量: 4 个
准备时间: 20 分钟
烘烤时间: 12 ~ 15 分钟

特殊器具
4 个小烤盅

原料
50 克无盐黄油, 融化, 外加适量

涂油用
60 克细砂糖, 外加适量撒粉用
45 克白面粉
300 毫升牛奶
2 个橙子的碎皮屑

2 汤匙橙汁
3 个鸡蛋, 蛋黄和蛋白分离, 外加
1 个鸡蛋的蛋白, 常温放置
糖粉, 撒粉用

10 把剩余的蛋白倒进锅里, 轻轻翻拌至所有原料都混合均匀。

11 把混合物倒入烤盅, 高度到达烤盅的边沿。

12 用手指顺着烤盅边缘划一圈, 这样舒芙蕾就会竖直着长高, 形成 "高帽子" 的形状。

13 把烤盅放到热烤盘上, 放入烤箱烤 12 ~ 15 分钟至舒芙蕾长高, 变成金黄色, 但中心处仍未完全凝固。撒一点糖粉, 立即上桌。

更多舒芙蕾

覆盆子舒芙蕾

做这道美丽的甜点时，一定要选用最香甜多汁的覆盆子。

成品分量： 6 个
准备时间： 20 ～ 25 分钟
烘烤时间： 10 ～ 12 分钟

特殊器具
带刀片的食物料理机
6 个小烤盅

基本原料
无盐黄油，涂油用
100 克细砂糖，外加适量撒粉用
500 克覆盆子
5 个鸡蛋的蛋白，常温放置
糖粉，撒粉用

樱桃酒卡仕达原料
375 毫升牛奶
50 克细砂糖
5 个鸡蛋的蛋黄，常温放置
1 汤匙玉米粉
2 ～ 3 汤匙樱桃酒

1　制作卡仕达酱。把牛奶放入锅里，用中火加热至沸腾。取出 1/4 备用，把糖加入剩余的奶里，搅拌至完全溶解。

2　把蛋黄和玉米粉一起放到碗里，搅打顺滑。倒入加过糖的牛奶里，搅匀。用中火一边加热一边搅拌，直到混合物质地变稠。离火，搅入留出的牛奶，过滤后倒入一个冷藏过的碗里，静置冷却。如果表面形成了奶皮，要把它搅破。加入樱桃酒，搅匀。盖住，放入冰箱冷藏。

3　在烤盅内刷上黄油，撒一层细砂糖。将烤箱预热至 190 摄氏度。把覆盆子和一半的糖一起打成泥，把果泥挤过细筛，把蛋白打发至硬挺。加入剩余的糖，打发至产生光泽。把 1/4 蛋白酥加入果泥里，搅拌均匀，再把剩下的 3/4 轻轻翻拌进去。

4　把混合物舀进烤盅，用手指沿边缘划一圈。烤 10 ～ 12 分钟，烤至膨胀且表面稍稍变深。筛上糖粉，与卡仕达酱一起上桌。

芝士舒芙蕾

你可以用任何一种硬质芝士来做这道甜点，最好选择一款味道浓烈的。

成品分量： 4 人份
准备时间： 20 分钟
烘烤时间： 25～30 分钟

特殊器具

1.2 升的舒芙蕾盘

原料

45 克无盐黄油

45 克白面粉

225 毫升牛奶

盐和现碾黑胡椒

125 克熟龄切达芝士，擦碎

½ 茶匙法式芥末酱

5 个大鸡蛋，常温放置，蛋黄和蛋白分离

1 汤匙碎帕玛森芝士

1 把黄油放入小锅，加热融化。加入面粉，搅拌顺滑，用中火加热 1 分钟。加入牛奶，搅打均匀，用大火煮沸，搅动至混合物变稠。离火，加入调味料，搅入芝士和芥末酱。逐个加入 4 个蛋黄（剩下的蛋黄可用于其他配方）。

2 将烤箱预热至 190 摄氏度，在烤箱里放一个烤盘。将蛋白打发至干性发泡。向芝士混合物里搅入 1 汤匙蛋白做稀释，再把剩余的蛋白拌进去。

3 把混合物倒入烤盘，用手指在边缘划一圈。烤 25～30 分钟至表面金黄、糕体膨胀。做好后立刻上桌。

烘焙小贴士

想要做出完美的舒芙蕾，一定要在烤盅内侧涂油撒粉，糖粉的摩擦力可以帮助舒芙蕾长高。用手指在蛋糕糊的边缘划一圈，可以让舒芙蕾只向上膨胀，形成"高帽子"的形状。另外，烤制时一定要把烤盅放在预热过的烤盘上。

咖啡舒芙蕾

这款甜点适合与餐后咖啡搭配享用。豆蔻奶油给它添加了摩尔风味。

成品分量： 6 个
准备时间： 30～35 分钟
烘烤时间： 10～12 分钟

特殊器具

6 个小烤盅

原料

375 毫升单倍奶油

2 个豆蔻荚，稍稍压碎

30 克粗咖啡粉

375 毫升牛奶

4 个鸡蛋的蛋黄，常温放置

150 克细砂糖

45 克白面粉

75 毫升添万利咖啡酒或其他咖啡酒

无盐黄油，融化，涂油用

6 个鸡蛋的蛋白，常温放置

可可粉，搭配食用

1 把黄油和豆蔻放入锅里煮沸。离火，浸泡 10～15 分钟，沥水后盖住放入冰箱冷藏。同时，把咖啡粉倒入牛奶中，加盖浸泡 10～15 分钟。

2 把牛奶煮沸。将蛋黄与 ¾ 的细砂糖一起打发 2～3 分钟。搅入面粉，用细筛子滤出热牛奶里的颗粒。倒回锅里，用中火煮沸，其间不断搅拌。调至小火，继续搅拌 2 分钟。离火，搅入添万利咖啡酒。

3 将烤箱预热至 200 摄氏度，在烤箱里放一个烤盘，在烤盅内侧刷上黄油。将蛋白打发硬挺，撒入剩下的细砂糖，打发 20 秒，做成有光泽的蛋白霜。轻轻地把蛋白霜与咖啡糊拌匀。

4 把混合物平均装入烤盅，用手指在烤盅边缘划一圈。把烤盅放在热烤盘上，放入烤箱烤 10～12 分钟至舒芙蕾长高。

5 将可可粉筛到舒芙蕾顶部，立即与豆蔻奶油一起上桌。

芝士蛋糕

CHEESECAKES

蓝莓波纹芝士蛋糕

这款蛋糕很容易做出让人惊艳的大理石花纹。

成品分量： 8 人份
准备时间： 20 分钟
烘烤时间： 40 分钟
储存： 芝士蛋糕和糖渍水果可以分开
冷藏 3 天

特殊器具
20 厘米的深活扣蛋糕模
带刀片的食物料理机

基本原料
50 克无盐黄油，外加适量涂油用
125 克消化饼干
150 克蓝莓
150 克细砂糖，外加 3 汤匙备用
400 克奶油芝士
250 克马斯卡彭芝士
2 个大鸡蛋，外加 1 个大蛋黄
½ 茶匙香草精
2 汤匙白面粉，过筛

糖渍水果原料
100 克蓝莓
1 汤匙细砂糖
几滴柠檬汁

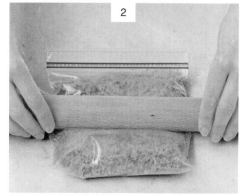

1 将烤箱预热至 180 摄氏度。在蛋糕模底部及
　四周涂油。

2 把饼干放入保鲜袋，用擀面杖压成细屑状。

3 把黄油放入深平底锅里，用小火加热融化，
　避免黄油颜色变深。

4 把饼干屑放入锅里，裹上黄油，离火。

5 把饼干屑放入烤模，用汤匙背压紧实。

6 把蓝莓和3汤匙糖放入食物料理机，搅打顺滑。

7　把混合物推过尼龙筛网，筛入小锅中。

8　用大火煮沸，调至小火，煮3～5分钟成稠厚的果酱，放置备用。

9　把剩下的糖和后5种原料放入食物料理机。

10　启动机器，搅打至均匀顺滑。

11　把混合物倒在饼干底上，用抹刀抹平表面。

12　淋上蓝莓果酱，用金属钎划出螺旋花纹。

13　烧一壶热水，在蛋糕模外侧围一圈锡纸，放在深烤盘里。

14　把热水倒入烤盘，水的深度到达蛋糕模的一半，这样可以防止蛋糕开裂。

15　烘烤40分钟，烤至凝固但会晃动的状态。关掉烤箱，将烤箱门打开一条缝。

16 1小时后取出蛋糕，放到网架上，拿掉烤模 19 同时，把所有糖渍水果原料放入一个小锅。
   的围边。
                                              20 用小火加热，经常搅动至糖完全溶解。
17 拿两个煎鱼铲，插入饼干底和烤模底之间。
                                              21 倒入一个小敞口壶，与芝士蛋糕一起上桌。
18 把蛋糕放到盘子或蛋糕架上，彻底晾凉。

蓝莓波纹芝士蛋糕▶

更多芝士蛋糕

巧克力大理石芝士蛋糕

这款风靡美国的蛋糕口感紧实浓郁，是娱乐时的理想甜点。

成品分量： 8～10人份
准备时间： 35～40分钟
烘烤时间： 50～60分钟
冷藏时间： 4小时30分钟～5小时
提前准备： 可以提前3天做好芝士蛋糕，冷藏保存，冷藏后味道会更加醇厚

特殊器具
直径为20厘米的深活扣蛋糕模

原料
75克无盐黄油，融化，外加适量涂油用
150克消化饼干，压碎
150克优质黑巧克力
500克奶油芝士，软化
150克细砂糖
1茶匙香草精
2个鸡蛋

1 蛋糕模涂油，放入冰箱冷藏。把黄油倒入饼干屑里，搅拌均匀，倒入烤模中，按压紧实，贴在烤模底部和四周。冷藏30～60分钟定形。

2 将烤箱预热至180摄氏度。把巧克力放入耐热的碗里，架在一锅微微沸腾的水上。巧克力融化后离火冷却。把奶油芝士搅打顺滑，加入糖和香草精，搅匀。逐个加入鸡蛋，每加一个后都搅打均匀。将一半混合物倒在饼干底上。

3 把巧克力与剩下的芝士馅混合，环形倒在没有巧克力的芝士馅上。用金属钎划出大理石花纹。烘烤50～60分钟，烤好后蛋糕中心应该还是软的。关掉烤箱，把芝士蛋糕留在烤箱里彻底冷却。冷藏至少4小时。用刀子绕蛋糕划一圈，脱模，放入盘中。

香草芝士蛋糕

这款浓郁但不厚重的芝士蛋糕一定能让所有人满意。

成品分量： 10～12 人份

准备时间： 20 分钟

烘烤时间： 50 分钟

冷藏时间： 6 小时

提前准备： 可以提前 3 天做好芝士蛋糕，冷藏保存

特殊器具

直径为 23 厘米的深活扣蛋糕模

原料

60 克无盐黄油，外加适量涂油用

225 克消化饼干，压碎

1 汤匙金砂糖

675 克奶油芝士，常温放置

4 个鸡蛋，蛋黄和蛋白分离

200 克细砂糖

1 茶匙香草精

500 毫升酸奶油

奇异果片，装饰用

1 将烤箱预热至 180 摄氏度。给烤模涂油并铺上烘焙纸。把黄油放入锅里，用中火加热融化。加入饼干碎和金砂糖，搅拌均匀。把饼干屑放入烤模，按压紧实。

2 把奶油芝士、蛋黄、150 克细砂糖、香草精放入碗里搅打均匀。在另一个碗里将蛋白打发硬挺，倒入奶油芝士混合物里，翻拌均匀。倒入烤模中，抹平表面。

3 把蛋糕放入烤箱，烤 45 分钟至凝固。从烤箱中取出，静置 10 分钟。把酸奶油和剩下的糖混合，搅打均匀，倒在芝士蛋糕上，抹平表面。

4 将烤箱温度升至 240 摄氏度，放入芝士蛋糕烤 5 分钟。取出后放在网架上晾凉，然后冷藏至少 6 小时。上桌前摆上奇异果片。

姜汁芝士蛋糕

切碎的生姜给弹软顺滑的芝士馅增添了温暖的味道。

成品分量： 8～10 人份

准备时间： 40～45 分钟

烘烤时间： 50～60 分钟

冷藏时间： 4 小时

提前准备： 可以提前 3 天做好芝士蛋糕，冷藏保存

特殊器具

直径为 20 厘米的深活扣蛋糕模

原料

1 个饼干底，见第 274 页巧克力大理石芝士蛋糕步骤 1

500 克奶油芝士

125 克腌姜，切碎，外加 3 汤匙腌姜糖浆

1 个柠檬的碎皮屑，外加 2 茶匙柠檬汁

250 毫升酸奶油

150 克白砂糖

1 茶匙香草精

4 个鸡蛋

150 毫升双倍奶油，堆在蛋糕顶部（可选）

1 将烤箱预热至 180 摄氏度。将奶油芝士搅成糊状，向里面加入除 2 汤匙腌姜以外的所有原料，搅打顺滑。逐个加入鸡蛋，每加一个后都要搅匀。

2 把芝士馅倒在饼干底上面，震几下让表面更加平整。把烤模放在一个烤盘上，放入烤箱烘烤 50～60 分钟。关掉烤箱，让芝士蛋糕在烤箱里停留 1 小时 30 分钟，然后放入冰箱冷藏 4 小时。

3 将奶油打发至湿性发泡（可选）。把刀子插入蛋糕和烤模之间划一圈，把蛋糕从模具中取出。用画圈的手法将奶油涂在蛋糕顶部。上桌前铺上预留的腌姜。

烘焙小贴士

芝士蛋糕的表面很容易出现裂纹。为了避免这种情况，我们可以把它留在烤箱中冷却。烤箱中残余的温度会减缓蛋糕凹陷的速度，从而降低表面破裂的概率。

德式芝士蛋糕

这里使用的夸克是一种典型的德国食材。如果你买不到，可以将低脂茅屋芝士打成泥来替代。

成品分量： 8 ～ 12 人份
准备时间： 30 分钟
烘烤时间： 85 ～ 95 分钟
冷藏时间： 1 小时
提前准备： 可以提前 1 天烤好，放入密封容器中保存
储存： 可以冷藏保存 2 天，但冷藏过的酥皮会变得软塌

特殊器具
直径为 22 厘米、高度为 4 厘米的活扣蛋糕模
带刀片的食物料理机
烘焙豆

基本原料
250 克白面粉
50 克细砂糖
150 克无盐黄油，切块
1 个鸡蛋的蛋黄

馅料原料
750 克夸克或打成泥的零脂茅屋芝士
125 克细砂糖
4 个鸡蛋，蛋黄和蛋白分离
1 个柠檬的碎皮屑和柠檬汁
2 茶匙香草精

1　在蛋糕模底部铺上烘焙纸。制作酥皮。把面粉、糖、黄油放入食物料理机，一下下地短促启动机器，打成细面包屑状。加入蛋黄和 2 汤匙水，把混合物搅成面团。如果混合物太干，就多加一点水，每次加 1 汤匙。把面团揉成光滑的球状，包上保鲜膜，冷藏 30 分钟。

2　将烤箱预热至 180 摄氏度。把松弛后的面团擀成 5 毫米厚的酥皮，铺在烤模里。酥皮应该足够大，可以从烤模边缘垂下来。在酥皮内放一张烘焙纸，纸上放满烘焙豆，用来压实酥皮。冷藏 30 分钟，让酥皮松弛。烘烤 20 分钟，然后拿走烘焙豆和烘焙纸，再烤 5 分钟。

3　同时，把夸克或茅屋芝士泥与糖、蛋黄、柠檬皮屑、柠檬汁、香草精一起放入食物料理机搅拌均匀。在另一个碗里将蛋白打发至湿性发泡。将蛋白放入奶油芝士里，轻柔地翻拌均匀，制成馅料。把馅料倒到烤好的挞皮上。

4　再烘烤 60 ～ 70 分钟，烤好的芝士蛋糕表皮焦黄、糕体膨胀。关掉烤箱，把烤箱门打开一条缝，将蛋糕留在烤箱里冷却 30 分钟，然后拿出来在室温下放置 1 小时，让它彻底冷却（见烘焙小贴士）。用刀子切掉多余的酥皮，让蛋糕更加平整。最好常温或稍冷藏后食用。

烘焙小贴士

打发的蛋白会让馅料在烤制过程中膨胀，所以蛋糕在冷却后不可避免地会产生少许裂纹。让蛋糕留在烤箱中冷却可以最大限度地减少开裂。

柠檬芝士蛋糕

这种芝士蛋糕不需要烘烤，所以质地更加细腻清爽。

1 在蛋糕模底部铺上烘焙纸。把饼干装入保鲜袋，用擀面杖压成屑。

2 融化黄油，倒在饼干屑上，混合均匀。

3 把饼干屑放入烤模中，用木勺压实。

4 把吉利丁放入耐热的碗里，倒入柠檬汁，浸泡5分钟，把吉利丁泡软。

5 把碗架到煮着水的锅上，搅拌至吉利丁融化。静置冷却。

6 把奶油芝士、细砂糖、柠檬皮一起搅打顺滑。

7 在另一个碗里将双倍奶油打发至湿性发泡，注意不要打到奶油变硬。

8 把吉利丁混合物倒入芝士混合物里，搅拌均匀。

9 轻柔地将打发奶油拌入芝士混合物，尽量保持奶油的体积不变。

成品分量：8 人份　　　　特殊器具　　　　　　　原料　　　　　　　　　　200 克细砂糖

准备时间：30 分钟　　　直径为 22 厘米的深活扣蛋糕模　250 克消化饼干　　　　300 毫升双倍奶油

冷藏时间：4 小时或一夜　　　　　　　　　　　　100 克无盐黄油，切块

储存：可以提前 2 天做好，冷藏　　　　　　　　4 片吉利丁，大致切开

保存　　　　　　　　　　　　　　　　　　　　2 个柠檬的碎皮屑和柠檬汁

　　　　　　　　　　　　　　　　　　　　　　350 克奶油芝士

10 把芝士混合物倒在冷藏后的饼干上，摊平。

11 用沾过水的勺背或抹刀抹平表面。

12 冷藏 4 小时或一夜。用锋利的薄刀子顺着烤模边缘划一圈。

13 小心地取出芝士蛋糕，放入盘中，切开前记得拿掉烘焙纸。

更多免烤芝士蛋糕

烘焙小贴士

尝试用不同的饼干底来搭配不同口味的蛋糕。我会选择用姜汁饼干搭配酸果酱姜汁芝士蛋糕（见第281页），用巧克力饼干或黄油酥饼搭配有巧克力馅料的芝士蛋糕。

草莓芝士蛋糕

这是一款费时很少的免烤芝士蛋糕，马斯卡彭芝士让它的味道与众不同。

成品分量： 8～10 人份
准备时间： 15 分钟
冷藏时间： 至少 1 小时
储存： 可以提前 1 天做好，然后冷藏保存

特殊器具
直径为 20 厘米的活底挞模

原料
50 克无盐黄油
100 克优质黑巧克力，掰成小块
150 克消化饼干，压碎
400 克马斯卡彭芝士
2 个青柠的碎皮屑和果汁
2～3 汤匙糖粉，外加适量撒粉用
225 克草莓，去蒂切半

1 把黄油和巧克力放在碗里，架在一小锅微微沸腾的水上，开小火，偶尔搅动几下。融化后，搅入饼干屑。把混合物放入烤模，用木勺用力压实压平。

2 把马斯卡彭芝士和青柠皮、青柠汁放入碗里，搅打均匀，留出少许青柠皮来装饰蛋糕。搅入调味的糖粉，把芝士馅料铺在饼干底上面，冷藏至少1小时。

3 沿蛋糕边缘铺一圈草莓，在中间撒上预留的青柠皮。筛上糖粉，切块后即可上桌。

酸果酱姜汁芝士蛋糕

腌姜的辣和酸果酱的酸让经典的芝士蛋糕变得鲜活。

成品分量： 8～10 人份
准备时间： 35 分钟
冷藏时间： 至少 4 小时或一夜
储存： 可以提前 2 天做好，然后冷藏保存

特殊器具
直径为 22 厘米的活扣蛋糕模

原料
100 克无盐黄油
250 克姜汁饼干，压碎
4 片吉利丁，切成小片
2 个小橙子的碎皮屑和果汁
300 毫升双倍奶油
350 克奶油芝士
200 克细砂糖
冒尖的 2 汤匙酸果酱
1 片腌姜茎，沥干，切碎

1 在模具里铺上烘焙纸。将黄油融化，与饼干屑混合。把混合物放入烤模，用木勺用力压实压平。盖住，放入冰箱冷藏。

2 把吉利丁放入碗里，用橙汁浸泡 5 分钟，泡软。用小火加热，搅拌至吉利丁溶解，注意不要煮沸。静置冷却。

3 将双倍奶油打发至湿性发泡。把剩下的原料放入另一个碗里搅打均匀，再搅入吉利丁，拌入奶油。倒在饼干底上，用湿抹刀或湿勺背抹平。冷藏 4 小时或一夜。

4 用锋利的薄刀子顺着烤模内缘划一圈。取出蛋糕，放在盘子上，切开前记得拿掉烘焙纸。

樱桃芝士蛋糕

它看上去十分清爽，是一款四季皆宜的美味蛋糕。

成品分量： 6 人份
准备时间： 35 分钟
冷藏时间： 至少 2 小时
提前准备： 可以提前 2 天做好，然后冷藏保存

特殊器具
直径为 20 厘米的活扣蛋糕模

原料
75 克无盐黄油，外加适量涂油用
200 克消化饼干，压碎
2 盒容量为 250 克的乳清奶酪
75 克金细砂糖
4 个柠檬的碎皮屑和果汁
140 毫升双倍奶油
6 片吉利丁，切成小片
400 克罐装黑樱桃或浸莫利洛黑樱桃，沥干后保留汤汁

1 在模具里涂油并铺上烘焙纸。将黄油放入锅中融化，加入饼干碎，搅拌至饼干碎裹满黄油。把拌好的饼干碎放入烤模中，用木勺背用力压实。

2 把乳清奶酪、糖、柠檬皮屑混合。在另一个碗里将奶油打发至湿性发泡，加入芝士混合物里，用木勺搅拌均匀。

3 把吉利丁放入碗里，用柠檬汁浸泡 5 分钟，泡软。用小火加热，搅拌至吉利丁溶解，注意不要煮沸。放凉后，倒入芝士混合物里，搅拌均匀。把混合物倒到饼干底上，均匀地摊开。放入冰箱冷藏至少 2 小时，直到芝士凝固定形。

4 把樱桃汁倒入锅中，用大火煮沸，然后调成小火，煮至体积减小 $\frac{3}{4}$。静置冷却，把樱桃摆在蛋糕顶部，淋上酱汁即可上桌。

乳清奶酪挞

柠檬味道的甜酥皮包裹着混有杏仁和糖渍果皮的乳清奶酪，烤成这道意式经典奶酪挞。使用的芝士越新鲜越好。

成品分量： 8～10 人份
准备时间： 35～40 分钟
冷藏时间： 45～60 分钟
烘烤时间： 1 小时～1 小时 15 分钟
提前准备： 可以提前 1 天做好，然后冷藏保存，但冷藏后会变硬

特殊器具
直径为 23～25 厘米的圆形活扣蛋糕模

基本原料
175 克无盐黄油，外加适量涂油用
250 克白面粉，外加适量撒粉用
1 个柠檬的碎皮屑
50 克细砂糖
4 个鸡蛋的蛋黄
一小撮盐
1 个鸡蛋，打散，刷蛋液用

馅料原料
1.25 千克乳清奶酪
100 克细砂糖
1 汤匙白面粉
一小撮盐
1 个橙子的碎皮屑
2 汤匙碎糖渍橙皮
1 茶匙香草精
45 克无籽葡萄干
30 克杏仁片
4 个鸡蛋的蛋黄

1 把黄油夹在两张烘焙纸之间，用擀面杖敲软。把面粉筛到操作台上，在中间挖一个坑，放入柠檬皮屑、糖、黄油、蛋黄、盐，用指尖搅匀，再与面粉混合，揉成面团。

2 把面团放在撒了面粉的操作台上，揉 1～2 分钟，直到面团非常光滑。再揉成球形，包上保鲜膜冷藏 30 分钟。在模具里涂油。在操作台上撒一层面粉，将 ¾ 面团擀成直径为 35～37 厘米的圆形酥皮。把酥皮卷在擀面杖上，在烤模上方展开铺平。用手把酥皮按进烤模，贴在烤模底部和四周，切掉多余的部分。冷藏 15 分钟。

3 把乳清奶酪放在碗里，搅入砂糖、面粉、盐、蛋黄。放入橙子皮屑、糖渍果皮、香草精、无籽葡萄干、杏仁片、蛋黄。把所有原料搅拌均匀，舀到烤模里。把烤盘在操作台上震几下，震出气泡。用木勺背抹平表面。

4 把切掉的边角与剩下的面团揉在一起，在撒过面粉的操作台上擀成直径为 25 厘米的圆形，再切成 1 厘米宽的长条，十字交叉地放在馅料上面。修掉过长的部分，让它们与酥皮的边缘齐平。

5 在每条面皮的两端刷上蛋液，把它们固定在酥皮上。在网格上刷蛋液，放入冰箱冷藏 15～30 分钟至蛋液凝固。将烤箱预热至 180 摄氏度，在烤箱下层放一个烤盘。

6 把蛋糕模放在烤盘上，烘烤 1 小时～1 小时 15 分钟至顶部凝固、焦黄，在模具里冷却至温热。拿掉烤模的侧边，等待奶酪挞彻底晾凉。转移到盘子里，切块，常温上桌。

烘焙小贴士

　　这款传统的意式芝士蛋糕利用乳清奶酪创造出更轻盈的质地和口感。最好去意大利熟食专柜购买奶酪，因为只有新鲜的顶级乳清奶酪才能让这款蛋糕达到理想的状态。

甜挞派
SWEET TARTS AND PIES

诺曼底香梨挞

法国诺曼底地区出产的梨十分美味，这款填充着杏仁奶油的水果挞便是那里的一道招牌甜点。

1 制作酥皮。将面粉筛到操作台上，在中间挖一个坑。

2 向坑里加入蛋黄、糖、盐，用擀面杖敲软黄油。

3 向坑里加入黄油和香草精，用指尖将坑里的原料混合。

4 一点点地将面粉与其他原料混合，搓成细屑，如果太干就加一点水。

5 在操作台上撒一层面粉，揉捏面团 1～2 分钟。用保鲜膜包住面团，冷藏 30 分钟。

6 给模具涂油。在撒过面粉的操作台上，将面团擀成直径比烤盘直径长 5 厘米的圆形。

7 把酥皮卷在擀面杖上，在模具上展开铺平，按进模具底部。

8 用叉子在酥皮上戳些小洞，冷藏 15 分钟定形。

9 将烤箱预热至 200 摄氏度。用料理机把杏仁打成粉。

成品分量：6～8 人份　　　基本原料　　　　　　　　3～4 个熟透的梨　　　　　1 汤匙樱桃酒
准备时间：40～45 分钟　　175 克白面粉，外加适量撒粉用　1 个柠檬的柠檬汁　　　　2 汤匙白面粉，过筛
冷藏时间：45 分钟　　　　3 个鸡蛋的蛋黄
烘烤时间：37～45 分钟　　60 克糖　　　　　　　　　杏仁奶油原料　　　　　　淋面原料
　　　　　　　　　　　　一小撮盐　　　　　　　　125 克去皮杏仁　　　　　150 克杏果酱
特殊器具　　　　　　　　75 克无盐黄油，外加适量涂油用　125 克无盐黄油，软化　　2～3 汤匙樱桃酒或水
直径为 23～25 厘米的挞模　½ 茶匙香草精　　　　　　100 克细砂糖
带刀片的食物料理机　　　　　　　　　　　　　　1 个鸡蛋，外加 1 个蛋黄

10 用电动打蛋器将黄油和糖打发蓬松，用时　13 梨去核去皮，切成角，裹上柠檬汁。　　16 将烤箱温度降至 180 摄氏度，烘烤 25～30
　　2～3 分钟。　　　　　　　　　　　　14 把杏仁奶油舀入挞皮，用抹刀抹平。　　　　分钟至杏仁奶油凝固。

11 少量多次地加入鸡蛋，每加一次后都要充分　15 铺上梨块，以螺旋状排列。把烤模放在一个　17 把果酱和樱桃酒一起加热融化，过筛后制
　　搅打。　　　　　　　　　　　　　　　　烤盘上，放入烤箱烘烤 12～15 分钟。　　　　成淋面。

12 加入樱桃酒、杏仁粉和面粉，轻轻翻拌均匀。　　　　　　　　　　　　　　　　　18 香梨挞冷却后脱模，刷上淋面。最好在制作
　　　　　　　　　　　　　　　　　　　　　　　　　　　　　　　　　　　　　当天食用。

更多杏仁挞

诺曼底桃子挞

这是一款包容性很强的甜点，在梨不当季的夏天，可以选用熟透的桃子来制作。

成品分量： 6～8 人份
准备时间： 40～45 分钟
冷藏时间： 45 分钟
烘烤时间： 37～45 分钟
储存： 最好在制作当天食用，但也可以在密封容器中保存 2 天

特殊器具
直径为 23～25 厘米的挞模
带刀片的食物料理机

原料
1 个甜挞皮，见第 286 页步骤 1～8
125 克去皮杏仁
125 克无盐黄油，常温放置
100 克细砂糖
1 个鸡蛋，外加 1 个蛋黄
1 汤匙樱桃酒，外加 2～3 汤匙用来刷面
2 汤匙白面粉，过筛
1 千克熟透的桃子
150 克杏果酱

1　制作酥皮。将烤箱预热至 200 摄氏度。把一个烤盘放在烤箱下层加热。用食物料理机把杏仁打成粉。用电动打蛋器将黄油和糖打发蓬松。向黄油里加入鸡蛋和蛋黄，搅拌均匀。再加入樱桃酒，拌入杏仁粉和面粉，制成杏仁奶油，舀入挞皮里。

2　把桃子在沸水中浸泡 10 秒，然后转移到一碗凉水里。把所有桃子对半切开，去核去皮。再把桃子切成细片，铺在杏仁奶油上。

3　把蛋糕模放到预热过的烤盘上，烘烤 12～15 分钟。把烤箱温度降至 180 摄氏度，烘烤 25～30 分钟至杏仁奶油凝固、膨胀。静置冷却。

4　把果酱和樱桃酒一起加热融化，过筛后制成淋面。桃子挞脱模，刷上淋面。

烘焙小贴士

杏仁奶油是一种很美味的派挞馅料，十分适合搭配桃子、樱桃、李子等硬核类水果，也可以尝试搭配苹果、覆盆子、醋栗等水果。

西梅杏仁挞

西梅和白兰地是法国美食中的经典组合，很适合搭配杏仁奶油。

成品分量： 8 块
准备时间： 20 分钟
冷藏时间： 30 分钟
烘烤时间： 45 分钟
储存： 最好在制作当天食用，但也可以在密封容器中保存 2 天

特殊器具
直径为 23 厘米的活底挞模
带刀片的食物料理机
烘焙豆

基本原料
175 克白面粉，外加适量撒粉用
1 汤匙细砂糖
85 克无盐黄油，冷藏
1 个小鸡蛋

馅料原料
200 克去核西梅
2 汤匙白兰地
100 克烤过的杏仁片
85 克细砂糖
2 个鸡蛋，外加 1 个蛋黄
1 汤匙橙子皮屑
几滴杏仁精
30 克无盐黄油，软化
120 毫升双倍奶油

1　用指尖或食物料理机将面粉、糖、黄油混合成细屑状。加入鸡蛋，揉成面团。在操作台上撒一些面粉，擀平面团，铺在烤模里，修掉多余的部分。冷藏至少 30 分钟。

2　将烤箱预热至 190 摄氏度。在挞皮里铺上烘焙纸，放上烘焙豆。烘烤 10 分钟，取出烘焙纸和烘焙豆，放回烤箱再烤 5 分钟。放到网架上晾凉。

3　将烤箱温度降至 180 摄氏度。把西梅放入深平底锅里，加水没过，加入白兰地。用小火煨 5 分钟，离火备用。把一半的杏仁片和糖放入料理机，一下下短促地启动机器，打成杏仁粉。向料理机里加入鸡蛋、蛋黄、橙子皮屑、杏仁精、黄油和双倍奶油，搅打顺滑。

4　沥干西梅，把大块的切成两半。把杏仁奶油倒入挞皮里，均匀摊开。铺上西梅，撒上剩余的杏仁片，烤 30 分钟至奶油刚刚凝固。

杏仁桃子挞

这款制作简单、外形优雅的甜挞是夏日晚宴的理想之选。

成品分量: 8 人份

准备时间: 20 分钟

烘烤时间: 30 分钟

储存: 最好在制作当天食用,但也可以在密封容器中保存 2 天或冷冻保存 8 周

特殊器具

12 厘米 ×36 厘米的活底挞模

原料

300 克成品甜挞皮,也可参见第 290 页步骤 1

100 克无盐黄油,软化

100 克细砂糖

2 个大鸡蛋

25 克白面粉,过筛,另备适量撒粉用

100 克杏仁粉

4 个桃子,切半、去核

糖粉,撒粉用

1 将烤箱预热至 200 摄氏度,在烤箱里放一个烤盘。将酥皮面团放在撒了面粉的操作台上,擀至 5 毫米厚,铺在烤模里,修掉多余的酥皮。

2 在碗里将黄油和糖打发至轻盈蓬松,然后打入鸡蛋。加入面粉和杏仁粉,混合均匀,倒入酥皮里。把桃子切口朝下按进挞糊里。

3 把烤模放在烤盘上,放入烤箱烤 30 分钟至表面焦黄,彻底熟透。

4 在烤模里稍稍冷却,然后转移到网架上晾凉或撒上糖粉趁热食用。

贝克维尔挞

这是一款经典的英式茶点，馅料香甜、酥皮浓郁，甚至可以趁热配上奶油当作甜点供应。

成品分量： 6~8 人份

准备时间： 30 分钟

冷藏时间： 1 小时

烘烤时间： 60~65 分钟

提前准备： 无馅料的挞皮可以提前做好，在密封容器里储存 3 天或冷冻储存 12 周

储存： 做好的贝克维尔挞可以在密封容器中保存 2 天

特殊器具

直径为 22 厘米的活底挞模

带刀片的食物料理机

烘焙豆

基本原料

150 克白面粉，过筛，外加适量撒粉用

50 克细砂糖

100 克无盐黄油，冷藏，切块

½ 个柠檬的碎皮屑

1 个鸡蛋的蛋黄

½ 茶匙香草精

馅料原料

125 克无盐黄油，软化

125 克细砂糖

3 个大鸡蛋

½ 茶匙杏仁精

125 克杏仁粉

150 克优质覆盆子果酱

25 克杏仁片

糖粉，撒粉用

1 用指尖或食物料理机将面粉和黄油混合成细屑状，搅入糖和柠檬皮屑。向蛋黄里加入香草精，打散后加到面粉屑里，把混合物搅成团，如果太干就加一点水。用保鲜膜包住面团，冷藏 1 小时。

2 将烤箱预热至 180 摄氏度。在操作台上撒一些面粉，将面团擀成 3 毫米厚的挞皮。擀好的挞皮十分易碎，如果它开始解体，可以用手团到一起，轻轻揉一揉，再次擀平。把挞皮铺在模具里，边缘要至少超出模具 2 厘米。在挞皮里铺上烘焙纸，放上烘焙豆。

3 把挞模放在烤盘上，将空挞皮烤 20 分钟。取出烘焙纸和烘焙豆，如果中心处看起来没烤好，就放回烤箱再烤 5 分钟。

4 制作馅料。将黄油和糖打发至蓬松变白。加入鸡蛋和杏仁精，搅打均匀。加入杏仁粉，翻拌成稠厚的糊状。

5 把果酱涂在烤过的挞皮上。把杏仁奶油倒在果酱上，用抹刀均匀摊开。在顶部撒上杏仁片。

6 放入烤箱中层，烤 40 分钟至表面金黄。把烤模从烤箱中取出来，冷却 5 分钟。用一把锋利的小刀切掉边缘多余的酥皮（见烘焙小贴士）。完全冷却后，筛上糖粉即可上桌。

烘焙小贴士

挞皮的边缘垂到烤模外面，出炉后再修剪整齐，这可以让挞派看起来比较整洁、专业。注意要向下、向外修剪，避免碎屑掉到挞派表面。

草莓挞

在熟练掌握这款新鲜水果挞的制作方法后，你就可以尝试把草莓换成其他的软水果。

成品分量： 6～8 人份

准备时间： 40 分钟

冷藏时间： 1 小时

烘烤时间： 25 分钟

提前准备： 挞皮可冷冻储存 12 周

储存： 最好在制作当天食用，但也可冷藏保存 1 天

特殊器具

直径为 22 厘米的活底挞模

烘焙豆

基本原料

150 克白面粉，外加适量撒粉用

50 克细砂糖

100 克无盐黄油，冷藏，切块

1 个鸡蛋的蛋黄

½ 茶匙香草精

6 汤匙红醋栗果冻，刷面用

300 克草莓，洗净、切厚片

巴迪西奶油酱原料

100 克细砂糖

50 克玉米粉

2 个鸡蛋

1 茶匙香草精

400 毫升全脂牛奶

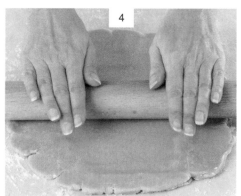

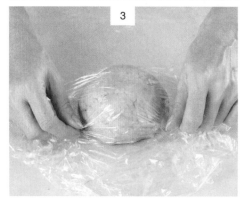

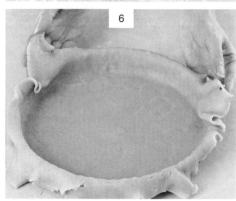

1 把面粉和黄油放入碗里，揉搓成细屑，搅入糖。

2 把蛋黄和香草精一起打散，倒入面粉混合物里。

3 搅成面团，如果太干就加一点水。用保鲜膜包好，冷藏 1 小时。

4 将烤箱预热至 180 摄氏度。将面团擀至 3 毫米厚，作为挞皮。

5 如果挞皮开始碎裂，可以用手把它们团到一起，轻轻揉一揉。

6 把挞皮铺在模具里，边缘要超出模具 2 厘米。

7 用剪刀剪掉超过2厘米的部分。

8 用叉子在挞皮上插满小洞，这样可以防止挞皮在烘烤过程中产生气泡。

9 在挞皮上铺一张烘焙纸。

10 在烘焙纸上铺满烘焙豆。把挞模放在烤盘上，放入烤箱烤20分钟。

11 取出烘焙纸和烘焙豆，再烤5分钟。剪掉多余的挞皮。

12 在果酱内加入1汤匙水，加热融化，刷一点在挞皮上。静置冷却。

13 制作巴迪西奶油酱。将糖、玉米粉、鸡蛋、香草精放入一个大碗中搅打均匀。

14 用厚底锅将牛奶煮沸，一出现气泡马上关火。

15 一边搅打，一边把热牛奶倒入鸡蛋混合物里。

16 把奶油放回锅里，一边搅动，一边用中火煮沸。

17 待奶油变稠后，调至小火，继续加热 2 ~ 3 分钟。

18 把奶油放入碗里，盖上保鲜膜，彻底放凉。

19 把奶油酱重新搅打顺滑，然后倒进挞皮里，摊平。在顶部摆上草莓。

20 再次加热淋面，刷在草莓上，静置凝固。

21 拿掉烤模即可上桌。

草莓挞 ▶

更多奶油挞

巧克力奶油覆盆子挞

这款与众不同的水果挞不仅挞皮里含有巧克力，挞皮上刷了巧克力，连奶油酱里也添加了融化的黑巧克力。除巧克力外，它还有巧克力的绝佳搭档——新鲜覆盆子。

成品分量： 6～8 人份
准备时间： 40 分钟
冷藏时间： 1 小时
烘烤时间： 20～25 分钟
提前准备： 挞皮可冷冻储存 12 周
储存： 最好在制作当天食用，但也可冷藏保存 1 天

特殊器具

直径为 22 厘米的活底挞模
烘焙豆

原料

130 克白面粉，外加适量撒粉用
20 克可可粉
100 克无盐黄油，冷藏，切块
150 克细砂糖
1 个鸡蛋的蛋黄，外加 2 个鸡蛋
1½ 茶匙香草精
50 克玉米粉，过筛
450 毫升全脂牛奶
175 克优质黑巧克力，掰成小块
400 克覆盆子
糖粉，撒粉用

1 把面粉、可可粉、黄油用手搓成细屑，搅入 50 克糖。在蛋黄里加 ½ 茶匙香草精，打散。把蛋液倒入面粉混合物里，搅成软面团。如果太硬就加一点凉水。用保鲜膜包好，冷藏 1 小时。

2 将烤箱预热至 180 摄氏度。将酥皮面团擀至 3 毫米厚。把挞皮铺在模具里，边缘要超出模具 2 厘米，用剪刀剪掉过长的部分。用叉子在挞皮上扎满小洞。

3 在挞皮上铺一张烘焙纸，放上烘焙豆压住挞皮。把挞模放在烤盘上，放入烤箱烤 20 分钟。取出烘焙纸和烘焙豆，再烤 5 分钟。剪掉多余的挞皮。

4 在一个碗里将 100 克糖、玉米粉、鸡蛋、1 茶匙香草精搅打均匀。用厚底锅将牛奶和 100 克巧克力煮沸，其间不断搅动。一出现气泡，马上关火。一边搅打，一边把牛奶倒入鸡蛋混合物中。

5 把锅洗净，把混合物倒回锅里，一边搅动，一边用中火煮沸。待混合物变稠之后，调至最小火，一边搅动，一边加热 2～3 分钟，制成奶油酱。倒进碗里，在顶部铺一张保鲜膜或圆形防油纸，防止产生奶皮，静置冷却。

6 把剩下的巧克力放入碗里，架在一锅微微沸腾的水上隔水融化，刷在挞皮里面。等待巧克力凝固。用木勺将冷却后的奶油酱搅拌顺滑，然后转移到挞皮里，在顶部铺上覆盆子。脱模，筛上糖粉即可上桌。

迷你水果挞

因为无论顶着什么水果，这些水果挞看起来都很诱人，所以选择当季的水果即可。

成品分量: 8 个
准备时间: 40 ～ 45 分钟
冷藏时间: 1 小时
烘烤时间: 11 ～ 13 分钟
提前准备: 挞皮可冷冻储存 12 周
储存: 可以放在密封容器里冷藏 2 天

特殊器具
8 个直径为 10 厘米的挞模

基本原料
175 克白面粉，外加适量撒粉用
4 个鸡蛋的蛋黄
90 克细砂糖
1/2 茶匙盐
1/2 茶匙香草精
90 克无盐黄油，切块，外加适量涂油用

馅料原料
375 毫升牛奶
1 个分开的香草荚或 2 茶匙香草精
5 个鸡蛋的蛋黄
60 克细砂糖
30 克白面粉
500 克混合新鲜水果，如奇异果、覆盆子、葡萄、桃子
175 克杏果酱或红醋栗果冻，刷面用

1 把面粉过筛后堆到操作台上，在中间挖一个坑。在坑里加入蛋黄、糖、盐、香草精、黄油，用手指搅拌均匀，然后与面粉混合，形成粗屑状。团成面团，揉 1 ～ 2 分钟至面团光滑。用保鲜膜包好，冷藏 30 分钟。

2 把牛奶和香草一起放入锅中煮沸。锅离火，盖住，冷却 10 ～ 15 分钟。在碗里将鸡蛋、糖、面粉搅打均匀，倒回已经洗干净的锅里，一边搅拌，一边用小火加热，直到面粉熟透，奶油变稠。用小火煨 2 分钟，制成糕点奶油。

3 把糕点奶油放入碗里，取出香草荚（如果用了）。在奶油顶部铺一张保鲜膜或圆形防油纸，防止产生奶皮，静置冷却。

4 给挞模涂油。在撒有面粉的操作台上将酥皮面团擀至 3 毫米厚。把所有挞模聚拢，让它们的边缘几乎碰到一起。将面皮松松地缠在擀面杖上，然后再展开，盖住所有挞模。擀面杖在挞模上滚动，切断多余部分，然后把每个模具里的挞皮按到模具底部。把挞模放在烤盘上，用叉子在挞皮上扎满小洞。冷藏 30 分钟。

5 将烤箱预热至 200 摄氏度。在每个挞模里面铺一张锡纸，按压锡纸，使它贴合挞皮。烤 6 ～ 8 分钟，拿掉锡纸，再烤 5 分钟。转移到网架上放凉，然后脱模。

6 水果去皮、切片。把果酱和 2 ～ 3 汤匙水放入小锅中，加热融化，然后过筛。在每个挞皮里刷一层果酱液。把冷却后的糕点奶油放入挞皮中，填至半满即可，用汤匙背摊开抹平。把水果堆在奶油上，再刷一层果酱液。

烘焙小贴士
巴迪西奶油酱是用途最广的甜味馅料之一。一旦你掌握了制作技巧，做出的奶油酱一定会令大家印象深刻。如果想让糕点中的奶油更加清爽，可以在冷却后的巴迪西奶油酱里拌入 100 毫升打发的双倍奶油。

法式苹果挞

这款法式经典水果挞使用了两种不同的苹果：容易成泥的烹饪苹果和不易变形的甜点苹果。

成品分量： 8 人份
准备时间： 20 分钟
冷藏时间： 30 分钟
烘烤时间： 50～55 分钟
提前准备： 挞皮可以在密封容器中保存 3 天或冷冻储存 12 周
储存： 烤好的苹果挞可以在密封容器里保存 2 天

特殊器具
直径为 22 厘米的活底挞模
烘焙豆

原料
375 克甜酥皮面团，可以买，也可以参照第 300 页步骤 1 制作
白面粉，撒粉用
50 克无盐黄油
750 克烹饪苹果，去皮去核，切块
125 克细砂糖
½ 个柠檬的碎皮屑和果汁
2 汤匙苹果白兰地或普通白兰地
2 个甜点苹果
2 汤匙杏果酱，过筛，刷面用

1 在撒过面粉的操作台上将酥皮面团擀至 3 毫米厚，铺在模具里，挞皮的边缘要超出模具至少 2 厘米。用叉子在挞皮上扎满小洞。冷藏 30 分钟。

2 将烤箱预热至 200 摄氏度。在挞皮上铺一张烘焙纸，纸上放满烘焙豆，烤 15 分钟。取出烘焙纸和烘焙豆，烤 5 分钟至挞皮呈浅黄色。

3 同时，把黄油放入小锅中加热融化，然后加入烹饪苹果。加盖，用小火加热 15 分钟至苹果软烂，其间偶尔搅动。

4 将煮过的苹果推过细筛，制成顺滑的果泥，然后倒回小锅里。留出 1 汤匙细砂糖，其余的放入苹果泥里。搅入柠檬皮屑和白兰地。放回火上，一边用小火加热，一边搅动，直到混合物变稠。

5 把苹果泥舀入挞皮。将甜点苹果去皮去核，切成薄片铺在苹果泥上。刷一层柠檬汁，撒上预留出的细砂糖。

6 烘烤 30～35 分钟至苹果片变软，颜色变成浅黄色。用锋利的小刀切掉多余的挞皮，修齐边缘（见第 291 页烘焙小贴士）。

7 加热杏果酱，刷在苹果挞顶部。切开上桌。

烘焙小贴士

　　刷面可以让自制水果挞看起来和糕点店里卖的那些一样诱人。杏果酱很适合用来搭配梨和苹果；如果制作的是红水果挞，可以把红醋栗果冻加热后刷在水果上。刷之前将果酱过筛，去除里面的果肉。

南瓜派

这个版本的经典美式南瓜派更加精致柔软，散发着肉桂和混合香料的温暖香气。

成品分量： 6～8 人份
准备时间： 30 分钟
冷藏时间： 1 小时
烘烤时间： 65～75 分钟
提前准备： 挞皮可以在密封容器中保存 3 天或冷冻储存 12 周
储存： 烤好后可以在密封容器里保存 2 天

特殊器具
直径为 22 厘米的活底挞模
带刀片的食物料理机
烘焙豆

基本原料
150 克白面粉，外加适量撒粉用
100 克无盐黄油，冷藏，切块
50 克细砂糖
1 个鸡蛋的蛋黄
½ 茶匙香草精

馅料原料
3 个鸡蛋
100 克浅色绵红糖
1 茶匙肉桂粉
1 茶匙混合香料
200 毫升双倍奶油
425 克罐装南瓜，或者将 400 克南瓜烘烤后搅成泥
浓奶油或香草冰激凌，搭配食用（可选）

1 制作派皮。用指尖或食物料理机将面粉和黄油混合成细屑状，搅入糖。向蛋黄里加入香草精，打散后加到面粉屑里，把混合物搅成软面团，如果太干就加一点水。用保鲜膜包住面团，冷藏 1 小时。

2 将烤箱预热至 180 摄氏度。在操作台上撒一些面粉，将酥皮面团擀至 3 毫米厚。擀好的挞皮十分易碎，如果它开始解体，可以用手把它们团到一起，轻轻揉一揉。把挞皮铺在模具里，边缘要至少超出模具 2 厘米。用叉子在挞皮上扎满小洞。在挞皮里铺上烘焙纸，放上烘焙豆。

3 把空挞皮放在烤盘上，放入烤箱烤 20 分钟。取出烘焙纸和烘焙豆，如果中心处看起来没烤好，就放回烤箱再烤 5 分钟。

4 在一个大碗里，将鸡蛋、香料、糖、奶油搅打均匀。加入南瓜泥或罐头南瓜，搅成顺滑的馅料。把烤箱中层的架子拉出来一点，放上挞模。将馅料倒入挞皮里，把架子推回烤箱。

5 烘烤 45～50 分钟至馅料完全凝固，但边缘还没有产生气泡。趁热用锋利的小刀切掉多余的酥皮（见第 291 页烘焙小贴士），留在烤模中至少冷却 15 分钟。趁热搭配浓奶油或香草冰激凌上桌。

烘焙小贴士

　　一瓶充满秋天味道的南瓜罐头可以让你省掉很多工序。但你也可以把新鲜的南瓜烤软，作成家庭版的南瓜泥。自制南瓜泥比罐装南瓜泥更稠，因此制作馅料需要的南瓜泥也就更少。

杏仁覆盆子格子派

这是澳大利亚版的"林茨蛋糕",派皮是杏仁味的格子酥皮。

1 把面粉过筛后放到碗里,加入丁香粉、肉桂粉、杏仁粉,混合均匀,在中间挖一个坑。

2 用手指把黄油、蛋黄、糖、盐、柠檬皮屑和柠檬汁混合,倒进面粉坑里。

3 用手指搓成粗屑,再团成球状。

4 揉1~2分钟,把面团揉光滑。用保鲜膜包好,冷藏1~2小时。

5 把细砂糖和覆盆子放进锅里加热10~12分钟,煮成稠厚的糊状,静置冷却。

6 用木勺背将一半果肉压过筛子。

7 搅入另一半果肉。给烤模涂油,将烤箱预热至190摄氏度。

8 在操作台上撒一层面粉。切下⅔的面团,擀成直径为28厘米的圆形。

9 把圆形挞皮铺在模具底部,切掉多余的部分。

成品分量：6～8 人份
准备时间：30～35 分钟
冷藏时间：1 小时 15 分钟～2 小时 15 分钟
烘烤时间：40～45 分钟
储存：可以在密封容器里保存 2 天，味道会随时间过去而变得更加香醇

特殊器具
直径为 23 厘米的活底挞模
带刀片的食物料理机
凹槽轮刀

基本原料
125 克白面粉，外加适量撒粉用
少许丁香粉

½ 茶匙肉桂粉
175 克杏仁粉
125 克无盐黄油，软化、切块，外加少量涂油用
1 个鸡蛋的蛋黄
100 克细砂糖
¼ 茶匙盐

1 个柠檬的碎皮屑和 ½ 个柠檬的果汁

馅料原料
125 克细砂糖
375 克覆盆子
1～2 汤匙糖粉，撒粉用

10 把馅料倒入挞皮里。将剩下的面团擀成 15 厘米 ×30 厘米的长方形。

11 用凹槽轮刀把面皮切成 12 条 1 厘米宽的小条，这种轮刀切出的面皮边缘更加好看。

12 把其中一半小条从左到右横铺在水果挞上，每条间隔 2 厘米。把挞盘旋转 45 度。

13 再把另一半小条横向铺好。切掉多余的部分，把切掉的部分团好、擀平，再切成 4 个小条。

14 在边缘刷一点水，沿边缘摆上酥皮条，水可以起到固定黏合的作用。冷藏 15 分钟。

15 烘烤 15 分钟。把温度调至 180 摄氏度。

16 再烤 25～30 分钟。把水果挞留在烤模内冷却。脱模，上桌前约 30 分钟时撒一层薄薄的糖粉。

更多格子派挞

樱桃派

这是美国最著名的派。为了让馅料更紧实、派皮更容易切开，我们特意在樱桃汁里加入了面粉。

成品分量： 8 人份
准备时间： 40 ～ 45 分钟
冷藏时间： 45 分钟
烘烤时间： 40 ～ 45 分钟
储存： 可以在密封容器里保存 2 天，但最好在制作当天食用

特殊器具
直径为 23 厘米的派盘

基本原料
250 克白面粉，外加适量撒粉用
½ 茶匙盐
125 克猪油或白色植物脂肪，冷藏
75 克无盐黄油，冷藏

馅料和刷面原料
500 克樱桃，去核
200 克细砂糖
45 克白面粉
¼ 茶匙杏仁精（可选）
1 个鸡蛋

1 将面粉和盐过筛后放到碗里。把猪油和黄油切成块，用手指揉进面粉里，搓成屑状。洒 3 汤匙水，将混合物搅成圆面团。用保鲜膜包好，冷藏 30 分钟。将烤箱预热至 200 摄氏度，在烤箱里放一张烤盘。取 ⅔ 面团，在撒了面粉的操作台上擀平，铺在模具里，边缘要超出模具。把面皮按进模具里，冷藏 15 分钟。

2 把樱桃、糖、面粉、杏仁精（可选）放入碗里，搅拌均匀后舀入烤模中。

3 将剩下的面团擀成长方形，切成 8 个 1 厘米宽的小条，按照菱形格的图案铺在樱桃派上，切掉多余的面皮。将鸡蛋打散，刷在格子上，蛋液可以把小条的两端固定在派皮边缘。烘烤 40 ～ 45 分钟至酥皮焦黄。常温上桌或冷藏后上桌皆可。

杏子果酱挞

简单几样家庭常备材料，就可以很快做出这道意大利水果挞。

成品分量： 6～8人份
准备时间： 30分钟
冷藏时间： 1小时
烘烤时间： 50分钟
提前准备： 挞皮可以冷冻保存12周
储存： 可以在密封容器里保存2天

特殊器具
直径为22厘米的活底挞模
烘焙豆

原料
175克白面粉，外加适量撒粉用
100克无盐黄油，冷藏、切块
50克细砂糖
1个鸡蛋的蛋黄，外加1个鸡蛋，打散，刷面用
2汤匙牛奶，外加适量备用
½茶匙香草精
450克优质覆盆子果酱、樱桃果酱或杏子果酱

1 将面粉和黄油放在碗里，用手搓成细屑，搅入糖。向蛋黄里加入香草精和牛奶，打散后加到干性原料里，把混合物搅成软面团，如果太干就加一点水。用保鲜膜包住面团，冷藏1小时。

2 将烤箱预热至180摄氏度。在操作台上撒一些面粉，将酥皮面团擀至3毫米厚。擀好的挞皮十分易碎，如果它开始解体，可以用手把它们团到一起，轻轻揉一揉。把挞皮铺在模具里，边缘至少要超出模具2厘米。用剪刀剪掉多余的挞皮。用叉子在挞皮上扎满小洞。把剪掉的部分重新揉成面团，冷藏备用。

3 在挞皮里铺上烘焙纸，放上烘焙豆压实。把挞皮放在烤盘上，空烤20分钟。取出烘焙纸和烘焙豆，如果中心处看起来没烤好，就放回烤箱再烤5分钟。

4 把烤箱温度调至200摄氏度。在挞皮里放1～2厘米厚的果酱。把剩下的面团擀成比挞模略大、厚度为3毫米的正方形，再切至少12条1厘米宽的小条，在樱桃挞上摆成菱格的图案。

5 打散鸡蛋，把小条的两端固定在樱桃挞边缘，然后在格子上刷一层蛋液。放回烤箱，烤20～25分钟至网格熟透，顶部呈焦黄色。冷却10分钟，趁热或常温食用。

桃子派

虽然名气不大，但桃子派的味道却丝毫不输给它的近亲樱桃派。这是一款经典的夏季甜点，制作时要选用熟透、多汁的桃子。

成品分量： 8人份
准备时间： 40～45分钟
冷藏时间： 45分钟
烘烤时间： 40～45分钟
储存： 可以在密封容器里保存2天，但最好在制作当天食用

特殊器具
直径为23厘米的派模

基本原料
1个酥皮派皮，见樱桃派，步骤1
4～5个熟透的桃子
30克白面粉
150克白砂糖
一小撮盐
1～2汤匙柠檬汁，调味用

刷面原料
1个鸡蛋
½茶匙盐

1 把桃子放入沸水中浸泡10秒，然后放到一碗凉水里。将面粉和黄油放在碗里。把桃子切成两半、去核、去皮，切成1厘米厚的片状，放进大碗里。

2 把面粉和调味用的糖、盐、柠檬汁撒在桃子上，小心地拌均匀，然后把桃子与碗里的果汁一起倒入挞模或派模里。

3 把鸡蛋和盐一起稍稍打散，刷到桃子派上。

4 烘烤40～45分钟，直到酥皮焦黄，桃子开始变软冒泡。趁热食用。

山核桃派

这道香甜脆爽的山核桃派起源于盛产山核桃的美国南部。

成品分量: 6 ~ 8 人份
准备时间: 15 分钟
冷藏时间: 30 分钟
烘烤时间: 1 小时 30 分钟
提前准备: 空派皮可以在密封容器中保存 3 天或冷冻保存 12 周
储存: 做好后可以在密封容器里保存 2 天

特殊器具
直径为 22 厘米的活底挞模
带刀片的食物料理机
烘焙豆

基本原料
150 克白面粉,外加适量撒粉用
100 克无盐黄油,冷藏、切块
50 克细砂糖
1 个鸡蛋的蛋黄
½ 茶匙香草精
法式酸奶油或打发奶油,搭配食用(可选)

馅料原料
150 毫升枫糖浆
60 克黄油
175 克浅色绵红糖
几滴香草精
一小撮盐
3 个鸡蛋
200 克山核桃仁

1 用指尖或食物料理机将面粉和黄油搅成细屑状,搅入糖。向蛋黄里加入香草精,打散后加到干性原料里,把混合物搅成软面团,如果太干就加一点水。用保鲜膜包住面团,冷藏 1 小时。将烤箱预热至 180 摄氏度。

2 在操作台上撒一些面粉,将酥皮面团擀至 3 毫米厚。擀好的派皮十分易碎,如果它开始解体,可以用手把它们团到一起,轻轻揉一揉。把派皮铺在模具里,边缘至少要超出模具 2 厘米。用叉子在派皮上扎满小洞。

3 在派皮里铺上烘焙纸,放上烘焙豆压住。把空派皮放在烤盘上,放入烤箱烤 20 分钟。取出烘焙纸和烘焙豆,如果中心处看起来没烤好,就放回烤箱再烤 5 分钟。

4 把枫糖浆放入锅里,再加入黄油、糖、香草精、盐。用小火加热,持续搅拌至黄油融化、糖溶解。锅离火,冷却至微温,逐个打入鸡蛋,搅入山核桃仁,然后把混合物倒入派皮里。

5 烘烤 40 ~ 50 分钟至馅料凝固。如果上色过快,就在上面盖一张锡纸。从烤箱中取出山核桃派,放到网架上冷却 15 ~ 20 分钟。脱模,可以趁热上桌,也可以在网架上彻底晾凉。可搭配法式酸奶油或打发奶油食用。

烘焙小贴士

尽量使用新买的山核桃仁。坚果中含有大量的油脂，十分容易变质，而一颗变质的坚果就能毁了整个派。因此，不要一次购买太多坚果，更不要将它们储存太长时间。

糖浆馅饼

这是一款老少皆宜的经典英国甜挞。还可以尝试加入奶油和鸡蛋，做成更复杂的版本。

成品分量： 6～8 人份
准备时间： 30 分钟
冷藏时间： 1 小时
烘烤时间： 50～55 分钟
提前准备： 空挞皮可以在密封容器中保存 3 天或冷冻保存 12 周
储存： 做好后可以在密封容器里保存 2 天

特殊器具

直径为 22 厘米的活底挞模
带刀片的食物料理机
烘焙豆
手持搅拌器

基本原料

150 克白面粉，外加适量撒粉用
100 克无盐黄油，冷藏、切块
50 克细砂糖
1 个鸡蛋的蛋黄
½ 茶匙香草精

馅料原料

200 毫升金黄糖浆
200 毫升双倍奶油
2 个鸡蛋
1 个橙子的碎皮屑
100 克布里欧修或可颂碎屑
浓奶油或冰激凌，搭配食用（可选）

1　把面粉和黄油混合，用指尖揉搓或用食物料理机短促地打成细屑，搅入糖。向蛋黄里加入香草精，打散后加到干性原料里。把混合物搅成软面团，如果太干就加一点水。用保鲜膜包住面团，冷藏 1 小时。将烤箱预热至 180 摄氏度。

2　在操作台上撒一些面粉，将面团擀至 3 毫米厚。擀好的挞皮十分易碎，如果开始解体，可以用手把它们团到一起，轻轻揉一揉。把挞皮铺在模具里，边缘至少要超出模具 2 厘米。用叉子在上面扎满小洞。

3　在挞皮里铺上烘焙纸，放上烘焙豆压住。把空挞皮放在烤盘上，放入烤箱烤 20 分钟。取出烘焙纸和烘焙豆，如果中心处看起来没烤好，就放回烤箱再烤 5 分钟。把烤箱温度降至 170 摄氏度。

4　取一个大的量杯，利用刻度量出 200 毫升金黄糖浆，再向里面加入 200 毫升奶油。加入鸡蛋和橙子皮屑，用手持搅拌器搅打均匀，也可以把混合物倒进碗里再打发。拌入布里欧修面包屑。

5　把挞模放到一个烤盘上，拉出烤箱中层的架子，把烤盘放在上面。小心地把馅料倒入挞皮，把烤架推进烤箱。

6　烘烤 30 分钟，烤至馅料凝固但还未出现气泡。取出后趁热用锋利的小刀切掉多余的酥皮（见第 291 页烘焙小贴士）。让糖浆挞在烤模中至少冷却 15 分钟，脱模。趁热搭配浓奶油或冰激凌上桌。

烘焙小贴士

　　传统的糖浆馅饼只有酥皮、糖浆和面包屑。但我在这个配方里加入了奶油和鸡蛋，它们可以让馅料更加柔顺、蓬松。相较于扎实的传统糖浆馅饼，这款甜挞的口感更像慕斯。

塔丁苹果挞

这款苹果挞的名字源自它的发明者——一对以制作父亲最爱的苹果挞为生的法国姐妹。上桌前可以把锅里剩的焦糖与一大勺法式酸奶油淋在挞上。

成品分量： 8 人份
准备时间： 45 ～ 50 分钟
冷藏时间： 30 分钟
烘烤时间： 35 ～ 50 分钟

特殊器具
直径为 23 ～ 25 厘米的挞模或可以放入烤箱的平底锅

基本原料
175 克白面粉，外加适量撒粉用
2 个鸡蛋的蛋黄
1½ 汤匙细砂糖
一小撮盐
75 克无盐黄油，软化

馅料原料
14 ～ 16 个苹果，总重量约为 2.4 千克
1 个柠檬
125 克无盐黄油
200 克细砂糖
法式酸奶油，搭配食用（可选）

1 把面粉过筛后放入大碗里，在中间挖一个坑。

2 把蛋黄、糖、盐放入坑里，加入黄油和 1 汤匙水。

3 用指尖将所有湿性原料揉搓均匀。

4 把面粉搓进湿性原料中，混合成粗屑，再团成面团。

5 在操作台上撒一层面粉，揉 2 分钟，把面团表面揉光滑。

6 把面团揉成球状，用保鲜膜包好，冷藏 30 分钟，让它变硬。

7 制作馅料。苹果去皮，然后切半、去核。

8 把柠檬一切为二，用柠檬将苹果擦一遍。

9 把黄油放在煎锅里，加热融化。加入糖，搅拌均匀。

10 用中火加热，时不时搅动，直到制成棕色的焦糖。

11 离火，冷却至微温。一圈圈地把苹果铺满整个锅。

12 用大火将苹果加热 15 ～ 25 分钟，煮出焦糖，中途翻一次面。

13 锅离火，冷却 15 分钟。将烤箱预热至 190 摄氏度。

14 把酥皮面团擀成直径比锅宽 2.5 厘米的圆形，盖到锅上。

15 把挞皮的边缘塞到苹果与锅之间，烘烤 20 ～ 25 分钟。冷却至微温，把一个盘子压在挞皮上，把苹果挞翻过来。

塔丁苹果挞变种

翻转香梨挞

梨是最常见的苹果替代品，但烹饪时所需的时间比苹果更长。因此，熟透的香梨是个很好的选择。

成品分量： 8 人份
准备时间： 30 分钟
冷藏时间： 40 ~ 45 分钟
烘烤时间： 40 ~ 55 分钟
提前准备： 可以提前 6 ~ 8 小时烤好，先不要脱模，上桌前回炉加热一下即可

特殊器具
直径为 23 ~ 25 厘米的挞盘或可以放入烤箱的平底锅

酥皮原料
175 克白面粉，外加适量撒粉用
2 个鸡蛋的蛋黄
1½ 汤匙细砂糖
一小撮盐
75 克无盐黄油，软化

馅料原料
125 克无盐黄油
200 克细砂糖
12 ~ 14 个梨，总重量约为 2.4 千克，去皮、切半、去核，用柠檬擦一遍
法式酸奶油，搭配食用（可选）

1 将面粉过筛后放入大碗里，在中间挖一个坑。把蛋黄、糖、盐放入坑里，加入黄油和 1 汤匙水。用指尖将所有湿性原料揉搓均匀。把面粉搓进湿性原料中，混合成粗屑。

2 把面团揉成球形。在操作台上撒一层面粉，揉 2 分钟，把面团表面揉光滑。用保鲜膜包好，冷藏 30 分钟，让它变硬。

3 制作馅料。把黄油放在煎锅里，加热融化。加入糖，搅拌均匀。用中火加热 3 ~ 5 分钟，时不时搅动，直到制成棕色的焦糖。离火，静置冷却。

4 把梨铺在锅里，较尖的一端朝向中间。用大火加热 20 ~ 30 分钟，煮出焦糖。中途翻一次，让两面都产生焦糖。这时的梨应该是软但成形的，而且几乎没有果汁。

5 锅离火，冷却 10 ~ 15 分钟。将烤箱预热至 190 摄氏度。把面团擀成直径比锅宽 2.5 厘米的圆形，盖到锅上，把挞皮的边缘塞进梨与锅之间，烘烤 20 ~ 25 分钟。

6 冷却至微温，把一个盘子压在挞皮上，翻过来。把锅里的焦糖舀到梨上，与法式酸奶油一起上桌。

烘焙小贴士
梨产生的汁水比苹果多，所以要在焦糖里煮更长时间才能把果汁煮干。要确保水果中几乎没有水分，否则水果挞会变得软塌。

焦糖香蕉挞

这款热带风味的翻转水果挞既美味又容易制作，因此即使不够传统也没有人会介意。另外，它的味道还格外受孩子们欢迎。

成品分量： 6 人份
准备时间： 15 分钟
烘烤时间： 30 ~ 35 分钟

特殊器具
直径为 20 厘米的挞盘或挞模（非活底）

原料
75 克黄油
150 克金黄糖浆
3 ~ 4 根硬香蕉，去皮切片，每片厚度 1 厘米
200 克万能酥皮，购买或见第 178 页步骤 1 ~ 9
白面粉，撒粉用
香草冰激凌或法式酸奶油，搭配食用（可选）

1 将烤箱预热至 200 摄氏度。把黄油和糖浆放入小锅，加热至黄油融化、混合物顺滑，煮 1 分钟。

2 把糖浆混合物倒入挞盘或挞模里，把香蕉片铺在上面。翻转之后，香蕉会出现在香蕉挞的上层。把挞盘或挞模放在一个烤盘上，放入烤箱烤 10 分钟。

3 同时，在撒了一层面粉的操作台上，将酥皮面团擀成直径约为 23 厘米、厚度约为 5 毫米的圆形，切掉多余的部分。小心地从烤箱中取出挞盘或挞模，把酥皮铺在焦糖化的香蕉上。把酥皮边缘塞进烤模里，小心别被焦糖烫到。

4 放回烤箱，烤 20 ~ 25 分钟至酥皮焦黄，冷却 5 ~ 10 分钟。在烤模上盖一个盘子，再一起翻转过来。搭配香草冰激凌或法式酸奶油，立即上桌。

翻转桃子挞

这是一款适合夏末的甜点，比前几种水果挞更加少见。为确保水果能够保持原形，最好选用硬桃子来制作，也可以用杧果来取代桃子。

成品分量: 6 人份
准备时间: 40 ~ 45 分钟
冷藏时间: 45 分钟
烘烤时间: 20 ~ 25 分钟

特殊器具
直径为 25 厘米的圆形烤盘

基本原料
3 个鸡蛋的蛋黄
$\frac{1}{2}$ 茶匙香草精
215 克白面粉，外加适量撒粉用
60 克细砂糖
$\frac{1}{4}$ 茶匙盐
90 克无盐黄油，切块

馅料原料
200 克细砂糖
1 千克桃子

1 把鸡蛋和香草精放入一个小碗中，混合均匀。在另一个大碗里，混合面粉、糖、盐。再加入黄油，用指尖揉搓成细屑。把鸡蛋液也倒入大碗里，搅成软面团。把面团揉光滑，冷藏30分钟。

2 制作馅料。把糖放在小锅里，用小火加热，偶尔搅动，帮助糖融化。用大火煮至糖浆的边缘开始变黄，这时一定不要搅拌，否则糖浆会结晶。调成小火，将焦糖煮成金色，其间转动几次小锅，以便糖浆均匀上色。把焦糖煮成金色即可，因为颜色过深的焦糖在烤过之后会变苦。

3 关火，立即把锅底浸入一盆凉水里，防止糖浆继续熟成。站远一点，不要被水溅到，焦糖几乎是你能遇到最烫的东西了。把焦糖倒入烤盘中，迅速倾斜烤盘，让烤盘底部形成一层均匀的糖衣，静置冷却。

4 把桃子放在一锅沸水里浸泡10秒，然后浸到一碗凉水里。对半切开，去核，撕掉外皮。将每半个桃子再横向一切为二。把桃子圆面向下，一圈圈紧密地排在焦糖上。

5 把面团放在撒了面粉的操作台上，擀成直径为28厘米的圆形挞皮。把挞皮卷在擀面杖上，再展开盖到烤盘上。把挞皮边缘塞到桃子与烤盘之间，冷藏15分钟。将烤箱预热至200摄氏度。

6 烘烤 20 ~ 25 分钟。冷却至微温，把一个盘子放在挞皮上，同时按住挞盘和盘子，翻过来，取走烤盘。做好后切成扇形，立即上桌。

蛋挞

刚刚凝固的卡仕达馅加上一点肉豆蔻的香气，就组成了这款简单又雅致的蛋挞。

1 在碗里将面粉和黄油揉搓成细屑，搅入糖。

2 向蛋黄里加入香草精，打散后加到干性原料里。

3 把混合物搅成软面团。用保鲜膜包住面团，冷藏 1 小时。

4 将烤箱预热至 180 摄氏度。在操作台上撒一些面粉，将面团擀至 3 毫米厚。

5 擀好的挞皮十分易碎，如果开始解体，可以用手把它们团到一起，轻轻揉一揉。

6 把挞皮铺在模具里，边缘至少要超出模具 2 厘米。

7 用叉子在挞皮上扎满小洞，防止烘烤时出现气泡。

8 在挞皮里铺上烘焙纸，放上烘焙豆压住。把空挞皮放在烤盘上，放入烤箱烤 20 分钟。

9 取出烘焙纸和烘焙豆，再烤 5 分钟。切掉多余的挞皮。

成品分量：8 人份
准备时间：20 分钟
冷藏时间：1 小时
烘烤时间：45 ～ 50 分钟
提前准备：空挞皮可以冷冻保存
12 周

储存：做好后可以放在密封容器
里冷藏保存 1 天

特殊器具
直径为 22 厘米的活底挞模
烘焙豆

基本原料
170 克白面粉，外加适量撒粉用
100 克无盐黄油，冷藏、切块
50 克细砂糖
2 个鸡蛋的蛋黄
½ 茶匙香草精

馅料原料
225 毫升牛奶
150 毫升双倍奶油
2 个鸡蛋
30 克细砂糖
½ 茶匙香草精
¼ 现碾肉豆蔻

10 把烤箱温度降至 170 摄氏度。把牛奶和奶油
放到锅里加热。

11 同时，把鸡蛋、糖、香草精、肉豆蔻放到一
起搅打均匀。

12 牛奶和奶油煮沸后，倒入鸡蛋混合物里，搅
打均匀。

13 把挞模放到一个烤盘上，这样更容易放入烤箱。

14 把馅料倒入一个大量杯，再倒入挞皮里。把
烤盘放入烤箱上层。

15 烘烤 20 ～ 25 分钟，烤至馅料刚刚凝固但
中心处还会晃动。

16 把蛋挞从烤箱中取出来，冷却后脱模。

蛋挞变种

小蛋挞

这些一口大小的酥皮蛋挞是葡萄牙人的最爱。

成品分量： 16 个
准备时间： 30 分钟
烘烤时间： 20 ～ 25 分钟
提前准备： 可以提前做好卡仕达馅和空挞皮，分开冷藏一夜
储存： 做好后可以放在密封容器里保存 1 天

特殊器具
16 孔玛芬模具

原料
30 克白面粉，外加适量撒粉用
500 克万能酥皮，购买成品或根据第 178 页步骤 1 ～ 9 制作
500 毫升牛奶
1 根肉桂棒
1 片大的柠檬皮
4 个鸡蛋的蛋黄
100 克细砂糖
1 汤匙玉米粉

1　将烤箱预热至 220 摄氏度。在操作台上撒一些面粉，将酥皮面团擀成 40 厘米 ×30 厘米的长方形。从靠近你的长边开始，把酥皮卷成圆柱形，然后修齐两端，切成等大的 16 块。

2　取其中一块卷好的酥皮，两端向下折。放平，轻轻擀成直径约为 10 厘米的圆饼。中途只翻一次面，这样酥皮就会产生弧度，形成浅碗的形状。用拇指把酥皮按进玛芬模里，让它贴合模具的形状。用叉子在底部扎几下。按照以上步骤处理完所有酥皮。把酥皮放入冰箱，然后开始制作馅料。

3　把牛奶、肉桂棒、柠檬皮放入一个厚底小锅中加热，待牛奶开始沸腾时关火。

4　把蛋黄、糖、面粉、玉米粉放入一个碗里，搅成稠厚的膏状。取出肉桂棒和柠檬皮，一边不停搅打，一边慢慢把牛奶倒入蛋黄混合物里做成卡仕达酱。把卡仕达酱放回清洗干净的锅里，一边搅动，一边用中火加热至变稠。变稠后立即关火。

5　把馅料装进挞皮，盛至 ²/₃ 满。放入烤箱上层，烤 20 ～ 25 分钟至馅料膨起，表面开始出现黑点。把烤模从烤箱中取出来，静置冷却。馅料稍有内缩是正常现象。冷却 10 ～ 15 分钟才可上桌。可以趁热食用，也可以放凉后食用。

法式蛋挞

这是一款经典的法式甜点，最好冷藏后食用。

成品分量： 6～8 人份
准备时间： 20 分钟
冷藏时间： 1 小时
烘烤时间： 75～85 分钟
提前准备： 空挞皮可以冷冻保存 12 周
储存： 做好后可以放在密封容器里冷藏保存 2 天

特殊器具
直径为 18 厘米的活底蛋糕模
烘焙豆

原料
1 个甜挞皮，见第 314 页步骤 1～9
125 克白面粉
125 克细砂糖
3 个鸡蛋
50 克无盐黄油，融化后冷却
½ 茶匙香草精
500 毫升牛奶

1 制作挞皮。将烤箱预热至 150 摄氏度。在碗里将面粉、糖、鸡蛋、黄油、香草精搅打成顺滑稠厚的膏状。搅入牛奶，把混合物放进大量杯里。

2 把一个烤盘搭在烤箱中层架子的边上，把烤模放在烤盘上。一只手拿着烤盘，另一只手把馅料倒入挞皮。尽量把挞皮装满，然后小心地把烤盘推进烤箱，关上烤箱门。

3 烘烤 50～60 分钟，直到馅料刚刚凝固但未完全膨胀。这时蛋挞表面应该呈焦黄色。用锋利的刀子切掉烤模侧面多余的酥皮。把蛋挞留在烤模中完全晾凉后即可上桌。

菇娘果蛋挞

微甜的酥皮里包着顺滑的卡仕达酱和一粒粒菇娘果。味道鲜明的菇娘果在刚刚凝固的卡仕达酱里微微颤动，形成一款季节限定版的美味点心。

成品分量： 6～8 人份
准备时间： 30 分钟
冷藏时间： 30 分钟
烘烤时间： 1 小时
提前准备： 空挞皮可以冷冻保存 12 周

特殊器具
直径为 24 厘米的活底挞模
烘焙豆

基本原料
170 克白面粉
75 克黄油
25 克细砂糖
2 个鸡蛋的蛋黄

馅料原料
250 毫升双倍奶油
2 个鸡蛋
50 克细砂糖
400 克菇娘果，切掉两端
浓奶油，搭配食用（可选）

1 在一个大碗里，用指尖将面粉和黄油揉搓成细屑。搅入糖，加入蛋黄，搅成一个面团。用保鲜膜包好，冷藏 30 分钟。

2 将烤箱预热至 180 摄氏度。把双倍奶油、鸡蛋、糖放入碗里，搅打均匀，做成卡仕达酱，放入冰箱冷藏。

3 把酥皮面团擀成比挞模稍大的圆形挞皮，铺在挞模里。在挞皮里放上烘焙纸和烘焙豆，烤 20 分钟。取掉烘焙豆和烘焙纸，再烤 5 分钟，直到挞皮熟透，但颜色没有变深。

4 取出挞皮，在里面铺一层菇娘果。倒入卡仕达酱，烤 35 分钟至馅料凝固且颜色金黄。用小刀切掉挞模边上多余的酥皮。稍稍冷却后脱模，与浓奶油一起上桌。最好在制作当天食用。

柠檬挞

这是一款法式经典蛋挞。入口即化的挞皮和细腻的馅料味道十分浓郁，但又因为酸柠檬的存在而清爽起来。

成品分量：6～8 人份

准备时间：35 分钟

冷藏时间：1 小时 30 分钟

烘烤时间：45 分钟

提前准备：空挞皮可以在密封容器中保存 3 天或冷冻保存 12 周

储存：做好后可以放在密封容器里保存 2 天

特殊器具

带刀片的食物料理机（可选）

直径为 24 厘米的活底挞模

烘焙豆

基本原料

175 克白面粉

85 克黄油

45 克细砂糖

1 个鸡蛋

馅料原料

5 个鸡蛋

200 克细砂糖

4 个柠檬的碎皮屑和果汁

250 毫升双倍奶油

糖粉，搭配食用

柠檬皮，搭配食用

1 用指尖或食物料理机将面粉和黄油揉搓或搅成细屑。加入鸡蛋，搅成球状的酥皮面团。将面团放在撒了面粉的操作台上，擀成大的圆形挞皮，铺在挞模里。冷藏至少 30 分钟。

2 将糖和鸡蛋搅打均匀。搅入柠檬皮屑和柠檬汁，再搅入奶油。冷藏 1 小时。

3 将烤箱预热至 190 摄氏度。在挞皮里放上烘焙纸和烘焙豆，烤 10 分钟。取掉烘焙豆和烘焙纸，再烤 5 分钟至挞皮酥脆。

4 将烤箱温度降至 140 摄氏度。把挞模放在一个烤盘上，倒入柠檬馅料，注意不要把馅料沾到挞皮边缘。烤 30 分钟至刚刚凝固。

5 从烤箱中取出烤模，静置冷却。脱模，撒上糖粉和柠檬皮屑即可上桌。

烘焙小贴士

　　当配方需要用到柠檬，尤其是柠檬皮的时候，
要尽量使用未打蜡的柠檬。如果找不到，就需要把
表面的蜡层磨掉。挑选柠檬时要选择同等体积里重
量较大的，因为这样的柠檬水分较足。

佛岛酸橙派

这款水果派起源于盛产酸橙的美国佛罗里达州岛链，它的名字也是源于此。

成品分量： 8 人份
准备时间： 20 ~ 30 分钟
烘烤时间： 15 ~ 20 分钟
储存： 做好后可以放在密封容器里冷藏保存 2 天

特殊器具
直径为 23 厘米的活底挞模
刨丝器（可选）

原料
100 克无盐黄油
225 克消化饼干，压碎
5 个酸橙
3 个大鸡蛋的蛋黄
400 克罐装炼乳
稀奶油，搭配食用（可选）

1　将烤箱预热至 180 摄氏度。把黄油放入小锅，用小火融化。加入饼干屑，搅拌均匀。离火，把混合物倒进挞盘里，用勺子用力压平。把挞模放在一个烤盘上，放入烤箱烤 5 ~ 10 分钟。

2　同时，将 3 个酸橙的外皮擦碎放入碗里。如果你喜欢的话，还可以把第 4 个酸橙的外皮刮成长条，在最后一步用作装饰。挤出 5 个酸橙的果汁。

3　把蛋黄放入装有酸橙皮的碗里，用电动打蛋器打发至蛋黄变厚。加入炼乳，继续打发 5 分钟。加入酸橙汁，搅打均匀。把混合物倒入挞模，烤 15 ~ 20 分钟，烤至凝固但中心处仍会晃动。

4　把酸橙派取出烤箱，彻底放凉。装饰上细长的酸橙皮丝，与稀奶油一起上桌。

烘焙小贴士

　　烤制时间过长是制作深盘甜挞时的一个常见错误。一定要在甜挞中心处仍会晃动时将它们取出烤箱。它们会在冷却的过程中变得如奶油一般细滑。而烤的时间过长会让甜挞的质地变得像橡胶一样。

巧克力挞

这款浓郁的黑巧克力挞最好在刚刚凝固、还没凉透的时候，搭配大量凉的浓奶油一起上桌。

成品分量： 8～10 人份
准备时间： 30 分钟
冷藏时间： 1 小时
烘烤时间： 35～40 分钟
提前准备： 空挞皮可以冷冻保存 12 周
储存： 做好后可以放在密封容器里冷藏保存 2 天

特殊器具
直径为 22 厘米的活底挞模
烘焙豆

基本原料
150 克白面粉
100 克无盐黄油，冷藏、切块
50 克细砂糖
1 个鸡蛋的蛋黄
1/2 茶匙香草精

馅料原料
150 克无盐黄油，切块
200 克优质黑巧克力，掰成小块
3 个鸡蛋
30 克细砂糖
100 毫升双倍奶油

1 把面粉和黄油放入碗里，揉搓成细屑。

2 加入糖，搅拌均匀。

3 向蛋黄里加入香草精，打散，然后加到干性原料里。

4 把混合物搅成软面团，如果太干就加一点水。用保鲜膜包住面团，冷藏 1 小时。

5 将烤箱预热至 180 摄氏度。将面团擀至 3 毫米厚。

6 如果挞皮开始破碎，可以用手把它们团到一起，轻轻揉一揉。

7 把挞皮铺在模具里，边缘要超出模具2厘米。

8 用剪刀剪去下垂超过2厘米的部分。

9 用叉子在挞皮上扎满小洞，防止烘烤时产生气泡。

10 在挞皮里小心地铺一张烘焙纸。

11 把烘焙豆放在烘焙纸上。把空挞皮放在一个烤盘上，放入烤箱烤20分钟。

12 取出烘焙纸和烘焙豆，再烤5分钟。切掉多余的挞皮。

13 把黄油和巧克力放在碗里，架在一锅微微沸腾的水上，搅拌至融化。

14 融化后立即离火，静置冷却。

15 把鸡蛋和细砂糖一起搅打均匀。

16 把冷却后的巧克力酱倒入蛋液里，轻轻搅拌均匀。

17 搅入双倍奶油，把巧克力糊装进大量杯。

18 把挞皮放在一张烤盘上，这样更容易放入烤箱。

19 把馅料倒入挞皮，放入烤箱上层。

20 烘烤 10 ~ 15 分钟至馅料凝固。从烤箱中取出来，冷却 5 分钟，冷却时馅料会继续凝固。

21 脱模，转移到盘中。

巧克力挞 ▶

巧克力挞变种

烘焙小贴士

　　烘烤过的坚果味道更加浓郁，口感更加酥脆。当坚果的内皮裂开，飘散出焦香，就说明它们已经烤好了。这个配方不要求去除核桃内皮，但焗烤过的坚果内皮很容易去除。

巧克力核桃松露挞

意式酥挞皮里盛着浓郁的巧克力馅料，顶部的松露巧克力涂层与可可粉呼应，迸发出双倍的美味。

成品分量: 6～8 人份
准备时间: 45～50 分钟
冷藏时间: 45 分钟
烘烤时间: 35～40 分钟
提前准备: 可以提前 2 天做好面团，紧紧包好，冷藏保存
储存: 做好后可以在密封容器里保存 2 天，味道会随时间过去而更加浓郁; 上桌前 4 小时内再浇上淋面

特殊器具
直径为 23 厘米的活扣蛋糕模
带刀片的食物料理机

基本原料
150 克白面粉，外加适量撒粉用
75 克无盐黄油，外加适量涂油用
50 克细砂糖
¼ 茶匙盐
1 个鸡蛋

馅料原料
150 克核桃
100 克细砂糖
150 克无盐黄油
2 茶匙白面粉
2 个鸡蛋的蛋黄，外加 1 个鸡蛋
60 克优质黑巧克力，切碎
1 茶匙香草精

巧克力淋面原料
175 克优质黑巧克力，掰成小块
75 克无盐黄油
2 茶匙柑曼怡酒
可可粉，撒粉用

1 面粉过筛后堆在操作台上，在中心处挖一个小坑。用擀面杖敲软黄油。把黄油、糖、盐、鸡蛋放入小坑里，搅拌均匀。与面粉混合，搓成粗屑，再压成面团。用保鲜膜包住，冷藏 30 分钟。

2 给模具涂油。在操作台上撒一层面粉，把面团擀成直径为 28 厘米的圆形挞皮。把挞皮卷在擀面杖上，在挞模上方展开铺平。再将挞皮按入模具里面，把裂开的地方按紧封住。用叉子在底部扎上小洞，冷藏 15 分钟定形。

3 将烤箱预热至 180 摄氏度。把坚果摊在烤盘里烤 5～10 分钟，烤至颜色开始变棕即可，静置冷却。把烤盘放回烤箱里。留出 8 块半的核桃，其余的与糖一起用料理机打成粉末。

4 把黄油搅打成细腻的糊状。加入面粉和核桃粉，搅打 2～3 分钟至混合物变蓬松。逐个加入蛋黄，每加一个后都要搅打均匀。搅入巧克力和香草精。

5 把馅料摊在酥皮上，抹平表面，放在烤盘上烘烤 35～40 分钟，然后转移到网架上冷却。

6 把刷面用的巧克力放在碗里，架在一锅微微沸腾的水上，搅拌至融化。把刚才留出的核桃放在巧克力浆里蘸一圈，裹上一层巧克力外衣，静置备用。将黄油切成片，搅入巧克力浆里。加入柑曼怡酒，静置冷却。

7 脱模，把淋面巧克力酱倒在顶部，用抹刀摊开，静置等待凝固。上桌前筛上可可粉，摆上巧克力核桃，常温食用。

双倍巧克力覆盆子挞

这道与众不同的甜点制作起来十分简单，使用成品挞皮可以进一步缩短制作时间。

成品分量: 6～8 人份
准备时间: 40 分钟
冷藏时间: 1 小时
烘烤时间: 25 分钟
提前准备: 烤好的挞皮可以在密封容器中保存 3 天或冷冻保存 12 周
储存: 做好后可以放在密封容器里冷藏保存 2 天

特殊器具
直径为 22 厘米的活底挞模
烘焙豆

基本原料
1 个巧克力挞皮，购买成品或按照第 322～323 页步骤 1～12，把面粉减少至 130 克，再添加 20 克可可粉

馅料原料
100 克优质白巧克力，掰成小块
75 克优质黑巧克力，掰成小块
250 毫升双倍奶油
400 克覆盆子
糖粉，撒粉用

1 把白巧克力放在碗里，架在一锅微微沸腾的水上，隔水融化，静置冷却。

2 用同样的方法融化黑巧克力。用刷子在挞皮里刷一层巧克力。这样做可以避免挞皮在盛满馅料后变湿软。静置等待巧克力凝固。

3 将奶油打发至硬挺。把冷却后的白巧克力倒入打发奶油里，翻拌均匀。将一半覆盆子压碎，拌进奶油混合物里。把馅料放入挞皮里，摊平。把覆盆子摆在顶部做装饰，上桌前筛上糖粉。

香蕉太妃派

这是一款极其浓郁甜腻的现代经典甜品。它的饱腹感很强，因此很适合出现在派对上。

成品分量： 6～8 人份

准备时间： 20 分钟

冷藏时间： 1 小时

储存： 做好后可以放在密封容器里冷藏保存 2 天，也可以冷冻保存 8 周

特殊器具

直径为 22 厘米的活扣蛋糕模或活底挞模

基本原料

250 克消化饼干

100 克无盐黄油，融化后冷却

焦糖原料

50 克无盐黄油

50 克浅色绵红糖

400 克罐装炼乳

顶部原料

2 根熟透的大香蕉

250 毫升双倍奶油，打发

一点黑巧克力，用来擦成屑

1 在模具里铺上烘焙纸。把消化饼干装进结实的保鲜袋里，用擀面杖压碎。把饼干与融化的黄油混合均匀，倒进准备好的烤模里。用力按压饼干屑，形成一层紧实平整的底座。盖住，放入冰箱冷藏。

2 制作焦糖。把黄油和糖放进一个小的厚底锅里，用中火加热。加入炼乳，用大火煮沸。把火调小，搅动着煨 2～3 分钟。混合物的质地会变厚，变成淡淡的焦糖色。把焦糖倒在饼干底座上，等待凝固。

3 凝固后，把饼干焦糖底座从模具中取出来，放到盘中。把香蕉切成 5 毫米厚的小斜片，铺在焦糖上。

4 将奶油打发，倒在香蕉上，用刮刀抹平。用刮皮器将巧克力削成粗丝，再另取一些磨成粉，撒到奶油顶部做装饰。

烘焙小贴士

　　无论大人孩子，都很喜欢这款不用烤箱的甜点。
饼干派底和焦糖需要放进冰箱里硬化，但要提前将它
们从冰箱中取出，在室温下放置 30 分钟后再加入香
蕉和奶油，这样能让派底更容易切开。

苹果派

这款适合秋天的派可能是顶级的家庭疗愈系食物，最好趁温热时与香草冰激凌一起食用。

成品分量： 6～8 人份
准备时间： 30～35 分钟
冷藏时间： 1 小时 15 分钟
烘烤时间： 50～55 分钟

特殊器具
直径为 23 厘米的浅派盘

基本原料
330 克白面粉，外加适量撒粉用
1/2 茶匙盐
150 克猪油或白色植物脂肪，外加适量涂油用
2 汤匙细砂糖，外加适量撒糖用
1 汤匙牛奶，刷面用

馅料原料
1 千克酸苹果
1 个柠檬的果汁
2 汤匙白面粉
1/2 茶匙肉桂粉，根据口味添加
1/4 茶匙肉豆蔻粉，根据口味添加
100 克细砂糖，根据口味添加

1　面粉和盐过筛后放入碗里。放入猪油或植物脂肪，用两把圆刃的小刀把脂肪拌进面粉里。

2　用指尖揉搓成屑状。搓的时候举得高一点，让混合物在落下时多接触空气。

3　加入糖，洒 6～7 汤匙凉水，用叉子搅匀。

4　把混合物压成面团，包好冷藏 30 分钟。给派盘涂油。

5　在操作台上撒一层面粉。取 2/3 面团，擀成直径比派盘大 5 厘米的圆形酥皮。

6　把酥皮卷在擀面杖上，盖在派盘上，然后用手轻轻按进盘底。

7 切掉多余的酥皮，冷藏 15 分钟定形。

8 苹果去皮，切成 4 瓣，去核。

9 把苹果切面向下放在菜板上，切成中等厚度的片状。

10 把苹果片放在碗里，把柠檬汁倒在苹果上，拌匀。

11 把面粉、肉桂粉、肉豆蔻粉、糖撒在苹果上，拌匀。

12 把苹果放到派盘里，堆成中间稍高的形状。

13 在边缘刷一点水，把剩下的面团擀成直径为 28 厘米的圆形。

14 把圆形酥皮卷在擀面杖上，在馅料上方展开铺好，修掉多余的部分。

15 把两张酥皮的边缘捏到一起，一边捏一边用刀背压出褶皱。

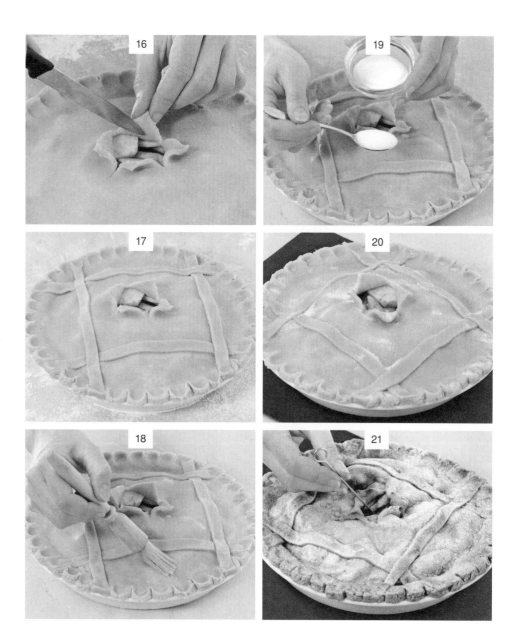

16 在上层派皮的中心切一个十字。把四个角轻轻向后拉，露出一点馅料。

17 把切除的酥皮重新擀平，切成条状。刷一点水，交叉着摆在顶部。

18 用烘焙刷在派上刷一层牛奶，这样烤出的派皮会变成金黄色。

19 撒上砂糖，冷藏 30 分钟。将烤箱预热至 220 摄氏度。

20 烘烤 20 分钟。将烤箱温度调至 180 摄氏度，再烤 30 ～ 35 分钟。

21 把一根扦子插入中心的开口处，测试苹果是否变软。烤好后，趁热上桌。

苹果派▶

更多水果派

黑莓苹果派

传统的配方使用的是烹饪苹果，但我更喜欢用甜的青苹果。

成品分量： 4～6 人份
准备时间： 35～40 分钟
冷藏时间： 45 分钟
烘烤时间： 50～60 分钟
提前准备： 可以提前 2 天做好面团，紧紧包好，冷藏备用

特殊器具
容量为 1 升的派盘
派漏斗

基本原料
215 克白面粉，外加适量撒粉用
1½ 汤匙细砂糖
¼ 茶匙盐
45 克猪油或白色植物油，冷藏切块
60 克无盐黄油，冷藏切块

馅料原料
875 克青苹果，去皮去核，切块
1 个柠檬的果汁
150 克细砂糖，根据口味增减
500 克黑莓

1 面粉、糖、盐过筛后放进碗里。加入猪油和黄油，用指尖搓成屑状。一边搅动，一边向碗里洒水，每次 1 汤匙，混合物开始结块即停，太多水会让酥皮变硬。轻轻搅成面团，用保鲜膜包住，冷藏 30 分钟。

2 把苹果放到碗里。留出 2 汤匙糖，其余的和柠檬汁一起倒在苹果上，拌匀。加入黑莓，再次拌匀。

3 把面团擀成一张尺寸比派盘大7.5 厘米的酥皮，切下 2 厘米宽的一圈。把派漏斗放在派盘中心，周围放上水果。

4 把条状酥皮沾湿，粘到派盘边缘，在上面再刷一点凉水，把派皮放在上面，按紧实。在漏斗的上方切开一个口，切掉派盘边多余的派皮，冷藏 15 分钟。将烤箱预热至 190 摄氏度，烤 50～60 分钟至派皮金黄酥脆。撒上糖，趁热上桌。

樱桃派

在樱桃成熟的季节制作，可以充分利用熟透了的甜樱桃。

成品分量： 4～6 人份
准备时间： 30 分钟
冷藏时间： 1 小时
烘烤时间： 45～50 分钟
提前准备： 可以提前 3 天做好馅料，冷藏保存；提前 1 天做好酥皮，冷藏保存
储存： 做好后可以在密封容器里保存 1 天

特殊器具
直径为 18 厘米的活底蛋糕模
烘焙豆

基本原料
200 克白面粉，外加适量撒粉用
125 克无盐黄油，冷藏切块
50 克细砂糖
2 汤匙牛奶

馅料原料
50 克细砂糖
500 克新鲜樱桃，去核
1 个小柠檬或半个大柠檬的果汁
1 汤匙玉米粉
1 个鸡蛋，打散

1 用指尖将面粉和黄油揉搓成细屑，搅入糖。加入牛奶，搅成面团。用保鲜膜包好，冷藏 1 小时。将烤箱预热至 180 摄氏度。

2 把糖和 3½ 汤匙水放进锅里加热。糖融化后，加入樱桃和柠檬汁，用大火煮开。盖上锅盖，调至小火煮 5 分钟。把玉米粉和 1 汤匙水混合成糊状，加进煮樱桃的锅里，用小火加热至混合物变稠，静置冷却。

3 把面团放在撒过面粉的操作台上，擀成 3～5 毫米厚的酥皮。把酥皮提起来，铺进派盘里，留下 2 厘米的边缘，把超过 2 厘米的部分用剪刀剪掉。在酥皮边缘刷上蛋液。

4 把剪掉的酥皮揉成面团，擀成一个比派盘稍大的圆形。把樱桃倒进派盘里，小心地盖上另一块酥皮，压紧边缘。用锋利的刀子切掉多余的酥皮，刷上蛋液。在派皮上切 2 个小口，用来放走蒸气。

5 放入烤箱上层，烤 45～50 分钟至表面焦黄。冷却 10～15 分钟，趁热上桌。

大黄草莓派

初夏是大黄和草莓成熟的季节，也是最适合制作这款派的季节。

成品分量： 6～8 人份
准备时间： 30～35 分钟
冷藏时间： 45 分钟
烘烤时间： 50～55 分钟
提前准备： 可以提前 2 天做好面团，冷藏保存

特殊器具
直径为 23 厘米的浅派盘

基本原料
1 个生派底以及做上层派皮的酥皮面团，见第 330～331 页步骤 1～7

馅料原料
1 千克大黄，切片
1 个橙子的碎皮屑
250 克细砂糖，外加 1 汤匙刷面用
¼ 茶匙盐
30 克白面粉
375 克草莓，去蒂，每个草莓切成 2 块或 4 块
15 克无盐黄油
1 汤匙牛奶，刷面用

1 把大黄、橙子皮屑、糖、盐、面粉放在碗里，混合均匀。加入草莓，拌匀。把水果混合物舀进铺好酥皮的派盘里，摆成中间稍高的形状。把黄油切成小块，均匀地摆在馅料上面。

2 在底托的边缘刷上凉水。将剩下的面团擀成直径为 28 厘米的圆形，盖在馅料上，修至与底托齐平，按紧边缘。

3 在中心切一个排气的小口。刷上牛奶，撒上砂糖，冷藏 15 分钟。将烤箱预热至 220 摄氏度。把一个烤盘放在烤箱中心一起预热。

4 把派盘放在烤盘上，放入烤箱烤 20 分钟。把温度降至 180 摄氏度，再烤 30～35 分钟至颜色变深。用扦子测试水果是否变软，如果水果不够软但派皮已经变焦，就松松地盖上锡纸再烤一会儿。烤好后，转移到网架上放凉。

百果派

这是一道简单易做的节日点心，百果馅只需很短的时间就能做好。

成品分量： 18 个

准备时间： 20 分钟

冷藏时间： 10 分钟

烘烤时间： 10 ～ 12 分钟

提前准备： 可以提前 2 天做好面团，用保鲜膜包好冷藏保存或冷冻保存 8 周

储存： 做好后可以在密封容器里保存 3 天

特殊器具

直径为 7.5 厘米的圆形饼干切模
直径为 6 厘米的圆形或其他形状的饼干模
纸杯蛋糕模

原料

1 个小苹果

30 克黄油，融化

85 克无籽葡萄干

85 克有籽葡萄干

55 克醋栗

45 克混合果皮，切碎

45 克杏仁碎或榛子仁

1 个柠檬的碎皮屑

1 茶匙混合香料

1 汤匙白兰地或威士忌

30 克深黑糖

1 根小香蕉，切小块

500 克油酥酥皮，购买成品或见第 330 页步骤 1 ～ 4

白面粉，撒粉用

糖粉，撒粉用

1 将烤箱预热至 190 摄氏度。苹果连皮一起磨碎，放到大碗里。向碗里加入黄油、无籽葡萄干、有籽葡萄干、醋栗、混合果皮、坚果、柠檬皮屑、混合香料、白兰地或威士忌、糖，混合均匀。加入香蕉，再次混合均匀。

2 在操作台上撒一些面粉，将面团擀成 2 毫米厚，用大的饼干模切出 18 个圆形。把切剩的酥皮重新团好擀平，用小的饼干模切出 18 个圆形或星形等符合节日主题的形状。

3 把大的圆形酥皮铺在纸杯蛋糕模里，在上面放满满 1 茶匙百果馅，再盖上较小的酥皮。

4 冷藏 10 分钟，然后烘烤 10 ～ 12 分钟至酥皮金黄。小心地脱模，放到网架上晾凉。撒上糖粉即可上桌。

烘焙小贴士

　　自制的百果派永远比买来的好吃很多。这个配方里的香蕉块没有在传统配方中出现过，但能让百果派的口感更加浓郁柔滑。

国王饼

这道经典法式馅饼的传统做法是用朗姆酒或白兰地来给杏仁奶油调味，但也可以用牛奶来替代，做成老少皆宜的版本。

成品分量： 6～8 人份
准备时间： 25 分钟
烘烤时间： 30 分钟
提前准备： 可以提前 3 天做好杏仁奶油，冷藏保存
储存： 做好后可以在密封容器里保存 3 天或冷冻保存 8 周

原料

100 克细砂糖
100 克无盐黄油，软化
1 个鸡蛋，外加 1 个打散的鸡蛋，刷蛋液用
100 克杏仁粉
1 茶匙杏仁精
1 汤匙白兰地、朗姆酒或牛奶
白面粉，撒粉用
500 克万能酥皮，购买成品或见第 178 页步骤 1～9

1 将烤箱预热至 200 摄氏度。把黄油和糖放在碗里，用电动打蛋器搅成细腻的糊状。打入鸡蛋，搅打均匀。

2 加入杏仁粉、杏仁精、朗姆酒、白兰地、牛奶，混合成膏状。

3 在操作台上撒一些面粉，将酥皮擀成 50 厘米 ×25 厘米的长方形。酥皮的尺寸不一定要精确，但厚度应保持在 3～5 毫米。

4 把酥皮折成两半，比照直径为 25 厘米的盘子切出两个圆饼。把其中一个圆饼放在不粘烤盘上，在边缘刷一点蛋液。将杏仁奶油放在上面，均匀摊开，留出不到 1 厘米的边界。

5 把另一张圆饼盖在馅料上，用手指或叉子背把边缘封紧。用锋利的小刀切出一圈螺旋状的细缝，注意不要切到中心处，否则馅饼会裂开。如果你很有艺术天赋，还可以给馅饼加上花边。

6 在饼皮上刷上蛋液，放入烤箱上层烤 30 分钟至焦黄膨胀。把国王饼留在烤盘里冷却 5 分钟，然后取出放到网架上。趁热或放凉后食用皆可。

烘焙小贴士

    在法国，每年的 1 月 6 日，人们都会用这道包着杏仁奶油的酥皮点心来庆祝主显节的到来。但这款简单又美味，适合带去野餐的点心当然不会每年只出现一次。

樱桃卷

不要被它的超薄酥皮吓到，做好这种酥皮的秘诀在于充分的揉捏，让面团充满弹性。

成品分量： 6～8人份

准备时间： 45～50分钟

烘烤时间： 30～40分钟

储存： 可以在做好后的第二天用烤箱加热

基本原料

250克白面粉，外加适量撒粉用

1个鸡蛋

½茶匙柠檬汁

一小撮盐

125克无盐黄油，外加适量涂油用

馅料原料

500克樱桃

1个柠檬

75克核桃

100克浅色绵红糖

1茶匙肉桂粉

糖粉，撒粉用

法式酸奶油，搭配食用（可选）

1 把面粉筛到操作台上，在中间挖一个坑。

2 在鸡蛋里加入125毫升水、柠檬汁、盐，打散后倒进面粉中间的坑里。

3 用指尖一点点地将面粉与湿性原料混合。

4 把混合物揉成很软的面团即可，不要混入过多的面粉。

5 把面团放在撒过面粉的操作台上揉10分钟，揉成有光泽的光滑面团。

6 把面团团成球形，用碗盖住，静置30分钟。

7　樱桃去核。柠檬皮擦碎放到盘子里，保留精油。

8　将核桃大致切碎，留出几个大块的备用。

9　在操作台上铺一条干净的旧床单，在上面均匀地撒一层面粉。

10　把面团擀成非常大的正方形，用微湿的茶巾盖住，静置 15 分钟。

11　将烤箱预热至 190 摄氏度。在烤盘上涂油，把黄油放入锅里加热融化。

12　双手沾满面粉，从中心处开始，向外拉扯面团。

13　把面团尽量拉薄，形成半透明的薄膜。

14　立即把 ¾ 的黄油均匀地刷在面团上。

15　撒上樱桃、核桃、糖、柠檬皮屑和肉桂粉。

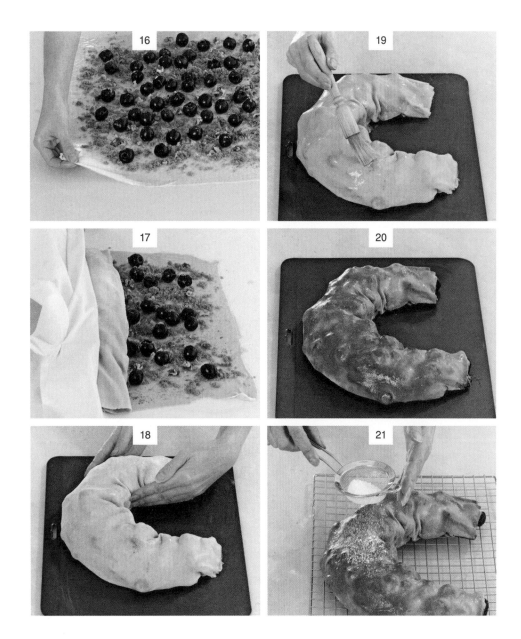

16 用手指把较厚的边缘拉出来，扯掉。

17 借助床单轻轻卷起樱桃卷，一定要卷得足够紧实，这样酥皮才能均匀受力。

18 把樱桃卷转移到烤盘上，整理成新月形或半环形。

19 刷上剩余的黄油，烤 30 ～ 40 分钟至表皮酥脆。

20 在烤盘上冷却几分钟，然后用煎鱼铲转移到网架上。

21 撒上糖粉，趁热与法式酸奶油一起上桌。

樱桃卷▶

更多薄酥卷饼

苹果卷

这是一款越南风味的卷饼，趁热或放凉后食用皆可。

成品分量： 10 ～ 12 人份
准备时间： 50 分钟
提前准备： 烤之前可以放入冰箱冷藏几小时
烘烤时间： 30 ～ 40 分钟
储存： 可以在烤好后第二天用烤箱加热

原料

60 克无盐黄油，融化，外加适量涂油用
1 千克脆的甜点苹果，如布瑞拜苹果，去皮去核，切块
½ 个柠檬的碎皮屑
3 汤匙朗姆酒
60 克葡萄干
100 克细砂糖
几滴香草精
60 克去皮杏仁，切碎
1 个优质薄酥卷饼酥皮，可根据第 340 ～ 341 页步骤 1 ～ 6 和步骤 9 ～ 14 制作，或者 4 张 25 厘米 × 45 厘米的成品菲洛酥皮
60 ～ 85 克新鲜面包屑
糖粉，撒粉用

1 将烤箱预热至 180 摄氏度。在一个大烤盘上涂油。把苹果放进碗里，与柠檬皮屑、朗姆酒、葡萄干、细砂糖、香草精和杏仁混合成馅料。如果使用菲洛酥皮，把一张酥皮铺在操作台上，刷满融化的黄油。在黄油上再铺一层酥皮，刷满黄油，就这样将所有酥皮都摞起来。

2 把面包屑撒在酥皮上，留出 2 厘米的边界。轻轻地把馅料舀到面包屑上，把短边的边界折起来盖到馅料上。从一条长边开始，仔细地卷起酥皮，卷好后将两端捏紧。放到烤盘上，再刷一层黄油。

3 烘烤 30 ～ 40 分钟，在 20 分钟时把剩余的黄油刷到酥皮上。烤好后留在烤盘上冷却，撒上糖粉。趁热或放凉后食用皆可。

南瓜山羊奶酪卷

这些小尺寸卷饼很适合作为节日聚会时的素食选项。

成品分量： 4 卷
准备时间： 15 分钟
提前准备： 烤之前可以盖好，放入冰箱冷藏几小时
烘烤时间： 20～25 分钟
储存： 可以在烤好后第二天用烤箱加热

原料

2 汤匙橄榄油
3 个红洋葱，切丝
2 汤匙香醋
一小撮糖
海盐或现碾黑胡椒
白面粉，撒粉用
1 个优质薄酥卷饼酥皮，可根据第 340～341 页步骤 1～6 和步骤 9～14 制作，或者 12 张 25 厘米×25 厘米的成品菲洛酥皮
50 克无盐黄油，融化
500 克冬南瓜，去皮去籽，大致磨碎
2 汤匙鼠尾草末
250 克软山羊奶酪，大致切块

1 将烤箱预热至 200 摄氏度。把橄榄油倒进煎锅里，用中火加热。放入洋葱，炒约 5 分钟，把洋葱炒软。加入香醋、糖、足量的盐和黑胡椒，用小火烹饪 5 分钟。

2 如果使用菲洛酥皮制作 4 个奶酪卷，在操作台上铺 4 张酥皮，在上面刷满融化的黄油。在黄油上再铺一层酥皮，刷满黄油，就这样将所有酥皮都摞起来。在顶层的酥皮上也刷一层黄油，刷的时候应先仔细地刷好边缘处（这样更容易封边）。

3 把冬南瓜铺在酥皮上，除了离你最近的边，在其他三边各留出 2 厘米的边界。把洋葱铺在南瓜上，然后撒上鼠尾草末。最后摆上山羊奶酪，用黑胡椒和一点盐调味。

4 把每个奶酪卷中 2 条没有馅料的边折起来，然后从离你最近的边开始卷起来。一边卷，一边把两侧塞进去，卷好后把接缝处压在下面。放到不粘烤盘上，再刷一层黄油。

5 烘烤 20～25 分钟至焦黄酥脆。可以冷却 10 分钟后趁热食用，也可以完全冷却后食用。

烘焙小贴士

有了成品菲洛酥皮的帮助，这道素食卷只需几分钟就能做好。南瓜泥让奶酪卷的口感更加软糯。如果你有带研磨功能的食物料理机，那么准备起来会更快。

干果卷

在当季新鲜水果很少的冬天，干果卷是一道再合适不过的甜点。它还可以用作圣诞聚餐时的甜点。

成品分量： 6～8 人份
准备时间： 45～50 分钟
提前准备： 烤之前可以盖好，放入冰箱冷藏几小时
烘烤时间： 30～40 分钟
储存： 烤好后第二天可以用烤箱加热

原料

500 克混合果干（杏、西梅、大枣、葡萄干、无花果）
125 毫升黑朗姆酒
125 克无盐黄油，外加适量涂油用
1 个优质薄酥卷饼酥皮，可根据第 340～341 页步骤 1～6 和步骤 9～14 制作，或者 4 张 25 厘米×45 厘米的成品菲洛酥皮
75 克核桃，大致切碎
100 克浅色绵红糖
1 茶匙肉桂粉
糖粉

1 把混合果干放入锅里，加入黑朗姆酒和 125 毫升水。一边搅拌，一边用小火加热 5 分钟。离火，静置冷却。煮过的果干体积会变大。在烤盘上涂油，将烤箱预热至 190 摄氏度。

2 如果使用菲洛酥皮，在操作台上铺一张酥皮，在上面刷满融化的黄油。在黄油上再铺一层酥皮，刷满黄油，就这样将所有酥皮都摞起来。

3 沥干果干，撒在酥皮上，四周各留出 2 厘米的边界。撒上核桃、红糖和肉桂粉。

4 从一条长边开始把酥皮卷起来，卷好后捏紧两端。把干果卷放到不粘烤盘上，再刷一点黄油。

5 烘烤 30～40 分钟至焦黄酥脆。冷却几分钟后用煎鱼铲转移到网架上。撒上糖粉，趁热食用。

巴克拉瓦

里面包着切碎的坚果和香料，外面淋着蜂蜜糖浆，这道酥脆的中东甜点一直都是人们的最爱。

成品分量： 36 块

准备时间： 50～55 分钟

烘烤时间： 1 小时 15 分钟～1 小时 30 分钟

储存： 可以提前 5 天做好，保存在密封容器里，味道会随时间过去而更加浓郁

特殊器具

30 厘米 ×40 厘米的深烤盘

糖浆温度计（可选）

原料

250 克去壳无盐开心果，大致切碎

250 克核桃仁，大致切碎

250 克细砂糖

2 茶匙肉桂粉

一大撮丁香粉

500 克袋装菲洛酥皮

250 克无盐黄油

250 毫升蜂蜜

1 个柠檬的果汁

3 汤匙橙花水

1 取出 3～4 汤匙开心果碎，留在最后装饰用。把剩下的开心果碎、核桃、50 克糖、肉桂粉、丁香粉放到碗里，搅拌混合。

2 将烤箱预热至 180 摄氏度。在操作台上铺一条微湿的茶巾，把菲洛酥皮展开，放在茶巾上，在酥皮上再铺一条微湿的茶巾。把黄油放入小锅里，加热融化。在烤盘里刷一点黄油。取一张菲洛酥皮，铺在烤盘里，如果酥皮太大，可以把其中一条边折起来。

3 在酥皮上刷一层黄油，轻轻按压，让它贴合烤盘。在上面再铺一层酥皮，刷上黄油，像之前一样按压进烤盘。就这样一层酥皮一层黄油，直到用完 ⅓ 酥皮。把一半坚果馅铺在酥皮上。

4 用同样的方法再摆 ⅓ 酥皮，铺上另一半坚果，然后用同样的方法摆上剩下的酥皮。用刀子把边缘切齐。刷一层黄油，然后把剩余的黄油倒在顶部。用小刀在酥皮上用切斜线的方式，标记出 36 个 4 厘米长的菱形，每条斜线 1 厘米深。注意切的时候不要按压酥皮。

5 放入烤箱下层，烤 1 小时 15 分钟～1 小时 30 分钟至酥皮金黄。把扦子插入中心处，30 秒后取出，观察扦子是否干净。

6 制作糖浆。把剩余的糖和 250 毫升水放进锅里，偶尔搅动，加热至溶解。倒入蜂蜜，搅拌均匀。煮 25 分钟至糖浆达到软球状态或 115 摄氏度。如果没有糖浆温度计，就把锅从火上移开，舀 1 茶匙糖浆。冷却几秒后，用食指和拇指取一点，能搓成一个小软球即为煮好。

7 离火，冷却至温热，加入柠檬汁和橙花水。把烤盘从烤箱中取出，然后立即把糖浆倒在酥皮上。用一把锋利的小刀，沿之前切出的痕迹切开，但不要完全切到底（见烘焙小贴士）。静置冷却。

8 沿切痕完全切开。用抹刀小心地将点心拿出来，放到甜点盘上。在每块点心上撒一些开心果碎。

烘焙小贴士

　　菲洛酥皮很薄，很容易在切割的时候碎裂。这个配方里的糖浆可以最大限度地避免这种情况的发生，但也无法完全避免。因此，为了切出整齐的巴克拉瓦，一定要使用锋利的薄刃刀子，而且要像配方中要求的那样先划出标记线。

蓝莓酥皮馅饼

这款经典的美国夏日水果馅饼做起来费时很少，因此很适合在饥饿的时候制作。

成品分量： 6～8 人份
准备时间： 15 分钟
烘烤时间： 30 分钟

特殊器具
耐高温浅盘

馅料原料
450 克蓝莓
2 个苹果或 2 个大桃子，切片
2 汤匙细砂糖
½ 个柠檬的碎皮屑

饼皮原料
225 克自发粉
2 茶匙泡打粉
75 克细砂糖，外加 1 汤匙撒糖用
一小撮盐
75 克无盐黄油，冷藏切块
100 毫升酪乳
1 个鸡蛋
一把杏仁片
卡仕达酱或双倍奶油，搭配食用（可选）

1 将烤箱预热至 190 摄氏度。把苹果放进盘子里，加入糖和柠檬皮屑。

2 制作饼皮。把面粉、泡打粉、细砂糖、盐过筛后放进一个碗里。

3 向碗里加入黄油，用手指混合成屑状。

4 把酪乳和鸡蛋一起打散，加进干性原料里，搅成面团。

5 舀 1 汤匙约核桃大小的面团，摆在水果上，留出足够面团摊开的间距。

6 轻轻按压面团，让它们更多地接触水果。

7 把杏仁片和1汤匙糖均匀地撒在上面。

8 烤30分钟至颜色金黄、馅料冒泡。如果上色过快，就盖一张锡纸。

9 把扦子插入"饼皮"的中心，再拿出时扦子是干净的，即为烤好。

10 如果扦子上粘有面糊，就返回烤箱再烤5分钟，然后取出来再测试一次。稍冷却后直接把盘子端上桌，最好搭配大量卡仕达酱或双倍奶油食用。

更多水果酥皮馅饼

桃子酥皮馅饼

如果桃子没有完全熟透，就先用小火煮几分钟。煮过的桃子烘烤后更容易化开。

成品分量： 6～8人份
准备时间： 20分钟
烘烤时间： 30～35分钟

特殊器具
耐高温浅盘

馅料原料
50克细砂糖
8个熟桃子，去皮去核，每个切成4瓣
1茶匙玉米粉
1/2个柠檬的果汁

饼皮原料
225克自发粉
2茶匙泡打粉
75克细砂糖
一小撮盐
1/2～3/4茶匙肉桂粉，调味用
75克无盐黄油
1个鸡蛋
100毫升酪乳
1汤匙浅色绵红糖
冰激凌、卡仕达酱或奶油，搭配食用（可选）

1 将烤箱预热至190摄氏度。把糖和3～4汤匙水放进一个大的厚平底锅里加热。糖融化后，立刻加入桃子，盖上锅盖，用中火加热2～3分钟。

2 把玉米粉和柠檬汁混合成膏状，加进锅里。开着锅盖，用小火加热至只剩桃子周围有稠厚的液体。把桃子和糖浆放进盘子里。

3 制作饼皮。把面粉、泡打粉、细砂糖、盐、肉桂粉过筛后放进一个碗里。加入黄油，用手指把混合物搓成屑状。把酪乳和鸡蛋一起打散，加进干性原料里，搅成软黏的面团。

4 用汤匙把面团舀到水果表面，每次满满1汤匙，每匙之间留出一点距离。撒上糖，放入烤箱上层烤30～35分钟至颜色金黄、馅料冒泡。把扦子插入中心处，再拿出时扦子是干净的，即为烤好。冷却5分钟，然后与冰激凌、卡仕达酱或奶油一起上桌。

苹果黑莓酥皮馅饼

苹果和黑莓是常见的秋季水果组合，通常用于制作挞派，而这个配方把它们包进了馅饼里面。

成品分量： 6～8人份
准备时间： 20分钟
烘烤时间： 30分钟

特殊器具
耐高温浅盘

馅料原料
1千克苹果，去皮去核，大致切碎
250克黑莓
1/2个柠檬的果汁
2汤匙细砂糖
2汤匙浅色绵红糖
25克无盐黄油，冷藏切块

饼皮原料
225克自发粉
2茶匙泡打粉
75克细砂糖
一小撮盐
1/2～3/4茶匙肉桂粉，调味用
75克无盐黄油
1个鸡蛋
100毫升酪乳
1汤匙浅色绵红糖
冰激凌、卡仕达酱或奶油，搭配食用（可选）

1 将烤箱预热至190摄氏度。把苹果和黑莓放进柠檬汁里拌匀，加入两种糖混合均匀。把水果倒进盘子里，把黄油块均匀地摆在水果上。

2 制作饼皮。把面粉、泡打粉、细砂糖、盐、肉桂粉过筛后放进一个碗里。加入黄油，用手指把混合物搓成屑状。把酪乳和鸡蛋一起打散，加进干性原料里，搅成软黏的面团。

3 用汤匙把面团舀到水果表面，每次满满1汤匙，每匙间留出一点距离，撒上浅色绵红糖。

4 放入烤箱中心，烤30分钟至颜色金黄、馅料冒泡。把扦子插入中心处，再拿出时扦子是干净的，即为烤好。至少冷却5分钟，然后与冰激凌、卡仕达酱或奶油一起上桌。

肉桂李子酥皮馅饼

红糖和肉桂给熟透的李子增添了甜味和香料味道。馅饼制作起来很快，如果想再快一点，可以用食物料理机把面粉搅成屑，然后团成面团。

成品分量： 6～8 人份
准备时间： 20 分钟
烘烤时间： 30 分钟

特殊器具
耐高温浅盘

馅料原料
1 千克李子，去核切半
50 克浅色绵红糖
1 茶匙肉桂粉
25 克无盐黄油，冷藏切块

饼皮原料
225 克自发粉
2 茶匙泡打粉
75 克细砂糖
一小撮盐
$\frac{1}{2}$ ～ $\frac{3}{4}$ 茶匙肉桂粉，调味用
75 克无盐黄油
1 个鸡蛋
100 毫升酪乳
1 汤匙浅色绵红糖
冰激凌、卡仕达酱或奶油，搭配食用（可选）

1 将烤箱预热至 190 摄氏度。给李子裹上糖和肉桂粉，放进盘子里。把黄油块摆在水果上。

2 制作饼皮。把面粉、泡打粉、细砂糖、盐、肉桂粉过筛后放进一个碗里。加入黄油，用手指把混合物搓成屑状。把酪乳和鸡蛋一起打散，加进干性原料里，搅成软黏的面团。

3 用汤匙把面团舀到水果表面，每次满满 1 汤匙，每匙之间留出一点距离，撒上浅色绵红糖。

4 放入烤箱中心，烤 30 分钟至颜色金黄、馅料冒泡。把扦子插入中心处，再拿出时扦子是干净的，即为烤好。至少冷却 5 分钟，然后与冰激凌、卡仕达酱或奶油一起上桌。

烘焙小贴士

一旦熟练掌握了饼皮的制作方法，你就可以在它下面放任何种类的新鲜水果。少数比较硬的水果需要先煮一会儿，但大多数水果都可以裹上糖和香料直接放入盘中。

李子奶酥

这款流行的甜点制作简单，适合任何场合。

成品分量： 4 人份

准备时间： 10 分钟

提前准备： 奶酥可以提前 1 个月做好，冷冻保存

烘烤时间： 30 ～ 40 分钟

顶部奶酥原料

150 克白面粉

100 克无盐黄油，冷藏切块

75 克浅色绵红糖

60 克燕麦片

馅料原料

600 克李子，去核切半

枫糖浆或蜂蜜，调味用

1 将烤箱预热至 200 摄氏度。制作奶酥：把面粉放入一个大料理盆里。加入黄油，用手指把混合物搓成屑状。不要搓得太细，否则口感会变得粗糙。搅入糖和燕麦片。

2 把李子放进盘子里，在上面淋一些枫糖浆或蜂蜜，放上奶酥。

3 烘烤 30 ～ 40 分钟至表面焦黄、李子汁开始冒泡。

烘焙小贴士

　　虽然这是一道很家常的甜点，但一旦出现在餐桌上就会成为最受欢迎的焦点。制作奶酥看起来很简单，但加入的黄油过多会让奶酥在烤箱里融化，黄油太少又会让奶酥变干，所以一定要严谨地根据配方制作。

苹果布朗贝蒂酥

这款美式甜点工序简单，顶部铺着浸过黄油的面包屑。

成品分量: 4 人份
准备时间: 15 分钟
烘烤时间: 35 ~ 45 分钟

特殊器具
容量为 1.2 升的烤盘

原料
85 克无盐黄油
175 克新鲜面包屑
900 克苹果（青苹果、金冠苹果等）
85 克绵红糖
1 茶匙肉桂粉
½ 茶匙混合香料
1 个柠檬的碎皮屑
2 汤匙柠檬汁
1 茶匙香草精

1 将烤箱预热至 180 摄氏度。把黄油放入小锅中，融化后加入面包屑，搅拌均匀。

2 把苹果去皮，切成 4 瓣，去核，切成片，放在碗里。向碗里加入糖、肉桂粉、混合香料、柠檬皮、柠檬汁、香草精，混合均匀。

3 把一半苹果混合物放进盘子里，在上面撒一半面包屑，放上剩余的苹果，然后盖上剩余的面包屑。

4 烘烤 35 ~ 45 分钟，第 35 分钟时检查一下。如果上色过快，就把烤箱温度降至 160 摄氏度，并在盘子上盖一张烘焙纸。当奶酥焦黄、苹果变软，就说明烤好了。烤好后立即上桌。

烘焙小贴士

　　这个配方可以用任何水果制作，树上结的水果是最好的。可以尝试加入你喜欢的香料。发挥你的创意，尝试用柠檬百里香搭配梨，用八角或豆蔻籽搭配李子。

咸挞派

SAVOURY TARTS AND PIES

瑞士甜菜格鲁耶尔奶酪挞

如果买不到甜菜，也可以用菠菜替代，在第 15 步时把菠菜加进锅里，稍稍减少烹饪的时间。

成品分量： 6～8 人份
准备时间： 20 分钟
冷藏时间： 1 小时
烘烤时间： 55～70 分钟
提前准备： 可以提前 2 天做好酥皮，用保鲜膜包好，冷藏保存
储存： 做好后可以冷藏保存 1 天或冷冻保存 8 周

特殊器具
直径为 22 厘米的活底挞模
烘焙豆

酥皮原料
150 克白面粉，外加适量撒粉用
75 克无盐黄油，冷藏、切块
1 个鸡蛋的蛋黄

馅料原料
1 汤匙橄榄油
1 个洋葱，切末
海盐
2 瓣大蒜，切末
几枝新鲜迷迭香，摘掉叶子，切末
250 克瑞士甜菜，切掉茎
125 克格鲁耶尔奶酪，磨碎
125 克菲达奶酪，切块
现碾黑胡椒
2 个鸡蛋，稍稍打散
200 毫升双倍奶油或淡奶油

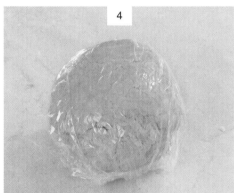

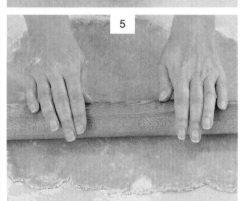

1 把面粉和黄油放在碗里，揉搓成细屑。

2 向蛋黄里加入 1 汤匙凉水，稍稍打散。

3 把蛋液加入面粉屑里，搅成软面团，如果太干就加一点水。

4 用保鲜膜包住面团，冷藏 1 小时。将烤箱预热至 180 摄氏度。

5 将面团放在撒了面粉的操作台上，擀成约 3 毫米厚的圆形。

6 用擀面杖小心地提起酥皮，铺在挞盘上。

7 把挞皮铺在模具里，边缘应超出模具 2 厘米。

8 用叉子在酥皮上扎满小洞，在里面铺一张烘焙纸。

9 把烘焙豆放在烘焙纸上，压住酥皮。把挞模放在一个烤盘上。

10 放入烤箱中心，烤 20 ～ 25 分钟。取出烘焙纸和烘焙豆。

11 再烤 5 分钟至底部酥脆。静置冷却，然后用刀子切掉多余的挞皮。

12 也可以在这一步时将酥皮包好，冷藏保存 2 天。

13 同时，把橄榄油放进锅里，用小火加热，加入洋葱和一小撮盐。

14 把洋葱炒软，加入大蒜和迷迭香，再炒几秒。

15 将瑞士甜菜大致切碎，放入锅里。搅拌大约 5 分钟，把甜菜炒软。

16 把挞皮放在烤盘上，舀入洋葱甜菜混合物。

17 撒上格鲁耶尔奶酪，铺上菲达奶酪，用盐和黑胡椒调味。

18 用叉子将奶油与 2 个鸡蛋搅拌均匀。

19 把奶油鸡蛋混合物倒在馅料上。

20 烘烤 30 ~ 40 分钟至表面金黄，留在烤模里冷却。

21 趁热或常温上桌，最好在制作当天食用。

瑞士甜菜格鲁耶尔奶酪挞▶

更多咸挞

洋葱挞

这道深盘洋葱挞是我的最爱之一。它的原料只有简单的洋葱、奶油、鸡蛋，但味道却出乎意料的美味。

成品分量： 6 ～ 8 人份
准备时间： 25 分钟
冷藏时间： 1 小时
烘烤时间： 80 ～ 85 分钟
提前准备： 可以提前 2 天做好酥皮，用保鲜膜包好，冷藏保存
储存： 最好在制作当天食用，但也可以冷藏一夜或冷冻保存 8 周，食用前用中型烤箱重新加热

特殊器具
直径为 22 厘米的活底挞模

基本原料
1 个酥皮挞皮，见第 358 ～ 359 页步骤 1 ～ 11

馅料原料
2 汤匙橄榄油
25 克黄油
500 克洋葱碎
海盐和现碾黑胡椒
200 毫升双倍奶油
1 个大鸡蛋，外加 1 个蛋黄

1 把橄榄油和黄油放进锅里加热，加入洋葱，放入海盐和黑胡椒调味。当锅发出"滋滋"声后，调成小火，盖上锅盖焖 20 分钟，中间偶尔搅拌。焖好的洋葱软烂，但没有变焦。打开锅盖，用大火煮 5 ～ 10 分钟，煮干水分。

2 把洋葱放入挞皮中，摊开。把双倍奶油、鸡蛋、蛋黄和调味料一起搅打均匀。把挞模放到烤盘上，把奶油混合物倒在洋葱上。用叉子稍稍移动洋葱，让奶油分布均匀。

3 放入烤箱中心烤 30 分钟，烤至浅黄色、馅料凝固凸起。从烤箱中取出挞模，切掉多余的酥皮。可以冷却 10 分钟后趁热食用，也可以放凉后食用。

熏鲑鱼挞

这些迷你的咸挞很适合出现在野餐篮中或自助餐台上，也很适合用作休闲晚餐的前菜。

成品分量： 6 个
准备时间： 30 分钟
冷藏时间： 30 分钟
烘烤时间： 25 ～ 30 分钟
提前准备： 可以提前 2 天做好酥皮，用保鲜膜包好，冷藏保存
储存： 最好在制作当天食用，但也可以冷藏一夜或冷冻保存 4 周，食用前用中型烤箱重新加热

特殊器具
6 个直径为 10 厘米的小挞模
烘焙豆

基本原料
125 克白面粉，外加适量撒粉用
75 克无盐黄油，冷却切块
一小撮盐
1 个小鸡蛋

馅料原料
115 毫升法式酸奶油
1 茶匙辣根酱
$\frac{1}{2}$ 茶匙柠檬汁
$\frac{1}{2}$ 个柠檬的碎皮屑
1 茶匙刺山柑，洗净切碎
海盐和现碾黑胡椒，调味用
4 个鸡蛋的蛋黄，打散
200 克熏鲑鱼
一把小茴香，切碎

1 把面粉、黄油、盐放在碗里，用指尖揉搓成细屑。加入鸡蛋，搅成面团。

2 把面团放在撒了面粉的操作台上，擀平后铺在挞模里。在挞皮上铺一张烘焙纸，放上烘焙豆，冷藏 30 分钟。

3 将烤箱预热至 200 摄氏度。把空挞皮放入烤箱烤 10 分钟，拿掉烘焙纸和烘焙豆，再烤 5 分钟。

4 把法式酸奶油、辣根酱、刺山柑、柠檬汁、柠檬皮放到碗里搅拌均匀，加入盐和黑胡椒调味。搅入蛋黄、熏鲑鱼和香料。

5 把馅料倒进挞皮中摊平，放回烤箱烤 10 ～ 15 分钟至馅料凝固。冷却 5 分钟，脱模后即可上桌。

洛林咸挞

这是一道以鸡蛋和培根为馅的法式名菜，是最正宗的咸挞。

成品分量： 4～6 人份
准备时间： 35 分钟
冷藏时间： 30 分钟
烘烤时间： 47～52 分钟
储存： 可以提前 2 天做好，凉透后放入冰箱冷藏保存，食用前用中型烤箱重新加热

特殊器具
直径为 23 厘米、高度为 4 厘米的深挞盘
烘焙豆

基本原料
225 克白面粉，外加适量撒粉用
115 克无盐黄油，切块
1 个鸡蛋的蛋黄

馅料原料
200 克培根丁
1 个洋葱，切碎
75 克格鲁耶尔奶酪，磨碎
4 个大鸡蛋，稍稍打散
150 毫升双倍奶油
150 毫升牛奶
现碾黑胡椒

1 把面粉、黄油放在大碗里，用指尖揉搓成细屑。加入蛋黄和 3～4 汤匙凉水，搅成面团。把面团放在撒了面粉的操作台上揉几下，用保鲜膜包好，冷藏 30 分钟。将烤箱预热至 190 摄氏度。

2 把面团放到撒过面粉的操作台上，擀平后铺在挞模里，按压贴合模具。用叉子在酥皮上扎满小洞，在里面铺一张烘焙纸，把烘焙豆放在烘焙纸上。将空挞皮烘烤 12 分钟，拿掉烘焙纸和烘焙豆，再烤 10 分钟，烤成浅黄色。

3 把培根放入大的煎锅中，不加油煎 3～4 分钟，煎出油脂。加入洋葱，再煎 2～3 分钟，把洋葱和培根铺在挞皮上面，加入格鲁耶尔奶酪。

4 将鸡蛋、奶油、牛奶、黑胡椒搅打均匀，倒在洋葱培根上。把挞模放在一个烤盘上，放入烤箱烤 25～30 分钟，烤至金黄凝固。完全凝固后切开，趁热上桌。

烘焙小贴士

油脂、酥皮、奶油、鸡蛋、馅料等最简单的食材就可以做出一道美味的咸挞。我喜欢先把空挞皮烤一下，因为烤过的挞皮在填充馅料之后也可以保持酥脆。

更多咸挞

菠菜山羊奶酪挞

山羊奶酪和菠菜是一对十分经典的组合。可以省略配方里的意大利培根，做成素食挞。

成品分量： 6～8人份
准备时间： 20分钟
冷藏时间： 1小时
烘烤时间： 55～65分钟
提前准备： 挞皮可以提前2天做好，用保鲜膜包住，冷藏保存
储存： 做好后可以冷冻保存8周，食用前用中型烤箱重新加热

特殊器具
直径为22厘米的活底挞盘
烘焙豆

基本原料
1个挞皮，见第358～359页步骤1～11

馅料原料
150克意大利培根
1汤匙橄榄油
150克嫩菠菜，洗净
100克山羊奶酪
海盐和现碾黑胡椒
300毫升双倍奶油
2个鸡蛋

1 用平底锅加热橄榄油，放入意大利培根，煎5分钟至两面焦黄。加入菠菜，翻炒几分钟，把菠菜炒软。沥干馅料内的水分，静置冷却。

2 把炒好的菠菜和意大利培根铺在挞皮上面。将山羊奶酪切块或捣碎，铺在菠菜上。加入黑胡椒和一点盐（意大利培根本身是咸的）调味。

3 把奶油和鸡蛋放入一个大量杯里，搅打均匀。把挞皮放在烤盘上，打开烤箱门，把烤盘的一半放在烤箱中层架子上。一只手拿着烤盘，另一只手倒入奶油鸡蛋混合物，然后小心地把烤盘滑进烤箱。

4 烘烤30～35分钟至通体金黄、馅料膨起。从烤箱中取出，冷却10分钟。切掉多余的酥皮，脱模，趁热或放凉后上桌皆可。

藏红花虾蟹挞

藏红花有一种辛辣中带有麝香的强烈味道，这种味道在新鲜香草的帮助下与虾蟹味很好地融合在了一起。

成品分量： 2 ～ 4 人份
准备时间： 20 分钟
冷藏时间： 1 小时
烘烤时间： 50 ～ 65 分钟
提前准备： 挞皮可以提前 2 天做好，用保鲜膜包住，冷藏保存
储存： 做好后可以冷冻保存 8 周

特殊器具
直径为 15 厘米的活底挞盘
烘焙豆

基本原料
100 克白面粉，外加适量撒粉用
50 克无盐黄油，冷藏，切块
1 个鸡蛋的蛋黄

馅料原料
一小撮藏红花
125 克白蟹肉
100 克小北极虾
200 毫升双倍奶油
1 个鸡蛋
1 汤匙碎龙蒿或细叶芹
海盐和现碾黑胡椒

1 把面粉、黄油揉搓成细屑。加入蛋黄和 1 汤匙凉水，搅成面团。如果混合物太干，就再加一点水。用保鲜膜包好，冷藏 1 小时。

2 将烤箱预热至 180 摄氏度。把面团放到撒过面粉的操作台上，擀成厚度 3 毫米的圆形酥皮。小心地用擀面杖提起酥皮，放到挞盘上，确保酥皮边缘从挞模边垂下来。留下 2 厘米的边缘，其余的用剪刀剪掉。用手指将酥皮按进挞模里，用叉子扎满小洞，在酥皮上铺一张烘焙纸，放上烘焙豆增加重量。把挞模放到一个烤盘上。

3 将空挞皮烤 20 ～ 25 分钟。拿掉烘焙纸和烘焙豆，再烤 5 分钟至底部酥脆。

4 烧一壶水，在藏红花上淋 1 汤匙开水，让它的颜色更鲜艳。把蟹肉和虾放在筛子里，举到水池上方用力挤压，挤出虾蟹肉里的水分，这是因为多余的水分会让挞皮变软。用手指将虾肉和蟹肉混合，放到挞皮上。

5 把双倍奶油和鸡蛋放入一个大量杯中，搅打均匀。加入香草、藏红花、泡藏红花的水、调味料，搅拌均匀。把挞皮放在烤盘上，打开烤箱门，把一半烤盘放在烤箱中层架子上。一只手拿着烤盘，另一只手倒入混合物，然后小心地把烤盘滑进烤箱。

6 烘烤 30 ～ 35 分钟至通体金黄、馅料膨起。从烤箱中取出，冷却 10 分钟。切掉多余的酥皮，脱模，趁热或放凉后上桌皆可。

烘焙小贴士

含有蟹肉的挞派都有浓烈的香味，会带给你很强的饱腹感。如果想让蟹肉的味道更浓，可以用同等重量的白蟹肉或面包蟹肉来替代北极虾，这样还可以节省成本。

韭葱馅饼

这款经典的韭葱派起源于法国北部的皮卡第大区。蓝纹芝士不是传统的配料，但会让馅饼更加可口。

成品分量： 4 ～ 6 人份
准备时间： 20 分钟
烘烤时间： 40 ～ 45 分钟
储存： 做好后可以盖住冷藏一夜，食用前回温至室温或低温重新加热

特殊器具
直径为 18 厘米的活底蛋糕模

原料
50 克无盐黄油
2 汤匙橄榄油，外加适量涂油用
500 克韭葱，择洗干净，切碎
海盐和现碾黑胡椒
整棵肉豆蔻，磨成粉
2 汤匙白面粉，外加适量撒粉用
250 毫升牛奶
100 克蓝纹芝士，如斯提尔顿芝士（可选）
500 克万能酥皮，购买成品或见第 178 页步骤 1 ～ 9
1 个鸡蛋，打散，刷蛋液用

1 将烤箱预热至 200 摄氏度。取一个大的深平底锅，加热黄油和橄榄油。黄油融化后加入韭葱，用小火加热 10 分钟至韭葱变软，偶尔搅动。加入盐、黑胡椒和一点肉豆蔻粉调味。把面粉倒在韭葱上，搅拌均匀。

2 一边搅拌，一边少量多次地倒入牛奶。混合物一开始是稠厚的，但会随着牛奶的加入而渐渐稀释。用大火煮沸，然后调成小火，煮 3 ～ 5 分钟至混合物重新变稠。离火，搅入芝士（可选）。

3 在撒过面粉的操作台上，将酥皮擀成 20 厘米 ×40 厘米的长方形，厚度为 3 ～ 5 毫米。把烤模放在酥皮的一端，沿着烤模切下一个圆形，作为上层挞皮。

4 给烤模涂油，把切剩的酥皮铺在烤模里，修剪至稍稍超出烤模的长度。刷一点蛋液，静置 5 分钟。凝固的蛋液会产生类似油漆的效果，防止酥皮湿软。

5 把韭葱混合物倒入挞皮中，在酥皮边缘刷一圈蛋液，盖上上层挞皮，按紧边缘。在顶部刷一层蛋液，切两个小口用来放走蒸气。

6 放入烤箱上层，烘烤 25 ～ 30 分钟至表皮焦黄膨起。把韭葱馅饼从烤箱中取出，至少冷却 10 分钟，趁热或放凉后上桌皆可。

烘焙小贴士

    传统的做法是先在韭葱派顶部切出纵横交错的线，然后再送入烤箱。但以我的经验，这样切很容易让酥皮裂开。我们可以用一把非常锋利的刀子在中心处划出车轮辐条一样向外扩散的图案。

德式洋葱派

这是一款传统的德式咸挞，清甜软烂的洋葱与添加了葛缕子籽的酸奶油形成了鲜明的对比。

成品分量: 8 人份

准备时间: 30 分钟

发酵和醒发时间: 1 小时 30 分钟~2 小时 30 分钟

烘烤时间: 60 ~ 65 分钟

储存: 做好后可以盖住冷藏一夜

特殊器具

26 厘米 ×32 厘米的深烤盘

基本原料

4 茶匙干酵母

3 汤匙橄榄油，外加适量涂油用

400 克高筋白面包粉，外加适量撒粉用

1 茶匙盐

馅料原料

50 克无盐黄油

2 汤匙橄榄油

600 克洋葱，切细丝

1/2 茶匙葛缕子籽

海盐和现碾黑胡椒

150 毫升酸奶油

150 毫升法式酸奶油

3 个鸡蛋

1 汤匙白面粉

75 克肥瘦相间的熏培根，切碎

1 制作挞皮。把酵母放入 225 毫升温水里化开。倒入橄榄油，备用。把面粉和盐过筛后放入一个大碗中，在中心处挖一个坑。一边搅动，一边把湿性原料倒入坑里。用手把混合物搅成软面团，放到撒过面粉的操作台上揉 10 分钟，直到面团柔软光滑、充满弹性。

2 把面团放进一个涂过油的大碗里，用保鲜膜盖住，放在温暖的地方发酵 1~2 小时至体积翻倍。

3 制作馅料。取一个大的深平底锅加热黄油和橄榄油。黄油融化后加入洋葱和葛缕子籽，用盐和黑胡椒调味。盖上锅盖，用小火烹饪 20 分钟至洋葱变软。打开锅盖，再煎 5 分钟，蒸发掉多余水分。

4 把酸奶油、法式酸奶油、鸡蛋、白面粉放入另一个碗里搅拌均匀，加入盐和黑胡椒调味。与做好的洋葱混合均匀，静置冷却。

5 把发酵好的面团放到撒了面粉的操作台上，用指关节轻轻下压，排出气体。给烤盘涂油，把面团擀得比烤盘底部略大，铺进烤盘里，用手指按压贴合。用涂过油的保鲜膜盖住，放到温暖的地方再发酵 30 分钟，直到面皮多处膨胀。

6 将烤箱预热至 200 摄氏度。如果烤盘边缘处的面皮膨胀得太高，就将它稍稍按扁。把馅料铺进挞皮，把培根碎撒在馅料上。

7 放入烤箱上层，烘烤 35 ~ 40 分钟至表面焦黄。把洋葱派从烤箱中取出来，至少冷却 5 分钟，趁热或放凉后食用皆可。

烘焙小贴士

　　这款美味的酸奶油洋葱挞看起来像比萨和乳蛋饼的混合体，挞皮的做法也与传统比萨面团相同。它在传统上是一道用来庆祝葡萄丰收的美食，在德国以外的地方并不出名，但的确值得一试。

蘑菇牛肉派

在展示烘焙才艺的时候，一份快捷版的万能酥皮配方可以让你事半功倍。但如果时间很紧，可以买成品万能酥皮。

1 将烤箱预热至180摄氏度。把蘑菇切片。

2 制作馅料。在面粉中加入盐和黑胡椒调味。将牛肉裹上面粉。

3 把牛肉、蘑菇、青葱放入砂锅，加入牛肉汤。

4 一边搅动，一边加热。煮沸后盖上锅盖，炖煮2小时～2小时15分钟至牛肉软烂。

5 制作酥皮。把面粉和盐过筛后放入碗里，加入 $\frac{1}{3}$ 黄油，揉搓均匀。

6 加入100毫升水，搅成软面团，冷藏15分钟。

7 把面团放在撒了一点面粉的操作台上，擀成15厘米×38厘米的长方形。

8 将剩余的黄油块分散地摆在 $\frac{2}{3}$ 面皮上，将没有黄油的部分折向中间。

9 将剩下 $\frac{1}{3}$ 有黄油的面皮也折起来，把所有黄油都包进面皮。

成品分量：4～6人份
准备时间：50～55分钟
冷藏时间：1小时
提前准备：可以提前2～3天做好馅料
烹饪时间：2小时30分钟～3小时

特殊器具
容量为2升的派盘

基本原料
500克混合鲜野生蘑菇或75克干野生蘑菇，浸泡30分钟后沥干
35克白面粉

盐和现碾黑胡椒
1千克牛排，切成2.5厘米的小块
4根青葱，切末
6根欧芹嫩枝，将叶子切碎
900毫升牛肉汤或水，外加适量备用

快捷万能饼皮原料
250克白面粉，外加适量撒粉用
$\frac{1}{2}$茶匙细盐
175克无盐黄油，切块
1个鸡蛋，打散，刷蛋液用

10 翻过面团，用擀面杖压紧边缘。用保鲜膜包好，冷藏15分钟。

11 将面团擀成15厘米×45厘米大小，折成3折，旋转90度。封好边，冷藏15分钟。

12 再将第11步重复3次，每次旋转后都要冷藏15分钟。

13 在肉里加入欧芹和调味料，盛到盘子里。

14 将烤箱温度调至220摄氏度。在撒过面粉的操作台上擀平面团。

15 从擀平的面团上切下一条，沾水贴在派盘边缘，按压紧实。

16 盖上擀好的派皮，压紧四周。

17 刷一点蛋液。在派皮中心处扎一个小洞，用来放走蒸气。

18 把派放入冰箱冷藏15分钟，然后烘烤25～35分钟至表面焦黄。如果上色过快，就盖一张锡纸。

更多咸派

鱼肉派

尽量选用小的北极虾，这种非养殖的小虾不仅更加美味，还更有利于维护生态平衡。

成品分量： 4 人份
准备时间： 20 分钟
烘烤时间： 20 ～ 25 分钟
储存： 最好在制作当天食用，也可以冷藏一夜，重新加热后食用

特殊器具
直径为 18 厘米的派盘

原料
300 克去皮去骨的三文鱼排
200 克去皮去骨的黑线鳕鱼排
50 克无盐黄油
5 汤匙白面粉，外加适量撒粉用
350 毫升牛奶
海盐和现碾黑胡椒
一小撮现磨肉豆蔻粉
200 克明虾
100 克嫩菠菜，洗净
250 克万能酥皮，购买成品或参见第 370 ～ 371 页步骤 5 ～ 12 制作，把分量减少 1/3
1 个鸡蛋，打散，刷蛋液用

1 将烤箱预热至 200 摄氏度。烧一锅水，煮沸后调成小火，放入三文鱼和黑线鳕鱼，煮 5 分钟至刚刚熟透。沥干水，放凉。重新用锅加热黄油，融化后离火，加入面粉，搅拌至稠厚的膏状。少量多次地加入牛奶，持续搅动，防止结块。加入盐和黑胡椒调味，加入肉豆蔻，用大火煮沸。调至小火煮 5 分钟，持续搅拌。

2 把鱼肉切片，和虾一起放入碗里。把生的嫩菠菜铺在鱼虾上面，把滚烫的酱料浇在菠菜上，根据口味调味。菠菜变软后，将馅料搅拌均匀，倒入派盘里。

3 把酥皮放到撒过面粉的操作台上，擀成厚度为 3 ～ 5 毫米、比派盘大的圆形。切出一块与派盘一样大的圆形酥皮，把切剩的部分擀成长条。在烤盘的边缘刷上蛋液，把长条铺在烤盘边缘，按压紧实。

4 在长条酥皮上刷一层蛋液，盖上顶部派皮。按压封合，切掉多余的部分。在顶部刷上蛋液，切两个小口。放入烤箱上层，烤 20 ～ 25 分钟至表面金黄，放置 5 分钟后即可上桌。

鸡肉派

在忙碌的工作日，买来的成品酥皮能帮助你更快地做出一顿晚餐。

成品分量： 4 人份
准备时间： 20 分钟
烘烤时间： 20 ～ 25 分钟

特殊器具
直径为 18 厘米的派盘

原料
1 个洋葱，细细切碎
3 汤匙橄榄油
50 克意大利培根
2 根韭葱，约 200 克，切成 1 厘米宽的小段
150 克白蘑菇，擦干净，切成 2 块或 4 块
2 大块鸡胸肉，约 400 克，切成 2.5 厘米的小块
1 汤匙冒尖的百里香碎
1 汤匙冒尖的扁叶欧芹碎
1 汤匙白面粉，外加适量撒粉用
300 毫升单倍奶油
1 汤匙第戎芥末酱
海盐和现碾黑胡椒
250 克万能酥皮，购买成品或参见第 370 ～ 371 页步骤 5 ～ 12，把分量减少 1/3
1 个鸡蛋，打散，刷蛋液用

1 将烤箱预热至 200 摄氏度。将洋葱和 2 汤匙橄榄油放入锅中煎 5 分钟，煎至洋葱软化。放入意大利培根，煎 2 分钟。加入韭葱和蘑菇，再煎 3 ～ 5 分钟至培根变脆。

2 在锅里倒入剩余的橄榄油，再加入鸡肉和香草，用大火煎 3 ～ 4 分钟至鸡肉完全变色。把面粉撒在馅料上面，搅拌均匀。倒入奶油，加入芥末酱和调味料，用大火煮开，持续搅拌，混合物会随着加热而变稠。调成小火，煎 5 分钟收汁，把馅料倒入派盘。

3 擀平酥皮，铺在派盘上。烘烤方法见左边鱼肉派步骤 3 ～ 4。

牛肉羊腰双皮派

传统的牛油派皮咬起来酥脆可口。

成品分量： 4 人份

准备时间： 30 分钟

提前准备： 可以提前 2 天准备好馅料，冷藏储存。没烤的派可以冷冻保存 8 周，烤制之前再加入生腰子

烘烤时间： 40 ～ 45 分钟

储存： 最好在制作当天食用，但也可以冷藏一夜，食用前重新加热

特殊器具

直径为 18 厘米的派盘

馅料原料

4 汤匙橄榄油，外加适量涂油用

2 个洋葱，细细切碎

100 克白蘑菇，擦干净，如果太大就切成 2 块或 4 块

600 克适合炖煮的牛肉，如牛颈肉，切成 3 厘米的大块

海盐和现碾黑胡椒

4 汤匙白面粉

600 毫升牛肉汤

一大枝百里香

30 克无盐黄油，软化

4 个新鲜羊腰，共约 200 克

牛油派皮原料

300 克自发粉

150 克牛油或蔬菜板油

½ 茶匙盐

1 个鸡蛋，打散，刷蛋液用

1 将洋葱和 2 汤匙橄榄油放入锅中煎 5 分钟，煎至洋葱软化。放入蘑菇，煎 3 ～ 4 分钟至蘑菇开始变色。用漏勺盛出蔬菜，放置备用。

2 取 2 汤匙面粉，用盐和黑胡椒调味，给牛肉块裹上面粉。把剩余的油倒入锅中，放入牛肉，用大火煎至产生焦化层。注意不要一次在锅里放太多肉，否则就会变成蒸牛肉。把煎好的牛肉盛出，放到蔬菜上。

3 肉全部煎好后，把肉与蔬菜一起放回锅里，加牛肉汤没过。用盐和黑胡椒调味，加入百里香，用大火煮沸。煮沸后调成小火，盖上锅盖炖煮 2 小时～ 2 小时 30 分钟至牛肉变软。

4 制作派皮。把面粉和板油混合，揉搓成屑状。加入盐和适量凉水，将混合物搅成软面团。用保鲜膜包好，至少静置 1 小时。

5 取 2 汤匙面粉，加水调成膏状，搅进黄油里。打开锅盖，调成大火。沸腾后，一边搅拌，一边把面粉混合物分多次倒进锅里，调成小火，煮 30 分钟至酱汁变稠。

6 将烤箱预热至 180 摄氏度。羊腰去掉皮和中间的筋络，切成块，加入锅里。在撒过面粉的操作台上将酥皮擀成 20 厘米 × 40 厘米的长方形，厚度应为 3 ～ 5 毫米。把派盘放在酥皮的一端，沿着派盘切下一个圆形，当作盖子。

7 给烤模涂油并铺上剩余的酥皮，让酥皮的边缘从派盘外垂下来一点，切掉多余的部分。把馅料倒入挞皮中，在酥皮边缘刷一点蛋液。盖上上层派皮，压实边缘。

8 刷上蛋液，在顶部切两个小口放走蒸气。放入烤箱中层，烤 40 ～ 45 分钟至表面焦黄。把派从烤箱中取出，至少冷却 5 分钟再上桌。

啤酒牛肉酥皮馅饼

这款馅饼的馅料可以提前准备好，而且在进入烤箱之后便不需要太多的关注，因此可以用来应付人数很多的场合。

成品分量： 4 人份

准备时间： 40 分钟

提前准备： 可以提前 2 天准备好馅料，冷藏储存。在放入酥皮顶之前，可以冷冻保存 8 周

烘烤时间： 30 ~ 40 分钟

储存： 可以冷藏一夜，食用前重新加热

特殊器具

直径为 5 厘米的饼干切模

馅料原料

4 汤匙橄榄油

2 个洋葱，切末

1 根芹菜茎，细细切碎

1 根韭葱，择洗干净，切细丝

150 克白蘑菇，擦干净，如果太大就切成 2 块或 4 块

600 克适合炖煮的牛肉，如牛颈肉，切成 3 厘米的大块

2 汤匙白面粉

海盐和现碾黑胡椒

500 毫升黑啤酒，如司陶特或波特

1 个牛肉汤块

1 个香料包

1 汤匙糖

2 个大胡萝卜，切成 2 厘米的大块

酥皮原料

300 克自发粉，外加适量撒粉用

1 茶匙泡打粉

$\frac{1}{2}$ 茶匙盐

125 克无盐黄油，冷藏切块

1 汤匙欧芹末

3 汤匙辣根

2 ~ 4 汤匙牛奶

1 个鸡蛋，打散，刷蛋液用

1 在一个大的耐热砂锅里放入 2 汤匙橄榄油，放入洋葱、芹菜、韭葱，煎 5 分钟至蔬菜变软。放入蘑菇，煎 3 ~ 4 分钟至蘑菇开始变色。用漏勺盛出，放置备用。

2 取 2 汤匙面粉，用盐和黑胡椒调味。给牛肉块裹上面粉，把剩余的油倒入锅中，分批放入牛肉，煎至各面全部变色。注意不要一次在锅里放太多肉，否则就会变成蒸牛肉。肉熟后取出，放到蔬菜上。

3 把煎好的牛肉与蔬菜一起放回砂锅，加啤酒没过。加入牛肉汤块、300 毫升沸水、香料包、糖、胡萝卜。根据个人口味调味，用大火煮沸。调至最小火，盖上锅盖炖煮 2 小时 ~ 2 小时 30 分钟至牛肉变软。经常查看，如果太干就加一点水。

4 将烤箱预热至 200 摄氏度。把面粉、泡打粉、盐过筛后放入碗中，用指尖将它们与黄油一起揉搓成细屑。加入欧芹，搅入辣根和牛奶，搅成软面团。

5 在撒过面粉的操作台上，将面团擀至 2 厘米厚度。用饼干模切出圆形，把边角料重新团好擀平，切出更多圆形，直到用完所有面团。牛肉炖好后，取出香料包，把酥皮面团摆在上面。面团之间稍稍重叠，完全遮住馅料。

6 在顶部刷上蛋液，放入烤箱中层烤 30 ~ 40 分钟至表面焦黄膨起。把派从烤箱中取出，冷却 5 分钟再上桌。

烘焙小贴士

酥皮馅饼的表皮比饺子皮和酥皮都简单，但能把一锅简单的炖肉变成饱腹的一餐。这些咸的脆饼可以放在任何炖肉或炖菜上面，可以尝试在面糊中加入芥末酱、辣根、香草或香料来搭配不同的馅料。

香草脆皮鸡肉派

脆饼做派皮的鸡肉派既美味又暖心，可以搭配蒸蔬菜一起食用。

成品分量： 6 人份

准备时间： 25～35 分钟

提前准备： 可以提前 1 天准备好馅料，盖好后冷藏储存，烘烤前回温至室温

烘烤时间： 22～25 分钟

特殊器具

直径为 8.5 厘米的饼干切模

6 个大烤盅

基本原料

1 升鸡汤

3 个胡萝卜，切片

750 克大土豆，切块

3 根芹菜茎，切细片

175 克青豆

500 克去皮去骨的熟鸡胸肉

60 克无盐黄油

1 个洋葱，切碎

30 克白面粉

175 毫升双倍奶油

整颗肉豆蔻，磨粉用

海盐和现碾黑胡椒

一小把欧芹的叶子，切碎

1 个鸡蛋

顶部原料

250 克白面粉，外加适量撒粉用

1 汤匙泡打粉

1 茶匙盐

60 克无盐黄油，切小块

一小把欧芹的叶子，切碎

150 毫升牛奶，外加适量备用

1 把鸡汤放入一个大的深平底锅中煮沸，加入胡萝卜、土豆、芹菜，用小火煨 3 分钟。加入青豆，再煨 5 分钟，把所有蔬菜煮软。沥干，保留汤汁。把鸡肉切成薄片放入碗里，加入蔬菜。

2 把黄油放入小锅中，用中火融化。加入洋葱，煎 3～5 分钟至软化。把面粉撒到洋葱上，翻炒 1～2 分钟。加入 500 毫升鸡汤，一边搅拌，一边加热煮沸，让酱汁变稠。用小火加热 2 分钟，加入奶油、肉豆蔻粉，用盐和黑胡椒调味。把酱汁倒在鸡肉和蔬菜上，加入欧芹，轻轻拌匀。

3 面粉过筛，与泡打粉和盐一起放入一个大碗中。在中心挖一个坑，放入黄油，用指尖揉搓成屑状。加入欧芹，再在中间挖一个坑，倒入牛奶，用刀子快速切拌成粗粒状。如果太干就再加一点牛奶，用手指团成面团。

4 在操作台上撒一些面粉，把面团揉光滑。把面团拍扁至 1 厘米厚，用饼干模切出圆形。把边角料重新团好拍扁，总共切出 6 个圆形。

5 将烤箱预热至 220 摄氏度。把鸡肉馅平均分入 6 个烤盅里，分别盖上一个圆饼（可以放得歪一点，露出一点馅料）。在鸡蛋里加一小撮盐，稍稍打散，刷在圆饼上。

6 烘烤 15 分钟。把烤箱温度降至 180 摄氏度，烤 7～10 分钟至派皮焦黄、馅料冒泡。如果脆皮顶有烤焦的风险，就松松地盖上一张锡纸。

烘焙小贴士

    虽然顶部的脆皮做起来非常简单，但你也可以用万能酥皮（第 370 ～ 371 页步骤 5 ～ 12）或油酥派皮（第 358 页步骤 1 ～ 5）来作为派皮，还可以尝试在馅料里加入不同的香草，龙蒿草是个很好的选择。

鸡肉火腿派

这款派非常适合带去野餐，搭配酸辣酱与脆爽的蔬菜沙拉一起享用。

1 把面粉和盐过筛后放入一个大碗中。加入黄油和猪油，用指尖揉搓成屑状。

2 在面粉中间挖一个坑，倒入 150 毫升水，用刀子快速切拌成粗粒状。

3 团成面团，揉至光滑。把面团放入一个干净、涂过油的碗里，用微湿的茶巾盖住，冷藏 30 分钟。

4 在锅里放 6 个鸡蛋和适量水，用大火煮开后，调成小火煮 7 分钟。沥干，晾凉，剥壳。

5 把猪肉和 2 块鸡胸肉切成块，放入料理机中打碎，但不要打得太细。

6 把碎肉放进碗里，加入柠檬皮、百里香、鼠尾草、肉豆蔻、盐、黑胡椒。

7 将 2 个鸡蛋打散，加进肉馅里，搅拌至肉馅成团，脱离碗壁。

8 把剩下的鸡胸肉和火腿切成 2 厘米的小块，搅入肉馅里。

9 给烤模涂油。取 ¾ 面团揉成球形，剩下的 ¼ 继续放在碗里盖好。

成品分量：8～10人份
准备时间：50～60分钟
烘烤时间：1小时30分钟
储存：做好后可以冷藏保存3天

特殊器具
直径为20厘米的活扣蛋糕盘

搅拌器或带刀片的食物料理机

酥皮原料
500克白面粉，外加适量撒粉用
2茶匙盐
75克黄油，冷藏、切小块，外加适量涂油用

75克猪油，冷藏、切小块

馅料原料
9个鸡蛋
4块去皮去骨的鸡胸肉，总重量750克
375克去骨瘦猪肉

½个柠檬的碎皮屑
1茶匙干百里香
1茶匙干鼠尾草
一大撮肉豆蔻粉
海盐和现碾黑胡椒
375克熟瘦火腿

10 在操作台上撒一些面粉，将面团擀成比烤模大的面饼，铺进烤模后边缘应垂下来2厘米。

11 将烤箱预热至200摄氏度。把一半馅料放入烤模，再放入鸡蛋。

12 轻轻把鸡蛋的底部推进馅料里，然后倒入另一半馅料，把垂下的面皮折上来。

13 在剩余的鸡蛋里加一小撮盐，打散，把蛋液刷在折起的面皮上。

14 将剩下的面团擀至5毫米厚度，铺在烤模上，压紧边缘，切掉多余的部分。

15 在派皮上戳一个小洞，塞进去一个锡纸卷，起到烟囱的作用。

16 把剩余的面皮切成2.5厘米宽的小条，再切成树叶的形状，用刀子划出树叶脉络。

17 把"树叶"铺在派皮上，刷上蛋液，烘烤1小时。把烤箱温度降至180摄氏度。

18 再烤30分钟。扔掉锡纸烟囱，冷却后再脱模。常温享用。

更多深盘派

野味派

这款经典的深盘派是夏日自助餐桌上最令人印象深刻的主菜，而且可以在冰箱里保存很多天。

成品分量： 8 人份
准备时间： 30 分钟
烘烤时间： 1 小时 45 分钟
冷藏时间： 一夜
储存： 做好后可以装在密封容器里，冷藏保存 3 天

特殊器具
容量为 900 克的长条面包模
小漏斗

热水派皮原料
400 克白面粉，外加适量撒粉用
1/2 茶匙细盐
150 克猪油或牛油，切块
1 个鸡蛋，打散，刷蛋液用

馅料原料
150 克猪肩肉，切成 1 厘米的小块
150 克五花肉，去掉皮和肥肉，切成 1 厘米的小块
250 克鹿肉，切成 1 厘米的小块
2 块野鸡胸肉，切成 1 厘米的厚片
海盐和现碾黑胡椒

肉冻原料
4 片吉利丁，切成小块
350 毫升鸡汤

1 将烤箱预热至 200 摄氏度。制作热水派皮。把面粉和盐放到碗里，在中间挖一个坑。烧一壶水，将 150 毫升沸水倒入大量杯。在水里加入猪油或牛油，搅拌至脂肪融化。这一步会降低水的温度，让我们更容易操作。

2 将液体倒入面粉中间的坑里，用木勺混合成絮状，最后用手揉成软面团。这时的面团会很热，要小心烫手。切出 1/4 的面团，用干净的茶巾包好，放到温暖的地方备用。

3 把面团放到撒过面粉的操作台上，擀至 5 毫米厚度。用擀面杖小心地提起派皮，铺到烤模上。用手将派皮按进烤模，贴合烤模的所有边角。留出 2 厘米边缘，切掉多余的部分。由于面团冷却后会变硬，所以操作时一定要快。

4 把猪肉、鹿肉、野鸡肉一层层地铺到派皮上，每铺一层后都要用盐和黑胡椒调味。在派皮的边缘刷一点蛋液。把剩余的面团擀平，作为上层派皮盖在馅料上。用手指压实边缘，切掉多余的部分。可以用剩余的面团切出树叶的形状，点缀在派皮上。在派皮上刷一点蛋液，用筷子等工具在顶部扎一个洞，以便倒入肉冻。

5 放入烤箱中心，烘烤 30 分钟，然后把烤箱温度降至 160 摄氏度，再烤 1 小时 15 分钟至派皮焦黄。把派从烤箱中取出，留在烤模里冷却。

6 用一点凉水将吉利丁浸泡 5 分钟，把它们泡软。加热鸡汤，放入泡软的吉利丁，搅动至溶解，静置冷却。在液体开始变厚但还可以流动的时候，利用小漏斗倒入野味派顶部的开口，每次倒一点。如果开口在烤制过程中闭合了，你需要重新将它打开。放入冰箱冷藏一夜，待肉冻凝固后即可享用。

烘焙小贴士
热水派皮是出名的难打理，你需要在它冷却变硬之前迅速处理完毕。但它同时也非常柔韧，比其他种类的酥皮更容易贴合模具。做好的热水派皮弹性很大，而且酥脆的口感可以保持好几天。

迷你猪肉馅饼

适口大小的猪肉馅饼，可以试着做一些带去野餐。

成品分量： 12 个
准备时间： 40 分钟
烘烤时间： 1 小时
冷藏时间： 一夜
储存： 做好后可以装在密封容器里，冷藏保存 3 天

特殊器具
带刀片的食物料理机（可选）
12 孔玛芬模具
小漏斗（可选）

馅料原料
200 克五花肉，去掉猪皮和肥肉切块
200 克猪肩肉，去掉肥肉，切块
50 克非烟熏瘦肉培根，去掉肥肉，切块
10 片鼠尾草叶，切末
海盐和现碾黑胡椒
$\frac{1}{4}$ 茶匙肉豆蔻
$\frac{1}{4}$ 茶匙多香果粉

热水派皮原料
400 克白面粉，外加适量撒粉用
$\frac{1}{2}$ 茶匙细盐
150 克猪油或牛油，切块
1 个鸡蛋，打散，刷蛋液用

肉冻原料（可选）
2 片吉利丁，切成小块
250 毫升鸡汤

1　将烤箱预热至 200 摄氏度。把五花肉、猪肩肉、培根、香草、调味料和香料放入食物料理机中打碎，但不要打得太细。如果没有食物料理机，可以用手把肉切成 5 毫米的肉丁，然后与其他原料混合。

2　制作热水派皮。把面粉和盐放到碗里，在中间挖一个坑。烧一壶水，将 150 毫升沸水倒入大量杯。在水里加入猪油或牛油，搅拌至脂肪融化。这一步会降低水的温度，让我们更容易操作。

3　将液体倒入面粉中间的坑里，用木勺混合成絮状，最后用手揉成软面团。这时的面团会很热，要小心烫手。切出 $\frac{1}{4}$ 的面团，用干净的茶巾包好，放到温暖的地方备用。

4　由于酥皮在冷却后会开始变硬，所以动作要快。把面团放到撒过面粉的操作台上，擀至 5 毫米厚度。切出 12 个圆形酥皮，大小足够铺在玛芬模里，并能稍稍超出模具边缘。放入猪肉馅，在每个酥皮的边缘刷一点蛋液。

5　把剩余的面团擀平，切出 12 个尺寸合适的盖子。把盖子盖在馅料上，压紧边缘，在顶部刷上蛋液。如果想要加入肉冻，就用筷子等工具在每个派上扎一个小洞。如果不加肉冻，就在每个派的顶部切两个小口放出蒸气。

6　放入烤箱中心，烘烤 30 分钟，然后把烤箱温度降至 160 摄氏度，再烤 30 分钟至派皮焦黄。把派从烤箱中取出，冷却 10 分钟后脱模。如果不加肉冻，这一步后就可以食用，趁热或放凉后食用皆可。

7　制作肉冻（可选）。用一点凉水将吉利丁浸泡 5 分钟，把它们泡软。加热鸡汤，放入泡软的吉利丁，搅动至溶解，静置冷却。在液体开始变稠但还可以流动的时候，利用小漏斗倒入冷却后的派里，每次倒一点。如果开口在烤制过程中闭合了，你需要重新将它打开。每个派只需要 2～3 汤匙液体。放入冰箱冷藏一夜，待肉冻凝固后即可享用。

惠灵顿牛肉

这款浓郁豪华的菜肴制作起来十分简单，很适合休闲聚会时享用。

成品分量： 6 人份
准备时间： 45 分钟
烘烤时间： 42～60 分钟

原料

1 千克牛腰肉，切掉粗的一头，去掉肥肉
海盐和现碾黑胡椒
2 汤匙葵花子油
45 克无盐黄油
2 根青葱，切末
1 瓣大蒜，捣成泥
250 克混合野生蘑菇，切末
1 汤匙白兰地或马德拉白葡萄酒
500 克万能酥皮，购买成品或见第
370～371 页步骤 5～12
1 个鸡蛋，打散，刷蛋液用

1 将烤箱预热至 220 摄氏度。在肉上涂抹盐和
  黑胡椒调味。

2 取一个大的平底锅，把油加热后放入牛肉，
  煎至完全变色。

3 把牛肉放进烤肉盘里，放入烤箱烤 10 分钟。
  从烤箱中取出，静置冷却。

4 把黄油放入锅中加热，融化后放入葱和蒜，
  翻炒 2～3 分钟，炒软即可。

5 放入蘑菇，翻炒 4～5 分钟，炒干水分。

6 加入白兰地，大火沸腾 30 秒，离火，静置
  冷却。

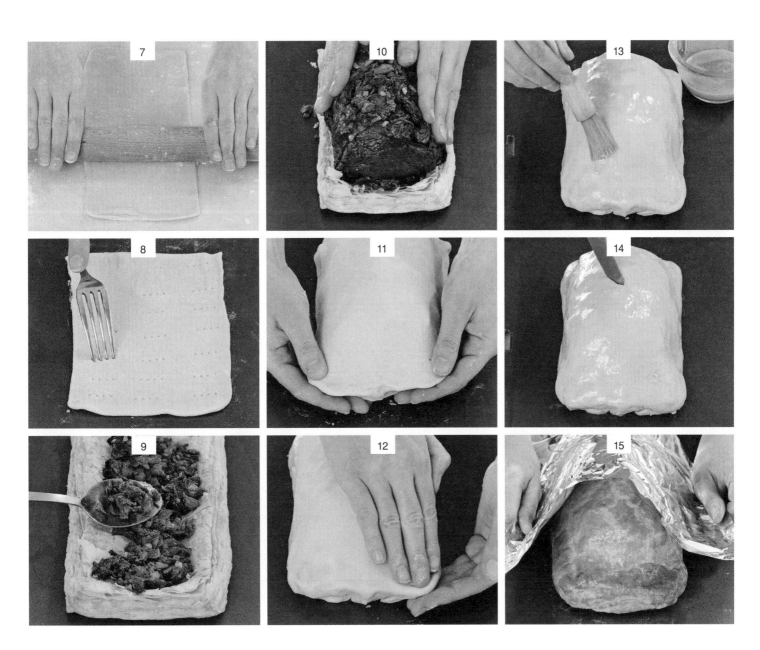

7 取 ⅓ 酥皮，擀成比牛肉大 5 厘米的长方形。

8 把擀好的酥皮放在烤盘上，用叉子扎满小孔。烘烤 12 ～ 15 分钟至酥脆，晾凉。

9 将 ⅓ 蘑菇混合物放在烤好的酥皮中央。

10 把牛肉放在蘑菇上，把剩下的蘑菇放在牛肉上。

11 将剩下的酥皮擀平，盖到牛肉上，把边缘塞到底下。

12 在边缘处刷一圈蛋液，按压封紧。

13 在酥皮上刷满蛋液，以便上色。

14 在顶部切一个放气的小口。如果想要三分熟的牛肉就烘烤 30 分钟，想要八分熟就烘烤 45 分钟。

15 如果上色过快，就在上面松松地盖一张锡纸。从烤箱中取出，冷却 10 分钟。用锋利的刀子切开即可享用。

更多惠灵顿

三文鱼惠灵顿

万能酥皮里的烤三文鱼不干不柴，丰满弹牙。

成品分量： 4 人份

准备时间： 25 分钟

提前准备： 可以提前 12 小时准备好，用保鲜膜盖住冷藏，等待烘烤

烘烤时间： 30 分钟

原料

85 克水田芹，去掉主干

115 克奶油芝士

海盐和现碾黑胡椒

600 克去皮三文鱼排

250 克万能酥皮，购买成品或见第 370 ～ 371 页步骤 5 ～ 12，将分量减少 $\frac{1}{3}$

白面粉，撒粉用

无盐黄油，涂油用

1 个鸡蛋，打散，刷蛋液用

1　将烤箱预热至 200 摄氏度。把水田芹切成细末，放在碗里，加入奶油芝士，加入盐和黑胡椒调味，混合均匀。

2　将三文鱼排切成两半。在撒过面粉的操作台上将酥皮擀至 3 毫米厚度，擀平后的长度应比三文鱼长约 7.5 厘米，宽度应为三文鱼的 2 倍多一点。切平边缘，转移到一个涂过油的烤盘上。

3　把一片三文鱼放到酥皮中心处，涂一层水田芹奶油，然后把第二片鱼肉放在上面。在酥皮边缘刷一点水，把两端折起来盖在三文鱼上。再把左右两边折向中间，让它们稍稍重叠，然后按到一起封紧。可以把切掉的部分重新擀平，用来装饰酥皮顶部。在酥皮上刷一层蛋液，用扦子扎 2 ～ 3 个孔，放出蒸气。

4　烘烤 30 分钟至酥皮完全膨胀且变得焦黄。把一根扦子从最厚的地方插进去，插到一半处，停留 4 ～ 5 秒。拿出扦子，如果它是热的，就说明鱼肉烤熟了。

5　从烤箱中取出，冷却几分钟后便可以切片享用。

鹿肉惠灵顿

这道菜很适合出现在有特殊意义的聚餐或宴会上。

成品分量: 4 人份
准备时间: 40 分钟
烘烤时间: 20 ～ 25 分钟

原料

10 克干野生蘑菇(可选)
2 汤匙橄榄油
4 块鹿里脊,每块重 120 ～ 150 克
海盐和现碾黑胡椒
30 克无盐黄油
2 根青葱,切末
1 瓣蒜,切末
200 克混合蘑菇,尽量包括野生蘑菇
1 汤匙百里香叶片
1 汤匙白兰地或马德拉白葡萄酒
500 克万能酥皮,购买成品或见第 370 ～ 371 页步骤 5 ～ 12
1 个鸡蛋,打散,刷蛋液用

1 将烤箱预热至 200 摄氏度。如果没有新鲜的野生蘑菇,可以把干野生蘑菇放到碗里,加开水没过,至少浸泡 15 分钟。

2 在平底锅里加入橄榄油,加热。在鹿肉的每一面都抹上盐和黑胡椒调味,放入锅里煎,每次煎 2 块,每面煎 2 分钟,直到全部变色。取出鹿肉,彻底放凉。

3 用同一个锅加热黄油,融化后加入青葱,用中火加热 5 分钟炒软。加入大蒜再煎 1 ～ 2 分钟。

4 将蘑菇大致切碎,和百里香一起放入锅里。调味,再加热 5 分钟,炒干蘑菇的水分。加入白兰地,用大火煮 1 分钟至水分蒸发。离火,静置冷却。如果使用干蘑菇,将它们沥干水分,大致切碎,加到蘑菇混合物里。

5 把酥皮分成 4 等份,每份擀成一个 5 毫米厚、大小能包裹住一块鹿排的长方形,用厨房纸吸干鹿排上的水分。

6 把 1/4 蘑菇馅料放在酥皮一端,按照鹿排的形状摊开,酥皮边缘留出至少 2 厘米的边界。把蘑菇按平,在上面放一块鹿排。在酥皮边缘刷上蛋液,折起酥皮,盖住肉,将两个边界捏在一起。尽量包得好看一些。用同样的方法处理完所有的肉和酥皮。包好后在顶部切几个小口用来放走蒸气,然后在顶部酥皮上刷一层蛋液。

7 把惠灵顿放到厚底的深烤盘上,放入烤箱上层烘烤 20 ～ 25 分钟至酥皮膨胀金黄。烤得时间越长,肉的熟度就越高。从烤箱中取出,冷却 5 分钟便可享用。

香肠卷

它是野餐或派对上的经典手指食物。这个配方做起来非常容易,保证你在学会之后再也不会购买成品香肠卷。

成品分量: 24 个
准备时间: 30 分钟
冷藏时间: 30 分钟
提前准备: 烤之前可以冷冻保存 12 周
烘烤时间: 10 ～ 12 分钟
储存: 做好后可以放在密封容器里,冷藏保存 2 天

原料

250 克万能酥皮,购买成品或见第 370 ～ 371 页步骤 5 ～ 12,将分量减少 1/3
675 克香肠肉
1 个小洋葱,切末
1 汤匙百里香叶片
1 汤匙柠檬皮屑
1 茶匙第戎芥末酱
1 个鸡蛋的蛋黄
白面粉,撒粉用
海盐和现碾黑胡椒
1 个鸡蛋,打散,刷蛋液用

1 将烤箱预热至 200 摄氏度。取一个烤盘,铺上烘焙纸,放入冰箱冷藏。将酥皮纵向切成两半,每半擀成 30 厘米 ×15 厘米的长方形。用保鲜膜盖好,冷藏 30 分钟。把香肠肉与洋葱、百里香、柠檬皮、芥末酱、蛋黄混合,加入盐和黑胡椒调味。

2 把酥皮放在撒过面粉的操作台上。把香肠肉搓成细长的两条,分别放在两片酥皮中间。在酥皮内侧刷上蛋液,然后卷起酥皮,按压封好。把每个卷切成 12 份。

3 把香肠卷放在冷藏过的烤盘上,用剪刀在每个卷上剪两个开口,然后刷上蛋液。烘烤 10 ～ 12 分钟至酥皮金黄酥脆。可以趁热上桌,也可以放到网架上彻底晾凉再食用。

菲达奶酪酥皮派

这是一道中东名菜，酥脆的外皮里包裹着美味的菠菜、松子和菲达奶酪。

成品分量： 6 人份
准备时间： 30 分钟
烘烤时间： 35 ～ 40 分钟

特殊器具
直径为 20 厘米的活扣蛋糕模

原料
900 克新鲜菠菜叶
100 克无盐黄油，外加适量涂油用
1 茶匙孜然粉
1 茶匙香菜粉
1 茶匙肉桂粉
2 个红洋葱，切末
60 克杏干，切碎
60 克松子，烤过
6 片菲洛酥皮，40 厘米 ×30 厘米，
如果是冷冻的就先解冻
海盐和现碾黑胡椒
300 克菲达奶酪，压碎

1 将菠菜洗净，甩掉多余的水分，放入一个大的深平底锅中。

2 盖上锅盖，用中火加热 8 ～ 10 分钟，偶尔搅拌，直到菠菜变软。

3 放到沥水器里沥干，按压四周，尽量沥出更多水分。

4 冷却至不烫手的温度，用手挤干。

5 同时，把 25 克黄油放入一个小平底锅里，加热至开始冒泡。

6 放入香料和洋葱，用小火加热，偶尔搅动。

7 煎 7～8 分钟至洋葱变软。

8 搅入杏干和松子，离火，稍稍晾凉。

9 将烤箱预热至 200 摄氏度。给烤模涂油并铺
上烘焙纸。

10 融化剩下的黄油，在烤模里再刷一层黄油。

11 把菲洛酥皮铺进去，边缘从烤模边垂下来。

12 在酥皮上刷一层黄油，垂下的部分也要刷。

13 再铺 5 层酥皮，酥皮的边缘垂出烤模。每铺
一层后都要刷一层黄油。

14 用厨房纸包住凉透的菠菜，吸干所有水分，
将菠菜切细。

15 把菠菜与洋葱混合物混合均匀，加入盐和黑
胡椒调味。

16 把一半蔬菜放到酥皮上，摊平。

17 把菲达奶酪撒在蔬菜上，再倒入剩下的蔬菜。

18 把垂下来的酥皮一片片地折起来，盖到馅料上，刷一层黄油。

19 把剩下的黄油都刷到酥皮上，把烤模放在一个烤盘上。

20 放入烤箱烘烤 35 ～ 40 分钟，烤至金黄酥脆，冷却 10 分钟。

21 脱模，切块后趁热或常温食用。

菲达奶酪酥皮派▶

更多酥皮派

土豆蓝纹芝士酥皮派

可以将它提前做好，在忙碌的工作日加热食用。

成品分量： 6 人份

准备时间： 35 ~ 40 分钟

提前准备： 烤之前可以用保鲜膜包住，冷藏 2 天

烘烤时间： 45 ~ 55 分钟

特殊器具

直径为 28 厘米的活扣蛋糕模

原料

190 克无盐黄油

125 克培根，切成条

500 克菲洛酥皮

1 千克土豆，切成很薄的片

125 克蓝纹芝士，压碎

4 根青葱，切末

欧芹、龙蒿、细叶芹各 4 ~ 5 棵，叶子切末

海盐和现碾黑胡椒

3 ~ 4 汤匙酸奶油

1 将烤箱预热至 180 摄氏度。把 15 克黄油放入平底锅里，融化后放入培根，煎 5 分钟至产生焦化层。放到厨房用纸上沥干油。把剩下的黄油放入另一个小锅中加热融化。在烤模里刷一点黄油。在操作台上铺一张微湿的茶巾，在上面展开菲洛酥皮。

2 比照烤模，把酥皮切成直径比烤模大 15 厘米的圆形，盖上第二张微湿的茶巾。

3 把一张菲洛酥皮放到第三张微湿的茶巾上，刷上黄油，按进烤模里。再拿一张酥皮，刷上黄油，以正确的角度放到第一张酥皮上。照这样用完一半的酥皮。

4 把一半土豆排列在烤盘里，撒上一半芝士、青葱、香草、盐和黑胡椒。在上面摆上剩下的土豆，然后撒上剩余的配料。把剩下的菲洛酥皮盖在馅料上，每放一层酥皮后要刷一层黄油。在中间切一个直径为 7.5 厘米的洞，露出里面的馅料。烘烤 45 ~ 55 分钟至表面焦黄。趁热将酸奶油舀到酥皮中间，切块享用。

辣羽衣甘蓝香肠酥皮派

在酥皮派的故乡希腊，人们会用更苦的野菜来制作馅料，但使用任何稍带苦味的绿叶菜都是可以的，还可以尝试用嫩卷心菜或菠菜来代替羽衣甘蓝。

成品分量： 6 人份

准备时间： 35 ～ 40 分钟

提前准备： 烤之前可以用保鲜膜包住冷藏 2 天，也可以冷冻 8 周

烘烤时间： 45 ～ 55 分钟

特殊器具

直径为 28 厘米的活扣蛋糕模

原料

200 克无盐黄油

250 克香肠肉

3 个洋葱，切末

500 克菲洛酥皮

750 克羽衣甘蓝，择洗干净，切丝

½ 茶匙多香果粉

海盐和现碾黑胡椒

2 个鸡蛋，打散

1 把 30 克黄油放入小锅中加热，加入香肠肉，翻炒成松散的棕色碎肉。用漏勺沥出油脂，把肉盛到碗里。把洋葱放入锅里炒软，加入羽衣甘蓝，盖上锅盖，用微火加热至变软。打开锅盖，再翻炒 5 分钟，炒干水分。

2 把香肠肉放回锅里，加入多香果粉，翻炒均匀。根据个人口味调味。离火，完全放凉后搅入蛋液。

3 将烤箱预热至 180 摄氏度。把剩下的黄油放到小锅里加热融化。在烤模里刷一点黄油。

4 在操作台上铺一张折起来的微湿茶巾，在上面展开菲洛酥皮。比照烤模，把酥皮切成直径比烤模大 15 厘米的圆形，盖上第二张折起来的微湿茶巾。

5 把一张菲洛酥皮放到第三张微湿的茶巾上，刷上黄油。把酥皮放到烤模里，按紧边缘。再拿一张酥皮，刷上黄油，以正确的角度放到第一张酥皮上。照这样放完一半的酥皮。每张酥皮放置的角度稍做变化，把烤模的边缘完全遮住。

6 把馅料舀到酥皮上面。再取一张菲洛酥皮，涂上黄油，盖到馅料上。刷一层黄油，盖一张酥皮，直到用完剩下的酥皮。把垂下来的酥皮折起来盖在顶部，淋上剩余的黄油。

7 烘烤 45 ～ 55 分钟至外皮焦黄。稍稍冷却，切块后趁热或常温食用。

康沃尔郡肉菜烘饼

虽然添加伍斯特郡酱不是传统的做法，但可以让馅料更有层次。

1 将猪肉和黄油与面粉混合，揉成细屑。

2 加入盐和适量凉水，把混合物揉成软面团。

3 把面团放在撒了面粉的操作台上，稍揉几下。用保鲜膜包好，冷藏 1 小时。

4 将烤箱预热至 190 摄氏度。把所有馅料原料混合均匀，用盐和黑胡椒调味。

5 把面团放在撒有一层面粉的操作台上，擀至 5 毫米厚度。

6 比照一个直径为 16 厘米的盘子，从面皮上切出 4 个圆形。将边角料重新团好擀平。

7 在每个圆形酥皮上放 $\frac{1}{4}$ 馅料，留出 2 厘米的边界。

8 在边界上刷一点蛋液。

9 提起两边的酥皮边，按压到一起，包住馅料。

成品分量：4 个	基本原料	馅料原料	1 个大洋葱，切末

成品分量：4 个
准备时间：20 分钟
冷藏时间：1 小时
烘烤时间：40 ～ 45 分钟
储存：做好后可以冷藏保存 2 天

基本原料
100 克猪油，冷藏切块
50 克无盐黄油，冷藏切块
300 克白面粉，外加适量撒粉用
½ 茶匙盐
1 个鸡蛋，打散，刷蛋液用

馅料原料
250 克牛裙边肉，切成 1 厘米的小块
80 克大头菜，切成 5 毫米的小块
100 克蜡质马铃薯，去皮，切成 5 毫米的小块

1 个大洋葱，切末
少许伍斯特郡酱
1 茶匙白面粉
海盐和现碾黑胡椒

10 用锋利的刀子在边缘处轻按几下。

11 用手指在边缘捏出装饰性的褶皱。

12 在烘饼上刷满蛋液。

13 放入烤箱中心，烘烤 40 ～ 45 分钟至表面焦黄。把烘饼从烤箱中取出，至少冷却 15 分钟，趁热或放凉后食用皆可。

更多肉馅饼

鸡肉馅饼

这些鸡肉馅饼可以单独作为一顿营养均衡的饱腹午餐，而且比传统的牛肉馅饼更加清爽，尤其受孩子们的欢迎。

成品分量： 4 个
准备时间： 30 分钟
冷藏时间： 20 分钟
烘烤时间： 35 ～ 40 分钟
储存： 做好后可以冷藏保存 2 天

基本原料

1 个优质酥皮面团，见第 392 页步骤 1 ～ 3
1 个鸡蛋，打散，刷蛋液用

馅料原料

115 克奶油芝士
6 根小葱
2 汤匙欧芹碎
海盐和现碾黑胡椒
2 ～ 3 块鸡胸肉，约 350 克，切成 2 厘米的小块
150 克土豆，切成 1 厘米的小块
150 克红薯，切成 1 厘米的小块

1 将奶油芝士、洋葱、欧芹放进碗里混合均匀，加入盐和黑胡椒调味。搅入鸡肉、土豆和红薯。

2 将烤箱预热至 200 摄氏度。把面团分成 4 份，分别在撒过面粉的操作台上擀平，借助小盘子切出直径为 20 厘米的圆形。在每个圆形的中心放 1/4 馅料。在边缘刷一点水，捏到一起封紧，再捏出装饰性的褶皱。

3 把馅饼放到烤盘上，刷一层蛋液。在每个馅饼顶部切一个小口，烘烤 10 分钟。将烤箱温度降至 180 摄氏度，再烤 25 ～ 30 分钟，把小刀插进中心，拔出来后小刀依然干净就说明烤好了。把馅饼从烤箱中取出，趁热或放凉后食用皆可。

西班牙饺子

这些适口大小的咸味酥皮点心起源于西班牙和葡萄牙。它们很适合出现在自助餐或野餐中，也可以用作开胃菜或佐酒小点。

成品分量： 24 个
准备时间： 45 分钟
冷藏时间： 30 分钟
烘烤时间： 25 ～ 30 分钟
储存： 做好后可以冷藏保存 2 天

特殊器具

直径为 9 厘米的圆形饼干切模

基本原料

450 克白面粉，外加适量撒粉用海盐
85 克无盐黄油，切块
2 个鸡蛋，打散，外加适量刷蛋液用

馅料原料

1 汤匙橄榄油，外加适量涂油用
1 个洋葱，切末
120 克罐头番茄，沥干
2 茶匙番茄泥
140 克罐头金枪鱼，沥干
2 汤匙欧芹碎
现碾黑胡椒

1 制作酥皮。面粉过筛后，与 1/2 茶匙盐一起放入一个大料理盆里。加入黄油，用指尖搓成细屑。加入蛋液和 4 ～ 6 汤匙水，搅成面团。用保鲜膜包好，冷藏 30 分钟。

2 同时，把油倒入平底锅中加热，放入洋葱，用中火翻炒 5 ～ 8 分钟，把洋葱炒至半透明。加入番茄、番茄泥、金枪鱼、欧芹，用盐和黑胡椒调味。调至小火，煨 10 ～ 12 分钟，偶尔搅动，之后完全晾凉。

3 将烤箱预热至 190 摄氏度。把面团擀成 3 毫米厚度，用饼干模切出 24 个圆形。在每个圆形上放 1 茶匙馅料，在边缘处刷一点水。折起面皮，捏紧。

4 把饺子放到一个涂过油的烤盘上，烘烤 25 ～ 30 分钟至表面金黄，趁热上桌。

苏格兰肉馅饼

这道简单的咸味酥皮点心是苏格兰的经典名菜。

成品分量： 4 个
准备时间： 15 分钟
冷藏时间： 1 小时
烘烤时间： 20 ～ 25 分钟
储存： 做好后可以冷藏保存 2 天

基本原料

150 克猪油，冷藏切块
200 克自发粉，外加适量撒粉用
100 克白面粉
$\frac{1}{2}$ 茶匙盐

馅料原料

300 克切碎的牛裙边肉或牛排
1 个洋葱，切末
少许伍斯特郡酱
海盐和现碾黑胡椒
1 个鸡蛋，打散，刷蛋液用

1 制作酥皮。把两种面粉混合，放入猪油，搓成屑状。加入盐和适量凉水，搅成软面团，再团成球状，用保鲜膜包住，冷藏 1 小时。将烤箱预热至 200 摄氏度。

2 把牛肉、洋葱、伍斯特郡酱、调味料混合在一起。把面团放到撒过面粉的操作台上，擀至 5 毫米厚度。用一个盘子或碗，从酥皮上切出 4 个圆形。你可能需要重新利用边角料才能得到 4 个圆形。如果酥皮在擀的过程中裂开了，就再团起来重新擀。擀过两遍的酥皮会更加强韧。把圆形对折，切掉一些边缘，修得更像长方形，再把它们展开。

3 在每个圆形的中心放 $\frac{1}{4}$ 馅料，留出 2 厘米的边界。在边界上刷一点蛋液，把酥皮对折，捏紧边缘。在馅饼上刷一层蛋液，在每个馅饼顶部切一个小口，用来放走蒸气。

4 放入烤箱中心，烘烤 20 ～ 25 分钟至表面焦黄。把馅饼从烤箱中取出，至少冷却 10 分钟。

烘焙小贴士

　　牛油酥皮包裹着碎牛肉和洋葱做成的简单馅料，是康沃尔郡肉菜烘饼的近亲，来自位于英国另一端的苏格兰。由于只有几种原料，所以要尽量选用最好的肉。我更喜欢用切得很细的牛裙边肉。

经典面包和手工面包

CLASSIC AND ARTISAN BREADS

全麦圆锥面包

石磨全麦面粉的吸水性不固定，因此需要根据实际情况调整面粉和水的用量。

成品分量： 2 条

准备时间： 35 ～ 40 分钟

发酵和醒发时间： 1 小时 45 分钟～ 2 小时 15 分钟

烘烤时间： 40 ～ 45 分钟

储存： 做好后可以冷冻保存 8 周

原料

60 克无盐黄油，外加适量涂油用

3 汤匙蜂蜜

3 茶匙干酵母

1 汤匙盐

625 克石磨高筋全麦面包粉

125 克高筋白面包粉，外加适量撒粉用

1 融化黄油。在一个碗里放入 1 汤匙蜂蜜和 4 汤匙温水。

2 把酵母撒到蜂蜜混合物上，静置 5 分钟至酵母溶解，中途搅动一次。

3 将黄油、酵母、盐、剩余的蜂蜜、400 毫升温水混合。

4 搅入白面粉和一半全麦粉，混合均匀。

5 分次加入剩余的全麦粉，每次 125 克，每次加完后都混合均匀。

6 这时的面团应该是软而且有点黏的，不粘碗壁。

7 把面团放在撒过面粉的操作台上，在面团上面撒一点白面粉。

8 揉10分钟，直到面团光滑有弹性，将面团揉成球形。

9 在一个大碗里涂一层黄油，放入面团翻转一下，让面团粘上黄油。

10 用微湿的茶巾盖住面团，放在温暖的地方发酵1小时～1小时30分钟，直到体积翻倍。

11 给一个烤盘涂油。把面团放到撒了面粉的操作台上，轻轻按压，排出气体。

12 盖住面团，静置5分钟。把面团切成3等份，再把其中一份切成两半。

13 取出一块大的和一块小的面团，用茶巾盖住。给其他面团塑形。

14 把一块大的面团揉成松散的球形，底部向内收，转动面团，捏成紧实的球状。

15 把面球翻过来，接缝处向下放在烤盘上。

16 用同样的手法将一块小面团也团成球形，接
缝处向下摆在第一个球上。

17 食指从两个球的正中间按下去，直到碰到
烤盘。

18 照这样，用剩余的两块面团做出第二个面包。

19 用茶巾盖住面包，在温暖的地方放置 45 分
钟至体积翻倍。

20 将烤箱预热至 190 摄氏度。烘烤 40 ～ 45
分钟至充分上色。

21 烤好后，轻敲底部应发出中空的声音。放到
网架上晾凉。

全麦圆锥面包▶

更多经典面包

烘焙小贴士

虽然刚刚出炉的面包十分诱人，但请至少等待30分钟再切开面包。这会让面包的味道和口感进一步提升。

白面包

能熟练掌握白面包的制作技巧应该算是新手烘焙师成长的里程碑之一。没有什么味道能敌得过新鲜出炉、外硬内软的白面包。

成品分量： 1条
准备时间： 20分钟
发酵和醒发时间： 2～3小时
烘烤时间： 40～45分钟
储存： 最好在制作当天食用，但也可以用纸包好，在密封容器中保存一夜或冷冻保存4周

原料

500克高筋白面包粉，外加适量撒粉用
1茶匙细盐
2茶匙干酵母
1汤匙葵花子油，外加适量涂油用

1 把面粉和盐放在碗里。在另一个小碗里，把酵母放入300毫升温水中，溶解后把油倒入碗里。在面粉中间挖一个坑，倒入液体原料，搅成粗糙的面团，用手将面团团成球状。

2 把面团放到薄撒一层面粉的操作台上，揉10分钟，直到面团光滑且富有弹性。把面团放进一个涂过油的碗里，用保鲜膜松松地盖住，放在温暖的地方发酵2小时至体积翻倍。

3 面团膨胀后，把它放到撒过面粉的操作台上，捶成原本的大小，再揉成想要的形状。我喜欢把它们揉成长条圆顶的"布鲁姆"面包。把面团放在烤盘上，用保鲜膜和一条茶巾盖住，放在温暖的地方发酵至体积翻倍。这个过程可能需要30分钟～1小时。当面包膨胀得很高，用手指按压后凹陷的地方很快就能弹回来，就说明已经发酵好了。

4 将烤箱预热至220摄氏度。把烤箱的架子一个放在中层，另一个放在下面靠近底部的地方。烧一壶水，在面包顶部用刀子斜向划2～3次。这样做可以让面包在烤箱中继续长高。在顶部撒一些面粉，放入烤箱中层。把一个烤肉盘放在下层的架子上，将沸水迅速倒入烤盘，紧接着关上烤箱门。热水的蒸气会留在烤箱里，帮助面包膨胀。

5 烘烤10分钟，然后把温度降至190摄氏度，再烤30～35分钟，直到外壳焦黄且轻敲底部有中空的声音。如果上色过快，就把温度降至180摄氏度。把面包从烤箱中取出，放到网架上冷却。

迷迭香核桃面包

核桃和迷迭香的味道结合得恰到好处，坚果酥脆的口感也令人着迷。

成品分量： 2 条
准备时间： 20 分钟
发酵和醒发时间： 2 小时
烘烤时间： 30 ～ 40 分钟
储存： 可以用纸包好，在密封容器中保存 1 天或冷冻保存 12 周

原料

3 茶匙干酵母
1 茶匙白砂糖
3 汤匙橄榄油，外加 2 茶匙涂油和刷面用
450 克高筋白面包粉，外加适量撒粉用
1 茶匙盐
175 克核桃，大致切碎
3 汤匙切成末的迷迭香叶片

1 把酵母和糖放进一个小碗中，加入 100 毫升温水。静置 10 ～ 15 分钟，直到混合物变稠。在一个大碗里涂一层油。

2 把面粉、一小撮盐、橄榄油放在碗里，倒入酵母混合物和 200 毫升温水。把所有原料混合，搅成软面团。放在薄撒过一层面粉的操作台上，揉 15 分钟，让核桃和迷迭香与面粉充分融合。把面团放进一个涂过油的碗里，用茶巾盖住，在温暖的地方放置 1 小时 30 分钟至体积翻倍。

3 按压面团排出气体，再多揉几分钟。将面团分成两半，各揉成 15 厘米长的圆顶面包。用茶巾盖住，发酵 30 分钟。将烤箱预热至 230 摄氏度。给一个烤盘涂油。

4 面团体积翻倍后，在上面刷一层油，放到烤盘上。放入烤箱中层，烘烤 30 ～ 40 分钟，直到敲击面包底部有中空的声音。放在网架上冷却。

乡村土豆面包

用土豆泥做成的面包外皮柔软、内里湿润。这个配方要求在面团上涂一层黄油，放在环形模具里烘烤。

成品分量： 1条

准备时间： 50 ~ 55 分钟

发酵和醒发时间： 1 小时 30 分钟 ~ 2 小时 15 分钟

提前准备： 可以提前揉好面团，放在冰箱中冷藏发酵一夜。烤制之前先将面团拿出来，塑形、回温后即可按配方烘烤

烘烤时间： 40 ~ 45 分钟

储存： 刚出炉时味道最好，但也可以用纸包紧保存 2 ~ 3 天或冷冻保存 8 周

特殊器具

容量为 1.75 升的环形模具或直径为 25 厘米的圆形蛋糕模和一个容量为 250 毫升的烤盅

原料

250 克土豆，去皮，每个切成 2 ~ 3 块

2½ 茶匙干酵母

125 克无盐黄油，外加适量涂油用

一大把韭菜，剪成段

2 汤匙糖

2 茶匙盐

425 克高筋白面包粉，外加适量撒粉用

1 把土豆放到一个深平底锅里，加大量凉水。用大火煮沸，然后调成小火，将土豆煮软。捞出沥干，保留 250 毫升煮土豆的液体。将土豆捣成泥，放凉。

2 在一个小碗里放 4 汤匙温水，放进酵母。静置 5 分钟至酵母溶解，中途搅拌一次。将一半黄油放入锅里加热融化。把留出的液体、土豆泥、酵母水、融化的黄油放到一个碗里，加入韭菜、糖、盐，混合均匀。

3 搅入一半的面粉，混合均匀。分次加入剩余的面粉，每次 60 克，每次加完后都混合均匀，直到面团不粘碗壁。这时的面团应该是软而且有点黏的。把面团放到撒了面粉的操作台上揉 5 ~ 7 分钟，直到面团光滑且有弹性。

4 取一个干净的大碗，在碗内涂一层油。把面团放入碗里，翻转一下粘上黄油。用微湿的茶巾盖住，放到温暖的地方发酵 1 小时 ~ 1 小时 30 分钟，直到体积翻倍。

5 给环形模具或蛋糕模涂油。如果使用的是蛋糕模，在烤盅的外侧涂油，倒扣着放到蛋糕模中心。把剩下的黄油融化。把面团放到撒了一点面粉的操作台上，排出气体。盖住，静置 5 分钟。在手上涂一点面粉，把面团揪成约 30 个核桃大小的小面团，再分别揉成光滑的圆球。

6 把几个小球放到盛有融化黄油的盘子里，用勺子转动面球裹上黄油，把面球转移到模具中。重复操作，处理完所有面球。用干茶巾盖住，放在温暖的地方发酵 40 分钟，直到面球填满模具。

7 将烤箱预热至 190 摄氏度，烘烤 40 ~ 45 分钟，直到表面焦黄且边缘开始回缩。放在网架上稍稍冷却，然后小心地脱模。趁面包还热的时候，用手将面包分开。

烘焙小贴士

　　这个配方在意大利和美国都很流行。在美国，这款面包又被称为"猴子面包"。把它放到餐桌的中间，围坐在四周的人都可以用手撕下小块的面包，很适合大型家庭聚会。

小餐包

你可以把这些小面包做成任何喜欢的形状，各种不同形状的面包出现
在同一个篮子里，看起来赏心悦目。

成品分量： 16 个

准备时间： 45～55 分钟

发酵和醒发时间： 1 小时 30 分钟～2
小时

提前准备： 做好造型的面包可以冷冻保
存 8 周，从冰箱中取出后回温至室温，
刷上蛋液即可按配方烘烤

烘烤时间： 15～18 分钟

原料

150 毫升牛奶

60 克无盐黄油，切大块，外加适量涂
油用

2 汤匙糖

3 茶匙干酵母

2 个鸡蛋，外加 1 个蛋黄，刷蛋液用

2 茶匙盐

550 克高筋白面包粉，外加适量撒粉用

1 将牛奶煮沸，取 4 汤匙放入小碗里，晾至温热。

2 把黄油和糖加到锅中的牛奶里，搅拌至融化，
晾至温热。

3 把酵母加到小碗中的牛奶里，静置 5 分钟至
酵母溶解，搅拌 1 次。

4 在一个大碗里将鸡蛋稍稍打散，放入加糖的
牛奶、盐、酵母水。

5 一点点地加入面粉，直到搅成软黏的面团。

6 把面团放到撒了面粉的操作台上，揉 5～7
分钟，直到面团非常光滑且有弹性。

7 把面团放入涂过油的碗里，用保鲜膜盖住，在温暖的地方放置 1 小时～1 小时 30 分钟至体积翻倍。

8 给 2 个烤盘涂油。把面团放到撒了面粉的操作台上，按压排气。

9 把面团切成两半，分别揉成圆柱体。把每个圆柱切成 8 块。

10 做成圆形：用转圈的手法将面团团成圆球。

11 做成贝克结：把面团搓成条状，摆成 "8" 的形状，把下半部分转一下。

12 做成蜗牛形：把面团搓成长条，把一端压在下面，卷成螺旋状。

13 放到烤盘上，用茶巾盖住，在温暖的地方放置 30 分钟。

14 将烤箱预热至 220 摄氏度。在蛋黄里加 1 汤匙水，打散。

15 在面包上刷蛋液，烘烤 15 ～ 18 分钟至表面焦黄，趁热上桌。

更多小圆面包

香料树莓山核桃包

这个配方是从基础白面包配方演变而来的。这款香甜的小面包里有符合圣诞主题颜色的红色蔓越莓以及气味温暖的香料，因此在圣诞节的早上格外受到人们的欢迎。

成品分量： 8 个
准备时间： 20 分钟
发酵和醒发时间： 2～3 小时
烘烤时间： 20～25 分钟
储存： 最好在制作当天食用，但也可以用纸包好，在密封容器里存放一夜或冷冻保存 4 周

原料

500 克高筋白面包粉，外加适量撒粉用
1 茶匙细盐
1 茶匙混合香料
2 汤匙细砂糖
2 茶匙干酵母
150 毫升全脂牛奶
50 克蔓越莓干，大致切碎
50 克山核桃仁，大致切碎
1 汤匙葵花子油，外加适量涂油用
1 个鸡蛋，打散，刷蛋液用

1 把面粉、盐、混合香料、糖放到一个大碗里。用 150 毫升温水化开酵母。酵母溶解后，加入牛奶和油。把液体原料放入面粉混合物里，搅成软面团，用手团成球形。

2 把面团放到撒了面粉的操作台上，揉 10 分钟，直到面团光滑有光泽且充满弹性。

3 将面团按成薄薄的一层，把蔓越莓和山核桃铺在上面，再揉 1～2 分钟，直到所有原料分布均匀。把面团放入涂过油的碗里，用保鲜膜盖好，放在温暖的地方发酵至体积翻倍，时间应不超过 2 小时。

4 把面团放到撒了面粉的操作台上，轻轻按压出气体。把面团稍稍揉几下，然后分成 8 等份，再分别揉成饱满的圆球状。如果看到伸出面团表面的水果或坚果，就把它们按进面团，否则它们很容易烧焦。

5 把面团放到一个大烤盘上，用保鲜膜和干净的茶巾松松地盖住，放在温暖的地方发酵 1 小时，直到体积几乎翻倍。将烤箱预热至 200 摄氏度。用锋利的小刀轻轻地在面包表面划一个十字。这样面包在烤箱中就可以继续膨胀。在顶部刷一点蛋液，放入烤箱中层。

6 烘烤 20～25 分钟，直到表面焦黄，轻敲底部会发出中空的声音。从烤箱中取出面包，放在网架上晾凉。

芝麻包

这些柔软的小面包制作起来十分简单，是野餐或外带午餐的绝佳选项，也可以在烤肉的时候用来制作汉堡。

成品分量： 8 个
准备时间： 30 分钟
发酵和醒发时间： 1 小时 30 分钟
烘烤时间： 20 分钟
储存： 最好在制作当天食用，但也可以用纸包好，在密封容器里存放一夜

原料

450 克高筋白面包粉，外加适量撒粉用
1 茶匙盐
1 茶匙干酵母
1 汤匙蔬菜油、葵花子油或清爽版橄榄油，外加适量涂油用
1 个鸡蛋，打散
4 汤匙芝麻

1 把面粉、盐放到碗里混合均匀，在中间挖一个坑。向小碗里倒入 360 毫升温水，放入酵母。酵母溶解后，加入油。把液体原料放入面粉中间的坑里，快速搅拌混合，静置 10 分钟。

2 把面团放到撒了面粉的操作台上揉 5 分钟，把面团揉光滑。把面团边缘向中间折起，形成一个球形。放入涂过油的碗里，光滑的一面向上。用涂过油的保鲜膜盖住，在温暖的地方放置 1 小时至体积翻倍。

3 取一个烤盘，撒上面粉。把面团放到撒过面粉的操作台上，在上面撒一点面粉，稍稍揉几下。把面团扯成 8 等份，分别揉成球形，放到烤盘上，留出大一点的间距。静置 30 分钟，直到面团变得更大更软。将烤箱预热至 200 摄氏度。

4 面团膨胀后，给每个面团刷上蛋液并撒一点芝麻。烘烤 20 分钟，直到颜色金黄、外形膨胀饱满，放到网架上晾凉。

全麦茴香包

这些带有茴香籽和黑胡椒碎的小咸面包很适合用来制作熏火腿三明治或做成西班牙辣香肠或猪肉汉堡。可以试着用葛缕子或孜然等不同种的香料来代替茴香籽。

成品分量： 6 个
准备时间： 20 分钟
发酵和醒发时间： 2 小时
烘烤时间： 25 ～ 35 分钟
储存： 最好在制作当天食用，但也可以用纸包好，在密封容器里存放一夜或冷冻保存 12 周

原料
2 茶匙干酵母
1 茶匙金砂糖
450 克全麦面粉，外加适量撒粉用
$1\frac{1}{2}$ 茶匙细盐
2 茶匙茴香籽
1 茶匙黑胡椒粒，压碎
橄榄油，涂油用
1 茶匙芝麻（可选）

1 把酵母和糖放在小碗里，再倒入 150 毫升温水。静置 15 分钟，直到混合物变得稠厚，产生气泡。

2 在另一个碗里将面粉和盐混合均匀，倒入酵母水，然后少量多次地倒入 150 毫升温水，搅成面团（如果太干就再加一点水）。把面团放到撒了面粉的操作台上，揉 10 ～ 15 分钟至面团光滑且充满弹性，然后把茴香籽和黑胡椒碎揉进面团里。

3 在一个碗里涂薄薄的一层橄榄油。把面团放进碗里，用茶巾盖住，在温暖的地方放置 1 小时 30 分钟至体积翻倍。

4 按压面团排出气体，然后再揉几分钟。把面团分成 6 块，分别揉成球状，放在涂过油的烤盘上，盖好，发酵 30 分钟。将烤箱预热至 200 摄氏度。

5 在小面团上刷一点水，撒上芝麻（可选）。烘烤 25 ～ 35 分钟，烤至金黄且轻敲底部会发出中空的声音。把面包留在烤盘上冷却几分钟，然后转移到网架上彻底晾凉。

巴西芝士面包球

这些不太常见的小芝士面包外壳酥脆、内里软糯，在巴西是很受欢迎的街头小吃。

成品分量： 16 个

准备时间： 10 分钟

提前准备： 可以在完成第 3 步后将面团放在烤盘上放入冰箱冻硬，然后装进保鲜袋里冷冻保存 8 周。使用时提前 30 分钟取出面团，解冻后即可照常烘烤

烘烤时间： 30 分钟

特殊器具
带刀片的食物料理机

原料
125 毫升牛奶
3 ~ 4 汤匙葵花子油
1 茶匙盐
250 克木薯粉，外加适量撒粉用
2 个鸡蛋，打散，外加适量刷蛋液用
125 克帕玛森芝士，磨成粉

1　把牛奶、葵花子油、125 毫升水、盐放入小锅中，用大火煮沸。把面粉放入一个大碗里，把煮沸的液体倒入碗中，迅速混合均匀，得到非常黏稠的混合物，静置冷却。

2　将烤箱预热至 190 摄氏度。把冷却后的木薯粉放入食物料理机中，加入鸡蛋，打成顺滑稠厚的糊状。加入芝士，把混合物打得黏稠、有弹性。

3　把混合物倒在撒满面粉的操作台上，揉 2 ~ 3 分钟至光滑柔软。把混合物分成 16 等份，分别揉成高尔夫大小的球状。把它们摆在铺有烘焙纸的烤盘上，相互之间留出较大的距离。

4　在小球上刷一点蛋液，放入烤箱中层烘烤 30 分钟，直到面包表面焦黄、充分膨胀。把它们取出烤箱，冷却几分钟后即可食用。最好在制作当天，尤其是刚出炉时食用。

烘焙小贴士

　　这些经典的巴西芝士面包球是用木薯粉制作的，因此不含小麦。木薯粉刚与液体混合时会产生很多结块，料理机可以快速将它们打匀。

种子黑面面包

这是一款有浓郁葛缕子籽香气的硬壳面包。由于添加了一些白面粉，所以它比纯黑麦面包的重量更轻。

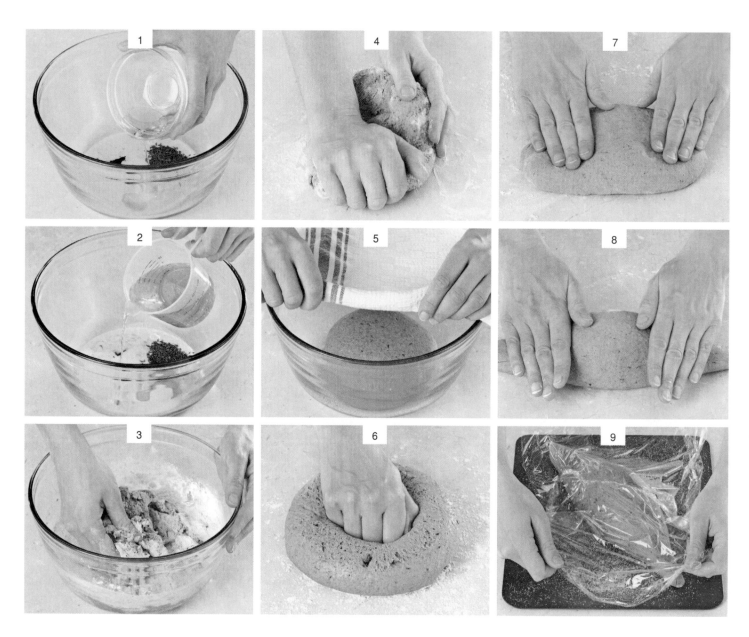

1 把酵母水、黑糖浆、⅔葛缕子籽、盐和油放到碗里。

2 倒入啤酒，搅入黑麦面粉，用手混合均匀。

3 少量多次地加入白面粉，混合成软黏的面团。

4 揉8～10分钟，将面团揉得光滑有弹性，放到涂过油的碗里。

5 用微湿的茶巾盖住，在温暖的地方放置1小时30分钟～2小时至体积翻倍。

6 取一个烤盘，在上面撒一层玉米粉，在撒过面粉的操作台上按压面团，排出气体。

7 盖住面团，静置5分钟，然后把面团拍成约25厘米长的椭圆形。

8 双手按在面团两端，在操作台上来回滚动，让两端逐渐变细。

9 把面团放到烤盘上，用保鲜膜盖住，在温暖的地方放置45分钟至体积翻倍。

成品分量：1 条
准备时间：35～40 分钟
发酵和醒发时间：2 小时 15 分钟～
2 小时 45 分钟
烘烤时间：50～55 分钟
储存：用纸包紧，可以常温储存

2 天或冷冻储存 8 周

原料
2½ 茶匙干酵母，用 4 汤匙温水溶解
1 汤匙黑糖浆
1 汤匙葛缕子籽

2 茶匙盐
1 汤匙蔬菜油，外加适量涂油用
250 毫升拉格啤酒
250 克黑麦面粉
175 克高筋白面包粉，外加适量
撒粉用

黄色玉米粉，撒粉用
1 个鸡蛋的蛋白，打发至冒泡，刷
蛋液用

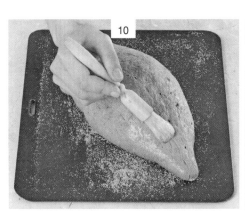

10 将烤箱预热至 190 摄氏度。在面包上刷一层
蛋液。

11 把剩余的葛缕子籽撒在面团上，按压固定。

12 用一把锋利的小刀，在面包顶部划 3 条 5 毫
米深的斜线。

13 烘烤 50～55 分钟至面包充分上色，烤好
后敲击面包底部会有中空的声音。把面包转
移到网架上，彻底晾凉。

更多黑麦面包

还可以尝试：
核桃黑麦面包

　　把 75 克核桃放进锅里，不加油煎 3～4 分钟。用干净的茶巾搓掉多余的表皮，大致切碎，代替杏干和南瓜子放在扯开的面团上。发酵完成后，把面团的边缘向里收，团成紧实均匀的小球，把接缝处向下摆放，做成法式面包球的形状。二次发酵后，烘烤45 分钟。

甜杏南瓜子面包

　　黑麦面粉的密度很大，因此要掺入一些白面粉，让面包更加蓬松。

成品分量： 8 个
准备时间： 20 分钟
发酵和醒发时间： 不超过 4 小时
烘烤时间： 30 分钟
储存： 最好在制作当天食用，但包好后可以常温放置一夜或冷冻保存 4 周

原料
25 克南瓜子
2½ 茶匙干酵母
1 汤匙黑糖浆
1 汤匙葵花子油，外加适量涂油用
250 克黑麦面粉
250 克高筋白面包粉，外加适量撒粉用
1 茶匙细盐
50 克杏干，大致切碎
1 个鸡蛋，打散，刷蛋液用

1 把南瓜子放进锅里，不加油煎 2～3 分钟，其间注意观察，防止烧焦。将酵母放进 300 毫升温水里化开。加入糖浆和油，搅拌至糖浆均匀溶解。把两种面粉和盐一起放进一个大碗里。

2 将液体原料倒入面粉中，搅成软面团。把面团放到撒了少量面粉的操作台上，揉 10 分钟，直到面团光滑且富有弹性。

3 把面团抻薄，放上杏干和南瓜子，揉 1～2 分钟让它们更好地融入。把面团放到涂过油的碗里，用保鲜膜盖住，放在温暖的地方发酵至充分膨胀，时间应不超过 2 小时。由于黑麦面粉含有的麸质很少，发酵很慢，所以面团的体积不会翻倍。

4 把面团放到撒了面粉的操作台上，按压排气。再稍稍揉几下，分成 8 等份，再分别揉成饱满的圆球状。如果看到伸出面团表面的水果或坚果，就把它们按进面团，否则很容易烧焦。

5 把面团放到一个烤盘上，用保鲜膜和茶巾盖住，放在温暖的地方醒发至充分膨胀，这可能需要 2 小时。如果面团充分膨胀，用手指轻戳面团，留下的小坑能很快回弹，就说明面团已经可以烤了。

6 将烤箱预热至 190 摄氏度。面包刷上蛋液，放入烤箱中层烘烤 30 分钟，直到表面焦黄，轻敲底部会发出中空的声音。从烤箱中取出面包，放在网架上晾凉。

蒜香青酱面包

带有淡淡黑麦香气的面包里夹着香气扑鼻的自制青酱。它很容易分成一个个小卷，因此适合在自助午餐或野餐时享用。

成品分量： 1 条
准备时间： 35 ～ 40 分钟
发酵和醒发时间： 1 小时 45 分钟～ 2 小时 15 分钟
烘烤时间： 30 ～ 35 分钟

特殊器具
带刀片的食物料理机

原料
2½ 茶匙干酵母
125 克黑麦面粉
300 克高筋白面包粉，外加适量撒粉用
2 茶匙盐
3 汤匙特级初榨橄榄油，外加适量涂油刷面
一大把罗勒叶
3 瓣大蒜，去皮
30 克松子，大致切碎
60 克现磨帕玛森芝士
现碾黑胡椒

1 从 300 毫升温水中取出 4 汤匙，放入一个小碗中，把酵母撒到水里。静置约 5 分钟至酵母溶解，搅拌一次。把黑麦面粉、白面粉、盐放到一个大碗里，在中间挖一个坑。把溶解的酵母和剩余的水都倒入坑里，一点点地与面粉混合，搅成软黏的面团。

2 把面团放到撒了面粉的操作台上，揉 5 分钟，直到面团非常光滑且有弹性。把面团团成球状，放到涂了油的碗里，用微湿的茶巾盖住，在温暖的地方发酵 1 小时～ 1 小时 30 分钟至体积翻倍。

3 一下下地启动料理机，将罗勒叶和大蒜打成粗末。然后一边打，一边缓慢地加入 3 汤匙油，搅打成顺滑的青酱。把青酱放入碗里，搅入松子、帕玛森芝

士以及大量黑胡椒。

4 在烤盘上刷一层油。把面团放在撒了面粉的操作台上，按压排气。盖住面团，静置 5 分钟。将面团按扁，然后用擀面杖擀成 40 厘米 ×30 厘米的长方形。把青酱均匀地涂在面团上，留出 1 厘米的边界。从一条长边开始，将长方形卷成一个均匀的圆柱，顺着圆柱将接缝处捏紧，不要封住两端。

5 将圆柱转移到准备好的烤盘上，接缝处向下。再弯成环形，把两端捏到一起。用锋利的刀子，在圆环上每隔 5 厘米就深深地切一刀。把切开的部分稍微分开，旋转半圈后放平。用干茶巾盖住，放在温暖的地方发酵 45 分钟至体积翻倍。

6 将烤箱预热至 220 摄氏度。在面包上刷一点油，烘烤 10 分钟。将烤箱温度降至 190 摄氏度，烘烤 20 ～ 25 分钟至表面金黄，放到网架上稍微冷却。在制作当天食用。

多谷物早餐面包

这款用料实在的面包里面有燕麦片、麦麸、玉米粉、全麦面粉和高筋白面粉，还有增加口感的向日葵籽。

成品分量： 2 条

准备时间： 45～50 分钟

发酵和醒发时间： 2 小时 30 分钟～3 小时

烘烤时间： 40～45 分钟

储存： 最好在制作当天食用，但也可以用纸包紧常温储存 2～3 天或冷冻储存 8 周

原料

75 克葵花子

425 毫升酪乳

2½ 茶匙干酵母

45 克燕麦片

45 克麦麸

75 克玉米粉，外加适量撒粉用

45 克绵红糖

1 汤匙盐

250 克高筋全麦面包粉

250 克高筋白面包粉，外加适量撒粉用

无盐黄油，涂油用

1 个鸡蛋的蛋白，打散，刷蛋液用

1 将烤箱预热至 180 摄氏度。将种子铺在烤盘上，烤至微微变棕，放凉后大致切碎。

2 把酪乳倒入小锅中，加热至温热。用小碗盛 4 汤匙温水，向里面撒入酵母。静置 2 分钟，稍搅拌几下，然后静置 2～3 分钟至酵母完全溶解。

3 把葵花子、燕麦片、麦麸、玉米粉、糖、盐放入一个大碗中，加入溶解的酵母和酪乳，混合均匀。搅入全麦粉和一半白面粉，混合均匀。

4 分次加入剩余的白面粉，每次 60 克，每次加完后都混合均匀，直到面团不粘碗壁。这时的面团应该是软而且有点黏的。把面团放到撒了面粉的操作台上，揉 8～10 分钟至面团光滑且有弹性，把面团揉成球状。

5 取一个大碗，在碗内涂一层油。把面团放入碗里，翻转一下沾上黄油。用微湿的茶巾盖住，放到温暖的地方发酵 1 小时 30 分钟～2 小时至体积翻倍。

6 取 2 个烤盘，在上面各撒一层玉米粉。把面团放到撒了面粉的操作台上，按压排气。盖住，静置 5 分钟。用锋利的刀子将面团一分为二，揉成 2 个扁的椭圆形。用干茶巾盖住，放在温暖的地方发酵 1 小时，直到体积再次翻倍。

7 将烤箱预热至 190 摄氏度。在面包上刷一层蛋白，烘烤 40～45 分钟至轻敲底部有中空的声音。把面包转移到网架上彻底晾凉。

烘焙小贴士

　　酪乳是一种绝佳的原料，你可以试着把所有配方中的牛奶都换成它。酪乳的弱酸性会带来少许酸味，里面的活性成分会让很多烘焙制品的质地更加柔软轻盈。你在大多数超市都能买到它。

安娜德玛面包

这款深色的玉米面甜面包起源于新英格兰，味道甜中带咸，保鲜期很长。

成品分量： 1 条

准备时间： 25 分钟

发酵和醒发时间： 4 小时

烘烤时间： 45 ~ 50 分钟

储存： 用纸包好可以在密封容器里保存 5 天或冷冻保存 8 周

原料

125 毫升牛奶

75 克玉米面

50 克无盐黄油，软化

100 克黑糖浆

2 茶匙干酵母

450 克白面粉，外加适量撒粉用

1 茶匙盐

蔬菜油，涂油用

1 个鸡蛋，打散，刷蛋液用

1 把牛奶和 125 毫升水放入小锅中，用大火煮沸，加入玉米面，煮 1 ~ 2 分钟至混合物变稠，离火。加入黄油，搅拌均匀。搅入黑糖浆，然后静置冷却。

2 把酵母放在 100 毫升温水中溶解，搅拌均匀。把面粉和盐放在一个大碗里，在中间挖一个坑，一点点地搅入玉米面混合物，然后加入酵母混合物，搅成软黏的面团。

3 将面团放在撒了面粉的操作台上，揉 10 分钟，把面团揉得柔软有弹性。这时的面团应该是比较黏的，但不会粘手。如果太黏就再加一点面粉。把面团放到涂过油的碗里，松松地盖上保鲜膜，放在温暖的地方发酵 2 小时以内。发酵好的面团体积不会翻倍，但会变得非常柔软。

4 把面团放在撒过面粉的操作台上，轻轻按压，排出气体。将面团稍稍揉几下，揉成扁的椭圆形，把边缘向下、向内收紧，让它们看起来均匀紧致。放到一个大烤盘上，松松地盖上保鲜膜和一条干净的茶巾，放在温暖的地方发酵 2 小时。如果面团充分膨胀，且用手指轻戳面团，留下的小坑能很快回弹，就说明面团已经可以烤了。

5 将烤箱预热至 180 摄氏度。把烤箱的架子一个放在中层，另一个放在下面靠近底部的地方。烧一壶水，在面包顶部刷一点蛋液，用锋利的刀子斜向划 2 ~ 3 次。在面包顶部撒一些面粉（可选），放入烤箱中层。把一个烤肉盘放在下层的架子上，将沸水迅速倒入烤肉盘，然后迅速关上烤箱门。

6 烘烤 45 ~ 50 分钟，直到面包外壳上色，且轻敲底部有中空的声音。把面包从烤箱中取出，放到网架上冷却。

烘焙小贴士

　　在面包顶部划开口是为了让它在烤箱中继续膨胀。在烤箱内放开水，水蒸气不仅可以帮助面包膨胀，还可以让它的外壳更加完美。这款面包适合搭配埃曼塔芝士或格鲁耶尔奶酪，也可以简单地涂上黄油，搭配优质火腿和少许芥末酱食用。

迷迭香佛卡夏

揉好的面团可以冷藏过夜，烘烤之前提前从冰箱中取出回温。

成品分量： 6～8 人份
准备时间： 30～35 分钟
发酵和醒发时间： 1 小时 30 分钟～2 小时 15 分钟
烘烤时间： 15～20 分钟

特殊器具
38 厘米 ×23 厘米的瑞士卷模

原料
1 汤匙干酵母
425 克高筋白面包粉，外加适量撒粉用
2 茶匙盐
5～7 株迷迭香的叶子，其中 ⅔ 切碎
90 毫升橄榄油，外加适量涂油用
¼ 茶匙现碾黑胡椒
海盐粒

1 用小碗盛 4 汤匙温水，向里面撒入酵母。静置 5 分钟，其间搅拌一次。

2 把面粉和盐放入一个大碗中，在中间挖一个坑。

3 在坑里加入迷迭香、4 汤匙油、酵母、黑胡椒、240 毫升温水。

4 逐渐把面粉与其他原料混合，搅成软面团。

5 这时的面团应该是软而且黏的，不要试图加入面粉让它变干。

6 把面团放到撒了面粉的操作台上，在面团上撒一点面粉，揉 5～7 分钟。

7 把面团揉得光滑有弹性，然后放进一个涂过油的碗里。

8 用微湿的茶巾盖住，放到温暖的地方发酵1 小时～1 小时 30 分钟至体积翻倍。

9 把面团放到撒了面粉的操作台上，按压排气。

10 用干茶巾盖住，静置 5 分钟。在烤模上涂油。

11 把面团放进烤模，用手摊开，让面团均匀地填满烤模。

12 用茶巾盖住，在温暖的地方发酵 35 ～ 45 分钟至面团膨胀。

13 将烤箱预热至 200 摄氏度。把没切碎的迷迭香叶子放在面包上。

14 用手指在面包上戳出很多深深的凹陷。

15 把剩下的油和盐撒在面包表面，放入烤箱上层烘烤 15 ～ 20 分钟至表面金黄，然后转移到网架上。

佛卡夏变种

黑莓佛卡夏

这是经典佛卡夏面包的甜味变种，很适合在夏末野餐时享用。

成品分量： 6～8 人份
准备时间： 30～35 分钟
发酵和醒发时间： 1 小时 30 分钟～2 小时 15 分钟
提前准备： 在完成第 3 步的揉面后，可以用保鲜膜松松地盖住面团，放入冰箱发酵一夜
烘烤时间： 15～20 分钟

特殊器具

38 厘米 ×23 厘米的瑞士卷模

原料

1 汤匙干酵母
425 克高筋白面包粉，外加适量撒粉用
1 茶匙盐
3 汤匙细砂糖
90 毫升特级初榨橄榄油，外加适量涂油用
300 克黑莓

1 用小碗盛 4 汤匙温水，撒入酵母，静置 5 分钟至酵母溶解，中间搅拌一次。

2 把面粉、盐、2 汤匙糖放入一个大碗中，在中间挖一个坑，倒入溶解的酵母、4 汤匙油、240 毫升温水。把面粉与其他原料混合，搅成顺滑的面团。这时的面团应该是软而且黏的，不要试图加入面粉让它变干。

3 把面团放到撒了面粉的操作台上，在手和面团上撒一点面粉，揉 5～7 分钟，直到面团光滑有弹性。把面团放进一个涂过油的碗里，用微湿的茶巾盖住，放到温暖的地方发酵 1 小时～1 小时 30 分钟至体积翻倍。

4 在烤模上刷足量的橄榄油。取出面团，按压排气。用干茶巾盖住，静置 5 分钟。把面团放进烤模中，用手摊平，让面团均匀地填满烤模。把黑莓铺在面团表面，盖住，在温暖的地方发酵 35～45 分钟至面团膨胀。

5 将烤箱预热至 200 摄氏度。把剩余的油刷在面包上，撒上剩余的糖，放入烤箱上层烘烤 15～20 分钟至表面轻微变棕。放到网架上稍微晾凉，在温热时上桌。

普罗旺斯香草面包

这是法国版本的意大利佛卡夏，在普罗旺斯地区最为常见。传统的叶子外形十分可爱，并且制作起来出乎意料的容易。

成品分量： 3 条
准备时间： 30～35 分钟
发酵和醒发时间： 6 小时
烘烤时间： 15 分钟

原料

5 汤匙特级初榨橄榄油，外加适量涂油用

1 个洋葱，切末

2 片瘦的外脊培根，切碎

400 克高筋白面包粉，外加适量撒粉用

1½ 茶匙干酵母

1 茶匙盐

海盐粒

1 在平底锅里加热 1 汤匙油，放入洋葱和培根，煎至颜色变棕，盛出备用。

2 用小碗盛 150 毫升温水，撒入酵母，静置至酵母溶解，中间搅拌一次。把 200 克面粉放入碗里，在中间挖一个坑，倒入溶解的酵母，搅成面团。盖住，等待面团膨胀然后再回落下来，约需 4 小时。

3 加入剩余的面粉、150 毫升水、盐和剩余的油，混合均匀。在撒过面粉的操作台上将面团揉光滑。再把面团放回碗里，发酵 1 小时至体积翻倍。

4 取 3 个烤盘，铺上烘焙纸。捶打面团排出气体，撒上洋葱和培根。揉几下面团，将它分成 3 个圆球。用擀面杖将每个圆球压至 2.5 厘米高，放到烤盘上。

5 用锋利的刀子在每个圆饼的中心竖着切两刀，然后在两边各划三刀，做出树叶的形状。中心处要切到底，但边缘处不要。在面团上刷上橄榄油，撒上海盐，发酵 1 小时至体积翻倍。

6 将烤箱预热至 230 摄氏度，烘烤 15 分钟至表面金黄，放凉后上桌。

夏巴塔（拖鞋面包）

这是最好做的面包之一。优质的夏巴塔外硬内软，里面有较大的孔洞。

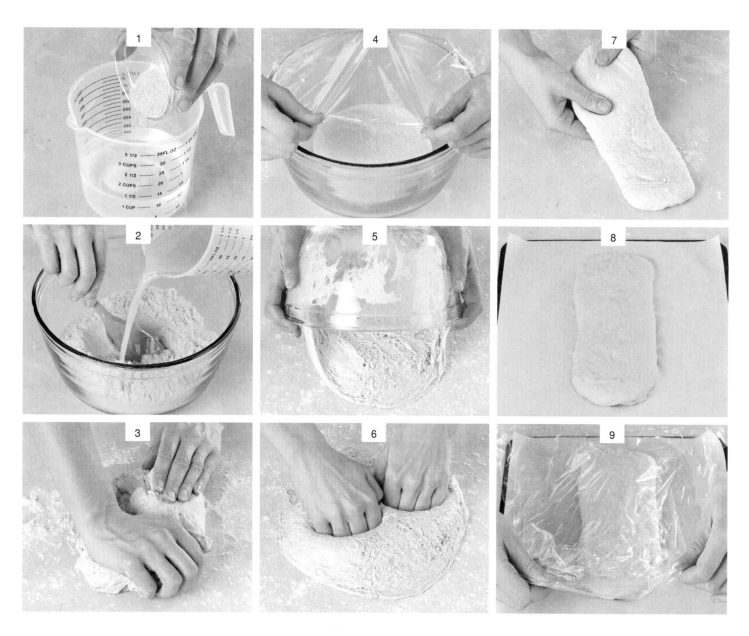

1 把酵母放入350毫升温水中化开，然后放入油。

2 把面粉和盐放入大碗里，在中间挖一个坑，倒入溶解的酵母，搅成软面团。

3 在撒过面粉的操作台上揉10分钟，直到面团光滑柔软，有一点滑。

4 把面团放到涂过油的碗里，用保鲜膜或微湿的茶巾松松地盖住。

5 放在温暖的地方，发酵2小时至体积翻倍。将面团倒在撒了面粉的操作台上。

6 用拳头轻轻按压面团，排出气体。把面团分成2等份。

7 稍稍揉几下面团，揉成传统的拖鞋形状，大小约30厘米×10厘米。

8 把每条面包放在一个铺有烘焙纸的烤盘上，四周留出足够面包膨胀的距离。

9 用保鲜膜和一条茶巾松松地盖住，静置1小时至体积翻倍。

成品分量： 2 条
准备时间： 30 分钟
发酵和醒发时间： 3 小时
烘烤时间： 30 分钟
储存： 最好在制作当天食用，但
也可以用纸包好常温放置一夜或
冷冻保存 8 周

特殊器具

小喷雾器

原料

2 茶匙干酵母
2 汤匙橄榄油，外加适量涂油用
450 克高筋白面包粉，外加适量
撒粉用
1 茶匙海盐

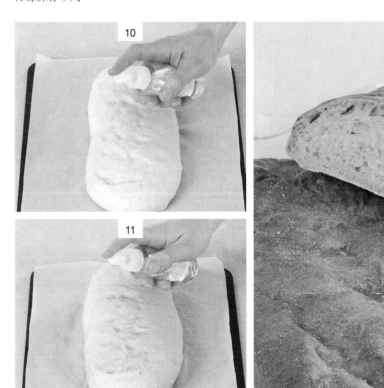

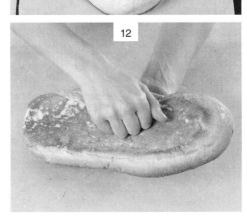

10 将烤箱预热至 230 摄氏度。用小喷雾器在面包上喷一点水。

11 放入烤箱中层烤 30 分钟，每 10 分钟喷一次水。

12 烤好后的面包表面焦黄，轻敲底部会发出中空的声音。

13 烤好后，将面包放在网架上，至少冷却 30 分钟再切开。

夏巴塔变种

夏巴塔克罗斯蒂尼

　　隔夜的夏巴塔也不要浪费——可以将它切片后烤成克罗斯蒂尼，用作零食或佐酒小食。不仅美味，而且可以保存好几天。

成品分量： 25～30 片
准备时间： 15 分钟
烘烤时间： 10 分钟
提前准备： 烤好的面包可以在密封的容器中保存 3 天，上桌前再放上顶部食材

基本原料
1 条隔夜的夏巴塔面包，制作方法见第 424～425 页
橄榄油

顶部原料
100 克大蒜芥青酱；或者 100 克烤红甜椒，切片，与罗勒叶混合；或者 100 克黑橄榄酱，上面放 100 克山羊奶酪

1 将烤箱预热至 220 摄氏度。把夏巴塔切成 1 厘米厚的片状，在每片的顶部刷上橄榄油。

2 放入烤箱上层烤 10 分钟，5 分钟后翻一次面。从烤箱中取出，放到网架上晾凉。

3 冷却后，放入三套顶部食材中的任意一套。如果用的是黑橄榄酱加山羊奶酪，需要在上桌前再稍烤一下。

绿橄榄迷迭香夏巴塔

绿橄榄和迷迭香的搭配让朴素的夏巴塔变得鲜活起来。

成品分量： 2条
准备时间： 40分钟
发酵和醒发时间： 3小时
烘烤时间： 30分钟
储存： 做好的面包最好在当天食用，但也可以松松地包住常温储存一夜或冷冻保存8周

原料

1份优质的夏巴塔面团，见第424页步骤1～3
100克去核绿橄榄，沥干，大致切碎，用厨房纸吸干水分
2株迷迭香的叶子，大致切碎

1 将面团揉10分钟，在操作台上抻成薄薄的一层，把橄榄和迷迭香均匀地铺在上面，从面团的边缘向中间折起，盖在辅料上。继续揉面团，让所有原料混合均匀。把面团放入涂过油的碗里，盖上保鲜膜，放在温暖的地方发酵2小时至体积翻倍。

2 把面团放到撒了面粉的操作台上，按压排气。把面团分成2等份，分别揉成约30厘米×10厘米的传统拖鞋形状。把每条面包放在一个铺有烘焙纸的烤盘上，四周留出足够它们膨胀的距离。用保鲜膜和一条茶巾盖住，静置1小时至体积翻倍。

3 将烤箱预热至230摄氏度。用小喷雾器在面包上喷一点水。放入烤箱中层烤30分钟至表面焦黄，每隔10分钟喷一次水。当轻敲底部会发出中空的声音时，就说明面包烤好了。将面包放在网架上，冷却30分钟再切开。

黑橄榄甜椒夏巴塔

用黑橄榄和甜椒可以做出彩色的夏巴塔面包。

成品分量： 2条
准备时间： 40分钟
发酵和醒发时间： 3小时
烘烤时间： 30分钟
储存： 可以将面包包好常温储存一夜或冷冻保存8周

原料

1份优质的夏巴塔面团，见第424页步骤1～3
50克去核黑橄榄，沥干，大致切碎，用厨房纸吸干水分
50克小红甜椒，沥干，大致切碎，用厨房纸吸干水分

1 将面团揉10分钟，在操作台上抻成薄薄的一层，把橄榄和甜椒均匀地铺在上面，从面团的边缘向中间折起，盖在辅料上，继续揉捏至所有原料混合均匀。把面团放入涂过油的碗里，用保鲜膜松松地盖住，放在温暖的地方发酵2小时至体积翻倍。

2 把面团放到撒了面粉的操作台上，按压排气。把面团分成2等份，分别揉成约30厘米×10厘米的传统拖鞋形状。把每条面包放在一个铺有烘焙纸的烤盘上，用保鲜膜和茶巾盖住，静置1小时至体积翻倍。

3 将烤箱预热至230摄氏度。用小喷雾器在面包上喷一点水。放入烤箱中层烤30分钟至表面焦黄，每隔10分钟喷一次水。当轻敲底部会发出中空的声音时，就说明面包烤好了。将面包放在网架上，冷却30分钟再切开。

烘焙小贴士

揉面时应该保持面团松散湿润，这样做出的面包才能有较大的孔洞。湿面团很黏，不太容易用手按揉，使用带搅面钩的机器来揉面会容易很多。

阿拉棒

传统的阿拉棒应该做得与烘焙师的胳膊一样长，下面是一个更方便操作的版本。

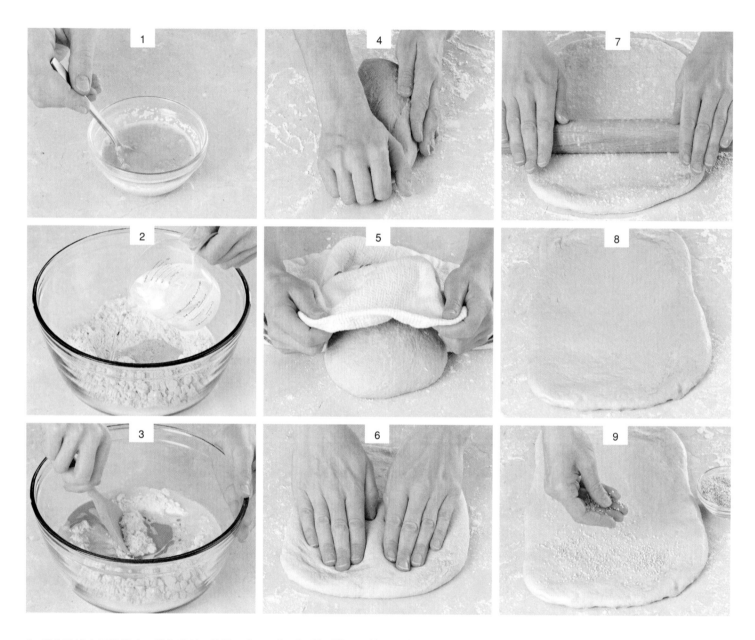

1 用小碗盛 4 汤匙温水，撒入酵母。静置 5 分钟，中间搅拌一次。

2 把面粉、盐、糖放入另一个碗里，加入酵母水和 250 毫升温水。

3 加入油，把面粉与其他原料混合，搅成有点黏的软面团。

4 把面团放到撒了面粉的操作台上，揉 5～7 分钟，把面团揉得非常光滑、有弹性。

5 用微湿的茶巾盖住面团，静置 5 分钟。

6 在手上沾一点面粉，在撒过面粉的操作台上把面团按成长方形。

7 把面团擀成 40 厘米 ×15 厘米的长方形，用微湿的茶巾盖住。

8 在温暖的地方放置 1 小时～1 小时 30 分钟，直到体积翻倍。将烤箱预热至 220 摄氏度。

9 取 3 个烤盘，撒上面粉。在面团上刷一点水，撒上芝麻。

成品分量: 32 根
准备时间: 40 ～ 45 分钟
发酵和醒发时间: 1 小时～ 1 小时
30 分钟
烘烤时间: 15 ～ 18 分钟

储存: 可以在密封容器中保存 2 天

原料
2½ 茶匙干酵母
425 克高筋白面包粉,外加适量

撒粉用
1 汤匙细砂糖
2 茶匙盐
2 汤匙特级初榨橄榄油
45 克芝麻

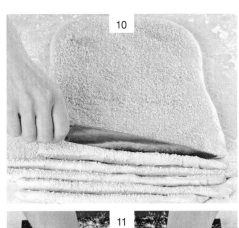

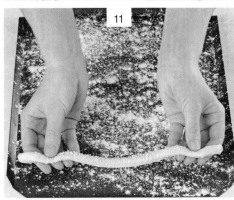

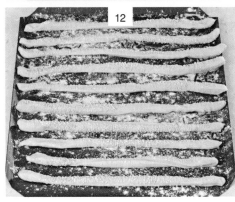

10 用锋利的刀子将面团切成 32 个 1 厘米宽的
长条。

11 拿起 1 个长条,拉长至与烤盘同宽,放在烤
盘上。

12 用同样的方法摆好所有长条,每个之间间隔
2 厘米。

13 烘烤 15 ～ 18 分钟至金黄酥脆。转移到网架
上,彻底晾凉。

更多面包棍

西班牙面包棍

　　这些迷你的西班牙面包棍是用面团扭成小结做成的，是一种很好的餐前小吃。

成品分量： 16 个
准备时间： 40 ～ 45 分钟
发酵和醒发时间： 1 小时～ 1 小时 30 分钟
烘烤时间： 18 ～ 20 分钟
储存： 可以在密封容器中保存 2 天

原料

½ 个优质的阿拉棒面团，见第 428 页步骤 1 ～ 6
1½ 汤匙海盐

1　把面团擀成 20 厘米 ×15 厘米的长方形。用微湿的茶巾盖住，在温暖的地方放置 1 小时～ 1 小时30分钟至体积翻倍。

2　将烤箱预热至 220 摄氏度。取 2 个烤盘，撒上面粉。将面团切成 16 个长条，再把每一条切成两半。拿起 1 个小条，环成圆圈，在尾端拧一个结，转移到准备好的烤盘上。用同样的方法处理好所有小条。

3　在面包上刷一点水，撒上海盐粒。烘烤 18 ～ 20 分钟至金黄酥脆。转移到网架上，彻底晾凉。

帕玛森芝士意大利面包棒

熏辣椒让这些芝士味阿拉棒的味道更加丰富。

成品分量: 32 根
准备时间: 40 ~ 45 分钟
发酵和醒发时间: 1 小时~ 1 小时 30 分钟
烘烤时间: 10 分钟
储存: 最好当天食用,但也可以在密封容器中保存 2 天

原料

$2\frac{1}{2}$ 茶匙干酵母
425 克高筋白面包粉,外加适量撒粉用
1 汤匙细砂糖
2 茶匙盐
$1\frac{1}{2}$ 茶匙熏辣椒
2 汤匙特级初榨橄榄油
50 克帕玛森芝士,磨碎

1 用小碗盛 4 汤匙温水,撒入酵母。静置 5 分钟,中间搅拌一次。把面粉、盐、糖、熏辣椒放入另一个碗里,加入油、溶解的酵母和 250 毫升温水。

2 把面粉与其他原料混合,搅成软黏的面团。在操作台上撒些面粉,放上面团揉 5 ~ 7 分钟,直到面团表面光滑,形成球状。用微湿的茶巾盖住,静置 5 分钟。手上沾一点面粉,在撒过面粉的操作台上把面团按压成长方形。把面团擀成 40 厘米 ×15 厘米的长方形。用微湿的茶巾盖住,放置 1 小时~1 小时30 分钟至体积翻倍。

3 将烤箱预热至 220 摄氏度。取 3 个烤盘,撒上面粉。在面团上刷一点水,把芝士撒到面团上,轻轻按压。用锋利的刀子将面团切成 32 个 1 厘米宽的长条。拿起 1 个长条,拉长至与烤盘同宽,放在烤盘上。用同样的方法摆好所有长条,每个之间间隔 2 厘米。烘烤 10 分钟至金黄酥脆。转移到网架上,彻底晾凉。

帕尔玛火腿卷小面包棍

可以尝试蘸着香草蛋黄酱或欧芹酱食用。

成品分量: 32 根
准备时间: 45 分钟
发酵和醒发时间: 1 小时~ 1 小时 30 分钟
烘烤时间: 15 ~ 18 分钟
提前准备: 可以提前 1 天做好阿拉棒,上桌前卷上火腿

原料

1 个优质的阿拉棒面团,见第 428 页步骤 1 ~ 8
3 汤匙海盐
12 片帕尔玛火腿

1 将烤箱预热至 220 摄氏度。取 3 个烤盘,撒上面粉。在擀好的面团上刷一点水,撒上海盐粒。

2 用锋利的刀子将面团切成 32 个 1 厘米宽的长条。把它们拉长至与烤盘同宽,放在烤盘上,每个之间间隔 2 厘米。烘烤 15 ~ 18 分钟至金黄酥脆。转移到网架上,彻底晾凉。

3 把每片帕尔玛火腿纵向切成 3 份。上桌前,在每根阿拉棒的一端卷上 $\frac{1}{3}$ 片火腿。

烘焙小贴士

自制阿拉棒很适合各种聚会。可以尝试在里面加入橄榄碎、熏辣椒、芝士等食材,增加面包的味道和口感;也可以不加任何配料,做成老少皆宜的健康零食。最好在制作当天食用。

贝果

贝果制作起来十分简单，还可以在刷蛋液后撒上一些芝麻。

成品分量： 8～10个

准备时间： 40分钟

发酵和醒发时间： 1小时30分钟～3小时

烘烤时间： 20～25分钟

储存： 最好在制作当天食用，但第二天烤一下也很不错

原料

600克高筋白面包粉，外加适量撒粉用

2茶匙细盐

2茶匙细砂糖

2茶匙干酵母

1汤匙葵花子油，外加适量涂油用

1个鸡蛋，打散，刷蛋液用

1　把面粉、盐、糖放入碗里混合。把酵母放入300毫升温水里。

2　把油加进酵母水中，再一起倒入面粉混合物里，搅成软面团。

3　把面团放到撒了面粉的操作台上，揉10分钟至表面光滑，转移到涂过油的碗里。

4　用保鲜膜或微湿的茶巾盖住面团，放在温暖的地方发酵1～2小时至体积翻倍。

5　把面团放到撒过面粉的操作台上，轻轻按压，排出气体，分成8～10个小块。

6　用手掌把所有面团都揉成粗的圆柱形。

7 从中间开始向两端搓揉，将面团搓至 25 厘米长。

8 把面团围着 4 根手指绕一圈，让两端在手心里交汇。

9 将两端轻轻按在一起，再来回揉搓几下封紧。这时贝果中间的圆洞应该还是很大的。

10 准备 2 个铺有烘焙纸的烤盘，把做好的贝果放到上面。照这样做好所有贝果。

11 用保鲜膜或茶巾盖住，在温暖的地方放置 1 小时至体积翻倍。

12 将烤箱预热至 220 摄氏度。烧一大锅水。

13 让水保持微沸，把贝果放入水中，两面各煮 1 分钟，用漏勺捞出。

14 用干净的茶巾稍稍擦干，把贝果放回烤盘中。

15 给贝果刷上蛋液，放入烤箱中心烘烤 20 ~ 25 分钟至表面金黄。放在网架上冷却 5 分钟后即可上桌。

贝果变种

肉桂葡萄干贝果

这些香甜的贝果在刚刚出炉时非常美味。如果有吃不完的贝果，可以去掉变硬的边角，把剩下的部分制作成面包黄油布丁（第93页）。

成品分量： 8～10个
准备时间： 40分钟
发酵和醒发时间： 1小时30分钟～3小时
烘烤时间： 20～25分钟
储存： 最好在制作当天食用，但第二天烤一下也很不错

原料
600克高筋白面包粉，外加适量撒粉用
2茶匙细盐
2茶匙细砂糖
2茶匙肉桂粉
2茶匙干酵母
1汤匙葵花子油，外加适量涂油用
50克葡萄干
1个鸡蛋，打散，刷蛋液用

1 把面粉、盐、糖、肉桂粉放入一个大碗中。把酵母放入300毫升温水里，轻轻搅拌帮助溶解，溶解后加入油。慢慢把液体原料倒入面粉混合物里，搅成软面团。在撒有一层面粉的操作台上，把面团揉得光滑柔软有韧性。

2 把面团抻薄，在上面均匀地铺上葡萄干，揉几下，让葡萄干与面团充分结合。放到涂过油的碗里，用保鲜膜盖住，放在温暖的地方发酵1～2小时至体积翻倍。

3 把面团放到撒过面粉的操作台上，轻轻按压至原来的大小。分成8～10等份，全部用手掌搓成粗圆柱。用双手从中间开始向两端搓揉，将面团搓至25厘米长。

4 把面团围着4根手指绕一圈，让两端在手心里交汇。将两端轻轻按在一起，再来回揉搓几下封紧。这时贝果中间的圆洞应该还是很大的。转移到2个铺有烘焙纸的烤盘里，用保鲜膜和茶巾盖住，在温暖的地方发酵至体积翻倍，时间应不超过1小时。

5 将烤箱预热至220摄氏度。烧一大锅水，让水保持微沸，分批把贝果放入水中，每次放3～4个，两面各煮1分钟。用漏勺捞出，用干净的茶巾稍稍擦干，然后放回烤盘中。给贝果刷上蛋液，放入烤箱中心烘烤20～25分钟至表面焦黄。放在网架上至少冷却5分钟再食用。

迷你贝果

把它们分成两半，放上奶油芝士和一卷熏三文鱼，挤一点柠檬汁，撒上黑胡椒碎，就能做成一道完美的派对小食。

成品分量： 16～20个
准备时间： 45分钟
发酵和醒发时间： 1小时30分钟～3小时
烘烤时间： 15～20分钟
储存： 最好在制作当天食用，但第二天烤一下也很不错

原料
1个优质的贝果面团，见第432页步骤1～4

1 把发酵好的面团放到撒过面粉的操作台上，轻轻按压，排出气体。根据你想要的贝果大小，把面团分成16～20个小块，分别用手揉成圆柱形。用双手从中间开始向两端搓揉，将面团搓至15厘米长。

2 把面团围着中间的3根手指绕一圈，让两端在手心里交汇。将两端轻轻按在一起，再来回揉搓几下封紧。这时贝果中间的圆洞应该还是很大的。做好所有贝果，放到2个铺有烘焙纸的烤盘里，用保鲜膜和茶巾松松地盖住，在温暖的地方放置30分钟至充分膨胀。

3 将烤箱预热至220摄氏度。烧一大锅水，分批把贝果放入水中，每次放6～8个，两面各煮30秒。捞出后用干净的茶巾稍稍擦干，刷上蛋液，烘烤15～20分钟至表面焦黄。放在网架上至少冷却5分钟再食用。

烘焙小贴士

　　烤制前把贝果放入微沸的水中煮一会儿是做出传统贝果的秘诀。这个不寻常的步骤可以让贝果的外皮更加柔软，整体更有嚼劲。

椒盐卷饼

这些德国面包制作起来十分有趣，分两步的刷面方式让它的光泽更加诱人。

成品分量： 16 个

准备时间： 50 分钟

发酵和醒发时间： 1 小时 30 分钟～
2 小时 30 分钟

烘烤时间： 20 分钟

储存： 做好后可以冷冻保存 8 周

基本原料

350 克高筋白面包粉，外加适量撒粉用

150 克白面粉

1 茶匙盐

2 汤匙细砂糖

2 茶匙干酵母

1 汤匙葵花子油，外加适量涂油用

刷面原料

1/4 茶匙小苏打

粗海盐粒或 2 汤匙芝麻

1 个鸡蛋，打散，刷蛋液用

1 把两种面粉、盐、糖放入一个大碗里。

2 把酵母放入 300 毫升温水里，搅动几下，然后静置 5 分钟。酵母溶解后放入油。

3 把液体原料慢慢倒进面粉混合物里，搅成软面团。

4 把面团放到撒了面粉的操作台上，揉 10 分钟，直到面团光滑柔软有韧性。把面团放入涂过油的碗里。

5 用保鲜膜或微湿的茶巾盖住面团，放在温暖的地方发酵 1～2 小时至体积接近翻倍。

6 把面团放到撒有面粉的操作台上，轻轻按压，排出气体。

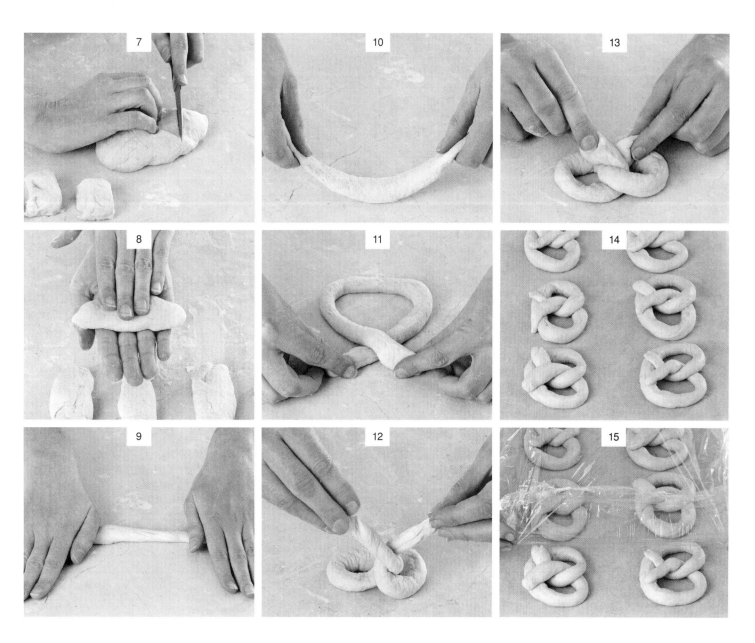

7 用锋利的刀子把面团切成 16 个整齐的小条。

8 用手掌将它们分别揉成圆柱形。

9 双手从中间开始向两端搓揉，将面团搓至 45
厘米长。

10 如果面团不好延展，可以拉着它的两端转圈
摇晃，就像跳绳一样。

11 把两端交叉，做出一个心形。

12 把两端绕一圈，就像两条拧在一起的胳膊。

13 将两端的面团固定在两侧，这时的椒盐卷饼
看上去还很松散。

14 照这样做好 16 个椒盐卷饼，摆在铺有烘焙
纸的烤盘上。

15 用保鲜膜或茶巾盖住，在温暖的地方放置
30 分钟至充分膨胀。

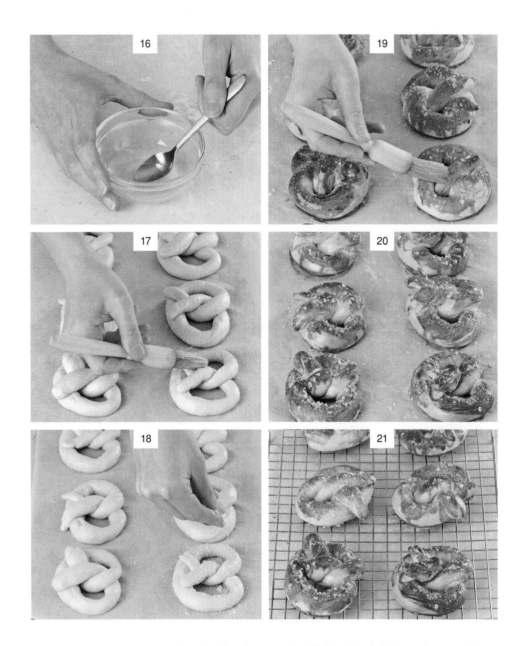

16 将烤箱预热至 200 摄氏度。将小苏打与 2 汤匙开水混合。

17 把小苏打水刷在椒盐卷饼上,这会让它们外皮的颜色更深且更有嚼劲。

18 撒上海盐或芝麻粒,烤 15 分钟。

19 从烤箱中取出椒盐卷饼,刷上一点蛋液,再烤 5 分钟。

20 烤好后的椒盐卷饼表皮呈有光泽的棕色,将它们从烤箱中取出。

21 转移到网架上,至少冷却 5 分钟再食用。

椒盐卷饼 ▶

更多椒盐卷饼

甜肉桂椒盐卷饼

这是普通椒盐卷饼的甜味变种，最好在制作后趁热食用。前一天的椒盐卷饼可以放在中型烤箱里，低温重新烤一下食用。

成品分量： 16 个
准备时间： 50 分钟
发酵和醒发时间： 1 小时 30 分钟～2 小时 30 分钟
烘烤时间： 20 分钟
储存： 可以在密封容器中保存一夜或冷冻保存 8 周

基本原料

1 个优质的椒盐卷饼面团，见第 436～437 页步骤 1～15

刷面原料

¼ 茶匙小苏打
1 个鸡蛋，打散
25 克无盐黄油，融化
50 克细砂糖
2 茶匙肉桂粉

1 将烤箱预热至 200 摄氏度。将小苏打放入 2 汤匙开水里，溶解后刷到造型完、发酵完的椒盐卷饼上。烤 15 分钟，从烤箱中取出，刷上蛋液，再烤 5 分钟至表面焦黄有光泽。

2 将椒盐卷饼从烤箱中取出，刷上融化的黄油。把糖和肉桂粉放在盘子里混合均匀，用椒盐卷饼有黄油的一面在盘子里蘸一下。放到网架上，至少冷却 5 分钟再食用。

热狗椒盐卷饼

这款椒盐卷饼如果出现在儿童派对上一定大受欢迎，同样也很适合在篝火晚会上分享。

成品分量： 8 个
准备时间： 30 分钟
发酵和醒发时间： 1 小时 30 分钟～2 小时 30 分钟
烘烤时间： 15 分钟
储存： 做好的椒盐卷饼最好趁热食用，也可以装入密封容器中放入冰箱冷藏一夜或冷冻保存 8 周

基本原料

150 克高筋白面包粉，外加适量撒粉用
100 克白面粉
½ 茶匙盐
1 汤匙细砂糖
1 茶匙干酵母
½ 汤匙葵花子油，外加适量涂油用
8 根热狗
芥末酱（可选）

刷面原料

1 汤匙小苏打
海盐粒

1 把两种面粉、盐、糖放入一个大碗里。把酵母放入 150 毫升温水里，搅动一次，然后静置 5 分钟。酵母溶解后加入油。

2 把液体原料慢慢倒进面粉混合物里，搅成软面团。放在撒了面粉的操作台上揉 10 分钟，直到面团光滑柔韧。把面团放到涂过油的碗里，用保鲜膜或微湿的茶巾盖住，在温暖的地方发酵 1～2 小时至体积接近翻倍。

3 把面团放到撒有面粉的操作台上，轻轻按压，排出气体。把面团平均分成 8 份，分别用手掌揉成圆柱形。双手从中间开始向两端搓揉，将面团搓至 45 厘米长。如果面团不好延展，可以拉着它的两端转圈摇晃，就像跳绳一样。

4 拿出 1 根热狗，如果喜欢芥末酱，可以在上面刷一点芥末酱。从顶部开始，用面团一圈圈地包裹住热狗，只露出上下两端。把面团的两端捏紧，确保不会松开。

5 摆在铺有烘焙纸的烤盘上，用涂过油的保鲜膜和一条茶巾盖住，在温暖的地方放置 30 分钟至充分膨胀。将烤箱预热至 200 摄氏度。

6 在锅内放入 1 升水，烧开后加入小苏打。让水保持微沸，分批把椒盐卷饼放入水中，每次放 3 个，煮 1 分钟后用漏勺捞出。用茶巾稍稍擦干，然后放回烤盘里。

7 撒上海盐，烤 15 分钟至表面焦黄有光泽。从烤箱中取出来，放在网架上，冷却 5 分钟后即可食用。

烘焙小贴士

在蘸过小苏打后，椒盐卷饼的表皮会变成传统的棕褐色，口感也更有嚼劲。它的面团制作起来比较困难，因此要先刷一层小苏打水，再刷一层蛋液，用这种简单的方法做出完美的椒盐卷饼。

英式玛芬

这款英国传统的茶点面包最初流行于 18 世纪，现在已经穿越大西洋，成为美国人早餐的标配之一。

成品分量： 10 个

准备时间： 25 ～ 30 分钟

发酵和醒发时间： 1 小时 30 分钟

煎制时间： 13 ～ 16 分钟

原料

1 茶匙干酵母

450 克高筋白面包粉，外加适量撒粉用

1 茶匙盐

25 克无盐黄油，融化，外加适量涂油用

蔬菜油，涂油用

25 克粗颗粒的大米粉或粗面粉

1 用小碗盛 300 毫升温水，撒入酵母，静置 5 分钟，中间搅拌一次。把面粉和盐放入大碗里混合均匀。在面粉中间挖一个坑，倒入酵母水和融化的黄油。一点点地把面粉与其他原料混合，搅成柔韧的面团。

2 把面团放在撒了面粉的操作台上揉 5 分钟。把面团揉成球形，放在一个涂过油的大碗里。用涂过油的保鲜膜盖住，在温暖处放置 1 小时至体积翻倍。

3 在烤盘上铺一条茶巾，把大部分大米面粉铺在上面。把面团放在撒过面粉的操作台上，稍稍揉几下，然后分成 10 个小球。把这些小球放到茶巾上，按成圆饼。将剩余的米粉撒在上面，再用另一条茶巾盖住，醒发 20 ～ 30 分钟至体积膨胀。

4 取一个有盖子的大平底锅，分批放入英式玛芬。盖上锅盖，用微火煎 10 ～ 12 分钟至充分膨胀、底部金黄。翻面，再煎 3 ～ 4 分钟至底部金黄，放到网架上冷却。可以将它们分成两半，烤过后涂上黄油和果酱食用；也可以用它们来制作班尼迪克蛋。

烘焙小贴士

　　自制的玛芬远比商店里的更加美味，所以你所付出的精力是完全值得的。可以在早上做好面团，这样下午茶的时候就可以享用到新鲜的玛芬；也可以让面团发酵一夜，用来制作第二天的早餐。

辫子面包

这是一种类似布里欧修的德国传统面包。与所有发酵甜面包一样，辫子面包最好在制作当天食用。

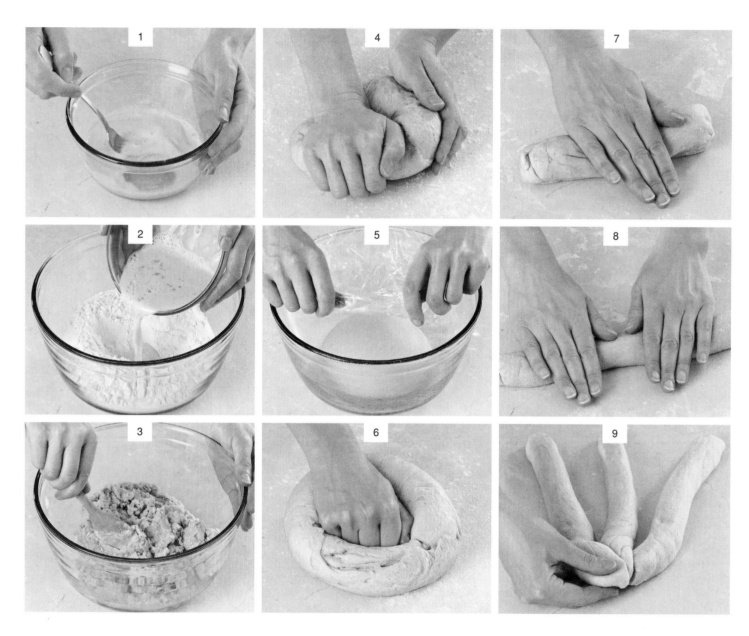

1 把酵母放入温牛奶里化开，冷却后加入鸡蛋，打散。

2 把面粉、盐、糖放入一个大碗里，在中间挖一个坑，倒入牛奶混合物。

3 加入融化的黄油，一点点地把液体原料与面粉混合，搅成软面团。

4 在撒了面粉的操作台上揉 10 分钟，直到面团光滑柔软有韧性。

5 把面团放到涂过油的碗里，用保鲜膜盖住，在温暖的地方发酵 2 小时 ～ 2 小时 30 分钟至体积翻倍。

6 把面团放到撒有面粉的操作台上，轻轻按压，排出气体。把面团平均分成 3 份。

7 用手将 3 块面团分别揉成短粗的圆柱形。

8 双手从中间开始向两端搓揉，将面团搓至 30 厘米长。

9 把 3 条面团的顶部捏到一起，接缝处藏到下面，开始编麻花辫。

成品分量：1 条
准备时间：20 分钟
发酵和醒发时间：4 小时～4 小时
30 分钟
烘烤时间：25～35 分钟
储存：可以在密封容器中保存

2 天或冷冻保存 8 周

原料
2 茶匙干酵母
125 毫升温牛奶
1 个大鸡蛋

450 克白面粉，外加适量撒粉用
75 克细砂糖
1/4 茶匙细盐
75 克无盐黄油，融化
蔬菜油，涂油用
1 个鸡蛋，打散，刷蛋液用

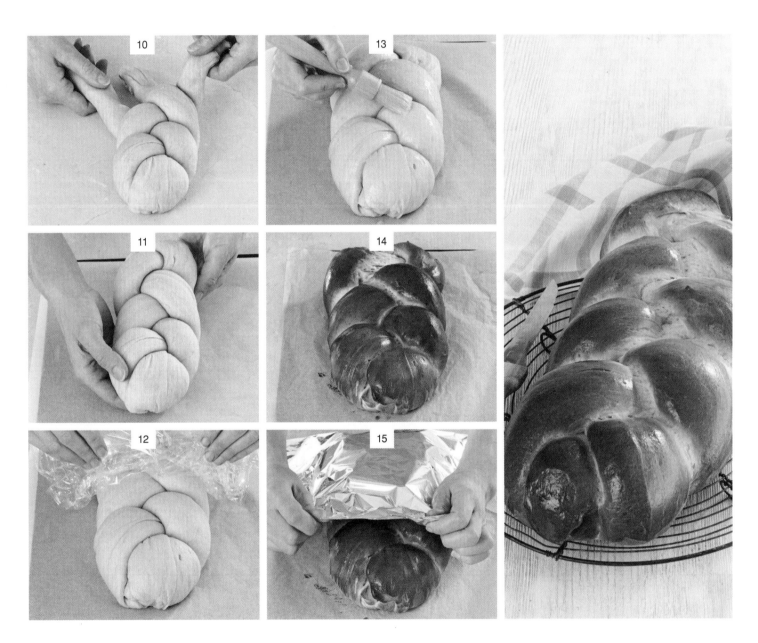

10 编得松一点，给面团留出发酵的空间。编好后捏紧末端，把接缝藏到下面。

11 摆在铺有烘焙纸的烤盘上，用涂过油的保鲜膜和一条茶巾盖住。

12 放在温暖的地方，发酵 2 小时。面团的体积此时不会翻倍，但会在烤制过程中继续变大。

13 将烤箱预热至 190 摄氏度。在面包表面多刷一点蛋液。

14 烘烤 25～30 分钟至表面金黄，检查一下三股面团重合的地方有没有烤熟。

15 如果没熟透，就用锡纸盖住再烤 5 分钟。冷却 15 分钟即可食用。

辫子面包变种

哈拉面包

这是一款犹太人在假日或安息日时食用的传统面包。

成品分量： 1 条
准备时间： 45～55 分钟
醒发时间： 1 小时 45 分钟～2 小时 15 分钟
烘烤时间： 35～40 分钟
储存： 最好在制作当天食用，但也可以包上保鲜膜保存 2 天或冷冻保存 8 周

原料

2½ 茶匙干酵母
4 汤匙蔬菜油，外加适量涂油用
4 汤匙糖
2 个鸡蛋，外加 1 个蛋黄，刷蛋液用
2 茶匙盐
550 克高筋白面包粉，外加适量撒粉用

1 把 250 毫升水倒进锅里，加热至刚刚沸腾。取出 4 汤匙放入碗里，晾至温热。把酵母放进温水里，搅拌一次，静置 5 分钟，直到溶解。把油和糖加到剩下的水里，加热至融化，晾至温热。

2 把鸡蛋放入一个大碗里打散，加入冷却后的糖油水、盐、酵母水。搅入一半的面粉，混合均匀。少量多次地加入剩余的面粉，直到把面粉搅成有点黏的球形软面团。

3 把面团放在撒了面粉的操作台上，揉 5～7 分钟，直到面团变得十分光滑且有弹性。给一个大碗涂上油层，把面团放进去，翻转几下粘上油。用微湿的茶巾盖住，在温暖的地方发酵 1 小时～1 小时 30 分钟至体积翻倍。

4 在一张烤盘上刷一点油。把面团放到撒有面粉的操作台上，轻轻按压，排出气体。把面团切成 4 等份，在操作台上撒一点面粉，将每块面团揉成 63 厘米长的长条。

5 把长条一个接一个地排整齐，从你的左边数起，提起第一根长条，跨过第二根。提起第三根，跨过第四根。提起第四根，放在第一、二根中间。编好后将末端捏紧，塞到面包下面。

6 把面包转移到准备好的烤盘里，用一条干茶巾盖好，放在温暖的地方发酵 45 分钟至体积翻倍。将烤箱预热至 190 摄氏度。把蛋黄和 1 汤匙水一起搅打至产生气泡，把蛋液刷在面包上。

7 放入烤箱烘烤 35～40 分钟，直到表面金黄，轻敲底部有中空的声音。

还可以尝试：无籽葡萄干杏仁辫子面包

在第 2 步时向面团里加入 75 克金色的无籽葡萄干。在第 5 步时加入 2 汤匙杏仁片。

香料山核桃葡萄干面包

切片烤过之后，里面的坚果和香料会更加美味。

成品分量： 1 条

准备时间： 30 分钟

醒发时间： 4 小时～ 4 小时 30 分钟

烘烤时间： 25 ～ 35 分钟

储存： 最好在制作当天食用，但也可以包上保鲜膜保存 2 天或冷冻保存 8 周

原料

3 根约 30 厘米长的圆柱状辫子面包面团，见第 444 页步骤 1 ～ 8

50 克葡萄干

50 克山核桃仁，大致切碎

3 汤匙浅色绵红糖

2 茶匙混合香料

1 把面团横向擀开，得到 3 块 30 厘米 ×8 厘米的面饼。面饼的尺寸不必精准，但形状大小要大致相同。

2 将葡萄干、山核桃、糖、混合香料混合均匀，分成 3 份，分别铺在 3 块面饼上，用手掌压实。将面饼沿着长边卷起，一边卷，一边压紧。你会得到 3 根包着葡萄干和坚果的 30 厘米长的"绳子"。

3 把 3 根面团的顶部捏到一起，接缝处压到下面，开始编辫子。编得松一点，给面团留出发酵的空间。编好后捏紧末端，把接缝藏到下面。

4 把面包放到铺有烘焙纸的烤盘上，用涂过油的保鲜膜和一条茶巾盖住，放在温暖的地方发酵 2 小时。面团的体积会增大，但不会翻倍。将烤箱预热至 190 摄氏度。

5 在面包表面刷上蛋液，交接处也要刷到。烘烤 25 ～ 30 分钟，直到面包膨胀，表面焦黄。如果三股面团重合的地方没有烤熟，但颜色已经变深了，就松松地盖上一张锡纸，再烤 5 分钟。从烤箱中取出后，放到网架上至少冷却 15 分钟再食用。

烘焙小贴士

辫子面包传统上是德国人在复活节时制作的节庆面包。这种甜的发酵面包与布里欧修十分相近，可以不加配料直接烤制，也可以尝试加入你喜欢的干果和坚果。

意大利牛奶面包

这款柔软、微甜的意大利牛奶面包十分适合儿童食用，也可以作为大人们的早餐或下午茶茶点。

成品分量： 1条

准备时间： 30分钟

发酵和醒发时间： 2小时30分钟～3小时

烘烤时间： 20分钟

储存： 最好在刚出炉时趁热食用，但也可以包好存放一夜，第二天加热后食用

原料

500克白面粉，外加适量撒粉用

1茶匙盐

2汤匙细砂糖

2茶匙干酵母

200毫升温牛奶

2个鸡蛋，外加1个，打散，刷蛋液用

50克无盐黄油，融化

蔬菜油，涂油用

1　把面粉、盐、糖放进碗里，混合均匀。把酵母放进牛奶里化开，可以搅拌帮助溶解。冷却后加入鸡蛋，搅打均匀。

2　把牛奶混合物和黄油依次慢慢倒入面粉里，搅成软面团。把面团放在撒了面粉的操作台上，揉10分钟，直到面团光滑、有光泽且充满弹性。

3　把面团放到涂过油的碗里，用保鲜膜松松地盖住，放在温暖的地方发酵至体积翻倍，时间应不超过2小时。把面团放到撒有面粉的操作台上，轻轻按压，排出气体。把面团分成5份，其中2块比另外3块稍大。

4　稍稍揉几下面团，再把小的3块面团揉成20厘米长的长条，大的2块面团揉成25厘米长的长条。把3条短面团并排摆在铺有烘焙纸的烤盘上。2条长面团摆在两边，两端向内弯曲，形成"圆圈"，包住3条短面团。将所有面团的顶端捏到一起。

5　用涂过油的保鲜膜和一条茶巾松松地盖住，放在温暖的地方发酵30分钟～1小时，直到体积翻倍。将烤箱预热至190摄氏度。

6　在面包表面刷一点蛋液，烘烤20分钟至表面焦黄。从烤箱中取出面包，放到网架上，至少冷却10分钟再食用。

烘焙小贴士

鸡蛋、牛奶和糖的加入让这款柔软的意大利面包有了香甜温和的味道与细腻的口感。吃不完的面包可以用烤箱加热，但最好在刚出炉时搭配大量凉的无盐黄油和草莓酱食用。这款面包尤其受到孩子的喜爱。

长条酸面包

　　真正的酸酵头是由酵母自然发酵而来的。使用干酵母有一点作弊的嫌疑，但可以让你发挥得更加稳定。

成品分量： 2 条

准备时间： 45 ～ 50 分钟

酵头发酵时间： 4 ～ 6 天

面团发酵和醒发时间： 2 小时～ 2 小时 30 分钟

烘烤时间： 40 ～ 45 分钟

储存： 可以用纸包紧存放 2 ～ 3 天或冷冻保存 8 周

酸酵头原料

1 汤匙干酵母

250 克高筋白面包粉

海绵酵头原料

250 克高筋白面包粉，外加适量撒粉用

面团原料

1½ 茶匙干酵母

375 克高筋白面包粉，外加适量撒在外层

1 汤匙盐

蔬菜油，涂油用

玉米粉，撒粉用

1　提前 3 ～ 5 天制作酸酵头。把酵母放入 500 毫升温水里化开。

2　搅入面粉，盖住，放在温暖的地方发酵 24 小时。

3　检查一下，这时的酸酵头应该已经产生气泡，并且有明显的酸味。

4　搅拌均匀，盖住，再发酵 2 ～ 4 天。每天搅拌一次，之后就可以使用或放入冰箱保存。

5　制作海绵酵头。把 250 毫升酸酵头与 250 毫升温水混合。

6　加入面粉并充分搅拌，再撒入 3 汤匙面粉。

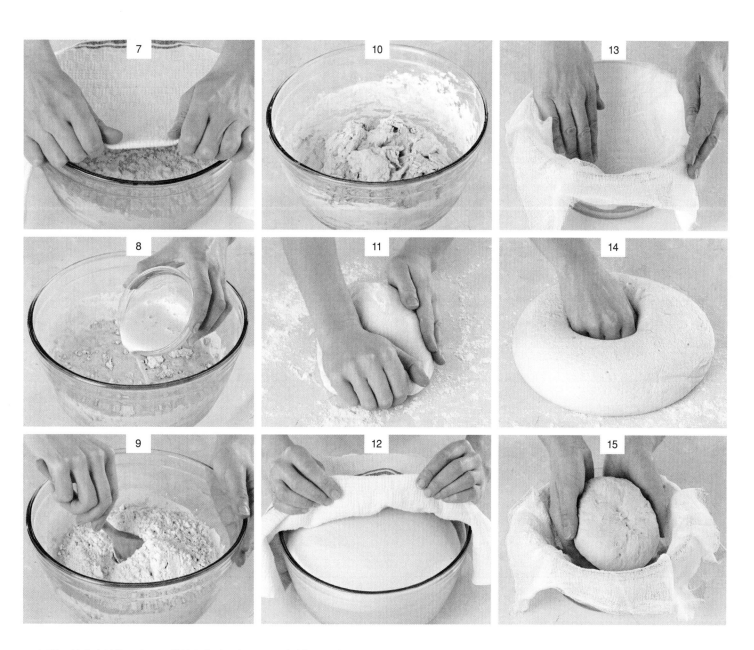

7 用微湿的茶巾盖住，在温暖的地方发酵一夜。

8 制作面团。把酵母放入4汤匙温水里化开，搅入海绵酵头里。

9 搅入盐和一半的面粉，把所有原料都混合均匀。

10 分次加入剩余的面粉，搅成有点黏的软面团。

11 揉8～10分钟，直到面团十分光滑且有弹性，把它放到涂过油的碗里。

12 用微湿的茶巾盖住，放在温暖的地方发酵1小时～1小时30分钟至体积翻倍。

13 取2个直径为20厘米的碗，在里面铺上蒸笼布，撒上足量面粉。

14 把面团放在撒过面粉的操作台上，按压排气，然后切成两半，分别揉成球状。

15 把面团放进碗里，用茶巾盖住，在温暖的地方放置1小时，直到面团把碗填满。

16 把一个烤盘放在烤箱里，将烤箱预热至 200 摄氏度。取 2 个烤盘，撒上玉米粉。

17 把面包放到烤盘里，接缝处向下，拿掉蒸笼布。

18 用锋利的小刀在每个面包的顶部划一个十字。

19 把面包放进烤箱。在一个烤肉盘里放一些冰块，放到烤箱下层的架子上，烘烤 20 分钟。

20 将烤箱温度降至 190 摄氏度，再烤 20 ～ 25 分钟至上色。

21 转移到网架上。

长条酸面包 ▶

更多天然酵母面包

天然酵母小圆面包

这些可爱的小圆面包非常适合用于野餐。

成品分量: 12 个

准备时间: 45 ～ 50 分钟

酵头发酵时间: 4 ～ 6 天

面团发酵和醒发时间: 2 小时～ 2 小时 30 分钟

提前准备: 可以在造好型后冷冻保存,提前取出回温,然后刷上蛋液烤制

烘烤时间: 25 ～ 30 分钟

储存: 可以用纸包紧存放 2 ～ 3 天或冷冻保存 8 周

原料

1 个优质的酸面包面团,见第 450 ～ 451 页步骤 1 ～ 12

1 取 2 个烤盘,撒上玉米粉。按压面团,排出气体,将面团分成两半。将其中一半揉成直径为 5 厘米的圆柱形,切成 6 等份。把另一半面团也像这样切成 6 份。

2 在操作台上撒一点面粉,用手掌心扣住一块面团,在台面上画圈移动,滚成光滑的圆球。用同样的方法处理完所有面团,放到准备好的烤盘上。盖住,在温暖的地方发酵 30 分钟至体积翻倍。

3 将烤箱预热至 200 摄氏度,在烤箱底部放一个烤肉盘。在每个小面包上撒一点面粉,再用锋利的刀子划一个十字。在烤肉盘里放一些冰块,把面包放入烤箱中心烤 25 ～ 30 分钟,烤至表面金黄且轻敲会发出中空的声音。

水果坚果酸面包

葡萄干和核桃给酸面包增色不少。在学会如何让干果和坚果融入面团之后，你还可以尝试把葡萄干和核桃换成其他你喜欢的组合。

成品分量: 2条
准备时间: 45～50分钟
酵头发酵时间: 4～6天
面团发酵和醒发时间: 2小时～
2小时30分钟
烘烤时间: 40～45分钟
储存: 可以用纸包紧存放2～3
天或冷冻保存8周

基本原料
1份优质的酸酵头和海绵酵头,
见第450～451页步骤1～7

面团原料
2茶匙干酵母
275克高筋白面包粉,外加适量
撒粉用
100克黑麦面粉
1汤匙盐
50克葡萄干
50克核桃,切碎
蔬菜油,涂油用
玉米粉,撒粉用

1 把酵母用4汤匙温水化开,静置5分钟至产生气泡,倒进海绵酵头里,混合均匀。把两种面粉混合,将一半的面粉混合物和全部的盐倒进海绵酵头里,混合均匀。加入剩余的面粉,搅拌成软黏的球状面团。

2 在撒过面粉的操作台上揉8～10分钟,直到面团光滑有弹性。用手把面团按扁,铺上葡萄干和核桃,再团成团,把干果和坚果揉进面里。

3 把面团放在涂过油的碗里,用微湿的茶巾盖住,放在温暖的地方发酵1小时～1小时30分钟至体积翻倍。取2个直径为20厘米的碗,在里面铺上蒸笼布,撒上面粉。把面团放在撒过面粉的操作台上,按压排气,然后切成两半,分别揉成球状。把面团放进碗里,用干茶巾盖住。在温暖的地方放置1小时,直到面团把碗填满。

4 将烤箱预热至200摄氏度,在烤箱底部放一个烤肉盘。取2个烤盘,撒上玉米粉。把面包接缝处向下放到烤盘里,用锋利的小刀在每个面包的顶部划一个十字。

5 在烤肉盘里放一些冰块,把面包放进烤箱,烘烤20分钟。把烤箱温度降至190摄氏度,再烤20～25分钟至上色。转移到网架上晾凉。

普格利泽面包

这种经典意大利乡村面包只依靠橄榄油来调味和保鲜。它的面团比较软黏,因为越是松散的面团,做出的面包孔洞就越多。

成品分量: 1条
准备时间: 30分钟
酵头发酵时间: 12小时或一夜
面团发酵和醒发时间: 不超过
4小时
烘烤时间: 30～35分钟
储存: 可以用纸包紧存放2～3
天或冷冻保存4周

酵头原料
1/4 茶匙干酵母
100克高筋白面包粉
橄榄油,涂油用

面团原料
1/2 茶匙干酵母
1汤匙橄榄油,外加适量涂油用
300克高筋白面包粉,外加适量
撒粉用
1茶匙盐

1 制作酵头。把酵母放入100毫升温水中,搅拌化开。把酵母水倒进面粉里,搅成面团。把面团放进涂过油的碗里,用保鲜膜盖住,放在阴凉的地方发酵12小时或一夜。

2 制作面团。把酵母放入140毫升温水里化开,倒入油。把酵头、面粉、盐放入一个碗里,加入液体原料,搅成粗糙的面团。在撒有面粉的操作台上揉10分钟,将面团揉至光滑有弹性。

3 把面团放在涂过油的碗里,用保鲜膜盖住,放在温暖的地方发酵至体积翻倍,时间应不超过2小时。把面团放在撒过面粉的操作台上,按压排气,然后给面团塑形。我喜欢把它们做成椭圆形的。

4 把面团放在烤盘上,用涂过油的保鲜膜和一条茶巾盖住,在温暖的地方发酵至体积翻倍,时间应不超过2小时。待面团充分膨胀,用手轻戳面团,留下的印记能很快回弹时就可以烤了。将烤箱预热至220摄氏度。

5 在面包上划一道稍偏离中心的开口,撒上面粉,喷一点水,放入烤箱中层烘烤30～35分钟。如果想让表皮更脆,可以每隔10分钟喷一次水。从烤箱中取出,放凉。

法棍面包

掌握了这个基础配方之后，你只需要改变面团的形状就可以做出法棍面包、长条面包、短棍面包等。

成品分量： 2 个
准备时间： 30 分钟
酵头发酵时间： 12 小时或一夜
面团发酵和醒发时间： 3 小时 30 分钟
烘烤时间： 15 ～ 30 分钟
储存： 可以冷冻保存 4 周

海绵酵头原料
$\frac{1}{8}$ 茶匙干酵母
75 克高筋白面包粉
1 汤匙黑麦面粉
蔬菜油，涂油用

面团原料
1 茶匙干酵母
300 克高筋白面包粉，外加适量撒粉用
$\frac{1}{2}$ 茶匙盐

1 把两种面粉混合。把酵母用 75 毫升温水化开，倒入面粉里。

2 搅成软黏松散的面团，放进涂过油的大碗里。

3 用保鲜膜盖住，放在阴凉的地方发酵至少 12 小时。

4 制作面团。把酵母放进 150 毫升温水里，搅拌化开。

5 把海绵酵头、面粉和盐放在一个大碗里，倒入酵母水。

6 用木勺将所有原料混合，搅成软面团。

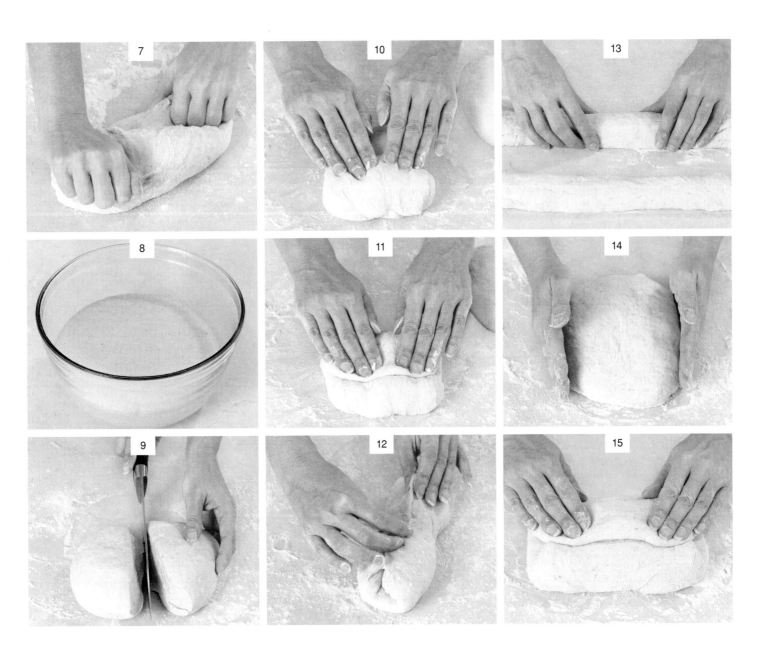

7 在撒有面粉的操作台上揉10分钟，将面团揉至光滑、有光泽且充满弹性。

8 把面团放在涂过油的碗里，用保鲜膜盖住，放在温暖的地方发酵2小时。

9 把面团放在撒过面粉的操作台上，按压排气。如果要做成法棍，就把面团分成2份，做成长条面包则分成3份。

10 稍稍揉几下，然后把面团分别按成长方形，把其中一条短边向中心处折起。

11 按压紧实，然后再把另一条短边折向中间，按压紧实。

12 把面团卷成稍圆的长方体，将接缝处捏紧，压在下面。

13 如果要制作法棍，就把面团揉成直径为4厘米的圆柱形。如果制作长条面包，则把面团揉成直径为2～3厘米的圆柱形。

14 制作短棍面包时，需要把全部的面团揉成一个长方形。

15 把离你最远的边折向中心，按压紧实，再把离你最近的边折上去。

16 给面团翻面，把接缝压在面团下面。给面团
塑形，轻轻地把两端捏细。

17 把面团放在烤盘上，用涂过油的保鲜膜和一
条干净的茶巾盖住。

18 在温暖的地方放置1小时30分钟至体积翻
倍。将烤箱预热至220摄氏度。

19 在长条面包上斜着深深地划几刀，如果是短
棍面包，则在顶部划一个十字。

20 在面包上撒一点面粉，喷上水，放入烤箱
中层。

21 长条面包烤15分钟，法棍烤20分钟，短棍
面包烤25～30分钟。从烤箱里取出，放凉。

法棍面包▶

法棍变种

麦穗面包

这款诱人的变种法棍面包因其酷似麦穗的外形而得名。这种漂亮的麦穗外形其实很容易做出来。

成品分量： 3 个
准备时间： 40 ～ 45 分钟
发酵和醒发时间： 4 ～ 5 小时
烘烤时间： 25 ～ 30 分钟

原料

2½ 茶匙干酵母
500 克高筋白面包粉，外加适量撒粉用
2 茶匙盐
无盐黄油，融化，涂油用

1 把酵母放进 4 汤匙温水里，静置 5 分钟至酵母溶解，中途搅拌一次。

2 把面粉和盐放在操作台上，在中间挖一个坑，倒入酵母水和 365 毫升温水，一点点地把面粉与液体混合，搅成有点黏的软面团。

3 在撒过面粉的操作台上揉 5 ～ 7 分钟，揉至面团非常光滑且有弹性。把面团放入一个涂过黄油的大碗里，用微湿的茶巾盖住，放到温暖的地方发酵 2 小时～ 2 小时 30 分钟，直到体积变成原来的 3 倍。

4 把面团放到撒了面粉的操作台上，按压排气。把面团放回碗里，盖住，在温暖的地方发酵 1 小时～ 1 小时 30 分钟至体积翻倍。

5 取一条棉的布巾，撒上面粉。把面团放到撒过面粉的操作台上，按压排气。把面团切成 3 等份，取出其中一块面团塑形，把其余的两块盖住。在手上沾一点面粉，把面团拍成 18 厘米 ×10 厘米的长方形。

6 从长边开始，把长方形卷成一根圆柱，用手指捏紧边缘。把圆柱搓成 35 厘米长的长条。把造型好的长条放到有面粉的布巾上。用同样的方法把面团全部搓成长条，每条之间用布巾隔开放置。

7 用干茶巾盖住，放到温暖的地方发酵 1 小时至体积翻倍。将烤箱预热至 220 摄氏度，在烤箱底部放一个烤肉盘。取 2 个烤盘，撒上面粉。把 2 条面团摆在其中一个烤盘上，相隔 15 厘米。把第三条面团放在另一个烤盘上。

8 在面团距顶部 5 ～ 7 厘米处切一个 "V" 形豁口，拽住凸出的顶点，将上面一节面团拉向左边。再在这个豁口下方 5 ～ 7 厘米处切第二个豁口，把第二节面团的顶点拉向右边。就这样继续向下，把三条面团都做成麦穗的形状。在烤肉盘里放入冰块。把面包放入烤箱烤 25 ～ 30 分钟，直到均匀上色且轻敲有中空的声音。静置冷却，当天食用。

全麦法棍

快来尝试一下这款高纤维的健康版法棍。

成品分量: 2 个
准备时间: 20 分钟
酵头发酵时间: 12 小时或一夜
发酵和醒发时间: 3 小时 30 分钟
烘烤时间: 20 ~ 25 分钟
储存: 可以用纸松松地包住存放一夜或冷冻保存 4 周

基本原料

1 份优质海绵酵头,见第 456 页步骤 1 ~ 3,把白面包粉换成全麦面包粉

面团原料

½ 茶匙干酵母
100 克高筋全麦面包粉
200 克高筋白面包粉,外加适量撒粉用
½ 茶匙盐

1 制作面团。把酵母用 150 毫升温水化开。把做好的海绵酵头、两种面粉和盐放进一个大碗里,慢慢倒入酵母水,搅成软面团。

2 在撒过面粉的操作台上揉 10 分钟,把面团揉得光滑、有光泽且富有弹性。把面团放入一个涂过油的碗里,用保鲜膜松松地盖住,放到温暖的地方发酵至体积翻倍,时间应不超过 1 小时 30 分钟。

3 把面团放到撒有面粉的操作台上,按压排气。把面团切成 2 等份,分别大致揉成长方形。把离你最远的边折向中间,用指尖按紧,再把离你最近的边折上去,按紧。把面团对折,形成细长的椭圆形,将边缘压实。

4 给面团翻个身,把接缝处压到下面。用手轻轻地把面团拽成宽度不超过 4 厘米的长条。面团的长度不能超过烤盘的长度,要给它留出膨胀的空间。

5 把面团放到 2 个大烤盘上,用涂过油的保鲜膜和一条茶巾松松地盖住。放在温暖的地方发酵至体积几乎翻倍,时间应不超过 2 小时。如果面团充分膨胀,且用手指轻戳面团,留下的小坑能很快回弹,就说明面团已经发酵好了。将烤箱预热至 230 摄氏度。

6 用锋利的刀子在整条面包上切出深深的斜线,这样面包就可以在烤箱里继续膨胀。在面包顶部撒一点面粉,喷一点水(可选),放入烤箱中层烘烤 20 ~ 25 分钟。如果想让表皮更脆,可以每隔 10 分钟喷一次水。从烤箱中取出面包,放在网架上晾凉。

手工黑麦面包

黑麦做的面包在中欧和东欧十分流行。这个配方用到了酵头。

1 把酵头原料和250毫升微温的水一起放进碗里，搅拌均匀。

2 盖住，静置发酵一夜。第二天查看时，碗里应该已经出现气泡。

3 制作面团。把面粉和盐混合均匀，倒进酵头中。

4 搅成面团，如果太干就加一点水。

5 把面团放到撒过面粉的操作台上，揉5～10分钟至光滑有弹性。

6 把面团揉成球状，放入一个涂过油的碗里，用保鲜膜或微湿的布巾盖住。

7 在温暖的地方放置1小时，直到面团体积翻倍。

8 在一个烤盘里撒上面粉。将面团稍稍揉几下，团成橄榄球的形状。

9 把面团放入烤盘中，再次松松地盖住，放在温暖的地方发酵30分钟。

成品分量: 1 个
准备时间: 25 分钟
酵头发酵时间: 一夜
发酵和醒发时间: 1 小时 30 分钟
烘烤时间: 40 ~ 50 分钟

储存: 用纸包住, 可以存放 2 ~ 3 天

酵头原料
150 克黑麦面粉
150 克罐装活性天然酸奶

1 茶匙干酵母
1 汤匙黑糖浆
1 茶匙葛缕子籽, 稍稍压碎

面团原料
150 克黑麦面粉

200 克高筋白面包粉, 外加适量
撒粉用
2 茶匙盐
1 个鸡蛋, 打散, 刷蛋液用
1 茶匙葛缕子籽, 点缀用

10 将烤箱预热至 220 摄氏度。给面团刷上蛋液。

11 趁蛋液未干的时候, 均匀地撒上一层葛缕子籽。

12 在面团上纵向划几刀, 烘烤 20 分钟。把温度降至 200 摄氏度。

13 烘烤 20 ~ 30 分钟至表面焦黄, 放到网架上冷却。

手工黑麦面包变种

榛子葡萄干黑麦面包

榛子和葡萄干给面包增添了酥脆的口感和少许甜味,可以尝试把它们换成其他你喜欢的干果。

成品分量: 1 个
准备时间: 25 分钟
酵头发酵时间: 一夜
发酵和醒发时间: 1 小时 30 分钟
烘烤时间: 40 ～ 50 分钟
储存: 可以用纸包住存放 2 ～ 3 天或冷冻保存 8 周

酵头原料
150 克黑麦面粉
150 克罐装活性天然酸奶
1 茶匙干酵母
1 汤匙黑糖浆

面团原料
150 克黑麦面粉
200 克高筋白面包粉,外加适量撒粉用
2 茶匙盐
50 克榛子,烤过,大致切碎
50 克葡萄干
蔬菜油,涂油用
1 个鸡蛋,打散,刷蛋液用

1 把酵头原料和 250 毫升微温的水一起放进碗里,搅拌均匀。盖住,静置发酵一夜。第二天查看时,碗里应该已经出现气泡。

2 制作面团。把面粉和盐混合均匀,倒进酵头里,搅成面团,如果太干就加一点水。把面团放到撒过面粉的操作台上,揉5 ～ 10 分钟至光滑有弹性。

3 将面团大致抻成长方形,把榛子和葡萄干铺在上面,折起来轻轻揉几下,让辅料更好地融入面团。把面团团成球,放入涂过油的碗里,用保鲜膜盖住。在温暖的地方放置 1 小时,直到面团体积翻倍。

4 在一个烤盘里撒上面粉。将面团稍稍揉几下,团成橄榄球的形状,放入烤盘中。用保鲜膜松松地盖住烤盘,放在温暖的地方发酵 30 分钟。

5 将烤箱预热至 220 摄氏度。给面团刷上蛋液,纵向划出切口,烘烤 20 分钟。把温度降至 200 摄氏度,烘烤 20 ～ 30 分钟至表面焦黄,放到网架上冷却。

烘焙小贴士

黑麦面包是三明治面包的健康替代品。它的密度更大,咬起来更结实。里面的种子、坚果和干果提升了黑麦面包的脆度和营养价值。这种面包配上芝士或咸牛肉、腌黄瓜食用,味道特别好。

黑面包

这是加入了可可粉和咖啡粉的德国黑麦面包，味道比原版的更加丰富。

成品分量： 1 个
准备时间： 20 分钟
酵头发酵时间： 12 小时或一夜
发酵和醒发时间： 4 小时 30 分钟
烘烤时间： 30 ～ 40 分钟
储存： 可以用纸包住存放 3 天或冷冻保存 8 周

特殊器具
容量为 1 升的长条面包模

酵头原料
½ 茶匙干酵母
75 克黑麦面粉
30 克活性天然酸奶

面团原料
½ 茶匙干酵母
1 茶匙咖啡粉
1 汤匙葵花子油，外加适量涂油用
130 克高筋全麦面粉，外加适量撒粉用
30 克黑麦面粉
½ 汤匙可可粉
1 茶匙盐
½ 茶匙葛缕子籽，稍稍敲碎

1 制作酵头。把酵母用 100 毫升温水化开。把黑麦面粉、酸奶、酵母水放入一个大碗里，搅拌均匀。用保鲜膜盖住，在阴凉处发酵至少 12 小时，也可以放置一夜。

2 制作面团。把酵母放入 3 ～ 4 汤匙温水里化开，加入咖啡粉，搅拌至溶解，加入油，制成液体原料。把酵头、面粉、可可粉、盐和葛缕子籽放入一个大碗中混合均匀，加入液体原料。

3 把所有原料搅匀，搅至有点硬的时候，用手把它团成面团。放到撒过面粉的操作台上，揉 10 分钟至面团光滑、有光泽且富有弹性。

4 把面团放入涂过油的碗里，用保鲜膜松松地盖住，放在温暖的地方发酵至体积翻倍，时间应不超过 2 小时。放到撒了面粉的操作台上，轻轻按压，排出气体。重新把面团团成圆球，放回碗里，盖住，静置 1 小时，让面团重新膨胀。

5 把面团放到撒过面粉的操作台上，再次按压排气。把面团轻轻揉几下，团成椭圆形，放到涂过油的面包模里，用涂过油的保鲜膜和一条茶巾松松地盖住，放在温暖的地方醒发 1 小时 30 分钟，直到体积几乎翻倍。待面团充分膨胀，用手轻戳面团，留下的印记能很快回弹时就可以烤了。将烤箱预热至 200 摄氏度。

6 放入烤箱中层烤 30 ～ 40 分钟，直到面包外皮呈深棕色，放在网架上晾凉。

西西里面包

这款来自西西里地区的乡村粗面面包十分适合做成烤吐司，也可以做成美味酥脆的普切塔。

成品分量： 1 条

准备时间： 20 分钟

酵头发酵时间： 12 小时或一夜

发酵和醒发时间： 2 小时 30 分钟

烘烤时间： 25 ～ 30 分钟

储存： 可以用纸包住存放 2 天或冷冻保存 4 周

酵头原料

¼ 茶匙干酵母

100 克硬质小麦粉或粗粒小麦粉

蔬菜油，涂油用

面团原料

1 茶匙干酵母

400 克硬质小麦粉或粗粒小麦粉，外加适量撒粉用

1 茶匙细盐

1 汤匙芝麻

1 个鸡蛋，打散，刷蛋液用

1 制作酵头。把酵母用 100 毫升温水化开。把酵母水加进小麦粉里，搅成粗糙松散的面团。把面团放在一个涂过油的碗里，留出足够的空间让它膨胀。然后用保鲜膜盖住，放在阴凉处至少 12 小时或一夜。

2 制作面团。把酵母放入 200 毫升温水里化开。把做好的酵头、面粉、盐放进一个大碗中混合均匀，放入酵母水。

3 用木勺把所有原料搅匀，搅至有点硬的时候，用手把它团成面团。放到撒过面粉的操作台上揉 10 分钟，直到面团光滑、有光泽且富有弹性。

4 把面团放入涂过油的碗里，用保鲜膜松松地盖住，放在温暖的地方发酵 1 小时 30 分钟至体积翻倍。

5 把面团放到撒了面粉的操作台上，轻轻按压，排出气体。稍稍揉几下面团，做成你想要的形状。传统做法是将它们做成紧致的法式面包球（具体做法见第 414 页核桃黑麦面包）。把它们放到烤盘上，用涂过油的保鲜膜和一条茶巾松松地盖住。放在温暖的地方醒发 1 小时，直到体积几乎翻倍。待面团充分膨胀，且用手轻戳面团后留下的印记能很快回弹，就可以烤了。

6 将烤箱预热至 200 摄氏度。在面包顶部刷上蛋液，撒上一层芝麻。放入烤箱中层烤 25 ～ 30 分钟，直到面包充分膨胀且外皮焦黄。从烤箱中取出面包，放到网架上至少冷却 30 分钟。

烘焙小贴士

    这款面包用硬质小麦粉或粗粒小麦粉制作皆可。粗粒小麦粉是由硬粒小麦制成的，所以这种面包不属于无小麦面包，但粗粒小麦粉会带来一种与玉米粉类似的朴素口感，吃起来十分美味。可以将它与富含油脂的番茄沙拉搭配食用。

意大利葡萄扁面包

这款扁扁的意大利甜面包与甜味佛卡夏十分相近，趁热或放凉后食用皆可。

成品分量： 1 个

准备时间： 25 分钟

发酵和醒发时间： 3 小时

烘烤时间： 20 ～ 25 分钟

储存： 最好在制作当天食用，但也可以用纸包住存放一夜

特殊器具

20 厘米 ×30 厘米的瑞士卷烤模

面团原料

700 克高筋白面包粉，外加适量撒粉用

1 茶匙细盐

2 汤匙细砂糖

1½ 茶匙干酵母

1 汤匙橄榄油，外加适量涂油用

馅料原料

500 克小的无籽红提，洗净

3 汤匙细砂糖

1 汤匙迷迭香末（可选）

1 把面粉、盐、糖放进一个大碗中。把酵母用 450 毫升温水化开，然后加入油。

2 慢慢地将液体原料倒入面粉里，搅成软面团。放到撒过面粉的操作台上，揉 10 分钟至面团光滑、有光泽且富有弹性。这时的面团应该还是很软。

3 把面团放入涂过油的碗里，用保鲜膜松松地盖住。放在温暖的地方发酵至体积翻倍，时间应不超过 2 小时。把面团放到撒了面粉的操作台上，轻轻按压，排出气体。稍稍揉几下，将面团分成 3 等份，再将其中两份合在一起。给烤模涂油。

4 取较大的面团，擀成与烤模相近的尺寸。把它放入烤模中，拉伸至填满所有角落，用手指将边缘固定在烤模侧边。把 ⅔ 提子铺在面皮上，再撒入 2 汤匙细砂糖。

5 把较小的面团擀平，铺在提子上面，必要时可以用手将面皮拉长。铺上剩余的提子和迷迭香碎（可选）。把烤模放在一个大烤盘上，用涂过油的保鲜膜和一条茶巾松松地盖住。放在温暖的地方醒发 1 小时，直到体积几乎翻倍。将烤箱预热至 200 摄氏度。

6 将剩余的细砂糖撒在发酵好的面团上，烘烤 20 ～ 25 分钟至面包充分膨胀且表皮焦黄。从烤箱中取出，放到网架上至少冷却 10 分钟。

烘焙小贴士

　　这款不太常见的意大利扁面包起源于意大利的托斯卡纳地区，是人们为庆祝葡萄丰收而制作的。最好在制作当天食用，可以根据个人口味来调整糖的用量。最好与芝士和意大利红酒一起享用。

扁面包

FLAT BREADS

四季比萨

可以提前一天准备好酱料，把揉好的面团放在冰箱里发酵一夜，第二天再快速组装起来。

成品分量： 4 个

准备时间： 40 分钟

发酵和醒发时间： 1 小时～1 小时 30 分钟

烘烤时间： 40 分钟

基本原料

500 克高筋白面包粉，外加适量撒粉用

½ 茶匙盐

3 茶匙干酵母

2 汤匙橄榄油，外加适量涂油用

番茄酱原料

25 克无盐黄油

2 根青葱，切末

1 汤匙橄榄油

1 片香叶

3 瓣大蒜，碾碎

1 千克熟透的李子番茄，去籽、切碎

2 汤匙番茄泥

1 汤匙细砂糖

海盐和现碾黑胡椒

顶部配料

175 克马苏里拉芝士，切薄片

115 克蘑菇，切薄片

2 汤匙特级初榨橄榄油

2 个烤过的红甜椒，切薄片

8 个鳀鱼排，纵向分成两半

115 克意大利辣香肠，切薄片

2 汤匙刺山柑

8 个洋蓟心，切半

12 颗黑橄榄

1 将面粉和盐混合。在另一个碗里倒入 360 毫升微温的水，化开酵母。

2 把油倒入酵母水中，然后与干性原料混合，搅成软面团。

3 放到撒过面粉的操作台上揉 10 分钟，直到面团光滑有弹性。

4 把面团揉成球，放入涂过油的碗里，用涂过油的保鲜膜盖住。

5 在温暖的地方放置 1 小时～1 小时 30 分钟至体积翻倍，也可以放进冰箱冷藏一夜。

6 制作番茄酱。把黄油、青葱、橄榄油、香叶、大蒜放入锅里，用小火加热。

7 搅拌均匀，盖上锅盖焖 5 ～ 6 分钟，其间偶尔搅动。

8 加入番茄、番茄泥、糖，翻炒 5 分钟。

9 倒入 250 毫升水，用大火煮沸，然后调至小火。

10 煮 30 分钟，持续搅动，直到形成稠厚的酱料。根据个人口味调味。

11 用木勺将酱料挤过筛子，盖好，冷藏备用。

12 烤制之前，将烤箱预热至 200 摄氏度。把面团放到撒过面粉的操作台上。

13 稍稍揉几下，把面团分成 4 块，擀平或按压成直径为 23 厘米的圆形。

14 取 4 个烤盘，涂一层油，小心地把饼底放在烤盘上。

15 把酱料涂在饼底上，留出 2 厘米的边界。

16 用不完的酱料用可以冷冻的容器装好，留到 19 在第二区铺一层彩椒，然后摆上鳀鱼排。
以后使用。

20 在第三区铺上意大利辣香肠和刺山柑，在第
17 把马苏里拉芝士分成 4 份，铺在比萨上。 四区放洋蓟心和黑橄榄。

18 每个比萨分为 4 个区域，在第一区内放上蘑 21 每次烤 2 个比萨。把比萨放入烤箱上层，烤
菇，刷一层橄榄油。 20 分钟至饼底焦黄，趁热上桌。

四季比萨 ▶

更多比萨

烘焙小贴士

你可以用任何喜欢的配料来制作比萨，只需要将它们铺均匀即可。番茄酱不是制作比萨的必需品，只要有足量芝士、特级初榨橄榄油等湿润的配料，就能做出美味的比萨。

玛姬欧娜白比萨

这个配方没有使用番茄酱，而是用橄榄油来让比萨保持湿润，打造出新鲜的地中海风味。

成品分量： 4 个
准备时间： 25 分钟
发酵和醒发时间： 1 小时～1 小时 30 分钟
烘烤时间： 28 分钟

原料

4 个比萨饼底，见第 472～473 页
步骤 1～5 及步骤 12～14
4 汤匙特级初榨橄榄油，外加适量涂油用
140 克戈贡左拉奶酪，压碎
12 片帕尔玛火腿，撕成条
4 个新鲜无花果，每个切成 8 瓣，去皮
2 个番茄，去籽，切小块
115 克芝麻菜
现碾黑胡椒

1 将烤箱预热至 200 摄氏度。把比萨饼底放在涂好油的烤盘上，刷上一半的橄榄油，铺上芝士。

2 烘烤 20 分钟至饼底金黄酥脆，从烤箱中取出。

3 均匀地铺上火腿、无花果、番茄，放回烤箱再烤 8 分钟，直到配料温热、饼底焦黄。

4 铺上芝麻菜，用足量黑胡椒调味，淋上剩余的橄榄油，立即上桌。

芝加哥深盘比萨

这款比萨起源于 20 世纪 40 年代的芝加哥，芝士在下、酱料在上的叠放顺序十分独特。

成品分量： 4 人份
准备时间： 35 ～ 40 分钟
发酵和醒发时间： 1 小时 20 分钟～ 1 小时 50 分钟
烘烤时间： 20 ～ 25 分钟

特殊器具
2 个直径为 23 厘米的蛋糕模

面团原料
2½ 茶匙干酵母
500 克高筋白面包粉，外加适量撒粉用
2 茶匙盐
3 汤匙特级初榨橄榄油，外加适量涂油用
2 ～ 3 汤匙玉米粉

酱料原料
375 克低辣意大利香肠
1 汤匙橄榄油
3 瓣大蒜，切末
2 罐容量为 400 克的碎西红柿罐头
现碾黑胡椒
7 ～ 10 棵扁叶欧芹的叶子，切碎
175 克马苏里拉芝士，撕成大块

1 在小碗里放 4 汤匙温水，放入酵母，搅拌一次，静置 5 分钟至酵母溶解。把面粉和盐放入大碗里混合均匀，在中间挖一个坑。把酵母水、300 毫升温水和油倒入坑里，一点点地把面粉与其他原料混合，搅成有点黏的软面团。

2 把面团放到撒有面粉的操作台上，揉 5 ～ 7 分钟，直到面团非常光滑有弹性。在一个大碗内刷一层油，把面团放进碗里，翻转一下，让面团沾上少许油。用微湿的茶巾盖住，在温暖的地方放置 1 小时～ 1 小时 30 分钟至体积翻倍。

3 把香肠的侧面切开，挤出里面的肉，扔掉肠衣。用小锅把油烧热，放入香肠肉，用木勺捣散，用中高火加热 5 ～ 7 分钟，把肉煎熟。调至中火，盛出肉，在锅中留 1 汤匙油脂，多余的倒掉。

4 把大蒜放进锅里，翻炒 30 秒。把香肠肉倒回锅里，加入西红柿、盐、黑胡椒。留出 1 汤匙欧芹，将剩余的也加入锅里。加热 10 ～ 15 分钟至酱汁变稠，中间偶尔搅拌。离火后根据个人口味调味，然后彻底放凉。

5 在烤模内涂油，撒一些玉米粉，旋转烤模，让底部和内壁均匀地沾一层粉末。将烤模倒过来，轻敲底部，倒出多余的玉米粉。把面团放到撒过面粉的操作台上，按压排气。把面团揉成 2 个松散的圆球，用擀面杖将它们擀成适合烤模大小的圆饼。小心地将面饼卷在擀面杖上，再铺到烤模上。用手将面饼按进烤模，铺满烤模底部，并贴着侧壁立起 2.5 厘米的边界。用干茶巾盖住，发酵 20 分钟。将烤箱预热至 230 摄氏度，在烤箱里放一个烤盘。

6 撒上芝士和剩余的欧芹，把酱料铺在芝士上，烘烤 20 ～ 25 分钟至饼底金黄酥脆。

彩椒比萨饺

比萨饺的意大利语名字有"裤腿"的意思，这也许是因为它的造型允许人们将它放进裤子口袋里。

成品分量： 4 个
准备时间： 25 分钟
发酵和醒发时间： 1 小时 30 分钟～ 2 小时
烘烤时间： 15 ～ 20 分钟

原料
1 个优质的比萨面团，见第 472 页步骤 1 ～ 5
4 汤匙特级初榨橄榄油，外加适量搭配食用
2 个洋葱，切薄片
2 个红甜椒，去籽，切成条
1 个青椒，去籽，切成条
1 个黄甜椒，去籽，切成条
3 瓣大蒜，切末
一小把迷迭香、百里香、罗勒、欧芹、混合香料等香料，把叶子切碎
海盐
红辣椒，调味用
175 克马苏里拉芝士，吸干水分、切片
白面粉，撒粉用
1 个鸡蛋，打散，刷蛋液用

1 锅内放 1 汤匙油，加热后放入洋葱，煎 5 分钟至洋葱变软，盛到碗里备用。

2 把剩下的油倒入锅里，再加入彩椒、大蒜和一半香料，用盐和红辣椒调味。用小火翻炒 7 ～ 10 分钟至蔬菜变软，盛到放洋葱的碗里，静置冷却。

3 按压面团，排出气体。把面团分成 4 等份，再分别擀成 1 厘米厚的正方形。沿对角线分成两区，把炒好的彩椒放在其中一半上，留出 2.5 厘米的边界。

4 把马苏里拉芝士铺在馅料上。在饼底的边界处刷一点水，把一个角对折上来，形成一个三角形，捏紧边缘。把比萨饺放在撒过面粉的烤盘上，发酵 30 分钟。将烤箱预热至 230 摄氏度。

5 把鸡蛋与 ½ 茶匙盐一起打散，刷在外皮上。烘烤 15 ～ 20 分钟至表面焦黄，上桌前刷一点橄榄油。

尼斯洋葱挞

这是一款法国版的意大利比萨，其名字来自尼斯鱼酱——一种用鳀鱼做成的酱料。

成品分量： 4 人份
准备时间： 20 分钟
发酵时间： 1 小时
烘烤时间： 25 分钟
储存： 做好后可以冷冻保存 12 周

特殊器具

32.5 厘米 ×23 厘米的瑞士卷烤模

饼底原料

225 克高筋白面包粉，外加适量撒粉用
海盐和现碾黑胡椒
1 茶匙绵红糖
1 茶匙干酵母
1 汤匙橄榄油，外加适量涂油用

顶部配料

4 汤匙橄榄油
900 克洋葱，切薄片
3 瓣大蒜
1 枝百里香
1 茶匙普罗旺斯香草（干百里香、罗勒、迷迭香、牛至的混合香料）
1 片香叶
100 克罐装油浸鳀鱼
12 颗去核的黑橄榄或意大利橄榄

1 制作饼底。将面粉和 1 茶匙盐放入碗中混合，加入黑胡椒调味。在另一个碗里倒入 150 毫升微温的水，放入糖，搅拌均匀，然后放入酵母。静置 10 分钟至产生气泡，与橄榄油一起倒进面粉里。

2 搅成面团，如果太干就加 1～2 汤匙温水。把面团放到撒有面粉的操作台上揉 10 分钟，直到面团光滑有弹性。把面团揉成球，放入涂过油的碗里，用茶巾盖住，在温暖的地方放置 1 小时至体积翻倍。

3 制作顶部配料。把油倒入小锅里，用小火加热。加入洋葱、大蒜、香草、香叶，盖上锅盖，用小火焖 1 小时，偶尔搅动，直到洋葱成泥状。如果洋葱开始粘锅，就加一点水。沥干后挑出香叶，放置备用。

4 将烤箱预热至 180 摄氏度。把面团放到撒过面粉的操作台上，稍稍揉几下。把面团擀薄，直到大小能够填满烤模，然后按进烤模里，用叉子扎出小孔。

5 把洋葱铺在饼底上。沥干鳀鱼，保留 3 汤匙油。把每块鱼排纵向分成两半，在洋葱上摆出十字形。把橄榄排成排，摆在洋葱上。淋上留出的鳀鱼罐头油脂，撒上黑胡椒。

6 烘烤 25 分钟至饼底焦黄，不要把洋葱烤焦或烤干。从烤箱中取出来，切成长方形、正方形或三角形的小块，趁热或放凉后食用皆可。

烘焙小贴士

　　尼斯洋葱挞的用料十分简单，因此如果想提高成品的品质，就需要尽量使用最优质的原料。挑选鳀鱼罐头的时候，要确保使用的是高品质的油。如果你能买到的话，也可以用熏鳀鱼来代替配方中的鳀鱼。

皮塔面包

可以在这些中空的面包里填入沙拉或其他馅料，也可以把它们切开，
蘸着蘸料食用。

成品分量： 6 个

准备时间： 20 ～ 30 分钟

发酵和醒发时间： 1 小时 ～ 1 小时 50
分钟

烘烤时间： 5 分钟

储存： 做好后最好趁热食用，但也可以在
密封容器里存放一夜或冷冻保存 8 周

原料

1 茶匙干酵母

60 克高筋全麦面包粉

250 克高筋白面包粉，外加适量撒粉用

1 茶匙盐

2 茶匙孜然籽

2 茶匙橄榄油，外加适量涂油用

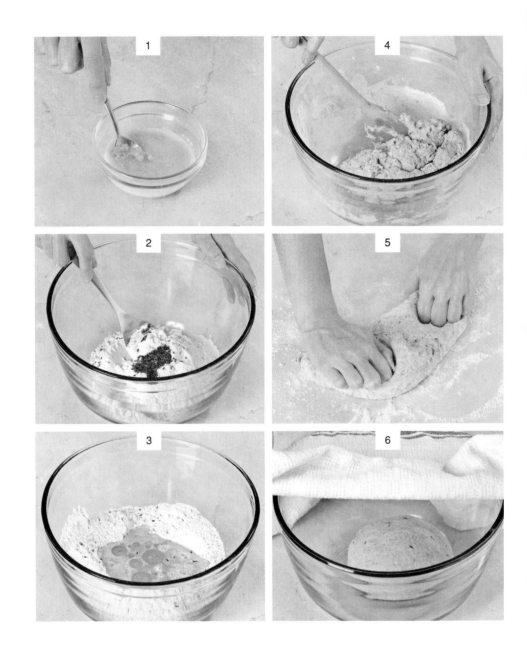

1 在碗里倒入 4 汤匙温水，加入酵母。静置 5
分钟，搅拌均匀。

2 把 2 种面粉、盐、孜然籽放到大碗里，混合
均匀。

3 在面粉里挖一个坑，把酵母水、190 毫升温
水、油倒入坑里。

4 混合均匀，搅成黏软的面团。

5 把面团放到撒有面粉的操作台上，揉得光滑
有弹性。

6 把面团放入涂过油的碗里，用微湿的茶巾
盖住。

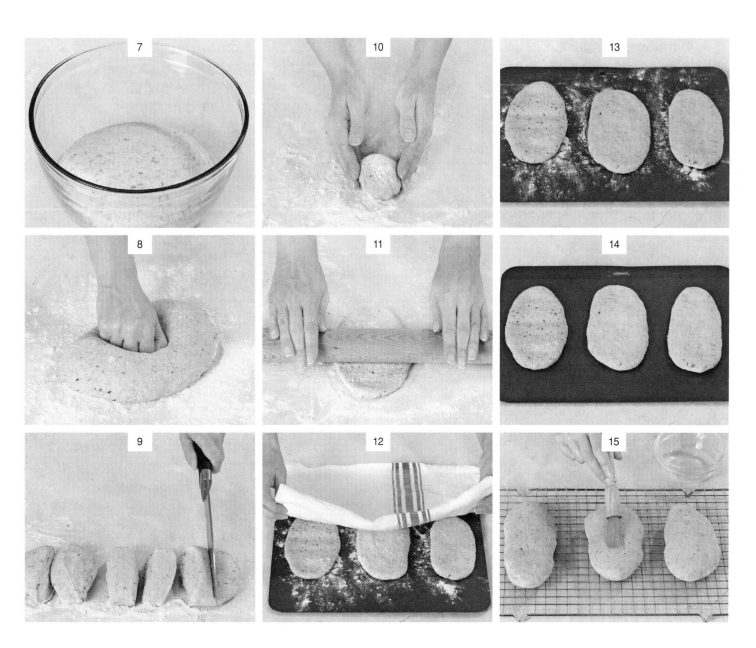

7 放在温暖的地方发酵 1 小时～1 小时 30 分
　　钟至体积翻倍。取两个烤盘，撒上面粉。

8 把面团放在撒有面粉的操作台上，按压排气。

9 把面团揉成宽 5 厘米的圆柱，然后切成 6 块。

10 取出一块面团，用茶巾把其他的面团盖住。

11 把面团滚成球状，再擀成 18 厘米长的椭圆形。

12 用同样的方法处理完所有面团，放到烤盘
　　上，用茶巾盖住。

13 在温暖的地方放置 20 分钟。将烤箱预热至
　　240 摄氏度。

14 在烤箱里放上另一个烤盘，烤热后将一半皮
　　塔面包放上去。

15 烘烤 5 分钟。转移到网架上，在面包顶部刷
　　少量水。用同样的方法烤好所有面包。

皮塔面包变种

香料羊肉派

这是中东地区遍地可见的小吃。

成品分量: 12 个
准备时间: 40 ~ 45 分钟
发酵和醒发时间: 1 小时 ~ 1 小时 50 分钟
提前准备: 可以提前 1 天准备好羊肉馅料,盖好,冷藏备用
烘烤时间: 10 ~ 15 分钟
储存: 可以在密封容器里存放一夜

原料

1 个优质的皮塔面团,见第 480 ~ 481 页步骤 1 ~ 8,不加孜然籽
2 汤匙特级初榨橄榄油
375 克羊肉糜
海盐和现碾黑胡椒
3 大瓣蒜,切末
1 厘米长的生姜茎,去皮,切末
1 个洋葱,切碎
½ 茶匙香菜粉
¼ 茶匙姜黄粉
¼ 茶匙孜然粉
一大撮辣椒粉
2 个番茄,去皮去籽,切碎
5 ~ 7 根香菜的菜叶,切碎
希腊酸奶,搭配食用(可选)

1 把油倒入平底锅中加热,加入羊肉、调味料,用中高火翻炒至均匀变色,用漏勺盛到碗里。调至中火,锅中留下 2 汤匙油,多余的倒掉。加入大蒜和姜,煎 30 秒。放入洋葱,炒软,再加入香菜粉、姜黄粉、孜然粉、辣椒粉、羊肉和番茄。盖上锅盖,煮 10 分钟至混合物变稠。

2 锅离火,搅入香菜叶,根据个人口味加入盐和黑胡椒调味。冷却后再尝一下,如果味道不够就再进行调味。

3 把面团分成两半。把其中一半揉成直径为 5 厘米的圆柱形,切成 6 份,盖住。用同样的方法将剩下的面团也切成 6 份。将一块面团揉成圆球,擀成直径为 10 厘米的圆饼。舀一些羊肉放在中心处,留出 2.5 厘米的边界。提起面皮包住馅料,包成三角形,捏紧边缘。把羊肉派放到烤盘上,用同样的方法处理完所有面团。

4 用茶巾盖住,在温暖的地方放置 20 分钟。将烤箱预热至 230 摄氏度,烘烤 10 ~ 15 分钟至表皮焦黄。搭配希腊酸奶(可选),趁热上桌。

香料鹰嘴豆皮塔

最好在制作当天食用，烤得微焦时味道最好。

成品分量： 8 个
准备时间： 25 分钟
发酵时间： 1 小时
烘烤时间： 15 分钟
储存： 可以在密封容器里存放一夜

原料

1 茶匙干酵母
1½ 茶匙孜然籽，外加少许撒在成品上
1½ 茶匙香菜粉
450 克高筋白面粉，外加适量撒粉用
1 茶匙盐
一小把香菜，大致切碎
200 克鹰嘴豆，沥干、碾碎
150 克原味酸奶
1 汤匙特级初榨橄榄油，外加适量涂油用

1 把酵母放进 300 毫升温水里化开，中间搅拌一次。把孜然籽和香菜碎放到锅里，不加油煎 1 分钟。把面粉和盐放入碗里，加入香料、香菜粉、鹰嘴豆，混合均匀，在中间挖一个坑。把酸奶、油、酵母水倒入坑里，搅成软面团，静置 10 分钟。

2 把面团放到撒过面粉的操作台上揉 5 分钟，揉成球形。放入涂过油的碗里，用涂过油的保鲜膜盖住，放在温暖的地方发酵 1 小时至体积翻倍。

3 取 2 个烤盘，涂油撒粉。将烤箱预热至 220 摄氏度。把面团放到撒面粉的操作台上，切成 8 块。

4 用擀面杖将面团分别擀成厚度约为 5 毫米的椭圆形，放到烤盘上。在面团上刷一层油，铺上孜然籽，烘烤 15 分钟至金黄膨胀。

皮塔脆片

自制皮塔脆片是薯片的健康替代品，可以当作头盘或开胃小吃。

成品分量： 8 人份
准备时间： 10 分钟
烘烤时间： 7 ～ 8 分钟
储存： 可以在密封容器里存放 2 天

原料

6 个皮塔面包，购买成品或参照第 480 ～ 481 页步骤制作
特级初榨橄榄油，刷面用
海盐，撒粉用
辣椒粉，撒粉用

1 将烤箱预热至 230 摄氏度。把皮塔面包从中间横切成两层。在每块面包的两面都刷上橄榄油，撒一点盐和辣椒粉。

2 将面包摞起来，每 6 个一摞，然后切成大的三角形。切好后平铺在烤盘上，相互之间不要重叠。

3 放入烤箱上层，烘烤 5 分钟至底部开始变棕。翻面，再烤 2 ～ 3 分钟，烤至两面焦黄酥脆。放在厨房纸上晾凉。

烘焙小贴士

这些健康的小零食可以搭配自制蘸料、莎莎酱，甚至辣味肉豆一起享用。它们是薯片的平价替代品，同时也比薯片更加健康。想要让它们更有营养，可以使用全麦皮塔面包来制作。

印度馕饼

传统的印度馕饼是用石炉烤制的，但这个配方里使用的是普通烤箱。

1 把印度酥油或黄油放入小锅中，加热至融化，放置备用。

2 把面粉、酵母、糖、盐、黑种草籽放入一个大碗中，混合均匀。

3 在中间挖一个坑，加入200毫升温水、酸奶、融化的酥油。

4 用木勺一点点地将面粉与湿性原料混合均匀。

5 继续搅拌5分钟，把混合物搅成粗糙的面团。

6 盖住面团，放在温暖的地方约1小时，直到体积翻倍。

7 在烤箱里放2个烤盘。按压面团排气。

8 在撒过面粉的操作台上将面团揉光滑，分成4等份。

9 揉成4个约24厘米长的椭圆形。

成品分量: 6 个	原料	1 茶匙盐
准备时间: 20 分钟	500 克高筋白面粉, 外加适量撒	2 茶匙黑种草籽
发酵时间: 1 小时	粉用	100 毫升全脂原味酸奶
烘烤时间: 8 分钟	2 茶匙干酵母	50 克印度酥油或黄油, 融化
储存: 可以冷冻保存 12 周	1 茶匙细砂糖	

10 把面团放到预热好的烤盘上, 烤 6 ～ 7 分钟 至充分膨胀。

11 把烤盘预热到最高温度, 把面包放到烤盘上。

12 每面烤 30 ～ 40 秒, 烤至表皮焦黄开裂。

13 注意不要让面包太靠近火源, 以防烤焦。放 到网架上, 趁热食用。

印度馕饼变种

菲达奶酪、辣椒、香料馕饼

把芝士和香草放在朴素的馕饼中，就做成了这款混合地中海风味与次大陆风味的馕饼。它可以作为一道独特的野餐佳肴。

成品分量： 6 个
准备时间： 15 分钟
发酵时间： 1 小时
烘烤时间： 6～7 分钟
储存： 可以用保鲜膜包好存放一夜，食用前，把一张油纸浸湿，挤出多余水分，包住馕饼，放入烤箱烤 10 分钟，趁热食用

原料

500 克高筋白面粉，外加适量撒粉用
2 茶匙干酵母
1 茶匙细砂糖
1 茶匙盐
2 茶匙黑种草籽
100 毫升全脂原味酸奶
50 克印度酥油或黄油，融化
150 克菲达奶酪，压碎
1 汤匙辣椒末
3 汤匙薄荷碎
3 汤匙香菜碎

1 把面粉、酵母、糖、盐、黑种草籽放入一个大碗中，混合均匀。在中间挖一个坑，加入 200 毫升温水、酸奶、酥油，用木勺一点点地将面粉与湿性原料混合到一起。搅拌 5 分钟，搅成顺滑的面团。盖住，放在温暖的地方约 1 小时，直到体积翻倍。

2 把菲达奶酪、辣椒、香草混合均匀，制成馅料。将烤箱预热至 240 摄氏度，在烤箱里放 2 个烤盘。

3 把面团分成 6 份，分别揉成直径约为 10 厘米的圆形面皮。把馅料分成 6 份，分放在面皮中心。拉起面皮包住馅料，捏紧边缘。将面团翻面，擀成椭圆形，注意不要擀破。

4 放到预热好的烤盘上，烤 6～7 分钟至充分膨胀。转移到网架上，趁热食用。

还可以尝试：蒜香香菜馕饼

在第 2 步时加入 2 瓣碾碎的大蒜和 4 汤匙香菜末。

白什瓦里馕

孩子们都喜欢这款充满坚果香气的甜味馕饼。它既可以当作甜点，也可以当作咸味咖喱饭的配菜，最好在刚出锅时趁热食用。可以用切碎的苹果来代替里面的葡萄干，再额外加一点肉桂粉。

成品分量： 6 个
准备时间： 15 分钟
发酵时间： 1 小时
烘烤时间： 6～7 分钟
储存： 可以用保鲜膜包好存放一夜，也可以冷冻保存 8 周；食用前，把一张油纸浸湿，挤出多余的水分，包住馕饼，放入烤箱烤 10 分钟，趁热食用

特殊器具

带刀片的食物料理机

基本原料

500 克高筋白面粉，外加适量撒粉用
2 茶匙干酵母
1 茶匙细砂糖
1 茶匙盐
2 茶匙黑种草籽
100 毫升全脂原味酸奶
50 克印度酥油或黄油，融化

馅料原料

2 汤匙葡萄干
2 汤匙无盐开心果
2 汤匙杏仁
2 汤匙椰蓉
1 汤匙细砂糖

1 把面粉、酵母、糖、盐、黑种草籽放入一个大碗中，混合均匀。在中间挖一个坑，加入 200 毫升温水、酸奶、酥油。用木勺一点点地将面粉与湿性原料混合到一起。搅拌 5 分钟，搅成顺滑的面团。盖住，在温暖的地方放置约 1 小时，直到体积翻倍。

2 把所有馅料原料放进食物料理机中打碎。将烤箱预热至 240 摄氏度，在烤箱里放 2 个烤盘。

3 把面团分成 6 份，分别揉成直径约为 10 厘米的圆形面皮。把馅料分成 6 份，分放在面皮中心。拉起面皮包住馅料，捏紧边缘。

4 将面团翻面，擀成椭圆形，注意不要擀破。放到预热好的烤盘上，烤 6～7 分钟至充分膨胀。转移到网架上，趁热食用。

烘焙小贴士

在学会如何填充馅料和擀平面团之后，你就可以尝试在里面放入任何馅料。这款馕饼里放的是坚果、干果和椰蓉。你还可以尝试制作羊肉馅的馕饼，搭配薄荷酸奶蘸料食用。

印度夹馅抛饼

这款馅饼做起来简单快捷。可以把配方中的各种分量加倍，做好后将一半馅饼放入冰箱冷冻保存，每张馅饼之间用蜡纸隔开。

成品分量： 4 个

准备时间： 20 分钟

静置时间： 1 小时

煎制时间： 15～20 分钟

储存： 可以用保鲜膜包好存放一夜或冷冻保存 8 周；食用前，把一张油纸浸湿，挤出多余的水分，包住馕饼，放入烤箱烤 10 分钟，趁热食用

面团原料

300 克杜兰小麦粉

½ 茶匙细盐

50 克无盐黄油，融化后冷却

馅料原料

250 克红薯，去皮，切小块

1 汤匙葵花子油，外加适量刷面团

½ 个红洋葱，切末

2 瓣大蒜，碾碎

1 汤匙红辣椒碎，根据个人口味调整用量

1 汤匙生姜末

2 汤匙冒尖的香菜碎

½ 茶匙玛莎拉（一种印度香料）

海盐

1 制作面团。把面粉和盐一起过筛，放入碗中。加入黄油和 150 毫升水，搅成软面团。将面团揉 5 分钟，然后盖住，静置松弛 1 小时。

2 制作馅料。将红薯煮软或蒸软，时间约需 7 分钟，沥干水分。把油倒入平底锅里，用中火加热，放入洋葱煎 3～5 分钟至变软，注意不要让洋葱颜色变深。加入大蒜，煎 1～2 分钟。

3 把做好的洋葱混合物倒在红薯上，一起捣成泥。由于红薯中含有较多水分，而且炒洋葱里含有油脂，所以不需要额外加水。加入香菜和玛莎拉，再加入盐调味，搅拌均匀，放凉备用。

4 把松弛好的面团分成 4 份，分别揉成直径约为 10 厘米的圆形面皮。把馅料分成 4 份，分放在面皮中心，拉起面皮包住馅料。

5 捏紧边缘，将面团翻面，擀成直径约为 18 厘米的圆形，注意不要太用力。如果不小心把馅料挤出来，可以将漏出的馅料擦去，把破的面皮捏住封好。

6 取一个大的铸铁平底锅或烤架，用中火加热。放上馅饼，每面煎 2 分钟，隔一会儿翻一次面，以确保馅饼均匀受热。煎熟之后在表面刷一点油，翻面，再煎一轮。出锅后立即上桌。可以用来搭配咖喱，也可以与绿色沙拉一起作为午餐。

烘焙小贴士

    传统的印度抛饼是用杜兰小麦粉制作的，但如果买不到，也可以用全麦面粉代替。可以尝试在里面放入吃剩的蔬菜咖喱等各种馅料。只需要记得把所有原料都切小，能包入饼皮即可。

墨西哥薄饼

这款传统的墨西哥薄饼制作简单，比商店里的成品更加美味。

1 把面粉、盐、泡打粉放入一个大碗里，加入猪油。

2 用手把猪油与面粉混合，搓成屑状。

3 加入150毫升温水，把混合物搅成粗糙的软面团。

4 放在撒过面粉的操作台上揉几分钟，揉成光滑的面团。

5 将面团放到涂过油的碗里，用保鲜膜盖住，放在温暖的地方松弛1小时。

6 把面团放在撒过面粉的操作台上，分成8等份。

7 取出其中一块，其余的用保鲜膜盖好，防止变干。

8 把每块面团擀成一个直径为20～25厘米的圆形。

9 把擀好的薄饼摞起来，每个之间用烘焙纸隔开。

成品分量： 8 个	**原料**
准备时间： 10 分钟	300 克白面粉，外加适量撒粉用
静置时间： 1 小时	略少于 1 茶匙盐
煎制时间： 15～20 分钟	½ 茶匙泡打粉
储存： 冷却后可以用保鲜膜包好	50 克猪油或白色植物脂肪，冷藏，
保存一夜或冷冻保存 8 周	切小块，外加适量涂油用

10 取一个平底锅，用中火加热。放上一张薄 饼，不放油煎 1 分钟。

11 翻面，煎至两面熟透，且有些地方变棕。

12 转移到网架上。照这样做好所有薄饼，趁热 或放凉后食用皆可。

13 如需重新加热，取一张油纸，浸湿后挤出多 余的水分，包住薄饼，放入烤箱烤 10 分钟。

墨西哥薄饼变种

鲜虾鳄梨酱墨西哥薄饼

这是一道极易制作的墨西哥风味小食。

成品分量： 50 个
准备时间： 15 分钟
提前准备： 炸好的圆形薄饼可以在密封容器中保存 2 天
炸制时间： 10 ～ 15 分钟

特殊器具

直径为 3 厘米的饼干切模
裱花袋和圆形裱花嘴

原料

5 张墨西哥薄饼，购买成品或根据第 490 ～ 491 页方法制作
1 升向日葵籽油，炸制用
2 个熟牛油果
1 个酸橙的果汁
塔巴斯科辣椒酱
4 汤匙香菜末
4 根小葱，择洗、切末
海盐和现碾黑胡椒
25 只熟的大明虾，去掉外壳和虾线，水平分成两半；或者 50 只普通明虾

1 用饼干切模从墨西哥薄饼上切取 100 个小圆饼。把油倒入锅里加热，把薄饼分批放入锅里炸至金黄，每次放一把。不要把锅塞得太满，否则无法炸脆。用漏勺捞出薄饼，放到厨房纸上吸掉余油，放凉。

2 在碗里放入牛油果，捣成泥，加入一半酸橙汁、少许辣椒酱、3 汤匙香菜碎、洋葱碎、适量盐和黑胡椒，搅拌均匀，做成鳄梨酱。

3 上桌前 30 分钟时，用剩余的酸橙汁和香菜碎腌一下明虾。

4 在每个薄饼上挤一点鳄梨酱，盖上一层薄饼，再挤一点鳄梨酱，在最上面放一个明虾。如果明虾太大，就从中间拧一下，让它立在鳄梨酱里。

儿童版热玉米饼三明治

这是一道深受孩子们喜爱的快捷版午餐三明治。

成品分量: 2 人份
准备时间: 10 分钟
煎制时间: 8 分钟

原料

4 张墨西哥薄饼,购买成品或根据第 490 ～ 491 页方法制作
4 薄片火腿
番茄酱、不辣的芥末酱或辣酱(可选)
50 克芝士碎,如切达芝士
胡萝卜,去皮,切碎,搭配食用(可选)
黄瓜,切碎,搭配食用(可选)

1 在操作台上放 2 张薄饼。在每张薄饼上放 2 片火腿,让火腿完全盖住薄饼,必要时可以将火腿撕小。

2 根据孩子的口味,在火腿上涂一点番茄酱、芥末酱或辣酱。均匀地撒上芝士,盖上第二片薄饼,做成三明治。

3 取一个大的铸铁平底锅或烤架(大到可以放下薄饼),用中火加热。逐个放入三明治,每面煎 1 分钟,直到两面都熟透且有些地方变棕。

4 把每个三明治像比萨一样切成 8 块,立刻上桌。搭配切碎的胡萝卜和黄瓜,就是一顿简单的午餐。

芝士烤饼

你可以在芝士烤饼里放入任何馅料,可以先尝试一下鸡肉、火腿、格鲁耶尔奶酪或蘑菇。

成品分量: 每种 1 个
准备时间: 5 ～ 10 分钟
煎制时间: 30 ～ 35 分钟

香料牛肉番茄馅原料

1 汤匙特级初榨橄榄油
150 克牛肉糜
一小撮辣椒粉
海盐和现碾黑胡椒
一把新鲜的扁叶欧芹,切末
2 个番茄,切小块
50 克切达芝士,擦丝

牛油果小葱馅原料

4 根小葱,切末
1 ～ 2 个新鲜红辣椒,去籽,切碎
½ 个酸橙的果汁
½ 个牛油果,去皮去核,切片
50 克切达芝士,擦丝

墨西哥薄饼原料

2 汤匙蔬菜油
4 个墨西哥薄饼,制作方法见第 490 ～ 491 页

1 制作牛肉馅。把油倒入锅里烧热,加入牛肉和辣椒,用中火加热 5 分钟至牛肉完全变色。调成小火,加入少许热水。用盐和黑胡椒调味,加热 10 分钟把牛肉煮熟,搅入欧芹。

2 制作牛油果馅。把葱、辣椒、酸橙汁放入碗里,加入调味料,搅拌均匀,静置 2 分钟。

3 取一个不粘平底锅,加热 1 汤匙蔬菜油。放入一张墨西哥薄饼,煎 1 分钟至颜色开始变黄。把牛肉馅舀到饼上,放上番茄和芝士,再盖上另一张薄饼,用煎鱼铲按压紧实。把烤饼小心地翻面,再煎 1 分钟至两面金黄。切成 2 份或 4 份即可上桌。

4 把剩下的油倒入平底锅,加热后放入一张墨西哥薄饼,煎 1 分钟至底部金黄。涂上牛油果,留出一点边界。把小葱混合物放在牛油果上,撒上芝士。用第 3 步里的方法完成制作。

快捷面包和面糊
QUICK BREADS AND BATTERS

苏打面包

这种面包的口感很像松软的蛋糕。它的另外一个优点就是不用揉面，是一款彻彻底底的懒人面包。

1 将烤箱预热至200摄氏度。在烤盘里涂一层黄油。

2 把面粉、小苏打、盐过筛后放入大碗里，将筛子里的麸皮也倒进去。

3 混合均匀，在中间挖一个坑。

4 慢慢地把酪乳倒进坑里。

5 用手快速地把面粉与酪乳混合，搅成有点黏的软面团。

6 不要过度搅拌，如果太干就再加一点酪乳。

7 把面团放到撒过面粉的操作台上，快速团成圆形。

8 把面包放到烤盘上，拍成5厘米高的圆形。

9 用锋利的刀子在顶部划一个1厘米深的十字。

成品分量： 1 个	**原料**	1½ 茶匙小苏打
准备时间： 10～15 分钟	无盐黄油，涂油用	1½ 茶匙盐
烘烤时间： 35～40 分钟	500 克石磨高筋全麦面包粉，外	500 毫升酪乳，外加适量备用
储存： 用纸包住可以存放 2～3 天	加适量撒粉用	

10 放入预热好的烤箱中，烤 35～40 分钟至
变成棕色。

11 把面包翻过来，轻敲底部能发出中空的声音
就说明烤好了。

12 把面包放到网架上稍稍晾凉。

13 切片或切块，趁热上桌。吃不完的苏打面包
做成烤面包片也很不错。

更多苏打面包

平底锅面包

这个配方先将面团切成三角形，然后放入厚底的平底锅里煎熟。里面的白面粉让面包更加松软。

成品分量： 8 块
准备时间： 5～10 分钟
煎制时间： 30～40 分钟

特殊器具
有锅盖的铸铁平底锅

原料
375 克石磨高筋全麦面粉
125 克高筋白面包粉，外加适量撒粉用
1½ 茶匙小苏打
1 茶匙盐
375 毫升酪乳
无盐黄油，融化，涂油用

1 把 2 种面粉、小苏打、盐放入大碗里。在中间挖一个坑，慢慢地把酪乳倒进坑里。用手指快速地把面粉与酪乳混合，搅成有点黏的软面团。

2 把面团放到撒过面粉的操作台上，快速团成圆形。用手拍成 5 厘米高的圆形。用锋利的刀子把面团切成 8 个角。

3 取一个大的铸铁平底锅，用中小火加热。在锅里刷一层融化的黄油，分两批将面团放入锅里，盖上锅盖煎 15～20 分钟，其间经常翻面，直到面包焦黄膨胀，趁热上桌。

薄煎饼

这些香甜的蛋糕外层酥脆，内里湿润。

成品分量： 20 个
准备时间： 5 ～ 10 分钟
煎制时间： 10 分钟

特殊器具
平煎锅或大的铸铁平底锅

原料
250 克石磨高筋全麦面粉
$1\frac{1}{2}$ 茶匙小苏打
$1\frac{1}{2}$ 茶匙盐
90 克燕麦片
3 汤匙绵红糖
600 毫升酪乳
无盐黄油，融化，涂油用

1 把面粉、小苏打、盐放入大碗里，搅入燕麦片和糖。在中间挖一个坑，把酪乳倒进坑里。一点点地把干性原料与酪乳混合，搅成顺滑的糊状。

2 用中小火将煎锅加热，刷上一点融化的黄油。用小勺子将总共 2 汤匙的面糊舀到煎锅里，制作出 5 ～ 6 个小饼。煎 5 分钟至焦黄酥脆，翻面再煎 5 分钟，把另一面也煎至焦黄。

3 转移到盘子里，盖住保温。用同样的方法做完剩余的面糊，需要时可在锅里再刷一点黄油。趁热食用。

美式苏打面包

这些经典的甜味面包制作起来十分快捷，是完美的午后零食。

成品分量： 1 个
准备时间： 10 ～ 15 分钟
烘烤时间： 50 ～ 55 分钟
储存： 最好在制作当天食用，但也可以用纸包好存放 2 天或冷冻储存 8 周，适合用来制作烤面包片

原料
400 克白面粉，外加适量撒粉用
1 茶匙细盐
2 茶匙泡打粉
50 克细砂糖
1 茶匙葛缕子籽（可选）
50 克无盐黄油，冷藏，切小块
100 克葡萄干
150 毫升酪乳
1 个鸡蛋

1 将烤箱预热至 180 摄氏度。把面粉、盐、泡打粉、细砂糖、葛缕子籽（可选）放入大碗里混合均匀。加入黄油，揉搓成细屑。加入葡萄干，混合均匀。

2 把酪乳和鸡蛋一起搅打均匀。在面粉混合物中间挖一个坑，倒入酪乳混合物，一点点地将所有原料混合均匀。最后，用手把混合物按成松散的软面团。

3 把面团放到撒了面粉的操作台上，揉至光滑。把面团团成直径约为 15 厘米的球形，在顶部划一个十字，让面包在烤箱里也能继续膨胀。

4 把面团放在铺有烘焙纸的烤盘上，放入烤箱中层烘烤 50 ～ 55 分钟，直到面包表皮焦黄、充分膨胀。转移到网架上，至少冷却 10 分钟再食用。

快捷南瓜面包

南瓜泥会让面包在几天内都保持湿润。这款面包很适合用来配汤。

成品分量: 1 个

准备时间: 20 分钟

烘烤时间: 50 分钟

储存: 可以用纸包好存放 3 天或冷冻储存 8 周

原料

300 克白面粉,外加适量撒粉用

100 克全麦自发粉

1 茶匙小苏打

½ 茶匙细盐

120 克南瓜,去皮去籽,大致磨成泥

30 克南瓜子

300 毫升酪乳

1 将烤箱预热至 220 摄氏度。把面粉、小苏打、盐放入大碗里混合均匀。

2 加入南瓜泥和南瓜子,搅拌至没有块状物。

3 在中心处挖一个坑,倒入酪乳,搅成软面团。

4 用手把混合物团成球状,放到撒有面粉的操作台上。

5 揉 2 分钟至面团表面光滑。你可能需要加入更多面粉。

6 团成直径为 15 厘米的圆饼,放在铺有烘焙纸的烤盘上。

7 用锋利的刀子在面团顶部划一个十字，让面包在烤箱里也能继续膨胀。

8 放入烤箱中层，烤 30 分钟至充分膨胀。把温度降至 200 摄氏度。

9 再烤 20 分钟，直到轻敲底部有中空的声音。

10 把面包转移到网架上，至少冷却 20 分钟。可以把面包切成三角形或片状，用来搭配浓汤或炖菜食用。

更多蔬菜快捷面包

迷迭香红薯小面包

迷迭香温和的香气让这款小面包显得与众不同。

成品分量： 8 个

准备时间： 20 分钟

烘烤时间： 20～25 分钟

储存： 可以用纸包好存放 3 天或冷冻储存 8 周

原料

300 克白面粉，外加适量撒粉用

100 克全麦自发粉

1 茶匙小苏打

$\frac{1}{2}$ 茶匙细盐

现碾黑胡椒

140 克红薯，去皮，磨成泥

1 茶匙迷迭香末

280 毫升酪乳

1　将烤箱预热至 220 摄氏度。取一个烤盘，铺上烘焙纸。把 2 种面粉、小苏打、盐和黑胡椒放入大碗里混合均匀。将红薯泥剁一遍，斩断里面的长纤维。把红薯泥和迷迭香放进碗里，搅拌均匀。

2　在干性原料中间挖一个坑，慢慢倒入酪乳，搅成松散的面团。用手团起来，放到撒有面粉的操作台上揉 2 分钟，揉成光滑的面团。这时你可能需要再加一点面粉。

3　把面团分成 8 等份，分别揉成紧致的圆球。把顶部按扁，用锋利的刀子划出一个十字，帮助面包在烤箱里继续膨胀。

4　把面团放在铺有烘焙纸的烤盘上，放入烤箱中层烤 20～25 分钟，直到表面焦黄、充分膨胀。把面包转移到网架上，至少冷却 10 分钟。这些面包在温热时特别美味。

小胡瓜榛子面包

榛子让这款快捷面包的口感和味道都更加丰富。

成品分量: 1 个
准备时间: 20 分钟
烘烤时间: 50 分钟
储存: 可以用纸包好存放 3 天或冷冻储存 8 周

原料

300 克白面粉,外加适量撒粉用

100 克全麦自发粉

1 茶匙小苏打

1/2 茶匙细盐

50 克榛子,大致切碎

150 克小胡瓜,大致磨成泥

280 毫升酪乳

1 将烤箱预热至 220 摄氏度。取一个烤盘,铺上烘焙纸。把 2 种面粉、小苏打、盐和榛子放入大碗里混合均匀。放入小胡瓜泥,搅拌均匀。

2 在干性原料中间挖一个坑,慢慢倒入酪乳,搅成松散的面团。用手将面团团成圆球,放到撒有面粉的操作台上揉 2 分钟,揉成光滑的面团。这时你可能需要再加一点面粉。

3 把面团揉成直径约为 15 厘米的圆球。用锋利的刀子在顶部划出一个十字,帮助面包在烤箱里继续膨胀。

4 把面团放在铺有烘焙纸的烤盘上,放入烤箱中层烤 30 分钟。把温度降至 200 摄氏度,再烤 20 分钟至表面焦黄、充分膨胀,把一根扦子插入面包中心,再拿出来时扦子应该是干净的。把面包转移到网架上,至少冷却 20 分钟。

欧防风帕玛森芝士面包

这款面包非常适合在寒冷的冬天用来搭配热汤。

成品分量: 1 个
准备时间: 20 分钟
烘烤时间: 50 分钟
储存: 可以用纸包好存放 3 天或冷冻储存 8 周

原料

300 克白面粉,外加适量撒粉用

100 克全麦自发粉

1 茶匙小苏打

1/2 茶匙细盐

现碾黑胡椒

50 克帕玛森芝士,磨碎

150 克欧防风,大致磨碎

300 毫升酪乳

1 将烤箱预热至 220 摄氏度。取一个烤盘,铺上烘焙纸。把 2 种面粉、小苏打、盐、黑胡椒、芝士放入大碗里混合均匀。大致剁一遍欧防风泥,缩短里面纤维的长度,放到碗里,搅拌均匀。

2 在干性原料中间挖一个坑,慢慢倒入酪乳,搅成松散的面团。用手将面团团成圆球,放到撒有面粉的操作台上揉 2 分钟,揉成光滑的面团。这时你可能需要再加一点面粉。

3 把面团揉成直径约为 15 厘米的圆球。用锋利的刀子在顶部划出一个十字,帮助面包在烤箱里继续膨胀。

4 把面团放在烤盘上,放入烤箱中层烤 30 分钟,烤出硬脆的外壳。把温度降至 200 摄氏度,再烤 20 分钟至表面焦黄、充分膨胀,把一根扦子插入面包中心,再拿出来时扦子应该是干净的。把面包转移到网架上,至少冷却 20 分钟。

玉米面包

玉米面包是传统的美式面包，方便快捷，可以用来搭配浓汤或炖菜。

成品分量： 8 人份

准备时间： 15 ～ 20 分钟

烘烤时间： 20 ～ 25 分钟

特殊器具

直径为 23 厘米的耐烧铸铁平底锅或相近尺寸的活底圆形蛋糕模

原料

60 克无盐黄油或培根油，融化后冷却，外加少许涂油用

2 根新鲜的玉米棒，玉米粒重约 200 克

150 克细玉米面

125 克高筋白面包粉

50 克细砂糖

1 汤匙泡打粉

1 茶匙盐

2 个鸡蛋

250 毫升牛奶

1 将烤箱预热至 220 摄氏度。在锅里涂上黄油或猪油，放入烤箱中。

2 把玉米粒从玉米棒上切下来，用刀背刮出果肉。

3 把玉米粉、面粉、糖、泡打粉、盐过筛后放入碗里，加入玉米粒。

4 另取一个碗，加入鸡蛋、融化的黄油或培根油、牛奶，混合均匀。

5 把 ³/₄ 牛奶混合物倒进面粉混合物里，搅拌均匀。

6 一点点地把干性原料搅进去，加入剩下的牛奶混合物，搅拌顺滑。

7 从烤箱里小心地取出热锅，把面糊倒进去，这时应该能听到"滋滋"的响声。

8 在顶部快速刷一层黄油或培根油，烘烤20～25分钟。

9 烤好后的面包会稍稍回缩，四周脱离锅壁。把扦子插入面包中心处，拿出来后扦子应该还是干净的。

10 把面包放到网架上稍稍晾凉，趁热搭配浓汤、辣味肉豆或炸鸡享用。玉米面包不易保存，但吃不完的玉米面包可以用来做烤鸡或烤鸭的填充物。

玉米面包变种

玉米玛芬佐烤红甜椒

把烤熟的红甜椒切成小块，混合进玉米面糊里，就做成了这款具有美国西部味道的玉米玛芬。小巧的尺寸让它成为野餐、打包午餐和自助餐的极佳选择。

成品分量： 12 个
准备时间： 20 分钟
烘烤时间： 15 ～ 20 分钟
储存： 最好刚出炉时趁热食用，但也可以用纸紧紧包住保存 1 天；食用前最好放入烤箱稍稍加热

特殊器具
12 孔玛芬模具

原料
1 个大的红甜椒
150 克黄色细玉米粉
125 克高筋白面包粉
1 汤匙细砂糖
1 汤匙泡打粉
1 茶匙盐
2 个鸡蛋
60 克无盐黄油或培根油，融化后冷却，外加适量涂油用
250 毫升牛奶

1 将烤架调至最高温度。把红甜椒放到下面，烤至表皮变黑破裂，时常翻面。烤好后放入保鲜袋里，封紧。冷却后取出，撕掉表皮，切掉蒂。把甜椒对半切开，挖出种子，将剩下的部分切成小丁。

2 将烤箱预热至 220 摄氏度。在烤模里多涂一点油，放入烤箱中加热。将玉米粉、面粉、糖、泡打粉、盐过筛后放入一个大碗中，在中间挖一个坑。

3 把鸡蛋、融化的黄油或培根油、牛奶放入另一个碗中，搅打均匀，把其中 3/4 倒入面粉中间的坑里。将所有原料搅拌均匀，再加入剩余的牛奶混合物，搅拌顺滑，搅入甜椒丁。

4 从烤箱中取出玛芬模，把面糊舀到模具里。放入烤箱烘烤 15 ～ 20 分钟，直到边缘开始缩离模具，且用扦子插入玛芬中心，取出后扦子还是干净的。脱模放凉。

美国南部玉米面包

这款快捷的美式玉米面包传统上是烧烤、汤或炖菜的佐餐面食。有一些正宗的南部配方是不加蜂蜜的。

成品分量： 8 人份
准备时间： 10 ～ 15 分钟
烘烤时间： 20 ～ 25 分钟
储存： 最好刚出炉时趁热食用，但也可以用纸紧紧包住保存 1 天；食用前最好放入烤箱稍稍加热

特殊器具
直径为 18 厘米的活底圆形蛋糕模或类似尺寸的耐热铸铁平底锅

原料
250 克细玉米粉，最好用白色玉米粉
2 茶匙泡打粉
1/2 茶匙细盐
2 个大鸡蛋
250 毫升酪乳
50 克无盐黄油或培根油，融化后冷却，外加适量涂油用
1 汤匙蜂蜜（可选）

1 将烤箱预热至 220 摄氏度。给模具涂油，放入烤箱里加热。将玉米粉与泡打粉、盐混合在一个碗里。另取一个碗，放入鸡蛋和酪乳，搅打均匀。

2 在玉米面中间挖一个坑，倒入酪乳混合物，搅拌均匀。搅入蜂蜜（可选）以及融化的黄油或培根油，混合均匀。

3 从烤箱中取出玛芬模或平底锅，倒入面糊。面糊接触模具时应该会发出"滋滋"声，面包酥脆的外壳就是来源于此。

4 放入烤箱中层烘烤 20 ～ 25 分钟，直到充分膨胀且边缘开始变棕。冷却 5 分钟，然后脱模，作为配菜上桌。

还可以尝试：辣椒香菜玉米面包
加入蜂蜜的时候，同时加入 1 个去籽、切碎的红辣椒和 4 汤匙香菜末。

烘焙小贴士

　　这款具有美国南部风格的玉米面包有着浓浓的培根油的味道。在美国南部各州，很多家庭都有专门收集培根油的罐子——所以，也开始你自己的收集吧!

美式蓝莓松饼

先将松饼煎至半熟再加入蓝莓，可以避免果汁流到锅里变焦。

成品分量： 30 个
准备时间： 10 分钟
煎制时间： 15 ~ 20 分钟

原料

30 克无盐黄油，外加适量用来煎松饼
和搭配食用

2 个大鸡蛋

200 克自发粉

1 茶匙泡打粉

40 克细砂糖

250 毫升牛奶

1 茶匙香草精

150 克蓝莓

枫糖浆，搭配食用

1 把黄油放入小锅中加热融化，放到一旁备用。

2 把鸡蛋打到小碗里，用叉子打散。

3 把面粉和泡打粉筛入碗里，筛的时候举高筛
子，让空气注入面粉。

4 加入糖，搅拌均匀，让所有松饼的甜度都
一样。

5 把牛奶、鸡蛋、香草精放入一个大量杯里，
搅打均匀。

6 用勺子在干性原料里挖一个坑。

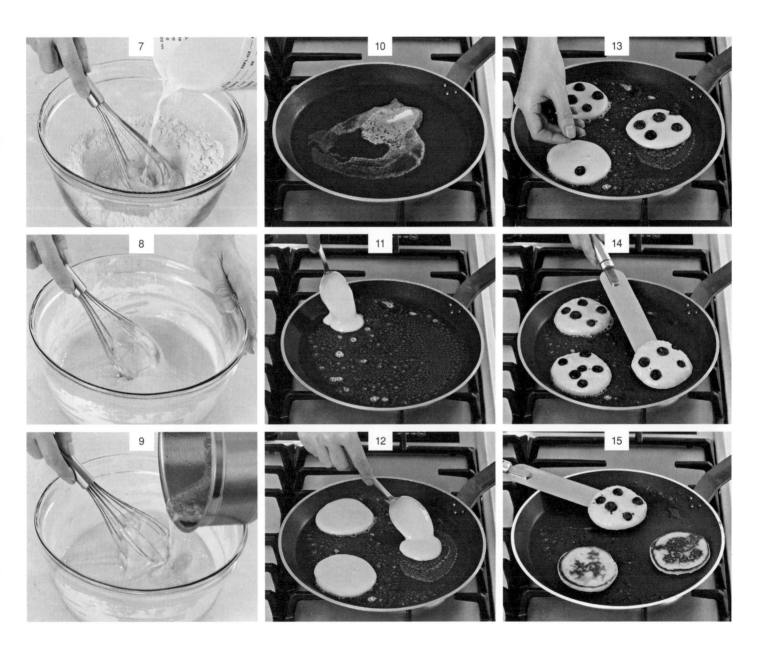

7　少量多次地将鸡蛋混合物倒入坑里。

8　每次加入后都要搅打均匀。

9　最后加入融化的黄油，搅成顺滑的面糊。

10　把一小块黄油放入一个大的不粘平底锅里，用中火加热。

11　黄油融化后，向锅里加入1汤匙面糊，摊成圆形。

12　继续加入更多面糊，之间留出足够面糊摊开的距离。

13　煎至半熟时，在每个松饼上摆几颗蓝莓。

14　当表面开始出现小气泡，气泡破后会留下小坑时，就说明可以翻面了。

15　用抹刀小心地给松饼翻面。

16 继续煎1～2分钟，煎至两面焦黄。

17 把松饼从锅里盛出来，放在厨房纸上吸一下油。

18 把松饼放在盘子里，放到一个温暖的烤箱里保温。

19 用厨房纸把锅擦干净，再放入一块黄油。

20 用同样的方式煎完所有面糊，每煎一批后都要把锅擦干净。锅的温度不要过热。

21 把松饼从烤箱中取出来。几个一摞，搭配黄油和枫糖浆，趁热上桌。

美式蓝莓松饼 ▶

美式松饼变种

下降烤饼

就像它的名字暗示的一样，这个配方需要把面糊滴到平底锅上。

成品分量： 12 个
准备时间： 10 分钟
煎制时间： 15 分钟
储存： 可以冷冻保存 4 周

原料
225 克白面粉
1 茶匙泡打粉
1 个大鸡蛋
2 茶匙金黄糖浆
200 毫升牛奶，外加适量备用
蔬菜油

1 取一个平煎锅或大的平底锅，用中火加热。将茶巾对折，铺在一个烤盘上。

2 把面粉和泡打粉筛入碗中。在中间挖一个坑，倒入鸡蛋、金黄糖浆、牛奶，搅拌成浓奶油质地的顺滑面糊。如果面糊太厚，就再搅入一点牛奶。

3 向煎锅里撒一点面粉，如果锅的温度合适，面粉会慢慢变成棕色；如果面粉快速烧焦，就说明锅的温度太高，需要冷却。当锅到达合适温度后，倒出面粉，用厨房纸蘸取蔬菜油涂在锅里。戴上手套，防止烫伤。

4 将 1 汤匙面糊从勺尖滴到锅里，摊成漂亮的圆饼。每个圆饼之间留出足够发酵和摊开的距离。

5 当表面开始出现小气泡，用抹刀小心地给松饼翻面。用抹刀轻压，确保松饼均匀上色。在做其他松饼时，把已经做好的松饼放在折起的茶巾里，这样可以让松饼保持柔软。

6 每做好一批后，都要仔细地在锅里涂油，并且观察锅的温度。如果做好的松饼颜色太浅，就把温度调高；如果松饼上色太快，就把温度调低。最好趁热食用。

肉桂松饼

简单快捷，任何吃不完的松饼都可以成为这个配方的原料。

成品分量： 8 个
准备时间： 10 分钟
烤制时间： 5 分钟

原料
1 茶匙肉桂粉
4 汤匙细砂糖
8 个美式松饼，制作方法见第 508～510 页
25 克无盐黄油，融化
希腊酸奶，搭配食用（可选）

1 把平底煎锅预热至最高温度。在一个盘子里混合肉桂粉和糖。取一个凉的松饼，在两面都刷上融化的黄油，然后分别按进装有肉桂粉和糖的盘子里，抖掉多余的糖。重复操作，处理完所有松饼。

2 把松饼放到烤盘上，放在烤架下面，烤至糖冒泡融化。静置 1 分钟，待糖凝固后翻面继续烤，做好后立即上桌，搭配希腊酸奶或直接当作零食食用。

烘焙小贴士
这是一款随时可以做的美食。它的配方十分简单，你在做过几次之后就能将它记住。可以把草莓和巧克力酱或香蕉和酸奶放在松饼上，做成早餐或下午茶茶点。

松饼佐蜂蜜、香蕉、酸奶

这是一款由美式松饼做成的豪华早餐。

成品分量： 6 人份
准备时间： 10 分钟
煎制时间： 15 ～ 20 分钟

原料

200 克自发粉
1 茶匙泡打粉
40 克细砂糖
250 毫升全脂牛奶
2 个大鸡蛋，打散
1/2 茶匙香草精
30 克无盐黄油，融化后冷却，外加适量用来煎松饼
2 ～ 3 根香蕉
200 克希腊酸奶
液体蜂蜜，搭配食用

1 把面粉和泡打粉筛入一个大碗中，加入糖。把牛奶、鸡蛋、香草精放入一个大量杯里，搅打均匀。在面粉混合物中间挖一个坑，少量多次地搅入牛奶混合物。最后倒入黄油，搅拌成顺滑的面糊。

2 把一小块黄油放入一个大的不粘平底锅里，加热融化。向锅里倒入 1 汤匙面糊，摊成圆形。隔一段距离，继续加入更多面糊。面糊会摊成直径为 8 ～ 10 厘米的圆饼，所以要给它们留出足够的空间。用中火加热，当表面开始出现会破裂的小气泡时，给松饼翻面。再煎1 ～ 2 分钟至两面焦黄、内里熟透。

3 把香蕉切成 5 厘米长的斜片。把一片热松饼摆在盘子里，涂上 1 汤匙希腊酸奶，在上面摆几片香蕉。再盖上另一片松饼，涂上酸奶和蜂蜜。盖上第三片松饼，在上面放 1 汤匙酸奶，淋上大量液体蜂蜜。

酪乳比司吉

这是一道在美国南部很受欢迎的点心，那里的人们喜欢搭配着香肠肉汁或甜味的酱料，把它当作早餐享用。

成品分量： 8～10 个
准备时间： 10 分钟
烘烤时间： 12～13 分钟
储存： 可以放在密封容器中保存 1 天或冷冻保存 4 周，食用前放入烤箱重新加热

特殊器具
直径为 6 厘米的饼干切模
擦丝器

原料
250 克白面粉
3 茶匙泡打粉
1 汤匙细砂糖
½ 茶匙细盐
60 克凉无盐黄油
60 克凉人造黄油
150 毫升酪乳，外加适量刷面用
融化的黄油，刷面用

1 将烤箱预热至 230 摄氏度。把所有干性原料放入一个大碗里，用手持打蛋器搅拌，注入空气。

2 在凉黄油的外面裹一层面粉混合物，用擦丝器把黄油擦到碗里。其间不断用黄油蘸取面粉混合物，防止黄油黏在擦丝器的孔里。擦完黄油后，将人造黄油也擦碎。

3 把碎黄油和人造黄油与干性原料拌匀，确保所有原料均匀分布，然后用指尖快速把它们搓成粗屑。

4 在碗中间挖一个坑，倒入酪乳，搅成软面团，如果太干就再加一点酪乳，调至刚刚能够成形的稠度。

5 把面团放在撒有面粉的操作台上，用指尖或擀面杖，将面团拍成或擀成 3 厘米厚度，用饼干切模切出尽量多的小圆饼。把切剩的部分重新团好擀平（见烘焙小贴士），切出更多圆饼，直到用完所有面团。

6 把切好的比司吉放到不粘烤盘上，可以在顶部刷一点融化的黄油。放入烤箱上层烤12～13 分钟，烤至比司吉充分膨胀、顶部呈浅黄色。从烤箱中取出来，放到网架上冷却5 分钟，趁热食用。

烘焙小贴士

过度揉捏会导致酪乳比司吉变硬。因此，把原料混合成面团后要立即停止搅拌。第一次擀平后要切出尽可能多的圆饼，因为擀平的次数越多，比司吉的口感就越硬。

松脆饼

烤过之后，放上甜或咸的配菜做成小食，在早餐或下午茶时享用。

成品分量： 8 个
准备时间： 10 分钟
煎制时间： 20 ~ 26 分钟
储存： 可以冷冻保存 4 周

特殊器具
4 个松脆饼模或直径为 10 厘米的金属饼干切模

原料
125 克白面粉
125 克高筋白面包粉
½ 茶匙干酵母
175 毫升微温的水
½ 茶匙盐
½ 茶匙小苏打
蔬菜油，涂油用

1 把 2 种面粉与酵母混合，搅入牛奶和 175 毫升温水。静置 2 小时，直到混合物开始冒泡、膨胀后又开始回落。取 2 汤匙温水，撒入盐和小苏打，混合后倒进面糊里，搅拌均匀，静置 5 分钟。

2 在松脆饼模或饼干切模内侧涂上油层。取一个厚底的大平底锅，倒一点油，把模具放到锅里。

3 把面糊装进大量杯里。用中火将锅烧热，在每个模具里倒入 1 ~ 2 厘米深的面糊。煎 8 ~ 10 分钟，直到面糊完全凝固，且顶部出现小孔。如果顶部没有出现气泡，就说明面糊太干，需要在剩余的面糊中搅入一点水。

4 提起模具，将松脆饼翻个面，再煎 2 ~ 3 分钟至两面金黄。用同样的方法做完剩余的面糊。趁热食用，第二次食用前也要用烤箱重新加热。

烘焙小贴士

面糊会在加热的过程中发酵产生气泡，气泡破裂后会在松脆饼的顶部产生很多小孔洞。有了这些孔洞，松脆饼就能留住更多的黄油和果酱，这也是它的独特卖点。自制松脆饼的孔洞往往较少，但这并不影响它的味道和吸收能力。

香橙火焰可丽饼

上桌前将可丽饼点燃，可以创造出满分的戏剧效果。

1 在碗里将面粉与糖、盐混合，在中间挖一个坑，加入鸡蛋和一半牛奶。

2 慢慢将各种原料混合，搅成面糊。加入剩余的黄油，搅打均匀。

3 搅入牛奶，把面糊调成类似单倍奶油的稠度。盖住，静置30分钟。

4 制作香橙黄油。用电动打蛋器将黄油和糖粉搅打成糊状。

5 用锋利的刀子切下3个橙子的白色内皮。

6 用小刀在每瓣橙子中间划一刀，把橙子分开，放置备用。

7 把橙子皮屑、2汤匙橙汁、柑曼怡酒加进黄油中，搅打均匀。

8 烧一锅水，水开后调成小火，放入橙皮丝，煮2分钟，捞出沥干。

9 在小平底锅里放一点融化的黄油，用中火加热。

成品分量：6 人份
准备时间：40～50 分钟
静置时间：30 分钟
提前准备：可以提前 3 天做好饼皮，用烘焙纸间隔开、包住，冷藏保存
煎制时间：45～60 分钟

可丽饼原料
175 克白面粉，过筛
1 汤匙细砂糖
½ 茶匙盐
4 个鸡蛋
375 毫升牛奶，外加适量备用
90 克无盐黄油，融化后冷却，外

加适量备用

香橙黄油原料
175 克无盐黄油，常温放置
30 克糖粉
3 个大橙子，将 2 个橙子的皮磨碎，1 个橙子的皮用刮皮器削下来

后切成细丝
1 汤匙柑曼怡酒

火焰原料
75 毫升白兰地
75 毫升柑曼怡酒

10 在锅里放 2～3 汤匙面糊，转动锅，让面糊盖住锅底。

11 煎 1 分钟，轻轻用抹刀翻面，再煎 30～60 秒。

12 用同样的方法做出 12 张可丽饼，如果面糊开始粘锅，就再刷一点黄油。

13 把香橙黄油涂在每张可丽饼的一面上。用中火加热小锅。

14 逐个将可丽饼放进锅里，涂有黄油的一面向下。煎 1 分钟，然后对折 2 次。

15 把折好的可丽饼全部铺在热平底锅里。把酒加热，倒在可丽饼上。

16 后退一点，用火柴从侧面点火，等待火焰自然熄灭。

17 把可丽饼分装在加热过的盘子里，舀出锅里的酱汁，浇在可丽饼上。

18 摆上切好的橙子瓣和细条橙皮做装饰。

更多可丽饼

烤箱版菠菜、意大利培根乳清芝士松饼

可以提前做好保存在冰箱里，需要的时候拿出来作为正餐食用。

成品分量： 4 人份

准备时间： 30 分钟

提前准备： 没烤过的松饼可以冷冻保存 12 周；或者在完成第 6 步后将松饼盖好，冷藏保存 2 天，取出后继续涂抹酱料、烘烤即可

煎烤时间： 35 分钟

特殊器具

25 厘米 ×32 厘米的耐热浅盘

面糊原料

175 克白面粉

½ 茶匙细盐

250 毫升全脂牛奶，外加适量备用

4 个鸡蛋

50 克无盐黄油，融化后冷却，外加适量用来煎饼和涂油

馅料原料

50 克松子

2 茶匙特级初榨橄榄油

1 个红洋葱，切碎

100 克意大利培根丁

2 瓣大蒜，碾碎

300 克嫩菠菜，洗净沥干

250 克乳清奶酪

3 ~ 4 汤匙双倍奶油

海盐和现碾黑胡椒

芝士酱原料

350 毫升双倍奶油

60 克帕玛森芝士，擦碎

1　制作松饼。把面粉和盐在碗里混合。把牛奶和鸡蛋放入另一个碗里，搅打均匀。在面粉中央挖一个坑，少量多次地搅入牛奶混合物，把所有原料搅拌均匀。加入黄油，搅打顺滑。这时混合物的稠度应与稀奶油类似，如果太干就再加一点牛奶。把面糊装入一个大量杯里，用保鲜膜盖住，静置 30 分钟。

2　制作馅料。把松子放入大的平底锅里，不加油，用中火煎制，经常搅动，部分松子变成棕色后即可盛出，放在一旁备用。

3　在锅里加入橄榄油和洋葱，用小火翻炒 3 分钟至洋葱变软。加入意大利培根，用中火煎 5 分钟至焦黄酥脆。加入大蒜，再翻炒 1 分钟。分次加入嫩菠菜，每次加一把。菠菜炒软之后把锅离火。

4　把菠菜混合物放在筛子里，用勺背按压，挤出多余的水分。倒进碗里，加入松子，搅入乳清奶酪和奶油。用盐和黑胡椒调味，放置备用。

5　把一块黄油放入一个大的不粘平底锅里加热，当锅开始发出"滋滋"声时，用厨房纸擦掉多余的黄油。把一大勺面糊倒进锅里，转动锅，让面糊覆盖整个锅底。底部煎至焦黄时翻面，每面煎 2 分钟。重复操作，直到用完所有面糊，如果开始粘锅就再加一块黄油。应该能做出 10 张松饼。

6　将烤箱预热至 200 摄氏度。把一张松饼摊平，在中间放 2 汤匙馅料。用勺背将馅料摊成一厚条，卷起松饼包住馅料。在盘子里涂油，把松饼一个挨一个地摆在盘子里。

7　制作酱料。把双倍奶油加热至几乎沸腾。留出少许帕玛森芝士，将其余的加入锅里，搅拌至芝士融化。用大火煮沸，然后调成小火煮几分钟，直到酱料稍变稠。加入调味料，倒在松饼上，撒上预留的芝士。

8　放入烤箱上层烤 20 分钟，直到松饼焦黄，有的地方出现气泡。从烤箱中取出，立即上桌。

法式荞麦饼

法国布里塔尼地区以味道浓郁的乡村风味美食而闻名，这款荞麦饼就是当地非常流行的一种咸煎饼。

成品分量： 4 人份
准备时间： 25 分钟
静置时间： 2 小时
提前准备： 可以提前几小时做好面糊，如果面糊变稠，可以在使用前搅入一点水；没加馅的饼可以冷冻保存 12 周
煎烤时间： 25 ～ 30 分钟

荞麦饼原料
75 克荞麦粉
75 克白面粉
2 个鸡蛋，打散
250 毫升牛奶
葵花子油，涂油用

馅料原料
2 汤匙葵花子油
2 个红洋葱，切薄片
200 克熏火腿，切碎
1 茶匙百里香叶片
115 克布里干酪，切成小块
100 毫升法式酸奶油

1 面粉过筛后放入一个大碗中，在中间挖一个坑，加入鸡蛋。用木勺将蛋液与面粉混合，然后加入牛奶和 100 毫升水，搅成顺滑的面糊。盖住，静置 2 小时。

2 把制作馅料的油倒入一个小平底锅里，油热后加入洋葱，用小火煎软，加入火腿和百里香。离火，放在一旁备用。

3 将烤箱预热至 150 摄氏度。加热一个大平底锅，锅内涂一点油。将 2 汤匙面糊舀进锅里，转动锅，让面糊盖住锅底。煎 1 分钟至松饼底部略微变棕，翻面，再煎 1 分钟至底部变棕。再做出 7 张荞麦饼，必要时再涂一点油。

4 把布里干酪和法式酸奶油搅入馅料中，把馅料分成 8 份，放在荞麦饼上。把饼卷起或折起，放在烤盘中。上桌前放入烤箱加热 10 分钟。

瑞典煎饼蛋糕

记得要选用最薄的可丽饼来制作这道华丽的甜点。

成品分量： 6 ～ 8 人份
准备时间： 15 分钟

原料
6 个煎饼，用 ½ 份优质的可丽饼面糊制作，见第 518 ～ 519 页步骤 1 ～ 3、步骤 10 ～ 12
200 毫升双倍奶油
250 毫升法式酸奶油
3 汤匙细砂糖
¼ 茶匙香草精
250 克覆盆子
糖粉，搭配食用

1 将双倍奶油打发至干性发泡。把奶油、法式酸奶油、细砂糖、香草精混合，搅打均匀。留出 4 汤匙，用于装饰蛋糕顶部。

2 留出一把覆盆子，其余的用叉子稍稍碾碎，放入奶油混合物里。翻拌几下，让果汁在奶油里留下波纹状的印记。

3 把一张煎饼放到盘子里，涂上 ⅕ 奶油，盖上第二张饼。继续向上摞，直到用完所有煎饼和奶油。

4 把留出的奶油铺在顶部作为装饰，再铺上预留的覆盆子，撒上糖粉即可上桌。

烘焙小贴士
这种煎饼非常百搭。你可以用碎草莓或蓝莓代替覆盆子，做出的蛋糕也将同样美味。瑞典人通常会用越橘酱（类似甜的蔓越莓酱）代替水果放到蛋糕里。你可以在斯堪的纳维亚风味食品店里找到这种果酱。

斯塔福德郡燕麦饼

你可以把这款燕麦饼做成任何你想要的样子：加入咸的或甜的馅料，折成两半或切成四块，做成卷饼或堆叠在一起加热等。

成品分量： 10 个
准备时间： 10 分钟
静置时间： 1～2 小时
煎烤时间： 15 分钟

基本原料
200 克细燕麦粉
100 克全麦面粉
100 克白面粉
1/2 茶匙细盐
2 茶匙干酵母
300 毫升牛奶
无盐黄油，煎饼用

馅料原料
250 克芝士，如切达芝士或红莱斯特芝士，磨碎
20 片肥瘦相间的培根

1 细燕麦粉、全麦面粉、白面粉、盐一起过筛后放入碗里，在中间挖一个坑。把干酵母放入 400 毫升温水里，搅拌至完全溶解。向水里加入牛奶，然后一起倒入干性原料里，搅拌混合。

2 将混合物搅打成完全顺滑的面糊。盖住，静置 1～2 小时，直到面糊表面开始出现小气泡。

3 在一个大的不粘平底锅里放一小块黄油，加热。当锅开始发出"滋滋"声时，迅速用厨房纸擦掉多余的黄油。

4 把一大勺面糊倒进锅里，转动锅，摊开面糊，尽快让面糊覆盖整个锅底。

5 每面煎 2 分钟，当边缘熟透、底部变成焦黄色时就可以翻面了。重复操作，直到用完所有面糊。制作其他燕麦饼时，要把已经做好的燕麦饼放到温暖的地方保温。

6 同时，将烤架预热至最高温度，开始烤培根。在燕麦饼的表面撒一把芝士碎。

7 把燕麦饼烤 1～2 分钟至芝士完全融化。在烤化的芝士上摆 2 条培根，把燕麦饼卷起来即可食用。

烘焙小贴士

　　你可以偶尔用这些美味的传统咸煎饼来当早餐。如果想要节省做早饭的时间，还可以在前一天晚上准备好面糊，盖好冷藏保存一夜。

俄式薄煎饼

这种荞麦面做的煎饼起源于俄罗斯。你可以把它当作餐前小食，也可以把它做得大一点，搭配熏鱼或法式酸奶油，作为午餐享用。

成品分量： 48 个

准备时间： 20 分钟

静置时间： 2 小时

煎烤时间： 15 分钟

提前准备： 可以提前 3 天准备好，放入密封容器里冷藏保存，也可以冷冻保存 8 周，按第 6 步的方法重新加热

原料

$\frac{1}{2}$ 茶匙干酵母

200 毫升温牛奶

100 克酸奶油

100 克荞麦粉

100 克高筋白面包粉

$\frac{1}{2}$ 茶匙细盐

2 个鸡蛋，蛋黄和蛋白分离

50 克无盐黄油，融化后冷却，外加适量煎饼用

酸奶油、熏三文鱼、韭菜、现碾黑胡椒，搭配食用（可选）

1 把酵母放进温牛奶里，搅拌至溶解。搅入酸奶油，放置备用。

2 在一个大碗里，把 2 种面粉与盐混合。在中间挖一个坑，分次搅入牛奶和酸奶油混合物。加入蛋黄，搅打均匀。最后加入黄油，搅成顺滑的面糊。

3 用保鲜膜盖住碗，在温暖的地方静置至少 2 小时，直到面糊表面布满气泡。

4 在一个干净的碗里，将蛋白打发至湿性发泡。把蛋白加进面糊中，用金属勺子或刮刀翻拌均匀，把面糊装到大量杯里。

5 把一小块黄油放进一个大的不粘平底锅里，加热融化。向锅里倒入 1 汤匙面糊，做成直径约为 6 厘米的薄煎饼。用中火煎 1～2 分钟至表面出现气泡。当气泡开始破裂的时候，将煎饼翻面，再煎 1 分钟。把做好的薄煎饼放到加热过的盘子里，用干净的茶巾盖住，继续做出更多的煎饼，直到用完所有面糊。如果锅里的油用完了，就再加入一块黄油。

6 做好后趁热上桌。可以用它搭配酸奶油和熏三文鱼，撒上韭菜末和足量的黑胡椒，做成餐前小点；也可以用锡纸包住，放入烤箱加热 10 分钟后食用。

烘焙小贴士

这种煎饼做起来很简单，但要做出可以制作餐前小点的完美小圆饼却并不容易。记住要把面糊直接倒在煎饼中心，倒完后还要用勺子接住从量杯口滴下来的面糊。

樱桃克拉芙缇

凝固的卡仕达酱包裹着烤到爆汁的水果，组成了这道细腻的法式甜点。
趁热与足量的浓奶油、法式酸奶油或香草冰激凌搭配享用。

成品分量： 6 人份
准备时间： 12 分钟
静置时间： 30 分钟
烘烤时间： 35 ～ 45 分钟

特殊器具
直径为 25 厘米的挞模或耐热浅盘

原料
750 克樱桃
3 汤匙樱桃酒
75 克细砂糖
无盐黄油，涂油用
4 个大鸡蛋
1 个香草荚或 1 茶匙香草精
100 克白面粉
300 毫升牛奶
一小撮盐
糖粉，撒粉用
浓奶油、法式酸奶油或香草冰激凌，搭
配食用（可选）

1 把樱桃酒和 2 汤匙糖倒在樱桃上，抓匀，静
　置 30 分钟。

2 将烤箱预热至 200 摄氏度。给挞盘涂油备用。

3 捞出樱桃，把樱桃酒倒进一个大碗里，把樱
　桃放到一旁备用

4 把鸡蛋和香草精加入樱桃酒中，搅打均匀。

5 用锋利的刀子纵向切开香草荚（可选）的上
　半部分。

6 刀尖分别从两半香草荚的顶端滑到中间，剔
　出里面的种子。

7 把种子加进鸡蛋混合物中，搅打均匀。

8 加入剩余的糖，搅打均匀。

9 把面粉筛入一个大碗中，筛的时候举高筛子，让空气进入面粉堆。

10 把面粉分次加入鸡蛋混合物里，每次加入后都要搅打均匀，形成顺滑的膏状。

11 加入牛奶、盐，搅打成顺滑的面糊。

12 在烤模里满满地铺一层樱桃。

13 缓慢地将面糊倒在樱桃上，尽量不要让樱桃移位。

14 烘烤 35 ～ 45 分钟，直到表面焦黄且中心处摸上去已经凝固。

15 放到网架上冷却，然后脱模，撒上糖粉。

克拉芙缇变种

蟾蜍在洞

这道英国版的克拉芙缇温暖咸香，是最理想的疗愈系食物。

成品分量： 4 人份
准备时间： 20 分钟
静置时间： 30 分钟
提前准备： 可以提前 24 小时做好面糊，冷藏保存，用之前稍搅几下即可
烘烤时间： 35 ～ 40 分钟

特殊器具
烤肉盘或耐热浅盘

原料
125 克白面粉
一小撮盐
2 个鸡蛋
300 毫升牛奶
2 汤匙蔬菜油
8 根优质香肠

1 制作面糊。把面粉和盐放入碗里混合，在中间挖一个坑，放入鸡蛋和一点牛奶。将鸡蛋和牛奶搅打均匀，再一点点地与面粉混合均匀。加入剩余的牛奶，搅打成顺滑的面糊，静置至少 30 分钟。

2 将烤箱预热至 220 摄氏度。把油放入烤盘里加热。把香肠放进烤盘，让它们裹上热油。烘烤 5 ～ 10 分钟至刚刚变色、里面的油脂非常烫。

3 将烤箱温度降至 200 摄氏度。小心地将面糊倒在香肠四周，放回烤箱再烤 30 分钟，直到面糊膨胀、表皮金黄酥脆，立刻上桌。

甜杏克拉芙缇

这道法国人最爱的甜点既可以常温享用，也可以加热后享用。在没有新鲜杏子的季节里，可以使用罐装杏来制作。

成品分量： 4 人份
准备时间： 10 分钟
烘烤时间： 35 分钟
提前准备： 最好在刚出炉时趁热食用，但也可以提前 6 小时做好，常温食用

特殊器具
耐热浅盘

原料
无盐黄油，涂油用
250 克新鲜熟杏，切半去核，或者 1 罐杏罐头，沥干
1 个鸡蛋，外加 1 个蛋黄
25 克白面粉
50 克细砂糖
150 毫升双倍奶油
$\frac{1}{4}$ 茶匙香草精
浓奶油或法式酸奶油，搭配食用（可选）

1 将烤箱预热至 200 摄氏度。取一个耐热浅盘，盘子的尺寸需要足够大，让杏能平铺在里面。在盘子里薄薄地涂一层油，把杏切面向下摆在盘子里，相互之间留出一点距离。

2 把鸡蛋、蛋黄、面粉放到碗里，搅打均匀，搅入细砂糖，最后加入奶油和香草精，搅打成顺滑的卡仕达酱。

3 把卡仕达酱倒在杏的周围，这样会有一部分杏块从酱料中露出来。放入烤箱上层，烤 35 分钟至馅料膨胀，且有的地方颜色变深。从烤箱中取出，至少冷却 15 分钟。最好搭配浓奶油或法式酸奶油趁热上桌。

李子杏仁蛋白软糖克拉芙缇

这款克拉芙缇与传统的李子或樱桃克拉芙缇同样惊艳。除了把蛋白软糖塞进水果里，还可以把它分成小块，摆在每块水果之间。

成品分量： 6 人份
准备时间： 30 分钟
烘烤时间： 50 分钟
提前准备： 最好在刚出炉时趁热食用，但也可以提前 6 小时做好，常温食用

特殊器具
耐热浅盘

杏仁蛋白软糖原料
115 克杏仁粉
60 克细砂糖
60 克糖粉，外加适量撒粉用
几滴杏仁精
½ 茶匙柠檬汁
1 个鸡蛋的蛋白，稍稍打散

克拉芙缇原料
675 克李子，切半去核
75 克黄油
4 个鸡蛋和 1 个蛋黄
115 克细砂糖
85 克白面粉，过筛
450 毫升牛奶
150 毫升单倍奶油

1 将烤箱预热至 190 摄氏度。将所有杏仁蛋白软糖原料混合，加入足量的蛋白，拌成硬挺的膏状。从蛋白软糖上分出一些小块，塞进每块李子的凹陷处。

2 取一个耐热浅盘，盘子的尺寸需要足够大，让李子能平铺在里面。在盘子上涂 15 克黄油，把李子切面向下摆在盘子里，把蛋白软糖扣在下面。将剩余的黄油融化，冷却备用。

3 把制作蛋白软糖剩下的蛋白与鸡蛋、蛋黄混合，加入糖，打发至混合物稠厚变白。加入融化的黄油、面粉、牛奶、奶油，搅成面糊。把面糊倒在李子上，烘烤 50 分钟至表面金黄、中心凝固。撒上糖粉，趁热上桌。

烘焙小贴士

克拉芙缇可以算是一种包裹着新鲜水果的甜卡仕达酱。你可以尝试用更常见的杏罐头来制作，还可以根据每个季节水果成熟的情况，在里面加入樱桃、李子、黑莓以及各种醋栗。

李子克拉芙缇

在李子成熟的秋天，制作一道李子甜点是件让人愉悦的事情。你可以选择用李子白兰地或普通白兰地来代替配方里的樱桃酒。

成品分量： 6 ～ 8 人份
准备时间： 20 ～ 25 分钟
烘烤时间： 30 ～ 35 分钟
提前准备： 最好在刚出炉时趁热食用，但也可以提前 6 小时做好，常温食用

特殊器具
烤肉盘或耐热浅盘

原料
无盐黄油，涂油用
100 克细砂糖，外加适量撒粉用
625 克小李子，切半去核
45 克白面粉
一小撮盐
150 毫升牛奶
75 毫升双倍奶油
4 个鸡蛋，外加 2 个蛋黄
3 汤匙樱桃酒
2 汤匙糖粉
打发奶油，搭配食用（可选）

1 将烤箱预热至 180 摄氏度。给烤盘涂油，撒一些糖，转动烤盘，让糖均匀地沾在烤盘底部和侧壁。倒过来轻敲盘底，倒出多余的糖。李子切面向上，均匀地平铺在盘子里。

2 面粉和盐过筛后放入碗里，在中间挖一个坑，倒入牛奶和奶油。逐渐把所有原料混合均匀，搅成顺滑的膏状。加入鸡蛋、蛋黄和细砂糖，搅打成顺滑的面糊。

3 烤之前，将面糊舀到李子上，再舀入樱桃酒。烤 30 ～ 35 分钟至馅料膨胀，且局部颜色变深。上桌前筛上糖粉，搭配打发奶油，趁热或常温食用皆可。

华夫饼

易于制作且用途广泛的华夫饼是早餐、零食或甜点的完美之选。

成品分量： 6～8个

准备时间： 10分钟

烘烤时间： 20～25分钟

储存： 最好在制作当天食用，也可以提前24小时做好，食用前用面包机重新加热或冷冻保存4周

特殊器具

华夫机或华夫饼烤模

原料

175克白面粉

1茶匙泡打粉

2汤匙细砂糖

300毫升牛奶

75克无盐黄油，融化

1茶匙香草精

2个大鸡蛋，蛋黄和蛋白分离

枫糖浆、果酱、新鲜水果、甜奶油或冰激凌，搭配食用（可选）

1 把面粉、泡打粉、细砂糖放入碗里混合，在中间挖一个坑，放入牛奶、黄油、香草精和蛋黄，逐渐把面粉与湿性原料混合均匀。

2 预热华夫机或华夫饼烤模。在一个干净的大碗里，将蛋白打发至湿性发泡，用金属勺切拌入面糊中。

3 将烤箱预热至130摄氏度。向华夫饼烤模里舀入1大勺面糊（如果使用华夫机，则按照说明书提示的分量添加），摊开至接近边缘的地方。盖上盖子，烤至金黄。

4 搭配枫糖浆、果酱、新鲜水果、甜奶油或冰激凌，立即上桌。

烘焙小贴士

　　如果一个配方要求使用融化的黄油，要确保把它们完全放凉后再加进面糊中。温或烫的黄油会使面糊结块或烫熟里面的鸡蛋和其他原料。所以要提前开始融化黄油，不要略过冷却黄油的步骤。

Original Title: Complete Baking: Classic Recipes and Inspiring
Variations to Hone Your Technique
Copyright © Dorling Kindersley Limited, 2011, 2020
A Penguin Random House Company

本书中文版由 Dorling Kindersley Limited
授权科学普及出版社出版，未经出版社允许
不得以任何方式抄袭、复制或节录任何部分。

版权所有　侵权必究
著作权合同登记号：01-2022-5026

图书在版编目（CIP）数据

烘焙全书 /（英）卡罗琳·布雷瑟顿著；杨一俐译.
-- 北京：科学普及出版社，2023.4
书名原文：Complete Baking: Classic Recipes and
Inspiring Variations to Hone Your Technique
ISBN 978-7-110-10545-0

Ⅰ.①烘… Ⅱ.①卡… ②杨… Ⅲ.①烘焙—糕点加
工 Ⅳ.① TS213.2

中国国家版本馆 CIP 数据核字（2023）第 030102 号

策划编辑　　周少敏　符晓静
责任编辑　　白　珺
封面设计　　中文天地
正文设计　　中文天地
责任校对　　张晓莉
责任印制　　徐　飞

科学普及出版社
http://www.cspbooks.com.cn
北京市海淀区中关村南大街 16 号
邮政编码：100081
电话：010-62173865　传真：010-62173081
中国科学技术出版社有限公司发行部发行
广东金宣发包装科技有限公司印刷
开本：965mm×1194mm　1/16
印张：33.5　字数：640 千字
2023 年 4 月第 1 版　2023 年 4 月第 1 次印刷
ISBN　978-7-110-10545-0 / TS·152
定价：298.00 元

（凡购买本社图书，如有缺页、倒页、脱页者，本社发行部负责调换）

混合产品
纸张 |
支持负责任林业
www.fsc.org　FSC® C018179

For the curious
www.dk.com

关于作者

出生于英国的卡罗琳·布雷瑟顿（Caroline Bretherton）对食物有着与生俱来的热情，在过去的 20 年中一直以不同的身份活跃在食品行业中。最初，她经营着一家位于伦敦的餐饮公司。她把公司经营得十分成功，并在几年后收购了一家位于伦敦诺丁山地区中心地带，全天营业、售卖新鲜食材的餐厅。

不久后，她的职业生涯扩展到了英国的电视市场，开始作为客座厨师出现在美食频道以及其他电视频道中，接着成了美食频道旗舰节目《真正的食物》（Real Food）的搭档主持。

为了更好地照顾小家庭，卡罗琳把工作暂停了一段时间，休整过后，又以《周末泰晤士报》（The Times Weekend）杂志"家庭美食撰稿人"的身份重返食品行业。她也从此开启了另一项自己热衷已久的事业——写作，并很快于 2011 年出版了自己的第一本书《配给食谱》（The Allotment Cookbook）。

从那以后，卡罗琳与 DK 出版社合作，相继出版了《手把手教你学烘焙》（Step-by-step Baking，2011）《派》（The Pie Book，2013）和《家庭厨房食谱》（Family Kitchen Cookbook，2013），以及《美式烹饪书》（The American Cookbook，2014）《手把手教你做甜点》（Step-by-step Desserts，2015）《干净的超级食品》（Super Clean Super Foods，2017）《发芽了！》（Sprouted!，2017）和《进化版意大利面》（Pasta Reinvented，2018）。除此之外，她还为《每日电讯报》（Daily Telegraph）等各种报刊以及著名营养师简·克拉克的《家庭营养全书》（Complete Family Nutrition，2014）提供了优秀的食谱。这也是 DK 出版社出版的一部优秀著作。

2012 年，她与丈夫以及两个十几岁的儿子从伦敦搬到了美国北卡罗来纳州的达勒姆。

致　谢

作者希望感谢：

在此诚挚地感谢 DK 出版公司的玛丽-克莱尔、道恩和阿拉斯泰尔，他们为这本大部头图书的出版提供了很大的帮助和鼓励。感谢博拉·加森以及黛拉·麦肯纳公司的全体同人对我的无私付出。最后，我要感谢所有的家人和朋友，感谢他们给予我的莫大鼓励，以及一次次不厌其烦地试吃。

出版方致谢：

DK 出版社希望感谢对本书第一版做出贡献的阿拉斯泰尔·莱恩、凯瑟琳·怀尔丁、道恩·亨德森、克里斯蒂娜·基尔蒂、尼古拉·鲍灵、玛利亚·伊莱亚、爱丽丝·赛克斯、索尼娅·沙博尼耶、卡丽斯·巴贾纳丹、妮哈·阿费加、迪维亚·PR、曼西·纳格德夫、格伦达·费尔南德、纳维迪塔·塔帕、苏尼尔·夏尔马、潘尔吉·夏尔马、尼拉杰·巴蒂亚、苏拉布·查拉里亚、阿金德·辛格、卡罗琳娜·索萨、多萝西·基肯、阿尼米卡·罗伊、简·埃利斯以及苏珊·博桑科。同样也要感谢为第一版提供照片的霍华德·舒特尔和迈克尔·哈特，以及负责拍摄的尼基·科林斯、米兰达·哈维、路易斯·佩拉尔、丽萨·佩蒂伯恩、唐伟、凯特·布林曼、拉伦·欧文、丹尼丝·斯马特以及爱米丽·约恩森。

我们还要感谢第二版的版面设计师芭拉·祖尼加，配方测试员卡瑞恩·格哈德，摄像奈杰尔·赖特，食品造型师简·劳里，道具造型师詹妮斯·布朗，手部模特艾玛·卡吉尔、克洛伊·简·内斯特、娜塔莎·亚历克斯和阿纳·沃茨，以及助理编辑布尔维·加迪亚。

实用信息

烤箱温度描述

如果使用的是热风对流烤箱，请把温度至少再降低10摄氏度。

温度	描述
110摄氏度	超低温
130摄氏度	超低温
140摄氏度	低温慢烤
150摄氏度	低温慢烤
160摄氏度	低温
180摄氏度	中温
190摄氏度	中高温
200摄氏度	高温
220摄氏度	高温
230摄氏度	超高温
240摄氏度	超高温

容量换算说明

1茶匙相当于5毫升，1汤匙相当于15毫升。

酵母用量换算说明

1茶匙干酵母=5克鲜酵母
1块鲜酵母饼=15克鲜酵母=3茶匙干酵母

酥皮点心原料用量说明

做基础酥皮点心时，脂肪和面粉的比例应为1：2。

派挞烤模尺寸	面粉用量
15厘米	115克
18厘米	140克
19厘米	150克
20厘米	175克
23厘米	200克
25厘米	225克